图书在版编目(CIP)数据

解析酒店——二十年实践与思考(第二版) / 周邦建著.

上海：同济大学出版社，2021.1

ISBN 978-7-5608-9549-9

Ⅰ.①解… Ⅱ.①周… Ⅲ.①饭店－建筑设计②饭店

－运营管理 Ⅳ.①TU247.4②F719.2

中国版本图书馆CIP数据核字(2020)第195762号

解析酒店——二十年实践与思考(第二版)

著　　作	周邦建
出版策划	萧霏霏(xff66@aliyun.com)
责任编辑	陈立群(clq8384@126.com)
视觉策划	育德文传
内文设计	昭　阳
封面设计	陈益平
电脑制作	宋　玲　唐　斌
责任校对	徐春莲

出　　版 发　　行	同济大学出版社 www.tongjipress.com.cn 上海市四平路1239号　邮编 200092　电话 021-65985622
经　　销	全国各地新华书店
印　　刷	上海锦良印刷厂
成品规格	190mm×260mm　384面
字　　数	656000
版　　次	2021年1月第2版　2021年1月第1次印刷
书　　号	ISBN 978-7-5608-9549-9
定　　价	168.00元

解析酒店

——二十年实践与思考（第二版）

周邦建 著

同济大学出版社

再版说明

今年年初，同济大学出版社陈立群先生告知，2016年1月出版的《解析酒店——二十年实践与思考》一书准备再版，让我考虑一下需作哪些修改或补充。

拙作初版那年，笔者已年过七旬，以后就从"退而未休"转为"彻底退休"了。时过四年，无论是"改"还是"补"，自己先需要补补课，以跟上时代的发展。

花了一个多月时间，除将书再仔细看了几遍外，又找了一些业内的同事、朋友了解酒店业这几年的状况，并在网上查阅酒店业的发展形势，包括一些权威的统计数据和各大酒店集团、著名品牌的最新动向等。

笔者注意到近年来酒店业还真出现了不少大事。如中端酒店快速崛起；民宿尤其是乡村民宿数量激增；国内外酒店集团兼并剧烈，"万豪"收购"喜来登"后，已位居美国2018年全球酒店325排行榜第一、"锦江"也成功一跃成为第二（笔者退休后曾在这两个集团工作了10年）；国内出现了一大批新的酒店品牌；等等。网上充满各种与此相关的信息，但真正有质量的文字不多，还有一些可以商榷的观点，值得进行一些探讨。

《解析酒店——二十年实践与思考》是一本对酒店策划、设计、建造及经营管理的基础性内容进行系统论述的专著，其初衷是帮助经验相对不足的酒店投资者、设计师及经营管理人员加深对酒店的了解，对时间的迁移并不敏感，因此除个别地方略作修改外，基本维持原貌。

慎重考虑之后，决定补充第十一章"中端酒店的崛起"，结合酒店业的新形势，分析中端酒店的快速崛起及经济型酒店和民宿的若干问题，主要涉及中、低端酒店，对偏重论述高星级酒店的初版形成一种补充。

"中端酒店的崛起"一章中的统计数据和排行榜次序等均来自权威机构和单位，照片和案例则主要选自笔者多年来亲历亲行亲摄的第一手素材。

由于笔者水平有限，掌握的资料、信息有限，书中一定存在诸多谬误，诚望读者批评指正。

再次向长期关心本书的各位朋友表示衷心感谢。

最后我要向50年相濡以沫的爱妻虞凤仪表达我的深情，并以此书的再版纪念我们即将到来的金婚之日。

周邦建

2020年8月30日

自 序

1994年1月，笔者从山东省建委任上调至上海齐鲁大厦(齐鲁万怡大酒店/Coutyard by Marriott)任副总兼总工，负责该项目的建设直至开业，之后又参与酒店的经营管理。对酒店的研究实际上是从这个项目开始的，是半路出家。

初期基本上是工作之需，但随着接触的酒店越来越多，我对酒店的兴趣日益浓厚，研究的广度和深度逐渐扩大。好在有国家一级注册建筑师的专业基础和长期的设计、施工经验，可以把建筑与酒店这两个不同领域结合起来研究。

多年的实践使我深切感受到：酒店的投资、建造和经营管理是一项复杂的系统工程，内涵丰富，专业性强，要全面掌握并不容易。很多投资方对酒店知之甚少，真正懂酒店的设计师也不多。

有好多年我到处购买酒店方面的专业书，但坊间系统论述酒店的书非常少，多见的是装潢精美的图册，大部分只是实例照片加简单的文字说明，于是我萌发了一个念头，写一本关于酒店的书。

2005年底我退休了，随即应万豪国际集团亚太区酒店设计与施工部副总裁Michael Wang之邀，在该部任设计总监，2009年又至锦江国际酒店管理公司任项目技术总监。在酒店管理公司工作的好处是每年都可以接触一批新酒店。

在已退休的情况下，没有机会组织或参加一个团队进行更为专业的合作，成书只能凭一己之力。考虑再三，决定从自己多年来对酒店的实践和思考切入，主要依靠工作中积累的经验和第一手素材，以设计为主线，以实用为目的，把酒店策划、设计、建造、经营管理等方面的内容结合起来对酒店进行解析。

2008年动笔，2014年完稿，历时六载。

希望本书能使比较缺乏经验的酒店投资者、酒店设计师以及酒店经营管理人员获益。

本书不是设计规范，也不能代替设计规范。除极少数注明直接摘自某规范的图表外，书中类似规范的内容和参数多是笔者在实践中总结、虽带有个人观点却是有一定参考价值的资料。读者在采用时应切实考虑拟建酒店的实际情况，并符合现行的国家规范及各酒店管理公司的建造标准。

在此谨向为本书提供了宝贵资料的酒店项目单位、设计单位及本书的责任编辑陈立群先生致以深切的谢意。

个人的经验、水平和学识毕竟有限，书中谬误之处一定不少，真诚希望读者批评指正。

周邦建

2015年12月10日

目 录

现代酒店早已不是仅为解决客人食宿问题而存在——尽管这个使命依旧是各类酒店的基本功能。现代社会对酒店提出了越来越高的物质与精神方面的要求，尤其是高端酒店的功能日趋复杂，内涵日趋丰富，已成为一个国际化的"小社会"。

建造酒店需要各类人员参与，其中最基本和最重要的三类人员是：酒店的投资者、设计师和经营管理者，他们构成了酒店业圈内的核心。因此他们应比其他参与者更懂得酒店、更理解酒店。不仅要了解酒店的构成和运行、了解酒店的经营和管理、了解酒店的市场状况，还应具有与酒店相关的广博知识和实践经验，这样的团队才具有打造一个好酒店的能力。

因此，在深度解析酒店之前，将通过本章对酒店展开一个大视角的观察，以便读者从广度上对酒店有一个相对完整的了解。

1. 酒店的"好用"与"好看"

怎样的酒店才算得上是一个好酒店？

用简单通俗的语言表达，首先要"好用"。即你打造的酒店要定位准确、布局合理、流线顺畅、设施到位，易于管理，利于经营，投资节省，回报丰厚。这些要求看似简单，实际上不是那么容易做到的。

在"好用"的基础上，再进一步做到"好看"。空间舒展、比例恰当、用料得体、色彩协调、亮丽豪华、富有个性，乃至具有浓郁的地域文化特色，等等。

"好看"是以"好用"为前提的，一个不"好用"的酒店再"好看"也没有用。但仅仅做到"好用"，也还是个一般水平的酒店。因此，既要"好用"，还要"好看"，才是我们的目标。如果酒店既不好看，又不好用，那就完全失败了。

现在论述酒店的书讲"好看"的较多，相信还需要一些重点讲"好用"的书。本书所提供的观点、分析、要求、参数以及图表、照片、案例，是从酒店的策划、设计、建造与酒店经营管理角度解析酒店，主要着眼于"好用"，且侧重介绍高星级酒店的设计要求，请读者留意。

2. 酒店投资

决策是否投资一个酒店，尤其是投资一个高星级酒店，决不是一件轻而易举的事。

首先，酒店作为一种高端物业，需要大量资金投入。在一二线城市建一个高星级酒店，就目前的行情，不包括地价，仅建造费用每平方米大致需要1万元，超豪华酒店则远不止此数，这还不包括贷款利息及其他费用。其次，投入运营后的酒店仍面临各种资金风险，如开业初期(一般为1-2年)可能达不到预期保本点、数年后内部设施逐渐落后后需要改造、新酒店不断出现导致竞争加剧、不可抗拒的自然和社会风险，等等。

任何投资都需要回报，都有一个投入和产出的问题，投资酒店绝对是一种长线投资。

上世纪80年代初还有一些因市场需求大、建设成本低、定位正确、经营得法而在10年左右就收回投资的例子，著名的广州花园酒店就是其中之一。该酒店是中国第一批五星级酒店，拥有1100个房间，1980年开始筹建，1985年正式营业，总投资9.8亿元，加上利息为14.16亿元，至1997年全部还清，13年间平均每年还贷近1.1亿元，是一个非常成功的酒店(陈熙炎：《成功与管理——花园酒店十年历程》)。但这种情况目前几乎不可能出现了，现在要指望以酒店的利润收回投资一般在20年以上，甚至遥遥无期。

既然投资酒店将面临如此大的风险，为什么还有很多投资者青睐酒店呢？原因在于长线有长线的好处，与其他投资方向相比，投资酒店也有其相对稳定的一面。一是因为酒店市场尽管竞争激烈，波动很大，但只要选址准确、定位适当，还贷压力不大甚至完全使用自有资金而不需要还贷，酒店还是能长期带来相当稳定的利润，尤其会带来大量的现金流，真正因长期亏损经营不下去的酒店毕竟不多。另外，激烈的市场竞争对标准更高的新酒店有利，新酒店会夺走老酒店的市场，既为市场带来了更新换代的机会，也提高了不断投资酒店的吸引力。最重要的一点是：从长期看，酒店本身易于保值且增值希望很大。现在投资酒店的主要目的已是为了物业增值，包括酒店本身的增值以及带动城市综合体和周边大片公寓、办公楼和商场的增值。

目前国家已不再是投资酒店的主体，酒店投资基本上来自民企和大型国企，其中房地产业和矿业占有相当大比例，因为这两种行业可在较短时间内积聚起足以投资酒店的巨额资金。

由于已有相当长一段时间商业地产开发过度，导致在建酒店数量不断增加。统计资料表明，从2012年初开始，中国主要城市里的酒店已经饱和。保守估计，中国目前高端酒店的存量资产约为2510亿元，3~5年内的增量资产规模为2420亿元，总资产规模将达到4930亿元。

酒店的市场增长明显放缓。据STR Global发布的报告，2013年1~8月中国的客房需求量为2.4亿间，客房供给量为3.8亿间。3~5年内，亚太地区会增加1642家酒店，其中691家在中国，而且60%是高端和奢华酒店，必须有一段时间来调整和消化这些庞大的供应量。该报告还指出：2013年1~8月，全国酒店平均入住率为63.2%，比2012年下降1.9%，有15个一线城市超过50%的酒店入住率已不足60%。统计数据显示，2012年全国五星级酒店的年平均房价(ADR)已降至700元以内，平均每房收益比2011年下降10%。2013年进一步下降至620元，2014年上半年更下降至603元。

中国饭店协会《2013中国饭店业发展报告》指出：在全球经济增长明显放缓、中国经济下行压力、入境旅游者减少及公务接待量下降的多重压力下，酒店业前20年高速增长的增幅已经放缓。目前中国的酒店业已处于深度转折期，市场结构的调整是长期趋势，不可逆转。仲量联行酒店集团和中国旅游酒店业协会共同发布的最新研究报告《中国酒店市场城市景气分析》认为，中国酒店市场正从不断开发或扩张阶段转入酒店资产的持有和维护阶段，并更加关注可持续发展战略。

很明显，未来的投资者必须以更谨慎的态度投资酒店，除了要关心酒店市场最新的宏观动向外，在投资前应对当地市场情况进行更为深入和可靠的调研，要把最适合当地市场的酒店作为投资方向。

与挑战并存的是机遇，国家积极推进新型城镇化和《国民旅游休闲纲要》，为酒店业注入了新的发展动力，指明了未来的发展方向。目前，度假型酒店和中档酒店越来越受到业内的关注，国内企业商务市场、企业会议市场、休闲度假市场、婚庆市场等立足于国内商务活动和大众消费的市场将成为酒店开发的重点。由高端酒店和经济型酒店主导的"哑铃形"结构正在向以中档酒店为主的"橄榄形"方向转变。

由于酒店项目具有资产型产业的特征，目前已出现了酒店资产管理咨询服务这一新的服务模式，从前期工作开始到未来酒店的经营绩效、资产增值提供全方位的服务，从而提升业主的投资回报，值得酒店投资方关注。

3. 酒店选址

酒店选址是否正确是酒店能否成功的第一要素，这是常识。

一个有吸引力的酒店所在地，是投资方考虑投资酒店的重要动力，对高星级酒店而言尤其如此。酒店管理公司对酒店所在地同样非常在意，如果酒店所在地不理想，尽管酒店本身不错，因可能出现经营困难，难以取得预期收益，他们往往宁可选择放弃。

酒店所在地实际上应包括所在城市以及酒店在城市里的具体位置两个概念，选址时两者均需注意。

第一个概念比较明晰，因此酒店选址通常会优先考虑经济发达的一二线城市或著名景区、度假胜地附近，因为这些地方市场成熟、客源丰富，消费水平较高，酒店可获取较高的入住率、房价和其他收益。同样档次的酒店，仅仅因为所在地不同，房价要相差一倍甚至更多，在我国是司空见惯的事，二十年来我国的高星级酒店集中建造在上述区域就是一个不争的事实。

但目前的情况出现了一些变化。由于一二线城市的酒店趋向饱和，很多投资方和酒店管理公司开始向经济发展较快的三线甚至四线城市进军，笔者近年来接手担任咨询的多个酒店就属于这种情况。如有300间客房的温州平阳福朋喜来登酒店，位于浙江省温州市平阳县鳌江镇鳌江边，尽管距温州市几十公里，境外客人很少，但其周边有很多发达的民企，一江之隔的苍南县又是温商聚居之处，投资方认为建一个以当地客人为主的高星级酒店是可行的。又如云南海钦盛大酒店建在云南省迪庆藏族自治州的德钦县，这是国道经云南入藏的最后一个县，投资方——苏南一位民营企业家在一个偶然的机会到了德钦，他发现此地竟然是近距离观看云南最高的梅里雪山日出的绝佳之地(另两座雪山是丽江的玉龙雪山和位于玉龙、梅里之间的白马雪山)。由于开发力度不够，当地还没有一家像样的酒店，于是决定投资建一个四星级酒店。笔者前些年到德钦酒店现场时，从香格里拉坐车翻山需五小时，但现在新路完成，路程缩短为三小时。

第二个概念指的是即使在理想的一二线城市，也不是任何地点都是理想的酒店所在地。由于大城市地域广，变化快，情况相对复杂，要作出准确的判断难度会更大。

近年上海发生的浦西洲际撤牌风波固然有多方面的原因，选址问题也应是原因之一。该酒店邻近上海火车站，虽处城市中心区，但周边环境较乱，并不太适合设置五星级商务型酒店。尽管酒店本身档次不低，终因业绩不佳，难以为继，导致"洲际"与业主方矛盾加剧。"洲际"单方面宣布于2012年9月1日零时起停止对酒店的管理，从而引发了与业主方之间的一场诉讼，直至2014年双方重签合同后酒店才恢复营运。另一个一线城市广州近年来因市中心东移、广交会展馆移至琶洲，大批五星级新酒店如正佳万豪、四季、东方文华、粤海喜来登等纷纷在新的CBD核心区天河板块开业，导致著名的花园酒店(国内首批三家"白星五星级"之一)、白天鹅、中国大酒店、东方宾馆等传统五星级酒店面临边缘化危机。尽管这些酒店均斥巨资进行了大规模改造装修，但因当初的规划理念与现在的实际情况有相当差距，环境和周边交通状况很难改善，对上

表0-1 酒店选址应考虑的基本要素

所在地	所在城市或景区
位　　置	是否接近市中心、景区、商业区，等等
土地成本	地价、拆迁费用、税和其他费用
周边环境	周边建筑、绿化、水面、空气质量、噪声、商业氛围、人文环境
公共服务设施	水、电、燃气供应，排水能力，电话、电视和网络情况
市场情况	客源、房价、餐饮消费能力和特点、会议需求、周边酒店的经营情况和未来新增酒店趋势，近年来当地旅游和酒店业的经营情况和发展前景
交　　通	当地的航空、铁路、公路(尤其是高速公路)、水运情况，酒店距机场、火车站、汽车站、码头的距离
优惠政策和扩建可能	体现在地价、规划参数、税收、节能等方面

述酒店的经营影响难以避免。这都是一二线城市的酒店因选址问题和城市变化对酒店带来影响的典型例子。

表0-1列出了酒店选址通常应考虑的一些基本要素。

城市型商务酒店的选址还有几个需要注意的地方：

——交通便捷，靠近商业区。

——闹中取静，环境噪声的侵扰级别白天每小时平均在45分贝以内，晚上在40分贝以内，短期噪声在50分贝以内，会议区域40分贝以内。

——避开城市的主干道和十字路口，城市的主干道车水马龙，喧嚣吵闹，停车困难，不是建造酒店的理想之地。

——有充分的绿地和足够的停车面积。

4. 酒店定位

中国有个成语叫"纲举目张"，酒店定位就是定酒店的"纲"，有了这个"纲"，酒店设计就有了方向，酒店的资金准备、设备采购以及未来的营运模式、酒店管理公司和品牌的选择也有了依据。

定位的基础是市场调查，定位的核心是酒店性质、酒店规模和酒店品级。

（1）酒店性质

酒店种类繁多，从不同角度细分可列出几十种，如商务酒店、会议酒店、度假酒店、娱乐酒店、会展酒店、机场酒店、乡村酒店、精品酒店、主题酒店、设计酒店，等等，新的酒店类型还在不断出现。在瓦尔特·A·鲁茨、理查德·H·劳伦斯·亚当斯编著的《酒店设计——发展与规划》一书中，通过对酒店发展的分析将酒店细分为46种之多。

但从酒店最基本的功能划分，主要就是商务型酒店和度假型酒店两大类，其他各类酒店大体上可视为这两类酒店的衍生和组合。由此角度切入，就容易理解和掌握各类酒店之特征和异同。

在一般情况下，酒店定位可先确定是商务为主还是度假(休闲)为主(这两类酒店客源不同，对酒店的要求也不同)，即在两种最基本的类型中确定一种，然后再考虑其衍生、组合和其他特性，在此基础上确定其规模和品级，如此思路似较为清晰。

在商务活动繁忙的大城市建造酒店，尤其在市中心，往往可选择商务型酒店或商务—会议型酒店，如酒店建在规模较大的会展中心附近，也

图0-1a 上海外滩华尔道夫酒店(WALDORF)是顶级豪华商务型酒店，图为新建的主楼入口(左)；图0-1b 外滩华尔道夫酒店主楼

可能确定为商务—会展型酒店。在旅游胜地，或风景秀丽的景点附近建造酒店，可能应选择度假型酒店，如酒店的交通方便，又离城市不远，也许会定为会议—度假型酒店(图0-1~图0-6)。

近年来，有些年轻的商务客人觉得传统的商务型酒店过于沉闷，希望酒店能提供更加活跃的氛围，加上都市游的兴起，城市度假型酒店悄然增加。有些规模较大的新酒店开始尝试把商务和度假两种功能结合起来，以至于出现了一些相当豪华的大型综合性酒店。新加坡位于滨海湾和中央商务区之间的滨海湾金沙酒店(Marina Bay Sands)就是集商务、休闲、会展和会议于一身的超豪华综合型酒店，该酒店由美国拉斯维加斯金沙集团耗资40亿英镑打造、由著名建筑师萨迪夫(Moshes afdie)设计，拥有2500个房间、120000m²的会展中心、250间会议室和25个宴会厅，还有金沙空中花园(游泳池)和艺术科学博物馆这样的特色空间，在2011年、2012年、2013年连续三年获得由《CEI亚洲》颁发的"亚洲最佳会展与奖励旅游酒店"奖，还被美国会议杂志*Successful Meefings*选为"2012年最佳国际酒店"，可谓城市综合型酒店的典型(图0-7)。

主题酒店、精品酒店和设计酒店也是跨越商务和度假两大基本类型、具有特殊性质的酒店，

图0-2a 位于上海南京西路的里兹—卡尔顿酒店，为上海著名的五星级商务型酒店，图为酒店主楼(上左)
图0-2b 里兹·卡尔顿酒店入口：位于寸土寸金的南京西路，设置了大面积的室内花园，水墙、雕塑、亭台、绿地，确是大手笔(上右)
图0-3a 美国佛罗里达著名的海边度假型酒店HOTEL DEL CORONADO，据说多位总统曾来此度假(下左)
图0-3b 面向海滩的客房(下右)

图0-4a 美国大西洋城以博彩为主的度假型酒店，外观具印度风格(上左)；图0-4b 酒店入口的水景(上右)
图0-5 海南三亚的万豪度假酒店，从客房远眺海边(下左)；图0-6 海南三亚具南亚风情的别墅式度假村(下右)

目前在业内有方兴未艾之势。因不易区分这三种类型酒店的特点和差别，以下稍作分析。

主题酒店不拘规模和档次，以某个鲜明的主题作为酒店的文化特征并从这个主题中发掘创作元素，如艺术、自然风光、名人文化、历史典故、民间传说、卡通、赌场及各种古怪题材均可成主题。主题酒店的推出在国外已有近50年历史，以娱乐—度假型酒店居多。美国的拉斯维加斯被称为"主题酒店之都"，据统计，世界上最大的16家主题酒店中，有15家在拉斯维加斯，如著名的凯撒皇宫酒店、马戏团酒店、梦幻酒店、金银岛酒店、金字塔酒店等。在我国，主题酒店也开始兴起，如上世纪80年代的山东曲阜阙里宾舍(以孔子文化为主题)、近年建造的广州长隆酒店(以动物为主题)、深圳威尼斯酒店，等等。

精品酒店(Boutique Hotel)通常指具有一定文化特色的小而精的高端酒店，但并没有统一标准。世界小型奢华酒店协会(SLH)的定义是客房数量在100间以内，豪华精品酒店联盟则规定不能超过30间，设施精致、服务个性化和保证私密性则是精品酒店的三个基本要素。喜达屋的W酒店即是定位为精品酒店的品牌、上海的马勒别墅酒店、瑞金宾馆、丁香花园、璞丽酒店以及一批具有浓郁老上海风情的精致的小酒店进入了精品酒店的行列。

设计酒店则完全依靠设计来定位，具有个性

17

图0-7a 新加坡滨海湾金沙酒店是典型的超豪华大型综合性酒店，三栋主楼顶57层是340m长的巨型"飞船"金沙空中花园(上左)
图0-7b 酒店餐厅(上右)
图0-7c 在"金沙空中花园"无边界游泳池俯瞰新加坡全景，泳池全长150m，是全球最高的泳池(下)

鲜明、风格前卫、完全独创、不可模仿的特征，需要有能力、有个性的新锐设计师主持设计，拥有人数不多、有追求时尚的强烈愿望和爱好的特殊客人群体，酒店的规模不大，更新很快，通常属中上档水平，丹麦的FOX酒店即是典型的例子。该酒店位于哥本哈根最热闹的街道上一栋其貌不扬的建筑内，来自全世界13个国家的21位设计师——他们是从3000份设计提案中精选出来的佼佼者，按不同的构思、迥异的风格打造了61个房间并以此创意为房间命名，每个房间都是一件独一无二的艺术品。酒店一开张就引起了轰动，吸引了大批年轻客人，可谓把酒店设计做到了极致。

以上三种酒店都不能以常规的"评星标准"衡量，业主方如有意投资此类酒店，需切实了解

表0-2 精品酒店与设计酒店之差别

	精品酒店	设计酒店
客房数量	较少	可多可少
酒店档次	豪华、私密性强，多与艺术品、奢侈品结合	各种档次均可能
设计概念	多样，也可是传统性设计	有特殊的设计概念及个性化元素，通常较前卫
客房价格	较高	有高有低
酒店位置	多在具独特自然环境或丰富民俗特色的地区，旧建筑改造的酒店通常有历史沉淀	无特殊要求
酒店服务	提供个性化、精细化、管家式的服务	适合客人的偏好和需求，注重高科技和环保元素
客 人	注重身份认同的高端客人	通常仅满足少数客人的特殊爱好，尤其是年轻的知识型客人

其设计特点和经营特点，了解三类酒店的异同，了解当地市场是否具有对应的、可持续的客源。

表0-2分析了精品酒店与设计酒店的主要差别。

对酒店设计师而言，不同性质的酒店，在功能需求、设施配备、空间结构、材料运用、艺术风格和文化特征等方面确有很大差异。但只要是酒店，基本要素都是相通的。只要真正懂得酒店，了解酒店，掌握了酒店的设计原理及设计要点，就可融会贯通，运用自如。

(2) 酒店规模

酒店规模要恰当，使其易于经营。

酒店规模首先取决于当地的市场需求，同时也取决于业主的资金承受能力。

一般来讲，300间(套)左右(属于中等规模)是一个易于经营的数字，容易适应旺季和淡季的转换，容易度过外部环境的突变(如SARS、国际金融风暴等)，容易使公共区域的布局和客房规模相平衡，机电设备配置和营运成本相对较低，建设资金的需求适中、性价比好，很多酒店管理公司乐于接受如此规模的酒店。

建造大于500间(套)的酒店，尤其是1000间(套)左右甚至超过1000间(套)的酒店时要慎重决策。如当地没有特殊的长期需求不宜建造如此规模的酒店，否则可能会给经营带来困难。美国的

图0-8a 美国拉斯维加斯的著名的主题酒店"纽约纽约"入口外景(上左)；图0-8b "纽约纽约"主楼外观是纽约主要建筑缩小版之集成(上右)；图0-9a 广州长隆酒店是以动物为主题的度假型酒店，图为酒店外景(下左)；图0-9b 长隆酒店大堂(下右上)；图0-9c 长隆酒店餐厅包房，窗外内院里是珍贵动物白老虎(下右下)

图0-10a 上海衡山马勒别墅饭店——典型的精品酒店。该别墅原为英籍富商马勒所建，1936年竣工，是具有北欧风格的花园别墅，以其豪华和精致著称(上左)
图0-10b 马勒别墅饭店入口(上右)
图0-10c 套房客厅(下)

拉斯维加斯是世界上拥有规模最大酒店群的城市之一，有一大批客房规模超过2000间的酒店，其中1999年开业的威尼斯酒店客房规模超过6000间。但我国的酒店市场还没有发展到如此程度，大多数高星级酒店的规模在300~600间之间，超过1000间客房的酒店(如广州的花园饭店、北京的万豪酒店等)并不多见。

少于200间(套)的酒店——这里主要指高星级酒店，由于客房偏少，客房区域和公共区域的面积比不易平衡，难以取得较好的经营效益。对大多数酒店而言，营业额和利润的主要来源毕竟还是客房。五星级的山东威海金海湾大酒店位于威海近郊的海边，环境优美，景色秀丽，有客房近150间，公共设施基本齐全，但经营效益始终不够理想，尤其是当年为评五星设置的康体娱乐设施一直空关。笔者曾应邀帮忙谋划，结论是两条：一是酒店地处北方，属单纯度假型，受季节影响，冬季旅游客人很少。由于距市中心有一定距离，平时商务散客也不多。二是客房太少，公共设施无法充分利用。笔者建议他们重新定位，发挥酒店的环境优势，往会议度假型方向靠，扩建客房楼以增加客房数量，完善会议设施，同时减少不必要的娱乐设施(如保龄球)。酒店如具备接待中型会议的能力，就可以提高客房入住率并保持全年均衡。

个性化很强的主题酒店、精品酒店、设计酒店以及经济型酒店的规模则另当别论。

表0-3分析了不同规模酒店的适用性问题。

(3) 酒店品级

笔者在此使用了"品级"一词(在此指品牌

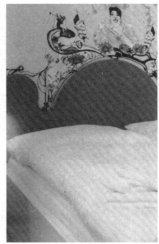

图0-11a 丹麦哥本哈根FOX酒店为著名的设计型酒店，拥有风格各异、个性强烈的61间客房，图为命名"春天"以不同绿色构成的生机勃勃的客房(左)
图0-11b 以东方宗教为主题的客房格外受到西方客人的青睐(中)
图0-11c 以瑞士山区居民生活为主题的客房充满欢乐和温暖(右)

和星级)，实际上也颇费斟酌。

我国有统一的《旅游饭店星级的划分与评定》，从1987年开始制定的GB/T 14308—1993，到现在使用的GB/T 14803—2010，已修订了4次。国内客人住店时习惯讲"星级"，国内酒店也普遍看重评星，如复查通不过，还有被摘星的

可能，不能不重视"星级"。

当前国际上大多数国家采用了不同形式的标准体系，但都是区域性的。其中一些国家和地区使用了民间体系(商业性)，如法国的"米其林指南"、美国的"美孚旅行指南"和"AAA"，英国的"AA"等。客人住店主要讲"品牌"，酒店看

表0-3　　　　　　　　　　　　　　　　不同规模酒店的适用性

规模(间、套)	适　　　用　　　性
30~80	精品酒店、个性很强的设计型酒店、有特殊文化传统的酒店、小型经济型酒店
80~150	连锁的经济型酒店，通常仅提供标准间和以早餐为主的小餐厅或茶餐厅
150~250	中档、规模较小的商务型酒店和度假型酒店，或餐饮、康体占营业收入较大比例的酒店，一般适合建造在中、小型城市
250~350	典型的中高档商务型和度假型酒店，具备较为完善的功能布局条件，适宜经营，可在各类城市和旅游区建造。如有适当规模的多功能厅、会议区及与之匹配的餐饮设施，可承接中、小型会议
350~500	位于一二线城市的中心区、重要的旅游和度假区，可提供多种餐厅、包括游泳池在内的康体中心及商业设施，通常还配备可承接大、中型会议的会议厅和宴会厅。
500~800	具备完善的各类设施，有承接大型会议和同时接待多批大型旅游团队的能力。适宜建造在重要的一线城市和度假、休闲胜地。由于酒店规模较大，要充分考虑淡、旺季的平衡，酒店管理团队要具备较高的营销能力
800以上	一般仅建造在国际大都市及具备充分客源市场的旅游度假区。由于酒店规模特大，应具备豪华设计所需要的高额投入和强大的营销能力，适合成为大型的综合性酒店和博彩型酒店

重的也是品牌。国际饭店协会至今尚未接受建立一个国际饭店标准体系的观点，因此有些酒店号称达到"世界级服务标准"，实际上只是一种营销手段。

目前国内的状况是：国际著名酒店管理公司麾下的品牌多已成熟并已系列化，多年的磨合使进入我国的品牌大体上与"星级"有了不成文的——对应关系，品牌效应较为明显。国内酒店管理公司麾下的品牌基本上还处于初创阶段，系列不完整，品牌特征和品牌效应不够明显，与前者相比有相当差距。国内酒店的投资方已越来越明白"品牌"的重要性，但又不能不考虑"星级"，因此在为酒店定位时，经常希望二者兼顾，鱼和熊掌都要。

实际操作时可按以下思路进行：如酒店确定

自管，仅考虑"星级"即可(当然也可以两者都不考虑)；如确定委托境外酒店管理公司管理，因所期望的星级和品牌之间有时会出现矛盾(这一点在后面还要分析)，重点应放在选择适当的公司和品牌，星级可放在其次；如委托国内酒店管理公司管理，则可首先考虑星级，在此基础上选择公司和品牌。

品级的选择涉及很多因素和利益，业主方和酒店管理公司需双方达成一致，不可能一厢情愿。

要根据自身实际情况以及当地的市场情况选择适当的品牌和星级，投资符合市场需要的酒店项目，定位过高不利于酒店未来的经营。很多二三线城市的酒店已出现很大的错配，不需要五星级酒店的城市开发商为拉升地块增值而建造五星级酒店，结果是五星级卖三星级价钱。现在已

表0-4 几 种 不 同 类 型 酒 店

	城市型豪华商务型酒店	中档商务酒店	商务-会议型酒店
客房和客房区域	客房数量一般超过250间(套)，大床间数量占50%~70%，客房净面积不小于36m²，卫生间4件套，舒适豪华，有较高的智能化水平和较好的办公条件	客房数量一般超过150间(套)，大床间数量占50%左右，客房净面积32~34 m²，卫生间以三件套为主(淋浴间为主)，舒适度符合要求，有较好的办公条件	客房数量一般超过300间(套)，客房净面积34~36m²，双床间数量可占70%左右，卫生间以四件套为主，舒适度符合要求，有较好的办公条件
大堂区域	400m²以上，设施齐全，装饰豪华	150~400m²，至少有商务中心和小型精品商店	一般不少于400m²，至少有大堂吧、商务中心和精品商店
餐饮区域	至少有自助餐厅、咖啡厅、中餐厅、西餐厅或外国特色餐厅，有大宴会厅和相当数量的豪华包房	有自助餐厅和规模不大的咖啡吧	至少有自助餐厅和中餐厅，有大宴会厅
功能和会议区域	有多功能厅，至少4个中小会议室	有中小会议室	有面积不小于300m²的多功能厅和与之配套的中小会议室
康体区域	有健身房、面积不小于250m²的室内游泳池和其他康体设施，有条件时设精品SPA	有健身房，游泳池为选项	至少有健身房和若干小型康体设施，游泳池为选项

有不少开发商发现引进品级高于区域市场需求的酒店，未必能为自己带来更好的收益，开始放弃原来的考虑，对中档品牌产生兴趣。

酒店的差异化问题也应引起足够重视，很多酒店按照同一标准建造，出现很多雷同产品，市场不好时淘汰率很高。因此，对"评星标准"要有一个完整、准确、深入的理解，在把握基本要求的前提下，"聪明"地对部分条款进行选择，有所为有所不为，有保有弃，打造一个具有自身特色的酒店，甚至可以做一个没有星级，但颇具个性、经营效益很好的酒店。2010版的《旅游饭店星级的划分与说不定》已针对在区域内起到标杆、引领作用、有一定社会影响力、被社会广泛认可的精品特色酒店，增加了例外条款。

我国地域广大，发展不平衡，同样星级的

酒店在不同地区的实际品质有相当大的差别，即使是著名的国际品牌，在某种程度上也有这种情况，对酒店进行品级定位和设计时应考虑这个现实，妥善把握分寸。

5. 酒店的功能布局与流线

酒店的功能布局和流线是酒店设计的基础，是酒店方案设计阶段的主要工作，必须在方案阶段基本完成并经有关各方确认，否则设计无法深化。

功能布局与流线密切相关，有布局就有流线，流线是跟着布局走的。所谓牵一发而动全身，不当的布局会引起流线不当的交叉，布局的变动必然涉及流线的变动，布局和流线如出现大问题则意味着整个设计可能被"颠覆"，这也是

的 功 能 设 置 特 点

休闲度假村	度假-会议型酒店	精品酒店	经济型酒店
客房数量一般超过200间(套)，客房净面积36m²左右，大床间和双床间各占50%，如有一部分大床+单人床的房间则更好。卫生间以三件套(淋浴间)为主，舒适度符合要求	客房数量一般超过300间(套)，客房净面积不小于34m²，双床间数量可超过70%，卫生间以三件套(淋浴间)为主，舒适度符合要求	客房数量一般超过50间(套)，净面积超过40m²，全部为大床间，套房比例较高，甚至为全套房。主卫四件套，内装舒适豪华，有个性，有较高的智能化水平	客房数量一般超过100间(套)，净面积28~32m²，以双床间为主，卫生间三件套(淋浴间)，有一定的舒适度
不少于1.2m²/间或300m²，设施齐全	一般不少于400m²，设施齐全	不少于200m²，至少有大堂吧和商务中心	100m²左右
至少有自助餐厅和中餐厅，有若干包房	至少有自助餐厅和中餐厅，有大宴会厅和若干包房	有自助餐厅和特色餐厅	有早餐厅
有中小会议室	有面积不小于500m²的多功能厅和与之配套的中小会议室	有中小会议室	1-2个小会议室
有健身房、游泳池和其他康体设施，有条件时设置大型休闲、康体设施和儿童活动室	有健身房、游泳池和其他康体设施	有健身房、小型游泳池和其他康体设施(如SPA)	不考虑

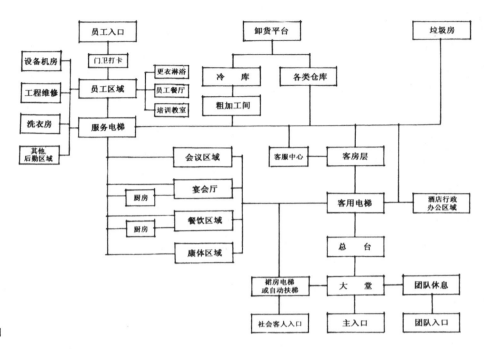

图0-12 酒店基本流线图

酒店设计的一个特点。

笔者在酒店管理公司工作时，经常会遇到结构已封顶，但设计中的功能、流线需大规模调整的酒店。有时还会遇到用其他性质的楼宇(多为写字楼)改建的酒店，需重新进行功能布局和伤筋动骨的改造，往往困难很大，费用也很高。

(1) 酒店功能的设置与布局

酒店功能布局的依据是功能设置，功能设置的基础是酒店定位。酒店定位确定了酒店的性质、规模和品级，结合规划批准的各项基本参数(如建筑高度、建筑面积、红线位置、容积率、绿化率、停车位数量等)以及当地市场的状况，就可以对酒店功能——包括客房数量、餐饮规模、康体设施、会议能力和后勤区域进行初步设置，并对全部面积作一个大体分配，这项工作通常由业主方完成并体现在设计任务书内。

功能布局的第一步是功能分区，酒店的功能分区直接影响到酒店的基本形态(各层平面、剖面及外观效果)，通常应在初步方案阶段完成，设计招投标时在投标方提交的技术文件中即是主要内容之一。中标的设计单位将根据各方面的意见继续调整功能分区，然后才有可能进一步深

化、细化，直至形成一个相对完整合理的功能布局方案，其成果通常体现在建筑的扩初设计中。

酒店管理公司和内装设计单位介入后，对酒店的功能布局还将进行更为专业的调整。

酒店的功能区基本上为两大部分：即客人区(简称前区)和后勤区(简称后区)，其中客人区又可分为两大部分，即客房区和公共区，酒店的客房区、公共区、后勤区通常是完全分开的。

客房区主要由客房(包括行政层客房和行政酒廊)、客房走廊、客用电梯间、消防－服务电梯间、疏散楼梯及前室、服务间组成。公共区主要由酒店大堂、咖啡吧(或大堂吧)、各类餐厅、酒吧、宴会厅、多功能厅、会议室(厅)以及健身－娱乐区域组成。后勤区主要由员工生活区(包括员工餐厅、员工更衣淋浴间、培训教室、医务室、值班休息室等)以及酒店行政办公区、工程维修车间、洗衣房、布草间、粗加工和冷库、各类仓库和设备机房组成。

就高层酒店而言，客房区通常设在主楼(其中行政客房层包括总统套房通常设在主楼顶上几层。公共区一般设在裙楼，可向上延伸至主楼和向下延伸至部分地下层。由于客房区竖向管道井很

24

多,尤其是下水管和污水管需经回管通到主管,因此在客房区和公共区之间需设转换层。度假村一般由多层建筑群组成,客房区和公共区除以层面划分外,也经常以楼座划分,或二者结合。

酒店后区通常设置在地下层以及裙楼里相对次要的区域。

表0-4提供了几种不同类型酒店功能布局的设置特点,但只是一般规律,对具体项目要根据酒店定位和实际情况确定。

(2) 酒店的流线

酒店的基本流线有客人流、员工流和货物流。

——客人流

酒店客人主要包括住店客人和社会客人两类。

住店客人流线:从酒店主出入口进入→总台(办理入住手续)→客房和各公共区域→总台(办理退房手续)→酒店主出入口离开,主要垂直交通工具是客用电梯。

社会客人(指在酒店消费但不住店的客人)流线:从酒店主出入口或社会客人出入口进入→各公共区域(餐饮、宴会、会议、康乐等)→原出入口离开,主要垂直交通工具是自动扶梯和裙房电梯。

住店客人应以最便捷的路线进入客房,尽量避免走回头路和穿越其他公共区,尤其不能穿越收费区。

客房层是酒店最隐密的区域,不希望社会客人进入,同时也不希望社会客人过多穿越大堂和影响总台,因此在设计客人流线时要注意对不同类型的客人进行适当分流。团队客人较多的酒店应设置专用的团队出入口,有专用的接待、休息、等候区域。有规模较大的餐饮、宴会、会议、康乐的酒店应为以上区域设置专门的出入口和通道。

残疾客人在酒店应得到尊重和关怀,要按规定设置残疾人客房和残疾人卫生间,保持残疾人通道(包括坡道)的畅通。电梯轿厢里应设置残疾人按钮,某些重要的公共区域如多功能厅、宴会厅和会议厅也要考虑残疾客人进入参加活动的可能。

——员工流

其流线从员工出入口→员工区域(打卡、更衣、淋浴、用餐等)→工作区域→员工区域→员工出入口离开。主要的垂直交通工具是服务—消防电梯,也可使用疏散楼梯,高级员工在必要时可使用客梯。

员工出入口的位置要避开主出入口,最好在酒店的背面和侧面。员工进入酒店后,要通过员工走廊,以最短距离进入员工区域,完成上班前的所有准备工作。再通过员工走廊(或服务走廊)、服务电梯或疏散楼梯进入工作区域,后区的员工流线不应与客人流线交叉。

员工下班后应离开酒店,不能在酒店逗留,员工制服不允许穿到店外(工作需要,如餐饮外卖例外)。因此无论是否需要淋浴,员工上下班时更衣是必须的。员工离店和进入时的路线相同。

——货物流

货物流包括进货和垃圾清运两条线。

进货:流线从卸货平台(收货、验货)→冷库、酒水库/干货库(食品)/器皿库、工程部仓库(材料和零配件)、客房部仓库(新布草和客房用低值易耗品)、行政总库(其他货品)→各使用地点。其中部分食品需经粗加工后再送到各厨房。

垃圾清运:流线从各个产生地(客房、餐厅和其他区域)→垃圾房。

货物流线和客人流线要严格避免交叉,和员工流线要尽量减少交叉(在某些区域会和员工共用服务走廊、服务电梯和其他通道,完全避免不可能),进货路线和和垃圾清运路线之间也应尽量减少重叠。

卸货平台的位置可以在酒店的背面和一侧,也可以在地下层,但均需考虑货车出入和有足够的卸货面积。卸货平台与员工出入口可以相邻但尽量不要共用,垃圾房和卸货平台可以相邻但要有区隔,两者均需注意避免对周边环境造成不利影响。

如酒店的布草和员工制服外包清洗,也要考虑其进出流线和集散地点,包括停车位和布草收集、整理间。

设计师在进行酒店设计时要随时把握好上述三个基本分区(客房区、公共区、后勤区)和三条基本流线(客人流、员工流、货物流),这是设计酒店的基本功。要做到这一点,就必须真正了解酒店。有些接触酒店项目较少的设计师或较为年轻的设计师,因缺少实践机会,不易对酒店的运营和管理有深度了解,尤其对后区缺乏了解,需注意补充这方面的知识。

6. 酒店的面积控制

酒店品级越高,越豪华,客房面积就越大,公共区域的组成就越复杂,面积大幅度增加,导

表0-5 　　　　　　　　　　　　城市型高星级商务酒店基本面积测算(m²)

自然间数量	200间	300间	400间	备注
住店客人数量	300	450	600	按大床间、双床间各50%计算
员工数量	240	360	480	按酒店房间数量×1.2计算
1. 客房区域小计	11200	16800	22400	
客房	8000	12000	16000	按每间40m²计算
客房层交通和辅助区域面积	3200	4800	6400	按客房面积×40%计算,包括行政酒廊
2. 大堂区域小计	920	1150	1380	
大堂	400	500	600	
大堂吧及其他交通、辅助面积	520	650	780	按大堂面积×1.3计算。其中大堂吧为客房数×1/3×2.5m²
3. 餐饮区域小计	2250	2858	3600	
自助餐厅	300	450	600	按客人数×1/3×3m²计算(不包括开放式厨房)
自助餐厅厨房	240	315	360	按自助餐厅面积×0.8~0.6
中餐厅(零点餐厅)	120	150	200	
中餐厅(包房)	10×60=600	12×60=720	15×60=900	每间平均按60m²计算
中餐厅厨房	360	435	550	按中餐厅(含包房)面积×0.5计算(不包括冷库和粗加工)
西餐厅(或外国特色餐厅)	100	120	150	
西餐厅厨房	80	96	120	按西餐厅面积×0.8计算(不含冷菜间、点心间)
总面积	1800	2286	2880	
交通辅助面积	450	572	720	按餐厅厨房总面积×25%计算
4.功能会议区域小计	1438	1875	2338	
多功能厅	400	600	800	未考虑单独的宴会厅
序厅	120	150	180	

城市型高星级商务酒店基本面积测算(m²)

自然间数量	200间	300间	400间	备注
宴会厨房	160	200	240	多功能厅面积×0.4计算(需要中餐厅厨房的支持)
中、小会议室	250	280	320	
贵宾接待室	120	150	180	
储藏室	100	120	150	
总面积	1150	1500	1870	
交通辅助面积	288	375	468	按总面积×0.25计算
5. 康体区域小计	960	1200	1440	
康体设施总面积	800	1000	1200	包括游泳池、健身房等,不包括大型歌舞厅、卡拉OK、SPA等
交通辅助面积	160	200	240	按总面积×0.20计算
6. 员工区域小计	561	870	976	包括交通辅助面积
7. 酒店办公区域小计	500	600	700	包括交通辅助面积
8. 设备机房与工程维修区域小计	4200	4800	5400	
设备机房与工程维修区域	3500	4000	4500	包括洗衣房250~300m²,布草和制服间60~80m²
交通辅助面积	700	800	900	按总面积×0.15计算
总计	22029	30153	38234	不包括地下停车场,未考虑大型会议、餐饮和康体设施的因素
平均每间客房	110.15	100.51	95.59	

致每间客房平均占用的建筑面积(这是酒店设计一项重要的控制指标)就越多,基本成正比,这是规律。

但如控制得当,在同样满足品牌要求、星级要求、市场要求的前提下,也能以相对较少的面积,相对较少的成本,做出一个布局紧凑、内涵丰富、富有个性、舒适而不失豪华的好酒店,关键在于要有"控制面积"这个意识。

《旅游饭店星级的划分与评定》2010年版已经取消了在2003年版1.3.1中"平均每间客房的建筑面积"这一条,笔者以为非常正确。因为此条给"不小于150m²、不小于120m²、不小于100m²、不小于80m²"四个等级,分别打了5、

4、2、1分,稍作计算就可发现每一分都包含着极大的经济成本,没有人会为这一分付出如此大的代价,实际上既不合理,也没有什么意义。

如果把节约面积省下来的钱用一点在提高设计水平上(不少业主舍不得多化设计费聘请高水平的专业设计师)、用一点在提高酒店各类设施的档次上,对酒店可能会更有价值。

之所以旧话重提,是因为追求面积,忽视品质的现象在很多新建酒店继续存在,有些业主对"豪华"的理解有点片面,认为酒店空间不高不大不豪华,甚至搞到空空荡荡,大而失当,因此再提"控制面积"这个话题仍有意义。

目前的五星级酒店,客户面积多在150m²/间左

右,有些甚至达到200m²/间。根据笔者的经验,只要没有特殊要求(如定位为超豪华酒店或需要设置超大餐饮、会议区域或康乐设施),在120m²/间左右的范围内,完全可以做出相当不错的五星级酒店,特别紧凑的酒店100~110m²/间左右也可以做得出来。

表0-5提供了几种不同规模的城市型高星级商务酒店的基本面积测算,做得是"扣"了一点,因为酒店平面终究不是"拼图",不是把各区域的面积简单加起来就可以形成布局的,总要再增加一些"灰色空间",但酒店的主要内容均已包括,可供参考。如酒店需设置较大规模的餐饮(包括宴会)、会议、康体等设施或客房面积有较大增加,则需按实际情况增加面积。

酒店的每平方米都是用钱换来的,需要尽量发挥每平方米的效益,浪费面积实际上就是浪费投资。一个专业的设计师,设计时总要精打细算,尽量争取更多的有效面积,最大限度地利用已有的面积,通过细节设计去创造尽可能舒适的空间。他们非常计较客房的数量,不到迫不得已不肯随便牺牲哪怕是一间客房,因为大部分酒店主要靠客房获利。

投资方的资金来源通常是多年利润积累加上银行贷款,还款压力很大,必须在资金使用上扣得很紧,以防止资金链断裂。他们有一个投入和产出的问题,会反复强调酒店档次要高一点、钱要化得少一点、效益要好一点。尽管这种类似"多快好省"的要求实现起来不容易,但完全可以理解。设计单位和酒店管理公司都要体谅投资方的压力,为他们精打细算,始终把节约投资和未来的经营放在心上。在考虑空间的完美和豪华时,首先要做到功能布局合理和流线畅通,在考量机电设备方案时,要切实把握分寸,恰当配置。

7. 酒店的结构选型与柱网

高层酒店结构方案的一般规则与其他高层建筑类似,但应注意酒店的某些特点。

(1) 结构选型

在酒店设计过程中,建筑方案要经过多次磨合才会最终确定——酒店管理公司会提出调整意见、内装设计会对平面进行修改,还要与各专业设计协调。即使酒店已开业多年,其功能布局还可能因市场情况变化作局部调整。

因此,酒店的结构方案除了要符合建筑要求外,还应为未来各种可能的变动多留有一点余地。在可能情况下,高层(或超高层)酒店应尽量采用框架、框剪结构以及内筒外框结构,而尽量避免剪力墙结构、筒中筒结构和壁式框架的方案。框剪结构在设置剪力墙时,其位置和长度应尽量减少对功能布局的影响。因为剪力墙和主楼的筒体对空间作了完全的限定,对客房(包括管道井)尤其对裙房公共区域的布局约束很大。不要说将来的改造,就是在当下设计中对功能布局和方案调整都会带来不少困难。

在考虑主楼结构方案时一定要顾及裙房,因为主楼结构总归要通过裙房并对裙房的空间带来影响,包括剪力墙和柱网。

图0-13是笔者遇到的一个案例(附录案例解析11)。这是一个改造项目,由于采用壁式柱,虽避免了凸出墙面的矩形柱对客房家具布置的影响,但因很难调整隔墙位置,无法解决其开间和进深不合理的问题。同时为了将一、二层的壁式柱转换为矩形柱,不得不在三层楼板设计了柱边高度超过1700[①]的折线梁过渡,使二层部分区域的净高小于1600而影响布局,权衡下来弊大于利。图0-15是另一个案例,由于主楼位置过于靠前,两排柱子落到大堂,大堂空间又要求抽掉两根柱子,在无计可施的情况下,只能在客房层也抽掉这两根柱子。于是从裙房二层开始到主楼各层均出现跨度为12m的大梁(否则在大堂上空会出现可能高达2m的大梁以承受上面各层传来的集中荷载),不仅结构不合理,对各层相关区域的

---

①书中数字未标明单位的,单位均是毫米。

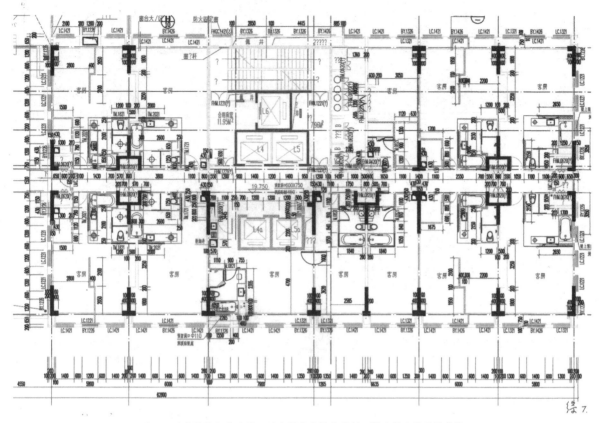

图0-13 壁式柱类似剪力墙，对空间造成较大限制，影响酒店的灵活布局

净高，尤其是客房走廊的净高均带来很大影响。其实只要在方案阶段把主楼退后一点或移在一侧避开大堂即可避免这种情况，可惜当时建筑主体已出地面，无法改变。

楼面结构同样会影响到建筑的功能，笔者曾在重庆和郑州两次遇到希望将写字楼改成酒店的案例，都因为主楼楼面采用了小梁密肋楼板(适合办公楼的大空间)，无法解决隔墙承重、卫生间打洞及管道井问题而告失败。

有些结构方案表面上似乎合理或节约了一些资金，但对酒店的布局、使用和未来可能的改造带来很多限制和困难，最终可能因小失大，这是我们在平衡建筑方案和结构方案时需要注意的。

(2) 柱网设计

柱网设计主要取决于主楼，主楼柱网取决于客房的开间和进深，客房开间和进深取决于客房面积，而客房面积取决于酒店定位。主楼柱网一旦确定，酒店档次实际上也大体确定，以后要改也难了。裙房柱网设计则有较大弹性，部分区域可能会采用与主楼相同的柱网尺寸，其余区域可根据需要进行适当变动。

主楼开间的轴线通常是两间客房一个柱位，落到地下车库约三个车位宽(图0-14～图0-15)。进深方向的轴线柱位置有多种可能，但不宜设在卫生间一侧，因柱与梁均会影响卫生间的布局和管道井的使用，在短走道一边相对容易处理，这也是客房经常出现门对门的原因。内柱位置要综合考虑主梁的跨度、客房走廊净高、衣橱、微型酒吧的设置、次梁和联系梁对管道井的影响及客房走廊天花内的水平新风管能否从梁底穿越至客房等。这些问题如处理不当会影响管道布局甚至整个机电方案。

(3) 大空间

除大堂外，酒店可能出现的大空间主要是多

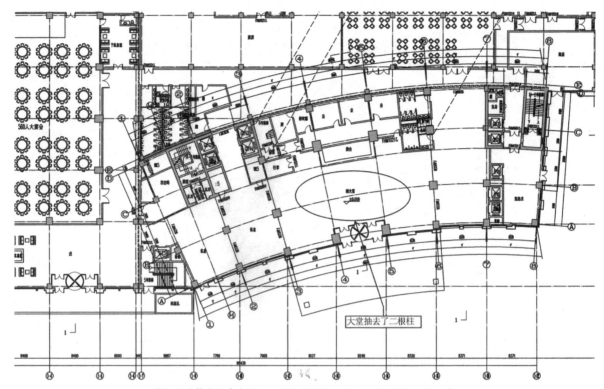

图0-14 主楼坐落在大堂上，而大堂需要抽柱，上面各层柱无法下来

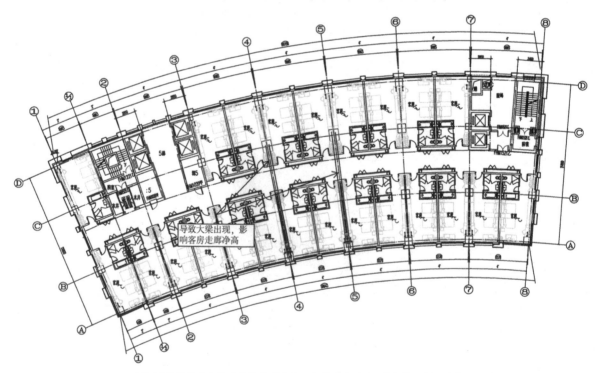

图0-15 原设计采取了分层解决的方案，各层均出现12m跨大梁，影响净高

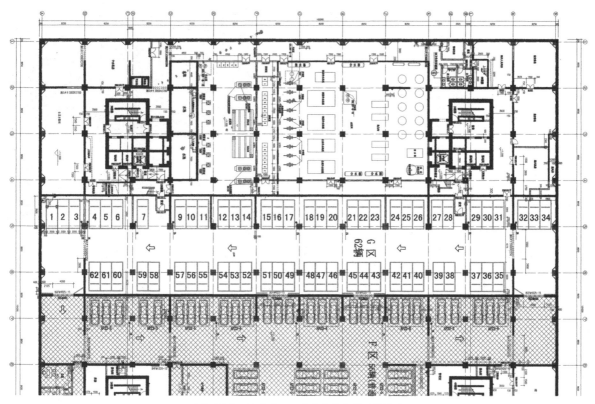

图0-16 地下车库平面：注意车位与柱网的关系

功能厅、宴会厅、歌舞厅、会议厅和游泳池等。其特点是面积大、跨度大，荷载也大，尤其是多功能厅或宴会厅，面积通常在400m²以上，大的多功能厅会超过1000m²，甚至超过1500m²，而且不允许有柱。面积大，柱距就大，主梁就高，加上净高要求，因此层高也高，往往需要占到两个层面。其他的大空间要求稍低一些，但情况类似。人员密集的大空间对消防疏散要求也高，必要时需设置单独出入口和通道，游泳池还要考虑泳池荷载、泳池在剖面的位置及泳池机房的位置。

图0-17a 温州香格里拉酒店(在建)，在主楼和裙房外侧的多功能厅超过1500m²，照片左下方是酒店主入口(左)。图0-17b 完工后的多功能厅外观

31

因此，在考虑酒店公共区域功能布局和结构方案时，首先要把大空间安排好，多功能厅或其他需要抽掉柱子的大空间(不包括大堂)往往会放在裙房最上面两层，同时避开主楼并减少对主楼的影响。面积相同的大空间重叠设置对布局和结构有利。在总平面面积较宽裕的情况下，可将部分大空间脱离裙房单独安排，温州香格里拉大酒店就是把面积超过1500m²的多功能厅从酒店裙房中独立出来，效果不错。在度假村，大空间往往会独占一个楼座。

大空间的周边往往会形成夹层，需妥善加以利用。

如果酒店采用高中庭或"共享空间"，那就出现了特别高大的空间，将形成完全不同的布局和结构、机电方案，本书第一章"大堂区域"中将对此略作分析。

8. 酒店风格和酒店文化

世界上的酒店千姿百态，风格各异，酒店文化丰富多彩，好的酒店多拥有自己独特的风格和

图0-18 上海和平饭店著名的老年爵士乐队在排练中

文化。"没有文化的酒店就没有生命"是一句经典名言，实际上风格也是一种文化。

酒店的风格和文化通过酒店的硬件和软件表达。硬件通常指酒店的外观、内装和环境，软件主要指酒店的服务和管理。

上海自1840年后开埠通商，100多年色彩斑斓的历史形成了一大批"洋味"十足、充满文化底蕴的老饭店，如礼查饭店(现浦江饭店)、华懋饭店(现和平饭店北楼)、锦江饭店、国际饭店、法国总会(现花园饭店)、百老汇大厦(现上海大厦)、

图0-19a 云南香格里拉松赞林卡酒店，具浓郁藏族风情，远处即著名的松赞林寺(左)。图0-19b 客房阳台(右上)。图0-19c 带壁炉的餐厅

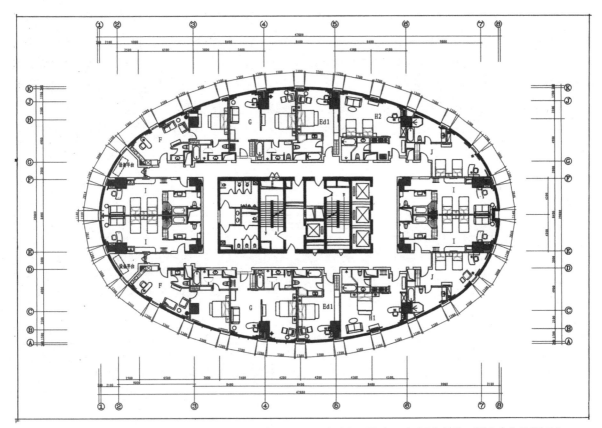

图0-20 椭圆形的客房层平面，客房类型太多，室内布局困难，每层仅14间(套)，却有7种房型。6间套房占42.8%面积

上海总会(现华尔道夫酒店)等，至今还对上海的酒店文化产生着深厚影响，和平饭店的咖啡吧仍天天飘荡出那支由6位老人组成的乐队演奏爵士乐的动人旋律。天津1863年由英国传教士修建的利顺德大饭店(现为喜达屋的豪华精选品牌酒店)甚至被列为国家级重点文物保护单位，其博物馆内展示着中国酒店最早使用的电灯、电话、电梯和数位统计机等文物。

已有很多专著对酒店风格和酒店文化作了详尽的介绍、分析和研究，提供了很多优秀实例，笔者在这里仅想换一个角度做一点议论。

一是因势利导，顺势而为，不要勉强。

在大多数情况下，酒店文化通常体现为地域文化，地域文化为设计师提供灵感、细节和标志性的"符号"。一个历史悠久的酒店或是由年代久远的老建筑改造的酒店，其深厚的文化底蕴不言而喻，设计师自可顺此前行。位于历史名城以及附近有著名历史古迹或名山大川的旅游胜地，设计师也不难找到适当的文化题材。但在一个普普通通的寻常之地，寻找"文化"就有些困难，其实此时大可淡化一点这个题目，毕竟不可能要求所有的酒店都有那么丰富的文化底蕴(也不是建一个主题酒店)，根据自身的特点，在硬件和软件方面不落俗套，做到舒适、实用、美观，仍不失为一个好酒店。

说是体现地域文化，其实也不尽然。美国的拉斯维加斯位于加利福尼亚州的沙漠里，除了"沙漠文化"没有其他文化，但就是在这里出现了世界上最大、最著名的酒店群，从意大利古罗马宫殿式样的凯撒皇宫大酒店到以威尼斯文化为主题的威尼斯酒店；从英国中世纪城堡建筑的石中剑酒店到仿小说《金银岛》的金银岛酒店，从外观设计成埃及大金字塔及人面狮身像的金字塔酒店到建有艾菲尔铁塔、凯旋门的巴黎酒店，还有复制纽约地标如自由女神、帝国大厦的纽约纽约酒店(NeuYork NeuYork)等应有尽有。文化题材取自全球，信手拈来挥洒自如，这也许本身就是一种美国文化，但我们也很难学。

二是要把握分寸，适可而止。

如何体现酒店文化，体现到什么程度同样值得研究。

——外观：因酒店外观受诸多条件制约，大部分酒店并不以外观作为体现酒店文化的载体。酒店造型对酒店设计非常关键，但已建成的酒店何止千万，要设计一个能体现文化的、高水平的新造型(像迪拜的"帆船酒店"、上海的金茂大厦——体现了中国的"塔"文化)谈何容易。很多设计师为此绞尽脑汁，成功的例子仍然不多，

表0-6 **酒店主楼基本平面形状的特点与适用性**

平面形状		特点与适用性
板式	单侧客房	平面简洁，客房规整，相互干扰小。平面利用系数低，客房面积一般仅占客房层面积的65%左右。客房走廊易采用开敞式的自然通风，因此适用于热带或亚热带地区临海的度假村。客房走廊长度不宜超过60m，裙房多位于主楼长边一侧
	双侧客房	平面简洁，客房规整，但客房门如相对易产生干扰，平面利用系数较高，客房面积一般可占客房层面积的70%~75%。适用于常规的商务型和度假型酒店。客房走廊长度不宜超过60m，裙房位置同上
	错位	错位可使立面丰富，同时因避免了长走道的单调，客房层长度大为增加，但也不宜超过120m，同时要注意消防疏散和排烟问题
	L形	可以更好地利用场地，尤其在转角处，裙房多位于主楼内侧
	T形及Y形	占用场地较多，裙房平面易为主楼切割而难以形成大空间。同时宜达到一定的建筑高度，否则比例不甚协调。通常用于城市型商务酒店
	弧形	弧线可使建筑外观活泼，但也使客房开间处于变化状态，导致客房的长边不平行，室内空间不规整，内侧房间布局困难，卫生间位于弧形内侧时布局更困难，因此弧度半径不宜过小
塔式	正方形或矩形	外墙面积小，空间利用率高，占地面积相对小，因此在用地紧张的大城市经常被采用。需要单向配置客房，并设计核心筒。环形走廊一般需采用机械排风，同时要注意消防疏散距离应符合规范。端头房间门位设计可能遇到困难，经常被设计成套房
	圆形	一般特点类似正方形，最大的问题在于弧形客房，其弧度往往偏小导致客房内部布局困难，因此较少采用
	三角形	客房有较多规格故较为丰富，但三角形的核心筒使用效率低，主楼与裙房柱网组合较为困难，立面造型如上部设置圆形餐厅与主楼之间的若干角度会有偏心之感

其实这很正常,不能要求每个酒店都成为精品和经典,对大部分酒店来说,外观能做到稳重、大气、亲切、明快、稍有特色即可。

酒店是建筑,不是雕塑。设计酒店造型(尤其是主楼)时,首先必须考虑平面形状。由于酒店客房的功能特点及多数客人的心理习惯,大部分客房的平面应是有一定比例和尺度的矩形,而非梯形、扇形或其他更为特殊的几何形状。因此,直径较小的圆形塔楼,边长较短的三角形塔楼和弧度较小的弧形板式楼并不适合做酒店的主

楼(图0-20)。主楼采用正方形或接近正方形的矩形平面反而对节约用地有利,还可以最小的围护面积换取相对最大的空间。不知读者是否注意到,很多香格里拉酒店的主楼都是从正方形变化而来,原因就在于此。表0-6分析了主楼不同形状基本平面的特点和适用性。

实际上,由酒店主楼(客房区域)的窗户和阳台构成的富有节奏的韵律美、裙房(公共区域)外墙强烈的虚实对比和雕塑感、加上主入口高大的雨篷、小小的室内外高差和宽宽的车道,已初步形成了酒

图0-21 拥有450间客房的广东佛山保利洲际酒店主楼,平面近于方形,立面除顶部标识和客房窗户外没有任何装饰,但韵律感十足,酒店特征明显,非常大气(上左)。图0-22 北京海逸酒店,白色的弧形主楼,简洁的外观主要依靠均匀分布的窗户产生韵律感,主楼的压檐和裙房呼应,协调中有变化(上右)。图0-23 新加坡文华大酒店,两栋相似的主楼成90°分布,裙房由封闭的通廊相连。垂直线条和尖拱形遮阳产生的阴影丰富了窗户韵律,立面显得干净,酒店特征明显而又体现着温馨(下左)。图0-24 三亚喜来登度假酒店客房楼:窗户和阳台构成了优美韵律,楼梯间为这种韵律带来了变化(下右)

图0-25 上海浦东东锦江大酒店主入口雨篷，刚劲有力的造型增加了客人对酒店的信赖(左)。图0-26 温州香格里拉大酒店主入口雨篷刚柔相济，粗大的圆柱从下往上收分而不显得笨拙，空透的玻璃由于四周强有力的收口并不显得轻飘，前端微微上翘使体量很大的雨篷毫无压抑感(中)。图0-27 三亚喜来登度假酒店主入口雨篷：刚劲挺拔中隐含秀气，以现代设计手法体现浓郁的民族风格(右)

店的基本外形特征，这些特征是由酒店的内在功能决定的。充分利用这些特征，加强这些部位的细部处理本身就是体现酒店风格和文化的重要设计手段。雨篷是酒店的重要特征和"标识"，不要小看它，没有相当的功力拿不出非常实用、与建筑主体协调而富有个性的雨篷设计。

强化酒店外形的基本特征还有利于和其他性质的建筑加以区别，希望图0-21~图0-27能使读者体会到窗户和雨篷在塑造酒店外观和造型时的作用。

安全、舒适、亲切是客人对酒店的基本要求，体现在外观上，要尽量使用高品质、耐用、维修保养成本较低的材料，尽量采用暖色调，切忌沉闷、轻飘和出现过多锐角，切忌使用低劣廉价的材料，通常不必刻意追求高大雄伟和繁琐装饰。

从功能角度讲，全玻璃幕墙并不适合大部分酒店的客房，因为它在节能、隔声、防火、遮光、抗渗、安全及造价控制方面，甚至在保护客人隐私上都带来诸多不利。实际上，酒店客房的窗户面积大体上占外墙面积的40%~45%已经够用。

极少数具有特殊重要性的地标性建筑(酒店或部分是酒店)显然不受上述一般原则束缚，这些建筑的外观效果是第一位的，内部布局不能影响建筑造型。"鸟只能在笼子里飞"，先有外壳再充填内容。好在酒店功能布局和流线要求虽然严格，当给定的建筑具有一定体量时，总是有办法的。这样做经济效益可能差一些，但由于该建筑的特殊性也可接受。

——内装：酒店的内装设计，尤其是软装修和艺术设计，是体现酒店风格和酒店文化的有效载体。内装设计所受限制相对较小，设计风格的选择、具体手法包括材料的使用较为多样，未来调整余地较大。内包装又是客人近距离接触的场景，对客人影响也较大。

在实践中有时会看到两种极端。一种是在设计时完全不考虑酒店的风格和文化，结果做成一个"千店一面"的"标准"酒店，尽管材料很高档、钱花得不少，使用也可以，但没有生气，不会给客人留下深刻印象。另一种就是过分强调了地域文化，墙上地上，床上沙发上，到处都是"文化"，没有一块"净土"，酒店像一个博物馆，客人也会感到不舒服。

酒店文化应该得到体现，但要掌握分寸。酒店毕竟是一个主要为客人提供住宿、餐饮、会议和休闲娱乐的场所，也可以说是一个"世俗"的场所，客人的第一需要是舒适和放松，而不是接受历史和文化教育。况且客人来自境内境外、五湖四海，宗教信仰、情趣爱好各不相同，酒店的风格要做到让尽可能多的客人接受和喜欢，体现酒店的国际化。不要生硬地向客人说教、灌输业主方和设计师所欣赏的"文化"，那怕是有价值的"文化"。地域文化主要应体现在公共区域，并尽量通过可移动的艺术品和陈列品来体现，而不要在客房及公共区域的墙、地面作过多表现，墙和地面尽可能扮演一个背景角色。

9. 城市综合体内的酒店

近年来，集商场、写字楼、酒店、大型社会餐厅、大型娱乐场所等不同业态为一体的综合性开发项目如雨后春笋般在国内各大、中城市兴起，已成为时下最具前景的投资方向之一，而酒店几乎是其中不可或缺的配套项目。原因在于酒店，尤其是高星级酒店在品牌效应、功能配套方面的作用以及能为整个项目带来统一品质的物业服务，大大提升了城市综合体的品位，提高买家、租户、顾客的信心及认可度。

很多政府为了区域发展，在与开发商的合同中明确要求设置高星级酒店项目。不少开发商也在自己开发的综合体内主动设置酒店。

城市综合体通常指主要在水平方向展开的建筑群，实际上也可以是主要向垂直方向发展的超高层综合楼，两者对酒店带来的影响有共同之处。

位于广西南宁会展中心对面的五星级万豪酒店处在一个有40万m²，包括商场、大型超市、写字楼在内的商业群里，边上还有一个与之配套的四星级商务酒店。得益于万豪酒店的加盟，该综合体目前已是南宁的标志性建筑之一。又如作为上海世博园区的后续开发项目之一，将在世博轴一侧建设一个以4个奢华酒店为核心、结合大面积商业区、总面积达32.5万m²的世博综合体。在体量庞大的超高层综合楼里，多业态共存的情况同样普遍，上海几个顶级的商务型酒店均设在以写字楼层和商业区域为主的超高层综合性大厦内，如拥有342间客房的"JW万豪"酒店在明天广场(283m，60层)的38~59层；拥有555间客房的"君悦"酒店在金茂大厦(高度420.5m，88层)的53~87层；拥有174间客房的"柏悦"酒店在环球金融中心(高度492m，101层)的79~93层。在建的中国第一高楼上海中心总高度为632m，共121层，"锦江国际"新创的高端豪华酒店品牌"J.HOTEL"（"J酒店"）坐落在上海中心84~110层，酒店拥有258

间(套)客房，其设计将融合东西文化，体现国际标准和民族品牌，达到Forbes(Mobil)五星级标准、AAA5星钻石标准、中国白星级五星标准及金叶级绿色旅游饭店标准。

作为一种营运形态复杂的公共场所，酒店当然以完全独立为好。综合体内的酒店与不同业态的单位共处一个群体甚至同处一楼，必然为酒店设计和经营管理带来一些特殊问题，有些问题具有相当的挑战性，需在酒店设计时仔细斟酌并予解决。

(1) 综合体的功能布局与流线问题

综合体内的酒店，其本身的功能布局和流线当然要满足酒店的基本要求，这一点毋庸置疑。但这里指的是如何解决好综合体内各业态之间的布局和流线问题以及因此给酒店带来的影响。

上海世博酒店群(即世博综合体)由著名的波特曼设计事务所(John Portman&Associates)设计，酒店群的外形极具个性，4个形状各异、高低不同的弧形及圆形酒店组合在一个约300m长、150m宽、上下通透并充分体现流动空间特色的园林化裙楼里。就单个酒店而言，尽管主楼形状为客房设计和平面布局带来一些困难，解决起来还是相对单纯，不过在综合体内集中设置4个酒店的情况却非常少见。酒店主楼虽各自独立，但1~6层的裙楼及地下室却是相通的，尤其是裙房1-2层和地下一层是该综合体主要的商业区，各业态间相互穿插和影响，一些重要通道、疏散楼梯在酒店和商业之间需要共用。要处理好4个酒店间的关系以及各酒店与商业区域之间的布局和流线，包括水平流线和垂直流线颇具挑战性。

"上海中心"建筑面积约57.6万m²，主要由办公层、商场和酒店三部分组成，为解决各区域的垂直运输问题，仅电梯就用了106台，分布在酒店各区域，最主要的电梯(包括超高速客梯、服务电梯和消防电梯)集中在核心筒中间的"九宫格"内。由于"J酒店"位于84~110层，普通的高速电梯无法解决问题，需要先由三部酒店专用的、速度为18m/s的超高速电梯将客人送到设在101层的大堂，然后再换乘酒店内部电梯运送客人到酒店各区，包括向下到84~100层的客房区域和向上到101~110层的行政层、餐厅和其他公共区域。

(2) 综合体的消防和安保问题

——消防问题

位于综合体内的酒店应设置独立消防系统和中央控制室，原因在于酒店有不同于其他业态的经营模式、很高的消防要求和重大的消防责任，有无法承受的品牌受损后果以及关系到巨额赔偿和保险费比例的增减问题。尤其是境外的酒店管理公司，通常在国际著名的保险公司投保，一次火灾即会带来全球性影响。因此国内外酒店管理公司都不希望酒店的消防安全由别人(例如综合楼的物业公司)掌握。对它们提出的这些要求，业主方和设计师应理解和给予支持。

为保护客人的隐私，酒店很多区域(例如客房区域)较为封闭，主要依靠自动报警系统和水喷淋系统在第一时间发现火警和扑灭火情。与写字楼、商场不同，酒店24小时处于经营状态，酒店客人又是高流动性的，他们不熟悉酒店环境，还有一些客人缺乏火警意识，甚至不看客房门背后的消防疏散图(也称走火图)。因此一旦出现火警，酒店快速反应和疏散客人难度很大。

独立的消防系统使酒店管理当局负有明确的法律责任，会采取各种措施，对本区域的消防系统(包括消防报警系统、水喷淋系统和消火栓系统等)进行严格的定期巡检、维护和测试，随时消除经常出现的误报警，以确保其始终保持完好和正常的工作状态。由于火灾报警系统有不大于1%的误报警率属于正常，因此该系统通常处于手动而非自动报警状态，在酒店独立的消防安保监控室内，24小时值班的安保人员会在收到火警信号后在最短时间内进行现场核实(为避免因误报警惊扰客人)，并在确认火情后立即报警，同

图0-28 超高层建筑密集的上海陆家嘴金融贸易区

图0-29 综合楼内的客房走廊，通往疏散楼梯的防火门使用了推闩式门锁

时采取一切适当的灭火和疏散措施。当然，酒店平时还需在第一时间掌握综合楼内非酒店区域的火警情况，其他业态单位也应如此。

因此，大型综合体内合理的解决办法是在综合体内建立火灾报警的主控室和分控室，主控室可由直属业主方的物业公司掌握，分控室由酒店或其他业态单位掌握，各控制室联网，明确各自责任，制定统一的应急预案。上海中山公园龙之梦万丽酒店位于超高层综合楼内商场的上部，原来只有一个消防安保监控中心，根据万豪的要求，双方商定增设了由万豪管理的酒店分控室，主控室仍由大厦物业公司统一管理，运作情况良好。

——安保问题

酒店的公共区域通常对社会客人开放，但也不希望非酒店客人(不是来消费而仅仅是穿越)过多地进入，而酒店的客房区域不允许非住店客人随意进入，综合体内的酒店同样如此。

综合体内非酒店区域有其自身的客人，有些区域(例如大型商场、社会餐饮、康体中心等)甚至有较密集的人流。置于综合体内的酒店为了经营需要，其公共区域，尤其是大堂，往往有通道和综合体内的其他非酒店区域连通，这很容易造成住店客人和非住店客人交叉。还有些酒店的客房层，由于各种原因，无法完全避免和楼内非酒店区域(如写字楼层、酒店式公寓，甚至大型商场等)共用疏散楼梯——这是酒店管理公司最不愿看到的情况之一。电梯可以在轿箱内设置插

卡机使非住店客人无法到达和进入客房层，但由于疏散楼梯的防火门不允许上锁，实际上只要进入疏散楼梯就可到达任何一层。这些不安全因素在独立的酒店里也存在，但综合体内的情况更严重，设计时应注意并尽可能避免。

首先要为非酒店区域设置单独的出入口和垂直交通，同时要妥善处理酒店和非酒店区域间的通道，做到既便捷，又不引人注目(可设方向指示牌)，尤其使通道不要过于接近总台，以免对总台造成干扰和流线交叉。应尽量用裙房电梯和自动扶梯分流非住店客人，使他们可以不用或少用通向客房层的客梯。要尽可能把疏散楼梯分开设置，实在做不到时，必须在疏散楼梯里与其他非酒店区域连通的位置增设监控摄像头，并把疏散楼梯和接合部列入巡更路线。

必要时可在客房层通向疏散楼梯的防火门内侧设置推闩门(图0-29)(此类措施可能需经当地消防部门批准，同时应解决火警时消防员进入的问题)。逃生时身体推门即开，可出而不可进，以提高客房层的安全程度。使用这种门锁不影响逃生，但给希望使用疏散楼梯进入其他楼层的客人和酒店员工带来了不便，因此使用时应慎重。

(3) 综合体的设备管理和能耗问题

综合体内区域相通，机电系统统一设计，很多机房(如变配电、锅炉、制冷机、水泵等)经常设计为各业态单位共用，有些机电系统，甚至包括主管道都是共用。但是，各种业态由于营业方式和营业时间不同、对水、电、空调的供应时间、用量、高峰期、温度控制等指标的要求也不同，众口难调。设备系统过于集中很难做到各方平衡，设备系统的管理维修责任、能耗控制和费用分担也非常复杂，各业态之间极易出现争议。

这种状况对24小时营业、舒适度要求相对较高的酒店非常不利，尤其是高星级酒店承受不起客人因水、电、空调问题频繁投诉而造成的信誉损失。就综合体内的酒店而言，最好的状态是所

表0-7   **酒店主要经营管理模式对比**

	业主方		经营管理方或授权方	
	利	弊	利	弊
业主直接经营	完全经营自主权，最大财务收益	无联营体系、连环式销售体系或预订体系。最大亏损风险，但不必支付酬金	无经营管理方	
全权委托管理（无经营者股权）	无酒店经营管理能力，仍可对酒店投资。如经营者有良好声誉，较易筹措资金。最大财务收益，扣减管理酬金和经营者体系补偿费用	失去经营管理权。最大亏损风险外，还需支付管理酬金。不易解雇经营者	扩大联号网络，用最小管理成本增加管理酬金收入。不向业主付费。没有折旧费和物业管理费	营业收入局限于管理酬金。在所有权决策中最少发言权。管理合同终止时，失去酒店经营权
特许经营	联营和连环式销售，在开发、营业准备和营业阶段，均可得到特许者的指导和帮助。在协议规定的范围内有经营自主权。最大财务收益，扣减特许经营体系费用和特许权使用费	最大亏损风险外，还需支付特许经营费和其他各种费用。如果特许者实力较弱，可能会造成不利的市场形象	用最少投资扩大联号网络。用最小成本增加特许经营酬金收入	对酒店质量标准和服务质量的控制最小。营业收入局限于特许经营酬金
租赁经营	无酒店经营管理能力，仍可对酒店投资。明确了解财务收入数额。最小亏损风险。如经营者有良好声誉，极易筹措资金	失去经营管理权。只有租金收入，因而财务收益最少	用少量或中量投资扩大联号网络，如果能支付经营费用，可增加财务收益。没有折旧费和物业管理费。独家经营管理权	亏损风险增大，包括支付租金。租赁合同终止时，失去酒店经营管理权

注：根据《饭店物业投资决策与管理形式》(汪纯孝编著)表8-1改编

有设备系统和机房完全独立，避免与其他非酒店区域发生关系。退而求次是部分机房合用，但设备和管线分开，例如在同一变配电机房内，酒店使用独立的高低压配电柜，在同一制冷机房内，酒店使用独立的制冷机等，有些国际品牌酒店管理公司甚至要求将酒店使用和管理的设备区用铁丝网格围栏与其他设备隔开。再求次是供水(冷水)、供电集中，空调、热水分开。因水、电容易做到挂表计量，空调很难计量，热水通常仅酒店需要。如果上述要求都难以解决，就只好由业主方牵头，各单位就各种管理方式、费用、责任等问题进行协商并签订协议，由于任何协议都不可能将所有细节问题一一规定清楚，推诿扯皮仍可能发生。况且各业态的状况经常发生变化，这类协议经常要修订，并非一件轻松的工作。

因此，与其把矛盾推给管理，不如事先尽量通过硬件解决，能分尽量分，能挂表尽量挂上，哪怕一次性投资稍有增加也合适。在方案阶段，业主方和设计师就要考虑上述机电设备、管线在未来管理时的复杂性，从而在设计时尽可能考虑得完善一些。

10. 酒店的基本管理模式

投资方应了解酒店的基本管理模式并尽早确定适合自己的管理模式。

目前我国较为常见的酒店管理模式大体上有以下几种：

(1) 业主直接经营

业主自行委派总经理或在社会上招聘总经理，因而对酒店有最大的经营管理自主权和话语权，同时不必对外支付任何管理费，业主将获得酒店的全部利润和承受全部风险。

采用这种模式，业主需有一定的酒店经营管理经验和市场营销能力，同时在很大程度上要依靠总经理个人的能力和忠诚，这同样是一种风险。由于业主通常缺乏专业经验，因此采用这种管理模式的酒店并不多，尤其是高星级酒店。

有些业主在酒店建造过程中付出了很多辛劳，对多年的成果有相当感情。由于对管理酒店的专业性缺乏了解，对酒店管理公司缺乏信心，可能情不自禁会有一种想自己管理的冲动，此时就需要多一点冷静和理智。

(2) 全权委托管理

业主和酒店管理公司签订全权委托管理合同，由酒店管理公司全权对酒店进行专业化管理，提供品牌和订房网络，提供建设过程中的技术服务(需一次性收取技术服务费)，并向业主收取管理费(包括基本管理费和奖励管理费)、推广费和培训费等费用。国际品牌酒店管理公司通常还需要设立储备基金(一种按比例提取、专款专用、用于维护酒店设施始终处于完好状态，主要由酒店管理公司掌握的费用)。而业主将保留剩余的利润和承担亏损风险，并承诺对酒店的正常经营管理不加干涉。

对业主而言，是否选择全权委托管理的关键在于扣除支付给酒店管理公司的管理费后，其剩余的利润是否大于自己管理所能获得的利润，同时还应考虑品牌效应有助于酒店资产增值的作用，当然还需要业主没有强烈的经营管理欲望。

不同的酒店管理公司有不同的建造标准。国内的酒店管理公司一般以我国的国家规范为依据，但国际酒店管理公司依据的通常是公司所在国规范，其建造标准在很多方面与我国规范不一致。因此业主在选择酒店管理公司时，要充分考虑这一点。酒店设计师最好能熟悉不同酒店管理公司的建造标准。

目前国内的高星级酒店大部分选择这种管理模式。

(3) 特许经营

业主和特许者(酒店管理公司)签订特许经营协议，使用特许品牌和订房网络，接受特许者的建造标准和经营标准，接受特许者的指导和检查，向特许者支付特许经营费，酒店由业主自己经营。

对于不想放弃酒店的经营管理权、但又希望得到著名酒店品牌的业主，这无疑是一种易于接受的模式，实际上在境外这也是一种被广泛采用的模式，其份额超过总量一半而且还在不断扩大。Best Western即"最佳西方"就是以特许经营为主要管理模式的国际著名品牌，在中国他们也以特许经营为主管理酒店。但其他境外酒店管理公司及其品牌在国内尚不提供这种模式，中国的酒店管理公司基本上也不提供，尤其在采用高星级酒店品牌时不提供这种模式，特许经营仅在经济型酒店被广泛采用。

表0-8　　　　　　　　　　　　　　　　　　　　　已进入中国市场的境外国际酒店

酒店管理公司(集团)名称及总部所在地	英文名称	总部所在国或地区	主要品牌(中文)	主要品牌(英文)
洲际酒店集团	Inter Continental Hotels Group PLC(IHG)	英国		
			洲际酒店及度假村	INTERCONTINENTAL
			皇冠假日酒店及度假村	CROWNE PLAZA
			假日酒店及度假村	Holiday Inn
			英迪格酒店	Hotel indigo
			快捷假日酒店	Holiday Inn Express
			华邑酒店及度假村	
温德姆国际酒店集团	Wyndham	美国		
			温德姆酒店及度假酒店	Wyndham
			豪生(豪廷)	HOWARD JOHNSON (plaza royale)
			戴斯	
			华美达	RAMADA
			速8	Super8
万豪国际集团	Marriott	美国		
			里兹-卡尔顿	Ritz-Carlton
			JW万豪	JW Marriott
			万豪	Marriott
			万丽	
			万怡	
			万豪行政公寓	
雅高集团	Acord	法国		
			索菲特	So fitel
			铂尔曼	Pullman
			诺富特	Novotel
			美居	Mercure
			宜必思	Ibis
			SO	
希尔顿国际	Hilton	美国		
			康莱德	CONRAD
			希尔顿	Hilton
			逸林	Dou leTaee

管 理 公 司 (集 团) 及 品 牌(截至2014年底)

品牌特征及档次	国内常见星级	全球酒店数量	全球客房数量	备注
		4186	619851	截至2009.1.1
集团顶级	5			
高档	5			
中高档	4、5			
设计型				
经济型				
中国式、豪华				
		6976	585189	截至2009.1.1
集团顶级	5			
中、高档	4、5			
中档	4			
中档	4			
经济型				
集团顶级	5	3077	543505	截至2009.1.1
豪华	5			
高档	5			
高档	5			
中档	4			
		3581	459859	截至2009.1.1
集团顶级	5			
中高档	4、5			
中档	4			
设计型				
经济型				
风格独特、奢华				
		3253	543327	截至2009.1.1
集团顶级	5			
高档	5			
中高档	4、5			

酒店管理公司(集团)名称及总部所在地	英文名称	总部所在国或地区	主要品牌(中文)	主要品牌(英文)
喜达屋酒店度假村管理有限公司	STARWOOD	美国		
			圣-瑞吉斯	STREGIS
			豪华精选	THE LUXURY COLLECTION
			威斯汀	WESTIN
			喜来登	Shearton
			W	HOTELS W
			艾美	MERIDIEN
			福朋喜来登	FOUR POINTS
			雅乐轩	Alort
			源宿	Element
凯悦美国集团	Hyatt	美国		
			柏悦	ParkHyatt
			君悦	GrandHyatt
			凯悦	Hyatt
卡尔森酒店集团	Carson	美国		
			丽笙(蓝标)	Radisson Blu
			丽笙(绿标)	Radisson Green
			丽晶	Regent
			丽亭	Park Plaza
			丽柏	Park Inn
			丽怡	Country Inn
凯宾斯基集团	Kempinski Hotel	德国	凯宾斯基	Kempinski
最佳西方国际酒店集团	Best Western	美国		
			最佳西方精品	Best Western Rewards
			最佳西方	Best Western
费尔蒙酒店及度假集团	FAIRMONT-RAFFLES Hotels International	加拿大	费尔蒙	Fairmont
朗廷酒店集团		英国		
			郎廷	
			朗豪	

管 理 公 司 (集 团) 及 品 牌(截至2014年底)

品牌特征及档次	国内常见星级	全球酒店数量	全球客房数量	备注
		1041	308736	截至2010年 2017年被万豪收购
集团顶级	5			
豪华	5			
高档	5			
高档	5			
设计型				
中高档	4、5			
中档	4			
经济型				
		738	144671	截至2006年
集团顶级	5			
豪华	5			
高档	5			
		922	147129	截至2006年
集团顶级	5			
高档	5			2018年被锦江收购
亚洲文化特色				2018年被洲际收购
中档				
豪华	5			
		4195	315875	截至2006年
高档	5			
中档	4			
豪华	5			

酒店管理公司(集团)名称及总部所在地	英文名称	总部所在国或地区	主要品牌(中文)	主要品牌(英文)
千禧国际酒店集团	Millennium Hotels & Resorts			
			千禧大酒店	
			千禧酒店	
			国敦酒店	
			君门酒店	
			Studio M	
悦榕庄酒店度假村集团	Banyan Tree Hotels and Resorts			
		新加坡	悦榕庄	Banyan Tree
			悦椿庄	
莱佛士酒店及度假村集团	Raffles	英国	莱佛士	Raffles
日航国际饭店集团	Nikko	日本	日航	
瑞士酒店与度假村管理集团		瑞士	瑞仕	
迪拜卓美亚酒店集团	Jumeirah	阿联酋	卓美亚	Jumeirah
国丰酒店集团	Cuomen & thistle Holel	英国		
			国丰	Guomen
				Thistle
泰姬酒店集团	Tai Hoteils Resorts and Palaces	印度	泰姬	
四季饭店集团	Four Seasons	加拿大	四季	Four Seasons
香格里拉国际饭店管理集团	Shangri-La	中国香港	香格里拉	
半岛酒店集团(HSH)	Peninsula	中国香港	半岛	
文华东方	Mandaein Oriental	中国香港	文华东方	
海逸国际酒店集团		中国香港	海逸	
新世界酒店集团		中国香港	新世界	
永利度假村		中国澳门	万利	

管 理 公 司 (集 团) 及 品 牌(截至2014年底)

品牌特征及档次	国内常见星级	全球酒店数量	全球客房数量	备注
		120		
时尚酒店				
景区及都市度假村	5			
景区及都市度假村				
地标性的历史酒店	5			
都市、航空	5			
都市、航空	5			
高档	5	43		
	5			
	4			
高档	5			
高档	5			
高档	5			
高档	5			
高档	5			
高档	5			
高档	5			
高档	5			

这种情况可能与我国目前酒店管理水平总体不高与高素质的酒店职业经营管理人才不足有关，相信这种状态以后会发生变化。

（4）租赁经营

如业主与酒店管理公司签订了租赁合同，他就得到了相对保险但有限的经济收益。没有了经营风险，但也放弃了从其他管理模式可能得到的更大收益。

不过酒店管理公司通常不愿意采用租赁经营的模式，因为它们也不想承担可能发生的亏损风险，除非非常想得到这个酒店的经营权，同时有很大把握可以避免风险。因此，这种管理模式的成功率不高，目前的市场情况还足以支持酒店管理公司的立场。

对酒店业主方和管理方而言，不同的管理模式有不同的利弊(表0-7)，需根据自身实际情况进行选择。但选择总是双向的，即使双方在大方向上已达成一致，在随后的合同谈判中仍需要保持最大的诚意和妥协精神，方能成功签约和实现双赢。毕竟这是一个长期的、可能超过十年的合同，双方均很慎重。

11. 酒店管理公司与酒店品牌

不同的酒店管理公司、不同的品牌对酒店有不同要求，如果确定需要请管理公司来管理你的酒店，那就迟请不如早请。酒店管理公司的介入时间与费用无关，早介入并不多收费，晚介入也不少收费。精明的投资方会在设计的方案阶段就与酒店管理公司签约，尽快确定品牌，以求最大限度减少弯路、减少时间和资金的浪费，最大限度获取广告效应。有些酒店的投资方缺乏经验，胸无成算，酒店快盖好了或造了一半才开始想管理、寻公司、找品牌，往往为时已晚。

（1）已进入中国市场的国际品牌

酒店业是我国改革开放后最早与国际接轨的行业之一。1984年香港半岛集团管理北京建国酒店，标志着国际酒店集团开始进入中国市场，至今已整整36年。

到目前为止，世界上最著名的酒店管理公司及其大部分品牌均已进入中国市场，如“六洲”的洲际、假日及皇冠假日，“温德姆”的母品牌温德姆及豪生、戴斯，“万豪”的里兹-卡尔顿、JW万豪、万豪、万丽和万怡，“雅高”的索菲特、铂尔曼、诺富特和美居，“希尔顿”的康莱德、希尔顿和逸林，“喜达屋”的圣-瑞吉斯、威斯汀、喜来登、豪华精选、W、艾美和福朋，“凯悦”的柏悦、君悦、凯悦，以及凯宾斯基、丽晶、四季、香格里拉，等等，详见表0-8。

国际酒店管理公司进入中国市场，为我国的酒店业带来了世界最新的经营理念和设计风格，大大提高了我国酒店的管理水平，培养了大量专业酒店管理人才，催生了一大批国内酒店管理公司及其民族品牌，使我国的酒店业出现了一个质的飞跃。

与此同时，这些跨国的国际酒店管理公司凭借其强大的综合实力，牢牢控制了我国一线城市的高星级酒店市场，这种局面至今没有改变。笔者在著名的国际酒店管理公司工作过，也在国内著名的酒店管理公司工作过，对两者的差距深有体会。

著名国际酒店管理公司(集团)的优势，主要表现在以下几方面：

①通过几十年的兼并、重组和发展，这些公司已完成了国际集团化的过程，形成了超大规模的跨国集团公司，实力雄厚，并已着手进行战略性内部重组。根据Hotels公布的2009年全球规模位于前10位的酒店集团共拥有酒店总数33747家，客房总数4110436间，平均每家拥有酒店3374家，客房411043间，规模之大、发展速度之快令人咋舌。

②拥有一系列从高端到低端、适合各类客人、已成熟的著名品牌，同时还在不断进行品牌调整并推出新品牌。通过深入市场调查和一系列

营销手段，一个新品牌在我国从推出到为市场所接受，大体只需3年左右时间。

③拥有强大的全球预订系统。如在2002年，万豪酒店管理公司17个全球预订系统共处理了9000万次订房电话，并确认了5900万次预订和164亿美元的销售额，这还不包括与航空公司和旅游组织经营的全球酒店销售系统联营的预订系统所确认的2590万间/晚、34亿美元的销售额。

④拥有完整的、系列化的酒店建造规范和管理标准。需要强调的是这些规范和标准是它们几十年的技术积累，决非一朝一夕可以编得出来。集团总部技术部门从全球收集信息，通过分析研究隔几年就重编一次。弱电系统因技术进步快，规范的有效期仅半年到一年。凭借这些规范和标准，加上品牌的力量，国际酒店管理公司就可对投资方强势提出要求以确保酒店的高品质。

⑤拥有全球性的、统一的电脑管理系统、市场营销系统、员工培训系统和集中采购系统，可以最大限度提高管理效率、降低管理成本。

目前，已进入我国的国际酒店管理公司都在根据新的市场特点在调整品牌布局，调整发展方向，主要表现为以下几个方面：

① 收紧高端品牌的使用，尤其是集团顶级品牌的使用。如上海东锦江索菲特酒店在雅高撤出后改由希尔顿管理，但希尔顿并未提供与"索菲特"相当的"希尔顿"，仅同意提供明显低一个档次的"逸林"。喜达屋管理的上海瑞吉红塔酒店挂"瑞吉"品牌已多年，现已改挂了低一级的"豪华精选"。

② 推出适合市场的新品牌。一类是强调个性化的品牌如洲际的"英迪格"、雅高的"美居"、"SO"、喜达屋的"W"等；另一类是经济型品牌如洲际的"快捷假日"、温德姆的"速8"、雅高的"宜必思"、喜达屋的"雅乐轩"等。

③ 提高中档酒店的发展力度。洲际的"假日"、万豪的"万怡"、温德姆的"戴斯"、"华美达"、雅高的"诺富特"、喜达屋的"福朋-喜来登"等都在快速发展。还有一批新的中(高)档酒店品牌推向市场，如希尔顿的"逸林"、喜达屋的"艾美"、卡尔森的"丽柏"等。

④ 调整发展方向，开始从东部向中西部发展，从一线城市向二三线城市发展。万豪国际集团最近明确将2016年前的发展重点放在中西部的二三线城市，覆盖面将拓宽至13个省区、32个城市。刚进入中国的新加坡百乐酒店集团则一开始就把目标放在二三线城市。

(2) 国内酒店管理公司及其品牌

在国际酒店管理公司大举进入中国市场的同时，国内酒店管理公司从无到有也在蓬勃发展，据统计目前已超过1000家。至2013年，锦江国际酒店管理公司已拥有门店数1243家，客房数达到193334间，名列全球酒店集团300强第12位。海航集团、开元集团、绿地酒店等旗下实力雄厚的本土酒店品牌通过海外收购，已成功将民族品牌输出海外，其中，海航的"唐拉雅秀"已在美国的纽约和比利时的布鲁塞尔立足。

根据中国饭店协会《2013中国饭店业发展报告》提供的2013中国酒店投资与管理集团规模30强排行榜(表0-9)，其中前10强为如家酒店集团、锦江国际酒店管理集团、7天连锁酒店管理集团、华住酒店集团、格林豪泰酒店集团、首旅股份、维也纳酒店集团、开元酒店集团、玖玖旅馆、金陵饭店集团，共拥有酒店6644家，客房812400间，平均每个公司拥有酒店664家，客房81240间，已初具规模。

应该承认，与国际酒店管理公司相比，本土酒店管理公司及其品牌在总体实力上还存在很大差距，要赶上它们还有很长的路要走。仅就规模而言，在我国排名前5强中有4强均为以经济型酒店为主体的酒店集团，一方面说明了我国经济型酒店连锁规模扩张迅速，品牌竞争力强，另一方面也反映了本土酒店管理公司对中高端酒店管理能力和品牌竞争能力的相对薄弱，也反衬了国际酒店管理公司的实力和优势，说明它们在我国一

表0-9 2013 年 中 国 酒 店 投 资 与

排名	集团名称	总部所在地	客房数	门店数
1	如家酒店集团	上海	214070	1772
2	锦江国际酒店集团	广州	193334	1243
3	7天连锁酒店集团	上海	133497	1345
4	华住酒店集团	上海	113650	1035
5	格林豪泰酒店集团	北京	60708	664
6	首旅股份	北京	34700	118
7	维也纳酒店集团	深圳	17734	105
8	开元酒店集团	杭州	15944	59
9	玖玖集团	温州	15192	247
10	金陵饭店集团	南京	12571	66
11	银座旅游集团	济南	12483	112
12	布丁酒店连锁	杭州	12204	163
13	万达集团	北京	11713	38
14	碧桂园集团	佛山	10356	37
15	尚客优集团	青岛	10183	189
16	城市便捷酒店	南宁	9690	102
17	中州国际集团	郑州	9385	65
18	阳光酒店	北京	8625	31
19	陕西旅游集团	西安	8465	53
20	君澜酒店集团	杭州	8081	32
21	岭南集团	广州	7985	35
22	易佰连锁旅店	上海	7867	123
23	世纪金源酒店	北京	7239	14
24	海航酒店	北京	6764	29
25	粤海控股集团	香港	6346	25
26	港中旅集团	香港	6235	22
27	华天实业控股	长沙	5882	18
28	杭州商贸旅游集团	杭州	5550	33
29	禧龙宾馆	哈尔滨	5423	79
30	华侨城集团	深圳	5296	29

主 要 品 牌			
五星级(豪华)	四星级(高档)	三星级(中档)	经济型
锦江	锦江	锦江、商悦、白玉兰	锦江之星、金广快捷、百时快捷
建国	建国		欣燕都
维纳斯	维也纳	维也纳	维也纳3好
开元名都、开元度假村	开元	开元·曼居	
金陵	金陵	金陵	金一村
	银座佳悦		银座佳驿
万达瑞华、万达文华、万达嘉华			
中州	中州	中州商务	中州快捷
君澜、君澜度假		君亭	
岭南花园、岭南东方	岭南精英	岭南经典	岭南佳园
唐拉雅秀、唐拉雅秀珺唐	海航	海航商务	海航快捷
粤海			粤海之星
维景国际	维景	旅居	旅居快捷
华侨城	奥思廷		城市客栈

线城市酒店高端市场占有压倒性地位决非偶然。

应该注意到我国在酒店的品牌建设方面还没有引起足够重视，还没有取得令人满意的成果。一些本土酒店管理公司重视扩大酒店的数量和客房规模，但没有充分认识到着力点应该放在做强品牌、创新品牌上，没有充分认识到品牌的影响力在规模扩张时的极大作用。

万豪国际集团的迅速扩张就始终伴随着品牌的建设和发展，其最早的基本品牌仅是万豪(Marriott)和万怡(Courtyard)，通过创新加收购，现在已达到十几个。1995年，万豪集团收购了全球首屈一指的豪华连锁酒店公司"丽嘉"(Ritz-Carltong)，使"里兹·卡尔顿"品牌成为集团顶级品牌，从而大大提升了集团在全球的地位。1997年3月，万豪集团又以近10亿美元成功收购了亚洲的万丽集团，获得了当时已具相当知名度的"万丽"(Renaissance)品牌，此举使万豪集团在全球的酒店数量实现了大幅增长。

我国著名的锦江国际集团近年加大了品牌建设力度。在原有的高端品牌"锦江"和经济型品牌"锦江之星"基础上，于2011年借上海中心84~110层的超豪华酒店推出了集团的顶级品牌"J.Hotele"，2013年6月又以17亿元成功收购了21家"时尚之旅"酒店，加上原锦江旗下的"新城饭店""新亚大酒店""南华亭酒店""金沙江大酒店""白玉兰宾馆"5家三星级酒店，通过重新定位和改造，打造中档的"锦江都城"新品牌，并计划在未来3~5年发展到100家。由于"新城""新亚"是上世纪三十年代建造的经典建筑，将为"锦江都城"这个新品牌赋予了深厚的文化内涵。

2014年年底，锦江国际集团宣布以逾12亿欧元收购欧洲第二大旅馆业者法国罗浮酒店集团(Louvre Hotels Group)，为中资企业海外收购酒店资产再添新例。"罗浮"集团旗下金郁金香酒店三大品牌未来将进入中国及亚太地区主要城市。

(3) 如何选择酒店管理公司及其品牌

国际酒店管理公司的总体优势当然明显，但主要体现在高端酒店尤其是超豪华酒店上，实际上国内一些管理水平较高的本土公司拥有的高端品牌(如锦江、建国、金陵、开元等)也已具有相当知名度。在中档酒店方面，国内本土公司的管理能力其实已基本具备了与国际公司相抗衡的实力，只是没有实现大规模连锁以及没有出现有相当影响力的品牌。在经济型酒店方面，国内公司的连锁品牌已具有相对优势。因此，不一定非要找一家国际公司不可，国内的本土公司及其品牌完全可供选择。

酒店投资方在选择酒店品牌时，应根据自身特点进行权衡、全面考虑，尤其需注意以下几个问题。

① 国内外设计标准与规范差异。

已经系列化的国际品牌并不是按照我国的评星标准设置的，它是全球化的产物。其系列品牌的差别不仅体现在档次上，而且体现在适应不同的客人群体上，体现在风格上。尽管可以在品牌和星级之间大体作一个对照，但也只是"大体"而已。如Marriott的"里兹-卡尔顿""JW万豪""万豪""万丽"在国内通常都挂五星，但因对应的主要客源有差别，其配置、风格和豪华程度也有差别。有些国际品牌如Marriott的"万怡"、Starwood的"福朋"，在国内大体上挂四星，国际上属中档酒店，其建造标准与我国的五星级有一定差距。如果选择了这类品牌，又希望评到五星，弥合两者的差距很困难。如果硬往五星上靠，"万怡"也许做成了"万豪"，"福朋"可能做成了"喜来登"，而品牌档次和风格的混淆是国际酒店管理公司不愿意看到的，尤其在同一区域内。

② 市场适应性问题。国际品牌对酒店功能配置和酒店风格规定严格，国际化程度高，但有时也不够灵活，有水土不服的弱点。尤其在一些开放程度相对较低(本地客人多)、地域特征明显的地方，

国际品牌的标准与当地市场的需求之间的矛盾会更大一点。业主方更关心和了解市场，但管理公司为坚持品牌标准也很难让步。利润当然是双方共同的利益，但承受的压力毕竟不同。对业主方来说，投资回报和还贷是生死攸关的问题，无论如何含糊不得。此时本土的国内酒店管理公司较为灵活和适应性较强的优点就可能得以发挥。

当然也有业主方与国际公司经协商取得平衡和妥协的例子。浙江温州的福朋-喜来登酒店就是其中一例。业主方认为该酒店主要靠当地消费，尤其要考虑当地"温商"的喜好，但又不能过于"随波逐流"，要有一点"国际品位"，希望找一家国际公司管理，最终成功与"喜达屋"签了约。由于温州已有一个"喜来登"，管理公司只能给"福朋"品牌。经权衡业主方接受"福朋"，但在技术深化时产生了不同意见，一是功能布局、空间效果、机电设计需有一些调整，如管理公司要求游泳池从四层移至五层、大堂要求挑空等，但当时建筑主体与泳池结构均已完成，改造工程不小；二是内装设计风格问题，"福朋"较为简约和时尚，而当地温商喜欢欧式。由于双方均有诚意，多次磋商后各有让步，终于达成了一致，合同得以继续执行。

③ 投资增加的问题。国内品牌酒店只需符合我国的设计规范即可，而国际品牌酒店，除需符合我国规范外，还需符合其建造标准，此类标准的基础通常是该公司所在国的规范，以美国规范居多，很多地方高于我国现行规范和国内品牌酒店的建造标准。在设计公司、各种专业顾问的选择和要求方面、各类设备、材料和制成品的品牌和质量要求方面，国际公司都会有很多具体要求。这些要求大多有利于酒店品质的提高，但建造费用会有明显增加。

附录：MARRIOTT(万豪)的启示

笔者任上海齐鲁万怡大酒店的业主方上海山东齐鲁实业总公司副总兼总工多年，从酒店的建造、开业到运营，与万豪集团交往甚久。曾撰写《MARRIOTT(万豪)的启示》一文，记录了1994年进入酒店圈10年后，对正在大举进入中国市场的国际酒店管理公司的感受，刊登在《上海饭店》2004年第5期上。现一晃又是10年，尽管时过境迁，但今天读来，仍觉还有价值，特作为本章附录，与读者，尤其是刚与国际酒店管理公司接触的读者共享。

MARRIOTT(万豪)的启示

品牌建设和集团扩张是当前我国饭店业备受关注的两大互为关联的热点，在经济全球化的今天，如何打造我国的著名饭店品牌? 如何打造我国的跨国饭店管理集团? 很多有识之士已进行了多年的理论探讨和初步的然而也是颇为成功的实践。

笔者所在的齐鲁万怡大酒店，于2001年开始由万豪国际酒店公司(Marriott Hotels International BV)全权委托管理，使用Courtyard by marriott(万怡)品牌。在近6年的谈判、改造、开业、经营过程中，笔者与万豪进行了各种接触，深感其有很多做法值得我们借鉴，本文仅提供一些亲历的感受。

1. 百年老店

马里奥特(Marriott)，又译"万豪"，是一家著名的国际饭店管理集团，目前在全球排名第三。其创始人约翰·威拉德·马里奥特(John Willard Marriott)于1927年5月在美国华盛顿西北14大街3128号开了一个小型饮料店，销售菜根汽水(Root Beer)，由餐饮业起家。三十年后，即于1957年1月在弗吉尼亚开设了第一家饭店——马里奥特双

桥汽车旅馆，又经过四十余年的发展，已发展成为在全球拥有2600家饭店、近50万间客房、18个著名品牌、年营业额近200亿美元的全球最大的国际饭店管理集团之一，多次被世界著名商界杂志和媒体评为首选的饭店业内最杰出的公司。万豪拥有一个当今国际酒店业中规模最大的预订系统，拥有自己的卫星和互联网络系统。2002年，由国际互联网订入万豪酒店的客房超过了8900万间，目前该网址以及与其相连的网络系统每月有超过6000万人次的访问。

万豪的历史，实际上也是世界上各大国际饭店集团的一个缩影。稍微研究一下他们的发展过程，就可以发现，尽管各有不同的特点，但更有其惊人相似的规律。就外部条件而言，他们都得益于二战后出现的相对和平期、交通工具——汽车及飞机的飞速发展、五天工作制及带薪休假的普及、电子网络和电子商务的发展与普及以及近年来全球经济一体化的逐步形成，但是，由一个经过几十年乃至上百年形成的核心品牌起家，加上正确的、不失时机的市场战略及其核心技术包括饭店的管理模式、品牌价值、网络体系、促销手段、企业文化，以及大批的经营管理人才等，才是他们能够发展到今天这样规模的内在因素。

从笔者查阅的一些资料看，全球饭店著名品牌，除香格里拉(1971)的历史为30年外，大都是百年老店：如凯宾斯基(1897)、圣·瑞吉斯(1904)、希尔顿(1919)等等，其余至少也有五六十年。倒是集团名称，因近年来的大规模兼并，变动很大。由此可见，十年磨一剑，不无道理。

2. 大手笔

与其他著名国际饭店管理集团相比，万豪进入中国较晚，没有赶上第一批浪潮，然而发展迅

捷。十年前，万豪的名字几乎无人知道，如今，万豪在中国已拥有近60家饭店、9个著名品牌。其中在上海就有9家饭店7个品牌，它们是上海波特曼•里兹•卡尔顿(Ritz-Carlton)、上海JW万豪(J•W•Marriott)、上海虹桥万豪(Marriott)、上海万丽及上海浦东淳大万丽(Renaissance)、上海齐鲁万怡(Courtyard by Marriott)及上海浦东华美达(Ramada)、上海万豪行政公寓(Execitive Apartmart)。

万豪在中国的迅速发展得益于它的联号发展及品牌延伸战略，关键的一招是购买独立的中小著名饭店品牌的扩张战略。1997年3月马里奥特国际公司斥资10亿美元，一举收购了新世界饭店集团，从而使它在海外的饭店数量增加了一倍，同时增加了New World、 Renaissance及Ramada三个品牌，而这三个品牌的饭店原先在中国已经超过了10家，自然而然并入了万豪麾下。万豪用这三个品牌继续在中国扩展，截至2003年3月全国已有新世界5家、万丽7家、华美达10家，共22家。当然，这并不排除它在中国继续发展万豪、万怡这几个起家的品牌。

大规模的收购兼并已成为当前全球范围内的一种趋势，成为快速进入某一地区的主要手段和在核心品牌成熟以后迅速扩大规模的最佳方式，万豪也不例外。目前，万豪的品牌已涵盖了饭店几乎全部类型。

3.谈 判

1999年，上海齐鲁万怡大酒店的前身上海齐鲁大酒店的装修已完成了近80%，在与另一家著名的跨国饭店管理公司谈判失败以后，我奉命去北京寻找新的境外管理公司，中国饭店协会原秘书长袁家堂先生向我推荐了万豪，当时我手上已经有了五个国际管理公司和材料，其中包括万豪，但对万豪并没有感性认识。当时万豪亦急需在中国扩展，因此双方一拍即合，发展部的顾先生答应一周后即到上海。

顾先生没有失约，一周以后，当我们坐在会议室里开始进行实质性商谈时，他直截了当地表达了欢迎加盟的意思，根据我们的情况，反复建议我们使用"万怡"品牌，而不要使用"万豪"品牌。他不无得意地表示，他事先已来暗访过一次(因我们的饭店已基本定型)，对我们饭店的硬件作了一番了解后，才这么明确表态。我马上意识到，尽管万豪希望在中国快速扩张的心情是如此迫切，但万豪系列的品牌标准并不会因此而降低，在选择合作伙伴时仍然非常慎重，这也意味着，未来的谈判一定是艰苦的。不出所料，当我们面对万豪提供的、经过在全球几十年千锤百炼、反复修改补充但翻译水平很差的厚厚的中文合同文本时，面对现在已记不清多少次的谈判时，实在是头疼得要命。但为了我方的利益，不得不逐字逐句弄清其含义，并在关键之处反复争论，反复讨价还价，其中也包括了万豪希望的改建方案。

万豪内部的职权和分工是非常细微和明确的，合同文本上每一个字的更改都需要经过总部法律顾问的同意，改建方案的每一个专业都有人负责，他们各自把关，又不替代别人的工作，以致我们开始怀疑这是不是一种新的官僚主义？谈判历时一年半才正式签约。

谈判是艰苦的，但合作还是愉快的。

4.总 部

2000年初夏，我应邀访问万豪在华盛顿的总部。

天空碧蓝，绿树成荫。汽车拐下了公路，一幢充满现代气息的大楼出现在面前，这就是万豪总部。据介绍，万豪总部(可能也包括全球各大区的分部)有3000人之多，分发展、工程、运作三条线，管理着全球2600多家饭店，而且饭店的数量还在继续增加。这是一支庞大的队伍，但在总部里却看不到很多人，他们大部分人员正在全球奔忙。

我重点看了工程部。在整整一个层面上，用办公隔断分成一个个小空间，负责我们酒店的工程总监叶先生也有这么一个小空间。他望着自己桌子上堆积如山的图纸和资料，不好意思地说他实在没有时间整理桌子，因为事情实在太多。他当时管着东亚近十家正在筹建中的酒店，每月有三周在国外跑，一周回美国与同僚开会、讨论问题，疲惫的神色和发青的眼圈告诉我，他根本倒不过时差。他不能有大的差错，否则就会被炒鱿鱼，他从台湾来，站住脚不容易，是很珍惜这份工作的。负责我们酒店的其他工程专业人员，如机电、消防、通讯、布艺有七八人，总的来说，都非常精通业务，也很敬业，他们不仅熟悉美国的规范和万豪的规定，也熟悉中国的规范，这是我在与他们讨论问题时切实感觉到的。他们的任务是把关，保证新开张的饭店符合万豪的要求，和他们打马虎眼是不成的，有分歧可以争论，只要理由充分，尤其在涉及中国规范和万豪规定有矛盾时，他们也会让步。

在另一格里，我看到一位老先生，前面的隔断板上挂了一幅南亚风格的壁毯，桌上放了几件南亚风格的工艺品，看来是分管南亚片的，作为一个全球性的跨国饭店管理集团，其成员自然要研究各地区的民俗。万豪并没有设宴招待我们，只是几个熟人在外面一家中餐厅请我们吃了一顿便餐，便陪我们去参观在华盛顿的几家万豪及万怡酒店了，顺便说一下，他们的人员来齐鲁会议时，从来只是在食堂便餐或吃汉堡，一个简单的行李包、一个笔记本电脑，从机场直奔工作地点。

5. "天书"

万豪有一套自己的规范，从硬件到软件无所不包，其详细程度令人吃惊。

签约以后，万豪交给我一套涉及工程的规范，其中万豪国际酒店设计规范共16章，足有5厘米厚。万怡设计规范与之不相上下。从环境、交通、客房、大堂、餐饮、康乐、行政后勤、设备设施、消防安全、从功能布局、设备档次、材料性能、设计格调、可以接受的品牌都作了明确和具体的规定。我称之为"天书"。在整个改建过程中，我无数次地翻阅这本天书，真是受益匪浅。我确实佩服这些人把饭店研究得如此之透。里面有一部分内容是体现万豪独特的风格的，但大部分规定我相信适用于各种品牌的同类饭店。

据说，这些规范每年都要修定一次，以适应全球各区域不同市场新的需要，很多章节前面有附页，以修正、补充正本的某些内容，或对某个地区的特殊情况作出特殊的规定。

"天书"确保了万豪各个品牌的同质性。它是一种品牌标准，有其个性化的一面，不同于我国的设计规范和星级评定标准。但我想，要真正创一个品牌，这样的"天书"恐怕是不能少的。

6. 客 房

万豪对客房特别关注。

万豪有一个负责审查饭店是否符合要求的七人委员会，是最高权威。有意思的是：这个委员会只审查客房的设计，别的，如大堂等公共区域设计，甚至筹备工作是否已达到开业要求，一概由下面去审查批准，委员会不管。

万豪这么做有它的理由，因为客房是客人入住饭店后的主要活动和休息区域，是客人临时的家，其安全性和舒适性理应给予特别的重视；同时，客房是最能体现万豪风格的地方，很多客人就是因为喜欢万豪的客房(当然还有相应的服务)，才专门选择万豪入住的。万豪在全世界的饭店，外形上可以千差万别，公共区域可以体现各地区的地方特性，但客房内的设施和风格必须是一致的。客人一进客房，看到熟悉的环境，自然有了回家的感觉。

万豪客房的风格属于美国的传统型，也就是老派。明亮的暖色，以大朵花卉图案为主的床罩、宽大而舒适的床和沙发、深棕色的木制家具加上黄铜饰品，大幅的挂画和艺术品，典雅而温馨，非常协调。设计师必须把客房的主要材料样品，包括窗帘、布艺、木作、地毯的样品，布置在一个700×700的金边镜框里(这是硬性规定，不能大也不能小)，与设计一起送审，批准后做样板间，样板间验收合格后才允许铺开施工。

万豪总部还有一个很大的房间(至少有300平方米吧)，一个个橱里，一张张桌上放满了世界各地送来的布样，布样后面都标有产地、制造商、联系电话和地址，近期经批准的样品镜框在墙上挂了长长的两排，负责我们齐鲁万怡大酒店室内设计的设计师为了节约时间，干脆直接飞到华盛顿总部，在这个大房间里选定布样，一次通过审查。这些布样是一笔多宝贵的财富啊，我想国内的设计师在为业主选择布样时，手上的样品一定是少得可怜吧。除此之外，万豪总部还有几十套各式客房的样板房展示。万豪为保证客房的品质、整个饭店的品质乃至品牌的名誉如此在细微之处下功夫，由此可见一斑。

7. 开 业

齐鲁万怡大酒店的开业时间距工程竣工仅一个月，而不是一般的三个月，万豪开始表示困难，但在业主再三要求之下还是同意了。

酒店员工是在社会招聘的，6000人报名，录取300人，好中选优，其中有不少是从事酒店工作多年、有一定经验的人员，但培训时间绝对不足，磨合时间更不够。万豪借其雄厚的人力资源，从香港、亚太区运作部本部，从在中国国内已开业的万豪系统各酒店，紧急抽调一批总监级和部门经理级的干部来齐鲁万怡协助开业——从招聘员工开始。

开业异常顺利，试营业第一天营收便达到18万元人民币，第一个月就有盈利。尽管此时已不是旺季。

边营业、边培训。一段时间之后，除了几个总监外，抽调来的骨干陆续返回原来的饭店岗位，新招来的部门经理带领员工队伍独立顶班，一个新酒店就这样运转起来了。

这是集团的力量，一流的饭店集团应该拥有大批饭店管理的精英，应该具有这样的应急能力。

8. 文 化

万豪有其独特的文化。

这种文化，体现在马里奥特家族的传统中，体现在马里奥特的经营之道中，体现在马里奥特

图0-30 笔者在2000年6月访问位于美国华盛顿特区的Marriott总部(左)；图0-31 笔者与Marriott总裁小马里奥特在上海齐鲁万怡大酒店的合影

的管理系统中，也体现在马里奥特—万豪麾下各类酒店的风格及个性之中。

据书载：1964年1月21日，小马里奥特被任命为马里奥特公司的总经理，正式接替其父之职，老马里奥特十分激动，前一天夜里终不能寐，挥笔急书酒店经营的15条方针，也被称之为通向成功之路的"路标"，其中不乏有发人深思的警句。举几条如下：

——钻研与恪守专业管理原则，把它们合理地应用到你的饭店；

——人是第一位的，要关注他们的发展、忠诚、兴趣与团队精神；

——决策：人生来就要决策，并为之承担责任；

——主意给生意带来活力；

——想问题要客观，保持幽默，使生意对你和他人都充满乐趣。

小马里奥特上任之后，又提出三条：

——关照好你的职工，他们将关照好你的顾客；

——为顾客提供价格合理、品质优秀的服务和产品；

——与业主密切相关，永远向着成功努力，不自我满足。

万豪集团还要求在"万豪"品牌的饭店大堂醒目处悬挂马里奥特父子的油画肖像，此举既有标志的作用，也包含了浓厚的家族特征，这在其他的著名国际饭店管理集团中是不多见的，这也是一种文化吧。

尽管如此，万豪不仅不排斥，还相当尊重饭店所在区域的文化，并在不影响万豪品牌同质性的情况下，支持实现区域文化特征。当上海齐鲁万怡大酒店业主要求在饭店内展现齐鲁文化时，万豪欣然同意。因此，齐鲁万怡的大堂出现了紫铜浮雕"悠悠齐鲁"，各个公共区域、尤其在中餐厅VIP包房里，出现了一批用现代手法表现、体现浓厚齐鲁文化的大型装饰画。中西文化如此协调地糅合在一起，获得了中外客人、包括从华盛顿万豪总部远道而来的高层管理人员访问团成员的一致赞誉。

（全文刊载于《上海酒店》2004年第五期）

第一章 大堂区域

大堂是为酒店客人提供入住、离店服务及其他综合性服务的区域，是酒店的交通枢纽。大堂集中体现了酒店的品位、等级、规模、风格和服务水平，其重要性不言而喻。

酒店大堂需要特别精心的设计，图1-1~图1-6介绍了一组不同风格的大堂。

大堂的基本配置通常包括：酒店主要出入口、总台区、咖啡吧(大堂吧)、商务中心、精品商店、电话间、客人休息区(非消费区)、电梯厅、公共卫生间和其他设施(图1-7)，很多酒店还将24h自助餐厅设置在大堂区域。

表1-1提供了一个中型商务型酒店大堂的基本配置，应用时可按实际情况进行调整。

一、酒店主要出入口

1. 位置选择

酒店主要出入口位置的选择要综合考虑酒店本身功能布局和周边环境，合理组织人流和车流，进出地下停车场的车道要非常顺畅。

酒店主要出入口前需有宽敞的场地，以便设置车道、停车场(位)和绿地，否则将直接影响酒店的经营效益。位于城市中心区的酒店要做到这一点很困难，上海原基督教青年会大楼，即现在的上海青年会锦江商悦酒店，位于市中心的闹市区，历史文化沉淀深厚，位置绝佳，就因出入口临街，没有停车场，至今得不到大的发展(图1-8)。上海海仑宾馆(五星级)位于南京路步行街，大堂主要出入口在九江路，因毫无回旋余地，为设置一层的几个车位，仅靠一条很陡的车道通向二层的大堂(图1-9)。

有些业主方和设计师喜欢把酒店主要出入口正对着主干道或十字路口的转角处，认为这样酒店更气派，更引人注目，其实未必。理想的位置很可能在垂直主干道的次要道路上，而不在主干道上。交通繁忙的主干道过于嘈杂，废气污染严重，客人穿越道路很不安全，酒店主要出入口与主干道太近，没有足够的缓冲距离，对酒店大堂有一定干扰，且无法提供较开阔的场地设置回车道、停车场、绿地和其他景观。

酒店主要出入口距路口的距离一般不应小于50m(需遵守当地交通法规)，要特别注意门前道路的走向，即进入酒店的车辆行驶方向与道路行车方向必须一致，与进入地下车库入口的方向也

表1-1　　　　　　　　　　**300间(套)城市商务型酒店大堂的基本配置**

区域	面积(m²)	说明	备注
总台	50	4个工作单元、3m深的客人等候区	
客人休息区	35~40	至少两组沙发	
商务中心	50~60	含一个小会议室和一个封闭的电话亭	属营业面积
精品商店	20~30	每个房间0.08~1.2m²，门不宜开向大堂	属营业面积
行李房	15~20	靠近礼宾台和入口	如经常有团队需增加面积
贵重物品存放	6~8	靠近总台，客人和工作人员各有单独入口	
前厅部办公室	30~40		
大堂副理	10		
礼宾台	10~15	附近有2-3个行李车停放位	
艺术品展示及室内景观	30~50	大堂中心区	
公共卫生间	50	隐蔽及方便到达	
交通	100~120		包括电梯厅
团队接待和休息区	100~120	单独出入口，接待台、休息区、行李房	根据需要确定是否设置

图1-1 北京昆仑饭店是上世纪80年代首批建成的五星级酒店，大堂始终保持豪华挺拔的姿态(上左)
图1-2 上海丽晶-龙之梦酒店大堂层次丰富，温馨亲切、有宾至如归之感(上右)
图1-3 浦西"洲际"的大堂：简约的总台、抽象的灯饰体现现代风格(中左)
图1-4 上海外滩华尔道夫酒店外滩入口的大堂：完全恢复了昔日"上海总会"的原貌(中右)
图1-5 广州翡翠皇冠假日酒店大堂，弧形玻璃天棚下，茂密的绿色植物和水景呈现了一个清新的四季厅形象(下左)
图1-6 海南三亚喜来登酒店的大堂，高耸的仿木结构坡顶和现代风格的吊灯完美结合，表现出浓浓的民族风情(下右)

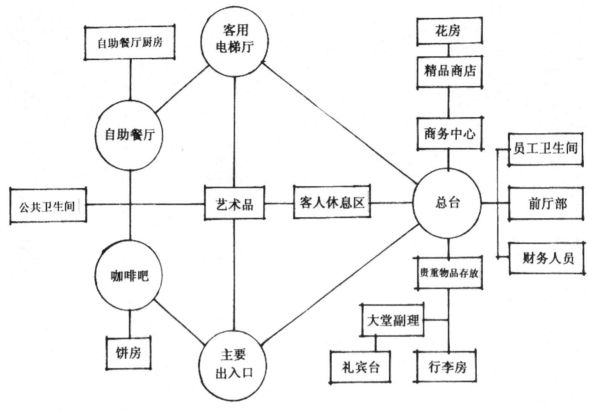

图1-7 大堂基本功能分区及流线

要一致。

有些酒店很讲究风水。所谓"路为虚水"，从风水角度讲，入口朝向和道路状态也是选择出入口位置的重要因素。

图1-10和图1-11是两个酒店主要出入口避开主干道的例子。

2. 设计的基本要求

· 体现酒店的总体设计风格；

· 标志清楚、醒目、有特点，精心显示酒店形象；

· 有宾至如归的亲切气氛，有"到达感"；

· 有符合使用功能、与立面造型协调的雨篷、车道；

· 室内外高差不宜过大，但不能仅设一个台阶；

· 有残疾客人通道；

· 有精心设计的室外景观和其他设施；

· 使用高档、豪华的材料；

· 有高质量的泛光照明；

· 设置完善的指示性标牌。

3. 门前车道、雨篷和景观

酒店主要出入口应尽量提供三条门前车道，每条宽3.5m左右，其中两条通过停车门廊(或雨篷)，另一条为露天的绕行车道。下车区长度不应小于12m，从车道边缘到正门口应有长度与停车区一致、深度为3.5m左右的等候区，以便客人安全等车、停留和处理行李(图1-12)。如使用大型旋转门而门两侧有较大空间时深度可酌情减少。很多酒店在设计时忽视这一点，未设置等候区或等候区深度不够。出入口雨篷如由柱支承，车道的路缘线距柱边线应有不少于1m的间距，以免车辆撞柱，尤其在拐弯处。

车道坡度应为1/12，确有困难时也不能大于1/10，以保证防滑效果。残疾客人通道的坡度也为1/12，其他尺度要求(如护栏、休息平台等)应符合相关规范。如正面有台阶，则台阶步宽以300为宜，步高150。

雨篷宽度应不少于两个车长，即8m左右，最好能达到或超过12m，即能同时覆盖三辆车。雨篷深度至少应能遮蔽两辆车，即不小于7.5m，大型酒店的停车区如为三车道，则应达到11m左右，总之需覆盖全部停车区。在困难的情况下，外侧的车可以覆盖一半的车宽(即至少保证客人下车时不淋雨)。如雨篷由柱支承，应考虑因此而增加的距离。

雨篷净高要考虑与主立面的比例，通常不小于4.5m。无论有无单独的团队出入口，主出入口

车道的雨篷高度，包括车道的宽度和回转半径均应能通过大型旅游巴士。

雨篷一侧或附近需提供出租车排队的场地，但不能影响正常的车流交通和酒店环境，并应设置明显标志(图1-17)，如出租车场地距主要出入口距离较远，则应解决两地的联络问题(信号灯及对讲机)，

应尽量在附近提供10~15个客人临时停车位。

主要出入口处的墙面(包括门)宜采用高大的玻璃幕墙和白玻璃，使客人从远处即能看到大堂内景，尤其在晚上，灯火通明的豪华大堂对酒店是一种很好的宣传。

主要出入口是设置泛光照明的重点区域，但

图1-8 稍远处深色大楼即上海青年会锦江商悦酒店，门前的西藏中路车水马龙，完全没有停车位置，也不可能再建地下停车场(上左)
图1-9 上海海仑宾馆入口位于南京路步行街南侧的九江路，主要入口前完全没有空地，通向二层大堂的坡道坡度也不符要求，历史形成的状况确实无可奈何(上右)
图1-10 上海锦江汤臣洲际大酒店：为避开酒店南侧车水马龙的张杨路，主要出入口设在酒店西侧，以便回车(下左)
图1-11 上海璞丽酒店：入口位于繁华的南京西路南面次要街道内侧，竹林散发清幽的气息，闹中取静(下右)

图1-12 广西南宁沃顿大酒店出入口，具备了文中涉及的主要要素：如宽度足够的车道、雨蓬和客人等候区等(上左)
图1-13 香港JW万豪酒店出入口：用材精致，比例适当，小巧玲珑，赏心悦目(上右)
图1-14 广州翡翠皇冠假日酒店出入口车道与弧形雨蓬完美结合，依山势一气呵成，生动别致，极富创意(下左)
图1-15 三亚喜来登度假酒店的出入口：高大深邃的雨蓬至少可同时停留两辆大巴，接待数个旅游团队(下右)

要兼顾照度、商业氛围和安全三要素，灯光不能直射客人眼睛。

应尽量设置具有地域文化特点的店标、雕塑、水景及其他景观，如有可能，提供一定面积的室外广场和绿地，并在适当位置考虑旗杆，通常是3或5根，高度12m左右(图1-18、图1-19)。

4. 主要出入口的门

应根据酒店所在地气候状况和酒店外观需要，选择主要出入口门的类型。宜尽量使用自动旋转门(图1-20、图1-21)，如仅使用自动移门空调损失将非常严重。设置两道移门形成门斗情况会好些，但仍不适合寒冷和炎热地区。有些酒店受进深限制无法设置直径较大的自动旋转门，亦可

在两边各设一个直径较小的双道弧形自动门或手动旋转门，而将疏散(行李)门设在中间(图1-22)。

自动旋转门半径要满足一个人提两件行李或使用手拉箱包顺利通过。旋转门两侧应设置足够宽度的平开门(外开，单扇或双扇视需要定)，以供紧急疏散、残疾人轮椅进出和行李车通过，平开门与旋转门之间应有不小于500的间距，为残疾人轮椅提供停留位置。疏散门通常在两侧各设一道即可，寒冷地区应在两侧各设置两道而形成门斗。

5. 大堂前区

有的酒店会在停车门廊(或雨蓬)和大堂之间设一个前区，形成一个相对封闭或开放的过渡区域，其功能主要是在客人到达和离开时为客人提

供服务，包括休息等候、行李搬运、租车服务、接待残疾客人和组织紧急疏散等。

实际上大堂前区在特别寒冷和炎热的区域具有重要意义，可使客人有时间适应环境和温度变化，减少空调损失，降低"烟囱效应"，相当于一个大型门斗，防尘垫可以铺设在这个区域。

6. 团队出入口和社会客人出入口

根据需要可在主要出入口一侧或附近设置团队出入口，团队出入口要有一个独立接待区，设置接待台和客人休息等候区，必要时应设置专用行李房和公共卫生间，团队入口客人接待区应离总台和客用电梯厅不太远，上海东锦江逸林酒店的团队入口和接待-休息区的位置就相当合理(参

见图1-56)。

酒店如有规模较大、主要向社会开放的餐饮(包括宴会)、会议和康体设施时，应考虑设置若干社会客人出入口，直达多功能厅、会议厅、宴会厅、餐厅、酒吧和大型康乐设施等区域，社会客人出入口在酒店同侧或另一侧均可，但要处理好与主要出入口间的关系及不同客流可能在大堂出现的交叉。

7. 停车位和停车场

停车位的正确参数很难提供，因不同酒店的需要和可能提供的车位数往往差别很大，周边条件(如社会停车场的情况)也不同，因此需进行具体的交通流量和停车量分析。当地规划部门

图1-16 美国：一个仅三层的普通经济型旅馆也有可停靠大巴的雨蓬(上左)
图1-17 主要出入口需安排出租车等候位置，远处是临时停车位(上右)
图1-18 酒店入口处的旗杆和停车位(下左)
图1-19 南昌索菲特大酒店入口前的雕塑和水景(下右)

图1-20 上海东锦江逸林酒店主要出入口的自动旋转门和一侧的疏散门

图1-21 上海由由喜来登的主要出入口：从里看外的效果

图1-22 大堂进深较浅时两侧设置直径较小的弧形自动门也是一种选择

一般会提出具体的数量要求，通常每100间客房30～40个车位(包括地上和地下)，城市中心区的酒店将主要依靠地下车库。

在我国，酒店住客自驾车的情况还不多，反而是社会客人对车位的需求量较大，因此，面向社会的餐饮、宴会、会议、康乐等公共活动规模较大的酒店及周边公共停车位较少的酒店，应适当增加车位。

停车场的车位尺寸至少是2.8m×6.1m，且有不小于7.3m宽的通道。地面停车场应接近酒店主入口，但不能影响客人通道和主入口景观，尤其不能距客房太近(低层度假村易出现这种情况)，停车场的安全照明平均不小于54lx。

地下车库出入口应避开酒店主入口，但从主

入口可方便到达。

在主要出入口附近应设残疾人专用停车车位(区域)，进出方便，不需转向、走台阶，停车位宽度不应小于4000，与相邻车位间的宽度不应小于1500，便于轮椅通过。有明显指示标牌，标明残疾客人专用车位。

8．绿 地

酒店的绿地面积不应少于占地面积的30%，主要种植不需要太多保养、四季常绿、茂盛的多年生植物以降低成本。要适当考虑乡土植物和季节性色彩(如鲜花)。景观照明仅打亮主要树木，照度不必太大，不能让客人看到灯具。

二、总台区

1．总 台

总台的主要功能包括接待、问讯、结账、外币兑换、贵重物品存放等，是大堂功能的核心。但核心不是中心，总台位置并不一定需要占用大堂的中心区域，通常设在大堂一侧稍靠里、接近主要出入口、客人一进酒店即能看到的位置，与通向主楼的客用电梯厅相距不远，以便总台人员能观察到整个大堂的情况。广州花园饭店长长的总台设在正对主要出入口位置，很气派，但这样的布置在新酒店已不多见，如确需设在大堂中间，需和出入口保持一定距离(一般不少于20~30m)，两者间可以花台、水景或其他艺术品过渡以增加层次感，避免一眼看透。

总台位置关系到整个大堂的布局和流线组织，应根据大堂功能设置先行决定，尤其要注意入住酒店的客人流线顺畅，避免走回头路和找不到电梯。总台后面和两侧应有足够容纳与总台有直接关联的功能性房间(如前厅部、行李房、贵重物品存放等)的位置。

总台前需有3.5m左右的客人等候区，如总台前有柱，则总台与柱之间至少要有2~3m间距，同时尽量避免立柱遮挡总台。在大堂有挑空的情况下，总台和等候区均宜处在回廊底下，避免让二层客人看到总台内侧的情况，在总台办理手续的客人也较有安全感。有些酒店的总台设在挑空区没有回廊的一侧，利用高度达2层甚至3层的实墙做背景，处理得好也很壮观。

总台长度：每75间客房设置一个长1.8~2m的工作单元(表1-2)，端部需考虑适当的机动长度，以放置装饰台灯或其他艺术品。每个工作单元包括一台电脑、一部电话、一台账单打印机、一组放置磁卡、发票、各种单据、文具等物品的抽屉及搁板，以方便快捷使用为原则。制卡机、银行信用卡授权机和验钞机虽然不一定每个单元都配置，也要有足够的数量并放在适当位置(如两个

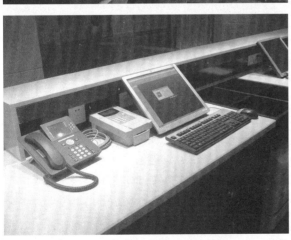

图1-23 上海豫园万丽酒店：总台退入回廊，客人有足够的等候空间，正面虽有柱子遮挡，但包上镜面不锈钢面层后，顿有轻盈之感(上左)
图1-24 一个典型的总台：每一个工作区有一台电脑，每两个工作区有一台制卡机、一台验钞机，台面下方有放置账单、文具的隔板、抽屉和碎纸机(上右)
图1-25 总台一个基本的工作单元(下左)
图1-26 总台的坐式服务(下右)

表1-2

总台长度及面积估算(不包括客人区)

酒店规模(间/套)	总台长度(m)	总台面积(m²)	备注
50	不少于2.8	不少于8	包括问询
100~150	不少于4.6	不少于11.6	包括问询
200~250	6.4~9.2	15.2~23.2	包括问询
300~400	9.2~12.8	23.2~30.4	包括问询
400以上	每增加75~100个房间增加一个工作单元		每个工作单元长度为1.8~2m

单元合用一套),以减少总台人员的移动距离(图1-24、图1-25)。

柜式总台的高度:客用书写1.05~1.10m,服务书写0.85~0.9m,设备摆放高度根据设备实际尺寸和用途决定,不应向客人暴露柜内物品。总台内侧的净深以2m左右为宜,不应小于1.5m。

总台人员站立的地面应铺设地毯,因长久在硬质地面上站立会使人感觉疲劳。

总台应具有严密的安保措施:包括固定的监控摄像头和柜台下的报警器等。

虽然坐式服务(图1-26)已流行多年,尤其在度假村较多采用,但传统的柜式服务目前仍占主导地位,尤其在城市型商务酒店。原因在于柜式服务有其优点,例如安全性较好。如今的酒店尤其是高星级酒店,一般都很注意缩短办理手续的时间,不会让客人在离店时为查房而等候,信息技术的发展为此创造了条件,很少有客人因酒店采用柜式服务而不喜欢这个酒店。况且有时因客人较多,除正在办理手续的客人外,其他客人仍需在一边站立等候,此时坐式服务还不如柜式服务,因等候的客人会影响正在办理手续客人的私密性。

分段设置的总台已取代了长总台,取而代之的是按功能或工作单元分段设置的总台,甚至采用前后错开的形式,弧形总台也常可见到,总体来看风格上趋于活泼。仅有个别新酒店为适应大堂的形状及达到某种特殊效果仍采用长总台,如北京万豪酒店。

礼宾台(提供行李、出租车、客人信件报刊的收发等服务)通常和总台分离,单独设在靠近主要出入口的地方。

为增加服务的人性化,现在总台两端都是开口的,以便工作人员随时出来和客人交流并提供服务。

总台设计要求精美别致、台面宜采用高档花岗石或大理石,两头经常会放置有特色的台灯或艺术品。背景墙可精心设计成有明显地域文化的图案或其他装饰(图1-27),但总体上应简洁、柔和,效果不宜过分强烈。上海璞丽酒店的总台和长长的吧台结合在一起,以绿化和水景为背景墙,颇有特色(图1-28)。用大面积发光墙面做总台的背景墙,甚至直接做总台的立面要慎重,过于强烈的光刺激容易造成客人不适。

2. 贵重物品存放室

贵重物品存放室应邻近总台,面积6~8m²即可,由前厅部人员管理。保险箱数量一般为客房数的10%左右,存放位置应安全、隐蔽。

通常的做法是,客人入口和工作人员入口分设。客人入口门可设电子门锁,由总台控制,酒店人员入口门通常开向前厅部办公区。客人区和保险箱区一般用柜台和玻璃隔断分开,工作人员通过窗口把保险箱递给客人,客人将物品放置好后将保险箱还给工作人员,钥匙由客人带走。

但也有类似银行保险箱室的设计,工作人员、客人、保险箱柜同在一室,并配置沙发、茶几以体现人性化。

贵重物品保险室有严密的安保设施，包括监控摄像头和报警装置。

3. 前厅部办公室

与总台相邻——在背后或一侧，有不与其他流线交叉的便捷通道与总台联系，最好有门直接相通，但门的位置应隐蔽，以免影响背景墙的整体感。

前厅部办公室保存订房资料和客人资料，可复印单据、个人证件，过去财务夜审通常在前厅部办公室进行，现在由于电脑软件系统发展很快，很多酒店已不再进行夜审。但仍需为前厅部经理和财务人员设置单独的隔间。

面积：每100间客房12～16m²。

主要设备：复印机、传真机、打印机、电脑和其他办公设施。

4. 礼宾台

通常设在总台和主要出入口之间靠近出入口的适当位置，也可设在总台端部。要靠近行李房，同时便于和总台联系，便于观察客人到达和离开的情况。

柜台尺寸：至少600×1000，装饰风格同总台。台面上有内部电话和工作台灯，柜内设带锁抽屉，放置行李牌和文具。

行李架车：尺寸600×1200，每100间客房配备2～3辆，其中1/3放在行李台和行李房之间或停在门廊处，其余放在行李房内。行李车应避免穿越大堂人流处。

通常礼宾台兼用于行李台，也兼有传呼出租车和其他服务功能，如收发邮件。

5. 行李房

靠近行李台和客人出入口，安全、隐蔽，面

图1-27 内蒙古鄂尔多斯锦江酒店：具有浓郁民族风情的背景墙(上左)
图1-28 上海璞丽酒店：总台背景墙是室外景观(上中)
图1-29 香港JW万豪酒店的咖啡吧，室外景观非常漂亮，可远眺维多利亚海湾(上右)
图1-30 浙江温州香格里拉酒店咖啡吧：位置按其惯例在大堂正中，环境轻松、优雅，沙发精美，室外景观赏心悦目(下左)
图1-31 四季风格的咖啡吧，和煦的日光从顶部天窗和大面积玻璃侧窗透入，在室内盆栽衬托下显得特别温馨(下中)
图1-32 咖啡吧需要精心设计的艺术品和茂密的盆栽(下右)

积不少于20m²，门净宽不小于900。为确保客人行李安全，应使用电子门锁，以自动记录门的开启情况，不要使用普通门锁，也不要让客人看到内部情况。

内部简单装修，地砖贴面，综合考虑行李架和其他悬挂、存放设施。

三、咖啡吧(大堂吧)

1. 总体要求

咖啡吧是大堂区域的重要组成部分，因通常设置在大堂，常称为大堂吧。咖啡吧为客人提供休息和交际场所，并通过吧台和蛋糕柜提供鸡尾酒、各种饮料和精制点心。

咖啡吧宜设在主要客人流线一侧，靠近客用电梯，并可看到主要出入口和总台(但不要过分接近)，以方便等候客人和接待朋友，客流不应穿越该区域。

咖啡吧如与24h自助餐厅相邻，必要时可作为自助餐厅的备用餐厅，并直接借用自助餐厅的厨房。

咖啡吧是酒店客人享受的地方，应具有轻松、优雅和随意的气氛，设计风格应和大堂相协调。

要尽量为咖啡吧提供赏心悦目的室外景观，在可能情况下，把大堂区域内室外景观最好的一面安排给咖啡吧，并设置大面积玻璃幕墙，或把咖啡吧做成四季厅的形式，均能取得良好效果。咖啡吧是开放式的(不同于独立酒吧)，通常不设

图1-33 上海由由喜来登酒店咖啡吧，式样和色彩丰富的桌椅灵活组合，在深色地毯衬映下，多变而协调(上左)
图1-34 北京万怡酒店咖啡吧，色彩亮丽，注意咖啡桌高度明显低于餐桌(上右)
图1-35 散座一角(下左)
图1-36 蛋糕柜在散座区一隅(下右)

全封闭的墙和门，但咖啡吧又是相对独立的收费区域，可采用各种空透的手法，如利用地面高差、天花造型变化、轻巧的半隔断、玻璃隔断、绿带和水景等与大堂的其他区域区隔，并配置精心设计的艺术品和茂密的盆栽(图1-29~图1-32)。

咖啡吧和大堂公共卫生间的距离不应超过40m，否则应设专用卫生间。

2. 散 座

咖啡吧的散座设在吧台正面和两侧，数量根据酒店规模和社会客人数量决定，一般可控制为客房数量的25%~35%，以两人座和四人座为主，以方桌为主。也可设置部分沙发座和沙发靠椅。桌椅应舒适、易洁、美观、有个性，可采用不同风格桌椅和沙发灵活组合，显得丰富多彩。

应注意咖啡吧的桌椅尺寸不同于餐厅，为低桌高靠背。咖啡桌的高度较低，一般以600为宜，如同时兼有自助餐功能时可将部分咖啡桌按自助餐厅桌椅设计，即桌高为760。咖啡椅应宽

表1-3 吧台的主要尺寸(适用于吧台内外地面同高时)

部件尺度	尺寸(mm)	备注
吧台高度	1050~1150	
座椅离地高度	750~800	
搁脚点离地高度	300~350	
吧台宽度	600左右	
吧台工作区净宽	不小于1000	进口应敞开
高脚凳间距	600~650	数量根据需要确定

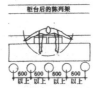
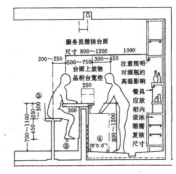

2 酒吧柜台尺寸

图1-37 吧台剖面(摘自《建筑设计资料集4》，中国建筑工业出版社)

图1-38 拥有1300间(套)客房的北京万豪酒店，需要与此规模相适应的咖啡吧及其吧台(上左)
图1-39 上海外滩华尔道夫酒店咖啡吧恢复了原来上海总会亚洲第一长吧的风采，吧台总长26m(上中)
图1-40a 上海齐鲁万怡酒店咖啡吧吧台，为与挑高3层的大堂协调，空透的背景墙高达5m(上右)
图1-40b 背景墙下方的酒品展示台(下左)
图1-40c POS机在吧台一端(下中)
图1-41 吧台内部设施(下右)

大、柔软，有扶手和高靠背。餐桌面宜采用高档硬木(面层有耐磨保护层)，亦可采用优质花岗岩(不能使用大理石)，餐椅面宜用皮质。

暖色灯光，幽暗宁静，整体照度不超过30~40lx，尽量采用可调节灯光(一般不少于4种)，局部照度为80~100lx，有朦胧感，体现私密性。地面若有高差应加设地灯和安全警示。调光开关应设在吧台内，由服务员控制。局部照明的灯具接近客人，应注意造型设计，尤其要注意细部。台灯高度通常为700，底座要稳定，灯光不可直射客人眼睛。

应考虑钢琴和小乐队的位置，是否设置电视根据情况决定，至少不要在所有区域都设置，因为有些客人并不希望看电视。

点心柜(蛋糕柜)可设在散座一角。

3. 吧台

吧台是咖啡吧的中心，应显示档次，烘托气氛，造型既要豪华，又要满足各种功能要求，需精心设计。吧台设计实际上很复杂，很多厨具隐藏在吧台内部和吧台后面的柜内。因此，需由有经验的内装设计师和厨房设计师密切配合，并有灯光设计师配合。

吧台的进口通常是开敞的，其台面应使用优质花岗石(不能使用质地疏松的大理石)，品种贵重，花纹美观，显示一定厚度以体现豪华，吧台后一般应设置背景墙，放置和展示各类名酒(图1-38~图1-40b)。

吧台内部的基本设备包括制冰机、酒水冰柜、生啤机、调酒站及星盆、酒吧搅拌机、调酒柜、咖啡机、台下式制冰机、冰柜、各类台下式橱柜、酒品展示台(应能上锁)以及电脑、电话、出单机、杯架等，POS机应设在客人不易看到的位置(图1-40c)。上述设备应由厨房设计师确定型号、规格、尺寸、位置和水电点位，并及时提供给内装和机电设计师，以便纳入他们的设计。

吧台内部净宽不小于1000。

吧台基本尺寸见表1-3和图1-37。

4. 服务间(兼储藏室)

咖啡吧通常不设厨房，但需要一个面积15m² 左右的服务间，可设在吧台后面或一侧，并与为

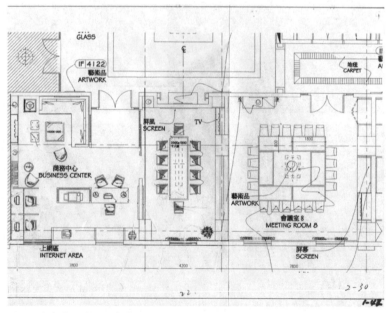

图1-42 商务中心平面示意(左)
图1-43 商务中心的小会议室，豪华而精致，适用于小范围、时间不长的会议和洽谈(右上)
图1-44 精品商店在大堂一侧通向自助餐厅的走道里，注意走道宽度在5m左右，并与大堂保持一致的设计风格和档次(右下)

其提供支持的厨房(一般是西餐厅厨房或24h餐厅厨房)有便捷的通道联系。

四、大堂辅助设施

1. 商务中心

商务中心的功能主要为客人24小时提供专业的商务服务,包括传真、复印、打印、上网、邮件收发、文件快递、小型会议(6~10人)等,有些商务中心兼有订票、旅游等服务。规模较小的酒店甚至可以支持酒店管理方的文秘工作,小会议室可兼作酒店管理方的晨会场所。

商务中心面积一般在40~60m²(如设会议室就取后者),位置通常在大堂或邻近大堂的地方,接近客流通道。会议较多的酒店也可设在会议区域或多功能厅附近,好处是便于提供会议服务,但对一般散客而言不如在大堂方便好找。商务中心正面宜采用玻璃隔断和玻璃门,有明显标志和良好隔音效果。

商务中心内部功能区域包括:

①客人接待区:近门,一个或多个接待台,配置电脑、电话、POS机和报警按钮。

②休息等候区:1~2组沙发,配以开放式书架,提供商业报刊、电话号码本、航班时间表和地图等。有条件时可增加小型电视室和客人临时办公室。

③封闭电话间可设在商务中心。

④电脑工作室:可供2-3位客人使用,有半封闭的电脑工作位置,专用或共享打印机。

⑤小会议室:可容纳6~10人,配置高品质的会议桌椅、写字板和会议用品,隔音良好(图1-43)。

⑥服务人员工作间:接待台后面或一侧,客人看不见的区域。配备高品质的多功能商用复印机、传真机、激光彩色打印机、中英文文字处理机等。

2. 精品商店

就酒店本身而言,一般不需设置大规模的商场,仅设置称为"精品商店"的小商店,其位置通常与大堂相邻,最好在客人去电梯厅的通道上(图1-44)。不能将精品商店直接设在大堂(店门开向大堂),更不能在大堂内设置展示商品的隔间,使大堂产生展销厅的感觉。

精品商店通常为客人提供:

①个人日用品:质量较好的品牌产品。

②高档服饰:包括西装、衬衫、领带和较为个性化、具有当地特色的服饰。

③化妆品。

④艺术品和工艺品。

⑤纪念品:包括邮票、明信片以及季节性礼品。

⑥书籍、中外时尚书刊、当地地图、旅游书刊等。

其面积和商品种类视酒店周边市场决定,一般30~60m²即可。

精品商店主要为住店客人服务,通常不必设置直接面对社会的出入口,如确需在酒店所在楼宇设置规模较大的商场,其主要出入口必须和酒店分开。可有走廊与大堂相通,但应较为隐蔽和处于酒店监控下,酒店管理公司通常不直接经营此类商场。

精品商店的设计和装饰应与整个酒店融为一体,起丰富和衬托作用,外墙一般采用玻璃,有明显标志、灯光照明和停止营业后可以关闭的门。

3. 大堂电梯厅

大堂通向主楼的客用电梯厅(下称电梯厅)是酒店最重要的电梯厅(此外大堂可能还有客用裙房电梯),酒店底层层高较高的特点为设计豪华的电梯厅创造了有利条件,高星级酒店的大堂电梯厅趋向高大、宽敞、有个性,以显示酒店的高贵气质。

电梯厅的位置应接近总台,客人容易找到,

最好在总台也可以看到。电梯厅净宽：单排电梯不小于2.5m，双排电梯不小于3.6m，或不小于2个轿厢的长度。较高的电梯厅宽度可大于此值，经常有较多客人在集中时段使用电梯时，宽度也可适当增加。但过宽的电梯厅不便于等候电梯的客人观察电梯动向，且电梯厅宽度涉及客房层平面，尺度过宽会影响客房层平面设计，有时很难实现(不能为此牺牲客房数量)。电梯厅净高通常视净宽而定，一般不应少于3.2m，并应设计造型丰富的天花，设置豪华吊灯或吸顶灯，采用较高的电梯厅和电梯轿厢有助于提高酒店档次。

大堂电梯厅地面宜采用拼花优美的大理石和花岗石，其优点是美观、耐用、易洁，但造价较高。

电梯厅风格应和大堂风格相一致，如没有特殊需要一般不采用通过式，封闭的一端通常设置能体现地域文化的艺术品，电梯轿箱、厅门、门套、按钮的式样和灯光均应由内装设计师统一设计。

4. 公共卫生间

大堂的公共卫生间应宽敞、豪华，和大堂的整体装修水平相匹配，不能按照一般公共卫生间的设计参数进行设计。

如条件允许，主要的男女卫生间面积均应不小于20m²，最好达到25m²以上，净高不小于2.7m。其位置应隐蔽而易找，有明显指示牌和必要的过渡空间，门不可直对大堂。卫生间离大堂客人最远距离不宜超过40m，否则需考虑再设一个辅助公共卫生间。

男女卫生间入口应互不干扰，在入口处不能看见内部情况。男女洗脸台不能在门口混用——这是中低档社会餐厅和商场常用的做法，不应出现在高星级酒店，遗憾的是这种情况经常出现。

女卫生间应设置化妆台和化妆镜。

应设置残疾客人专用卫生间，不宜采取在普通卫生间里设残疾人位置的方式，大堂卫生间尤其如此。

须设置有单独入口的清洁间，放置清洁用品并设置洗涤池，不要把清洁间设在卫生间里。

卫生间里不能有异味，关键是加强排风，全封闭座便器隔间应确保每间设一个排风口，卫生间整体应始终保持负压。

大堂公共卫生间内装修应和大堂保持一致风格，目前越来越趋向精品化。

图1-45 上海JW万豪酒店大堂的客人休息区(左)；图1-46 北京万豪酒店大堂客人休息区(右上)；图1-47 海南三亚万豪酒店大堂客人休息区(右下)

图1-48a JW万豪酒店在上海明天广场(60层)的38~59层，这是位于38层的总台，底层的酒店入口仅设接待厅(左)
图1-48b 大堂副理位置在总台一侧(中)；图1-48c 底层接待厅(右)

5. 客人休息区

这里指的是非消费性的客人休息区。

曾有一段时间讨论过大堂是否设非消费性客人休息区的问题，考虑到酒店的人性化和舒适度，最终结果是绝大部分酒店，尤其是高星级酒店仍然设置，而且比原来更舒适，更个性化，实践证明客人休息区还是非常需要的。

休息区主要由一组或几组造型美观的沙发及茶几组成，舒适、温馨，高品质的家具、灯具、地毯、艺术品及其他陈设与绿色盆栽结合，使休息区极具观赏性(图1-45~图1-47)。

休息区位置通常介于主要出入口、总台和大堂电梯厅之间的某个区域，不应被客人的主流线穿越。

尽管休息区免费使用，但仍可有意识地向大堂吧等营业区域延伸，引导客人消费。

6. 大堂副理

大堂副理实际上不是大堂的副经理，而是大堂经理，不知为何国内称为"副理"。其工作主要是对大堂的各项业务进行协调，并处理客人的各种问题，包括投诉。这是一项非常重要的工作，但不一定要设置那张大桌子。有些酒店的大堂经理采用活动服务的工作方式，使客人感到更加随意和温馨，但此时应为大堂经理在大堂一侧安排一间8~10m²的小办公室。

大堂副理的位置通常在主要出入口、总台和客用电梯厅之间的区域，其基本配备通常包括台桌、一把工作椅、两把客人椅、电脑、台灯、绿化、艺术品等，讲究的铺上一块羊毛地毯。由于大堂副理位置比较醒目，又处在一个大空间里，其工作台、椅尺度应大一些，设计豪华、有个性，式样和风格应与大堂整体氛围协调。

7. 公用电话

由于手机的普及，大堂公用电话的重要性已大为降低。但2010年版《旅游饭店星级的划分和评定》中仍将其列为必备条件之一，主要用于打内线电话和解决部分客人打外线电话的需要，因此在设计酒店时仍须加以安排。

公用电话应设在大堂一侧隐蔽、安静的场所，根据实际情况可采用敞开、半敞开或封闭式。可按150~200间客房设一部内线电话和一部付费的外线电话，也可设在商务中心内。

封闭式电话间必须使用透明玻璃门，内设排风口，不设座位。

五、大堂位置、面积、空间和流线

1. 大堂位置

大堂通常设在首层，这是最常规的方案，但也会出现不同的安排。

——很多临海(或临江、临湖)的度假村，为适应地形外高内低的状况，也为了让带有亲水平

图1-49a 广州里兹·卡尔顿酒店，大堂面积仅300m²左右，且无挑空，采用古典欧式风格，精工雕琢，富丽堂皇(左)；图1-49b 大堂水景(右)

台的餐厅或其他康乐设施临水(或临绿地)，往往把大堂设在二层甚至三层，车道直达大堂，通过楼梯或自动扶梯下行至餐厅。在海南三亚亚龙湾一带的度假村，这种做法很常见。

——设在城市中心商业区高层综合楼内的酒店，裙楼一般用作大型商场，主楼低层一般用作写字楼，酒店可能要从20层甚至更高的楼层开始。从经济价值很高的底层划出大面积用作酒店大堂有困难时，可在底层设置酒店的接待厅，引导客人通过电梯到大堂所在层(一般设在酒店区域最下层)办理入住手续(图1-48)。上海明天广场的JW万豪、豫园万丽及在建的上海中心J酒店均作如此安排。

图1-50 广州香格里拉大堂前区挑空，景观楼梯的弧线和二层栏杆的弧线浑然一体，在椭圆形灯槽、水晶吊灯配合下，整个大堂显得很生动。唯滴水景观体量相对大了一些，大堂略显拥挤

——有特殊的构想，如远处景观特别优美的酒店，有意把大堂设在酒店顶层或接近顶层的位置，希望给准备办理或正在办理入住手续的客人一个惊喜、一个震撼，从而加深他们对酒店的印象。珠海锦江酒店从顶层可以眺望澳门，业主方要求把大堂设在顶层(底层设接待厅)。由于大堂在顶层，客房层在大堂下方，客人重复往返必然增加电梯负担，需增加电梯甚至电梯厅数量，由此将增加面积和建造成本。因此类似决策需慎重评估其必要性。

2. 大堂面积控制

大堂面积有很大弹性，即使是高星级酒店，小到200～300m²，大到400～500m²，甚至1000～2000m²的都有，要根据酒店定位、规模和酒店的总体效果决定。

国外确有一些超豪华酒店拥有气势宏大、精美绝伦的大堂，具有强大的震撼力和吸引力，但这类酒店需要世界级的设计师设计和巨额建造资金，入住这些酒店也需要天价。无论国内国外，一般的酒店，即使是豪华酒店也不可能、不需要打造如此恢宏的大堂，紧凑实用、体量适度应是大部分高星级酒店的选择。

紧凑实用和气势宏大之间当然有很大差别。但如盲目求大求高，却没有把握大空间的能力，大而无物，反为不美。大堂再重要，终究不过是酒店的一部分，酒店的豪华度要体现在酒店的方方面面，而不仅体现在大堂，尤其不能仅体现在面积和体量上。酒店的面积分配是很有讲究、需反复平衡的事，大堂很大，其他区域却局促，是得不偿失。

2010年版的《星评标准》中，虽然"前厅"增加到62分，但不再对大堂面积提出硬性指标，有意淡化，引领方向非常明确。

很多国际著名品牌的酒店设计规范，尽管对大堂设计有种种规定和要求，但并不对大堂面积提出具体要求。在实际运作时，设计师完全可以根据情况灵活掌握，只要能确保总体功能和效果就行。万豪集团的Ritz-Carlton(里兹·卡尔顿)在品位上高于Mariiott(万豪)，在国内是当然的五星级，大堂装饰豪华典雅，但面积通常仅300m²左右(图1-49)，为该品牌一大特点。

总之，不是不可以设置面积很大的大堂，而是一要慎重，二要做好。常规的高星级酒店大堂，不包括经营面积，400~600m²已经非常够用，规模不大的酒店还可以适当减少。

3. 大堂空间设计

大堂设计不仅是平面的，更是立体的。从

图1-51 温州香格里拉大堂后区(咖啡吧)挑空，先抑后扬，由于咖啡厅属经营空间，其面积不计入大堂，所以大堂实际面积并不大，很经济(上左)
图1-52 美国佛罗里达大西洋城赌场酒店大堂仅有一层，面积很大，由于装饰讲究，仍感到很豪华(上右)
图1-53a 北京天伦王朝酒店的高中庭(下左)
图1-53b 北京天伦王朝酒店高中庭内的观光电梯(下右)

表1-4 残疾人坡道的设计参数

	参　数	备　注
宽度	不小于1200	
最大坡道	1:12	用防滑材料铺砌，齐缝接平
不锈钢护栏高度	1100	在坡道结束段，护栏延伸不少于300
坡道允许升高度	750	
允许水平长度	9000	超过此数应设休息平台
休息平台深度	不小于1200，转弯处不小于1500	通道转角处的阳角宜为圆弧形或切角
起、终点缓冲地	不小于1500	

表1-5 酒店公共区域残疾人卫生间设施

名　称	安装高度	备　注
座便器	430左右	两侧配备L形扶手，水平高度800，承受拉力140kg，直径32～40
壁挂式小便器	500	两侧配备L形扶手，类似座便器。如面积不够可不设
洗手盆	低于660	距洗手盆两侧和前缘50应设安全抓杆，洗手盆前应有1.1m×0.8m的乘轮椅客人的使用面积
洗手液和烘干器	1200	

剖面上看，大堂高度大体上可分为一层、两至三层和三层以上三种。三层以上的大堂也可称为中庭，国外有些豪华酒店把大堂设计成高中庭，相当气派。也有设计成类似室内植物园的玻璃房，别有情趣。

在国内，较常见的是两三层高的大堂，尤以两层高者居多。就功能布局而言，相当于两层的大堂确是一种较合理的安排，既可通过挑空取得局部的高空间，又能把净高不需太大的区域，如总台和其他辅助区域设置在未挑空的位置，两层(也可理解为夹层)也能合理利用。问题是目前此类大堂的布局过于雷同，缺乏创意，客人对类似格局已失去感觉。因此，如果新酒店要采用此类方案，一定要设法创新，有所突破，图1-50广州香格里拉酒店的大堂明快、活跃，弧形楼梯与二层弧形栏杆一气呵成，活泼流畅，是此类方案中不错的实例。

这里花一点文字谈一谈高中庭和"共享空间"的问题。据笔者了解，"中庭"这个词似乎也没有很确切的概念，自1967年约翰·波特曼在

美国亚特兰大桃树中心广场将以高中庭、内部观光电梯及底部绿色休闲空间为特色的"共享空间"引入酒店建筑后，全球争相模仿。通常是十几层、几十层客房围绕着高中庭，下面几层为公共区域，组成一个"共享空间"。上海金茂君悦的中庭从56层至81层，净高152m，被称为"金色年轮""时光隧道"，在灯光衬映下极为壮观，是国内酒店采用"共享空间"方案的佼佼者。

实际上总台并不一定设在"共享空间"底层，而可能设在下面某一层，"金茂君悦"的总台就设在53层，"共享空间"底层是一个咖啡厅。济南山东宾馆主楼从首层到顶层均为"共享空间"，下面三层以公区为主，包括餐饮和康体。总台在首层，但设在旁边另一个与"共享空间"相

图1-54a 电梯轿厢里的残疾人按钮控制板　图1-54b 酒店公共区域的残疾人卫生间

通的高中庭内。由此可见，尽管把高中庭和"共享空间"放在这一节进行分析，大堂也可做成高中庭甚至成为"共享空间"的一部分，但大堂和"共享空间"这两个概念之间的联系似并不十分紧密。

高中庭和"共享空间"需有客观条件的支持，酒店定位要高、市场状况要好、建设资金要雄厚、设计水平要有保证，否则可能弄巧成拙，带来能耗增加、消防复杂、经营管理困难等问题。"共享空间"直径较小时，客房之间、客房和公共区域之间易产生相互干扰，直径过大又会有冷漠感。气候不同的地区，尤其是炎热地区和寒冷地区对"共享空间"的要求有很大不同。因此，高中庭和"共享空间"对酒店设计具有很大

的挑战性。

其实高星级酒店的大堂也完全可以采用一层做法的，有不少成功例子。当然首层要有一定高度(最低处净高不宜小于4m)，大堂面积也不要过大，以免产生压抑感。如层高允许，部分辅助区域(如酒店办公区)和一些机房可设在夹层里。

六、大堂的残疾人设施

酒店应为入住的残疾客人(包括坐轮椅者，拄拐杖者，视力、听力残疾者等)提供必要的服务设施，使残疾客人能顺利入住客房，到达酒店主要公共区域，方便使用酒店各种设备和享受酒店提供的服务。其设计应符合《无障碍设计规

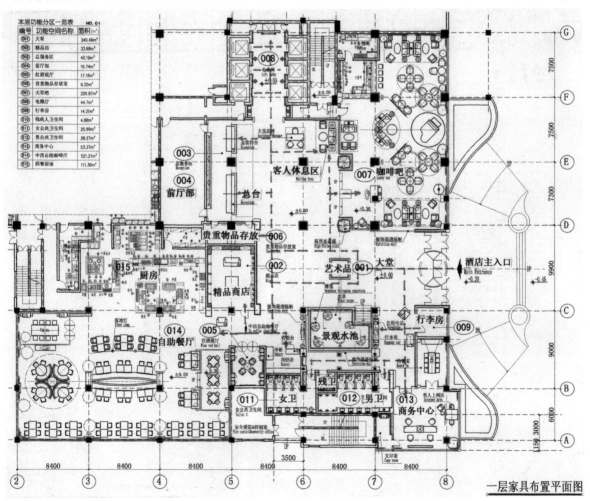

图1-55 河南郑州正方圆大酒店：一层大堂区域平面图

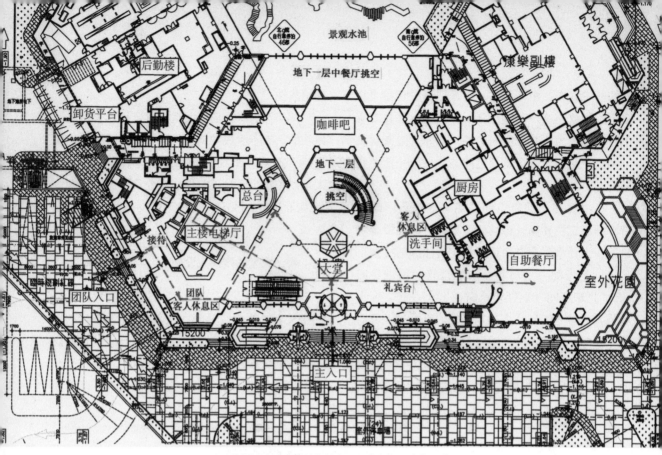

图1-56 上海东锦江大酒店：一层大堂区域平面图

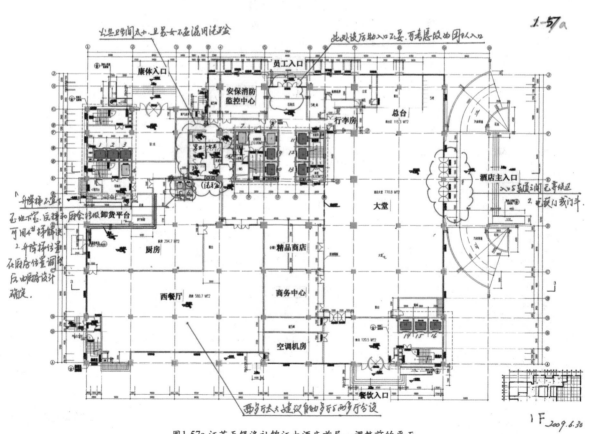

图1-57a 江苏无锡洛社锦江大酒店首层：调整前的平面

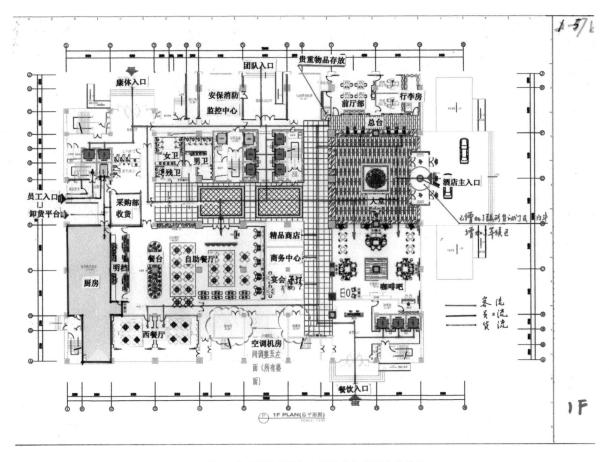

图1-57b 江苏无锡洛社锦江大酒店首层:调整后的平面

范》(GB50763-2012)。

酒店残疾客人设施的舒适度可适当高于一般公共建筑的残疾人设施。

——残疾客人专用通道:设计参数见表1-4。

——供残疾客人通行的门。

①供残疾客人通行的门不得采用旋转门,不宜采用弹簧门,如自动门至少需有5s停滞时间。

②门扇开启后净宽不得小于800。

③门扇及五金配件应方便残疾客人开关,门把手安装高度不超过1200。

④供残疾客人使用的通道和门应设有残疾人标志,必要时可设置盲文。

——电梯和电梯厅

客用电梯中至少有一部设置残疾客人服务设施,该电梯在电梯厅门口应有残疾人标志,其轿厢有如下要求:

①轿箱面积不得小于1400×1100。

②轿厢内部三面应有扶手有残疾人按钮控制板(图1-54a),火警装置的高度应在800~1400之间,按钮控制板必要时亦可设置盲文。

③电梯门开启后净宽不得小于800。

④应急预警信号应配备视听装置。

——公共区域至少需设置一个独立的、男女兼用的残疾客人专用卫生间(图1-54b),通常设在首层大堂的公共卫生间,其设施配置见表1-5。

七、案例分析:首层及大堂

(1) 河南郑州正方圆酒店大堂方案
分析:

该酒店为五星级商务型酒店,位于郑州市新区。一层平面设施齐全,布局紧凑,流线合理。

围绕着300多m²的大堂，把总台(包括前厅部、贵重物品存放)、电梯厅、咖啡吧、精品商店、商务中心、行李房、公共卫生间及24h自助餐厅进行了有机组合，商务中心设置了小会议室，设置了景观水池和艺术品的位置，也没有忘记隐蔽公共卫生间和设置残疾人卫生间。

被内装设计切去的左上角是后勤区域，包括员工入口、卸货平台和厨房电梯。

上方的疏散楼梯似应设置直通室外的出入口。

(2) 上海东锦江酒店大堂方案

分析：

该酒店是五星级商务型酒店(原是东锦江索菲特酒店)，大堂设计除设施、布局、流线均佳以外，团队入口、接待休息区与总台、电梯厅的关系非常合理。

最值得称道的是大堂的空间处理层次丰富，生动剔透，由于酒店的后勤区域没有像一般酒店那样设在地下层(另设了一个后勤楼)，因此地下一层主要用于餐饮(中餐厅和风味餐厅)，设计师利用景观楼梯下方的六角形回廊和咖啡吧前面的挑空，把大堂、地下一层及室外下沉式花园组成了一个整体，加上大堂本身的三层挑空，形成了一个垂直方向四个层面、水平方向五个层次(大堂、景观楼梯、咖啡吧、中餐厅挑空、下沉式花园)的大空间。

右下方的自动扶梯上达二层的多功能厅，下达地下一层的餐饮区域，非常必要。

(3) 江苏无锡洛社锦江酒店首层方案

分析：

调整前的首层平面存在以下问题：

①酒店主入口仅有平开门，入口通道紧靠外墙，没有等候区，客人不安全。

②西餐厅面积太大，在概念上似和24h自助餐厅(咖啡厅)混淆，厨房和自助餐厅关系不合理。

③升降梯不能解决厨房与地下室粗加工间、冷库之间的联系，首层厨房和上面几层厨房之间的联系可考虑升降梯，但是否确实需要及其位置应由厨房设计决定。

④可供厨房使用的服务电梯仅有一部，难以做到洁污分流。

⑤员工入口位置太靠前，易与客人流线交叉。

⑥精品商店和商务中心不需要那么大。

⑦康体区不需要三部裙房电梯。

⑧公共卫生间太小，且洗手盆不能在外面男女混用。

分析：

调整后的首层平面，大堂及相关区域的功能、流线获很大改善：

①主入口车道与门口拉开3.5m的距离，建立了等候区。由于门口的柱不能移位，无法设置旋转门，最终设置了二道弧形自动门，虽不理想，但好于原来。

②将原西餐厅分成自助餐厅和一个小西餐厅，由于厨房位置改变，有可能为西餐厅划出一个专门厨房，以符合《评星标准》的要求。两个餐厅有分有合，易于经营，在需要的时候，小西餐厅可临时改作包房使用。

③员工入口移至卸货平台一侧，原员工入口改为团队入口。

④由于厨房移开，酒店主入口与团队入口、康体入口、餐饮入口和各电梯厅之间建立了便捷的通道联系，加强了大堂的枢纽作用和空间感。由于通道的流线不穿越大堂和总台，总台不受干扰。

⑤总台和咖啡吧的位置恰当。

⑥康体区的裙房电梯从三部改为两部。

⑦通过裙房服务电梯建立起各层厨房之间，各厨房和地下层辅助区域、卸货平台之间的联系，但未能再增加数量，因此洁污分流的问题未能解决。

⑧公共卫生间已扩大并重新设计。

第二章 客房和客房区域

一、客房设计

1.客房的重要性、差异性和同质性

客房是酒店的基本单元,其重要性不言而喻。

客人入住酒店,首要目的是解决住宿问题,入住后接触时间最多的是客房。客房是酒店最重要、最隐密的地方,属于客人的私人空间。因此,为客人提供安全、舒适的客房,充分体现酒店对客人的关怀,是酒店设计的基本理念。

客房的基本特征应该是:舒适、宽敞、温馨,富有家庭氛围,能适度体现当代的高科技,除睡眠和休息外,还应为客人(尤其是商务客人)尽可能提供办公、对外通讯和获取信息的便利。

客房设计在酒店设计中占有重要位置,包含了丰富的内涵。客房设计要特别注意细节,包括细部处理和细小尺寸,要特别注意人体工程学问题。

定位不同、品牌不同的酒店客房有明显差异,在设计理念、设施配置和装饰手法上有明显区别,会给客人带来不同感受,从图2-1~图2-4一组不同类型、不同档次的客房照片中可见一斑。

国内外著名酒店管理公司都非常注意同一品牌酒店客房的同质性,在品牌建造标准里作出明确而详尽的规定。

万豪国际酒店集团(Marriott)分布在世界各地的酒店因地域文化不同而外形各异,公共区域的组成根据当地特点在一定范围内也可变通,但同一品牌的客房标准和风格不能有重大改变。

图2-1a 上海浦东假日酒店客房,简明、稳重的现代风格,具有典型的城市型商务酒店特征(上左);图2-1b 木装饰采用传统的深棕色,与写字台玻璃台面配合非常协调(上中);图2-2a 上海和平饭店是世界著名、具有丰富历史文化内涵的城市综合型酒店,新装修的豪华客房,每个细部都显示着简欧式典雅华贵的格调(上右);图2-2b 客厅柔和的暖色调散发着温馨的气氛(中左);图2-3a 上海豫园万丽酒店邻近著名景点豫园,是以都市旅游为主的度假型酒店,浅色调的客房轻松亮丽,

亮黄色床旗+深蓝色靠枕+白色布草,强烈的对比色彩深受年轻客人青睐(中中);图2-3b 从卧室看卫生间,白色洁具现代时尚(中右);图2-4a 海南三亚凯宾斯基度假酒店的卧室:现代风格,极简设计,桌面板线条流畅且悬挑在墙上,看似简单的家具,很有品位,硬质地面容易清洁(下左);图2-4b 卧室阳台与泳池相连,装了滚轮的茶几移动方便(下右)

表2-1 客房和客房卫生间的面积关系

客房净面积)包括卫生间和短走道) (m²)	卫生间面积 (m²)	卫生间基本配置	备 注
50以上	8以上	洗脸台、座便器、淋浴间和浴缸	双洗脸盆、冲浪浴缸可选
40~50	7~8	洗脸台、座便器、淋浴间和浴缸	双洗脸盆可选
36~40	6~7	洗脸台、座便器、淋浴间和浴缸	浴缸尺寸：1500即可
32~36	5~6	洗脸台、座便器、淋浴间或浴缸	四星以下以淋浴间为主
28~32	4~5	洗脸台、座便器、淋浴间	

Marriott的常客无论到哪里，只要走进客房，都会感到熟悉和亲切，因而实实在在产生宾至如归的感觉，笔者以为这种设计理念很有道理，值得连锁酒店参考。万豪酒店设计审查委员会(HDR)由资深执行领导组成，负责审查全球新酒店的设计，主要任务就是审查客房。其酒店设计和施工部(A&C)会严格检查样板间(包括不少于10m长的样板客房走廊)，并在样板间通过后继续跟进和监督。

我国的《评星标准》共出过4版，从1993年、1997年、2003年到最新的2010年版，每一版都对客房特别重视，客房分始终保持在占总分三分之一左右，对客房的设计理念和具体要求也不断调整更新。

从经济角度说，客房营业额一般要占酒店GDP的60%以上，而且是低成本、高利润，因此，酒店——至少绝大多数酒店的成功与否主要取决于客房。

2. 客房层位置和每层的客房数量

对于高层酒店而言，客房层即所谓标准层通常设置在主楼，并以转换层与裙房隔开。由于客房层管道井内的管道大部分需在转换层通过回管汇集到主管，因此转换层不可或缺。尽量不要将回管简单置于顶层裙房吊顶内，否则一旦管道渗漏，后果严重，且不易维修。

为避免声音、气味的干扰和流线交叉，确保住店客人的安全和隐私，通常客房不应和公共区域(包括餐饮、康体、娱乐等)设在同一层。在某些特殊情况下(如多层度假村)，部分客房可能不得不与公共区域同层时，应注意解决好干扰问题。

确定每层客房数量时，除了要考虑每层的面积控制、消防分区、建筑形体要求等因素外，还应考虑本层客房面积和辅助区域(包括客用电梯和电梯厅、客房走廊、服务－消防电梯、服务间、疏散楼梯等)面积之间的合理比例，每层客房太少不经济。

与此同时，还应考虑经营管理的因素，现在的酒店不设楼层服务台，客房清洁和其他服务功能通过客房服务中心统一安排，但每个楼层服务员管多少房间大体有一个分工和工作定额(一般每人负责12~14个房间)，因此每层客房的数量最好与此数相匹配，一般认为每层24间左右是较合理的数值。

3. 客房的面积、开间、进深和层高

(1) 客房面积

客房面积与酒店档次有关。

2010年版《评星标准》中把高星级酒店的客房面积列为必备检查项目，达不到要求一票否决。其中四星级酒店的要求为"70%客房的面积(不含卫生间)应不小于20m²"，五星级酒店的要求为："70%客房的面积(不含卫生间和门廊)应不小于20m²。"

实践证明，净面积小于20m²的客房卧室确实很难达到舒适性要求，对高星级酒店而言，其主力

表2-2　　　　　　　　　　　　　　　　客房开间、进深和面积的关系

面积	进深 7.8 (7.6)	8.1 (7.9)	8.4 (8.2)	8.7 (8.5)	9 (8.8)	9.3 (9.1)	9.6 (9.4)	9.9 (9.7)	10.2 (10)	10.5 (10.3)	10.8 (10.6)	11.1 (10.9)
开间 3.6(3.4)	25.84	26.86	27.88	28.9	29.92	30.94	31.96	32.98	34	35.02	36.04	37.06
3.9(3.7)	28.12	29.23	30.34	31.45	32.56	33.67	34.78	35.89	37	38.11	39.22	40.33
4.2(4.0)	30.4	31.6	32.8	34	35.4	36.4	37.6	38.8	40	41.2	42.4	43.6
4.5(4.3)	32.68	33.97	35.26	36.55	37.84	39.13	40.42	41.71	43	44.29	45.58	46.87
4.8(4.6)	34.96	36.34	37.72	39.1	40.48	41.86	43.24	44.62	46	47.38	48.76	50.14
5.1(4.9)	37.24	38.71	40.18	41.65	43.12	44.59	46.06	47.53	49	50.47	51.94	53.41

注：括号内是可能的净尺寸

房型客房卧室净面积选择不小于24m²一档应是较适中的数字。此时客房的净面积约在36~40m²，卫生间净面积6~8m²，可设置4件套(指洗脸台、座便器、浴缸和淋浴间)。如果向豪华方向靠，则卧室可选不小于30m²一档，卫生间选不小于8m²一档，此时，客房净面积可能在45~50m²。如果降一点标准，卧室也可选不小于20m²一档，但此时卫生间不宜小于6m²，否则很难提供四件套。在确定面积时，要兼顾开间和进深。

表2-1提供了在客房面积确定以后与之匹配的卫生间面积，可供参考。

客房的舒适度和豪华感并不仅仅取决于客房面积，片面追求面积没有意义。上海中心锦江J.HOTEL的定位是白金五星级，客房平均面积达70m²，终究是一特例，且与其主楼的圆形平面有关。面积较大的客房，要以丰富的天花造型、墙面装饰及数量较多、尺度较大、档次较高的家具、灯具、布艺、艺术品进行组合，要配置高品质的机电(包括弱电)设施，需有较高水平的室内设计师和雄厚的资金实力支持。空荡荡的大房间，放几件档次不高的家具，配套设施又达不到要求，不会有任何豪华感。面积不大但很舒适的客房一样受客人欢迎，既节省投资，也易于经营，有不少成功先例。

(2) 开间和进深

客房面积大致确定后，就需确定开间和进深这一对相互关联的参数。

开间尺寸：主要包括卫生间和管道井的宽度、短走道宽度、衣橱深度及墙和装饰面厚度的总和，同时兼顾卧室床的长度(包括床靠厚度)、电视机安装方式(台式还是壁挂)、电视背景墙(台面)的深度及电视柜与床之间走道宽度的总和。通常前者尺寸如能满足，后者也能满足。

进深尺寸：一般包括卫生间长度、铺床的工作宽度(300左右)、床宽、床头柜宽、双床间两个床间的宽度、客人休息区宽度(沙发或沙发椅、茶几、落地灯，书写桌椅等，一般不小于1500)以及窗帘(200)和墙厚。

一般来讲，双床间需要的进深稍大于大床间进深，因此，在平面较复杂、客房类型较多的情况下，应尽量把进深较大的客房安排为双床间，进深稍小一点的客房安排为大床间，而把形状较特殊或带有小面积房间的客房安排给套间。

房间开间并非越宽越好，一是因为在面积大致确定后，增大开间意味着进深缩减，而大开间、小进深的客房内装设计难度较大，尤其是客人活动区的尺度和位置很难保证；二是开间越宽意味着客人躺在床上看电视的距离越远，也意味着电视机尺寸越大，床和电视机之间的空间比较浪费，即使在此区设置床尾凳或休息沙发也很勉强。

总之，要综合平衡面积、开间、进深三者间的关系。净面积36~40m²的客房，开间中~中4200~4500，进深约为9000~9500，应是较合理的数值，也是高星级客房设计的常用数值。

图2-5 客房走廊天花里的管道，主要包括新风管、消防水管、空调水管、强、弱电桥架等，均需从梁下穿过。梁高及管道所需高度决定了客房走廊净高

表2-2分析了开间和进深变化对面积的影响，在表中可以方便地选择一组最合适的数字。

(3) 层 高

客房层的层高实际上不是由客房，而是由客房层走廊决定的。

在采用侧喷的情况下，大多数客房并不需要全部吊顶，《评星标准》中3m的客房净高不难达到。问题是即使客房净高达到要求，也不意味着客房走廊净高能达到要求。

客房走廊除了地面的装饰面(一般需50)和吊顶本身的厚度(至少也要50)外，其高度取决于三个尺寸：即跨走廊的梁高，机电管线和天花里终端设备需要的高度——包括新风管、各类冷热水管、空调水管、消防水管、强、弱电的母线桥架和筒灯、广播喇叭、烟感器、疏散指示灯及其他设备需要的空间，以及走廊所需净高(图2-5)。

走廊净高希望能达到2400，这样一般不会有压抑感，甚至还可能做一点简单的造型，如确有困难，在客房走廊不太宽的情况下，可以适当降低净高，但无论如何不能小于2300。假定梁高和机电管线所要求的高度均为500(注意仅是假定)，则客房层层高为100+2400+1000=3500，因此客房层高通常不能小于3500，而层高3500~3600应是一个适当的数值，也是目前大多数酒店采用的

酒店塔楼 基本单元	1	2	3	4	5	6	7	8	9	10	11	12	13	14	15	16	17
26F			ED				PrS						Ls		ED		
25F			Ls		ED	EK	EK		ES		EK	EK	EK	EK	ED		
24F			ES		EK	ED	EK	EK	ES		EK	EK	EK	EK	ED		
23F			ES		EK	ED	EK	EK	ES		EK	EK	EK	EK	ED		
22F		EK	EK	EK	EK	ED	EK	EK	ES		EK	EK	EK	EK	ED		
21F		Exec.Lounge/Buiness Ctr					ED	EK	ES		EK	EK	EK	EK	ED	Exec.L	
20F		SK	SD	SD	SD	SD	SD	SD	JS		SK	SK	SD	SD	SD		
19F		SK	SD	SD	SD	SD	SD	SD	JS		SK	SK	SD	SD	SD		
18F		SK	SD	SD	SD	SD	SD	SD	JS		SK	SK	SD	SD	SD		
17F	SK	SK	SD	SD	SD	SD	SD	SD	JS		SK	SK	SD	SD	SD	SK	
16F	SK	SK	SD	SD	SD	SD	SD	SD	JS		SK	SK	SD	SD	SD	SK	
15F	SK	SK	SD	SD	SD	SD	SD	SD	JS		SK	SK	SD	SD	SD	SK	
14F	SK	SK	SD	SD	SD	SD	SD	SD	JS		SK	SK	SD	SD	SD	SK	
13F	SK	SK	SD	SD	SD	SD	SD	SD	JS		SK	SK	SD	SD	SD	SK	
12F	SK	SK	SD	SD	SD	SD	SD	SD	JS		SK	SK	SD	SD	SD	SK	
11F	SK	SK	SD	SD	SD	SD	SD	SD	JS		SK	SK	SD	SD	SD	SK	
10F	SK	SK	SD	SD	SD	SD	SD	SD	JS		SK	SK	SD	SD	SD	SK	
9F	SK	SK	SD	SD	SD	SD	SD	SD	JS		SK	SK	SD	SD	SD	SK	
8F	SK	SK	SD	SD	SD	SD	SD	SD	JS		SK	SK	SD	SD	SD	SK	
7F	SK	SK	SD	SD	SD	SD	SD	SD	JS		SK	SK	SD	SD	SD	SK	
6F	SK	SK	SD	SD	SD	SD	SD	SD	JS		SK	SK	SD	SD	SD	SK	
5F	SK	SK	SD	SD	SD	SD	SD	SD	JS		SK	SK	SD	SD	SD	SK	
4F	SK	SK	SD	HC	SD	SD	SD	SD	JS		SK	SK	SD	SD	SD	SK	

客用电梯

表2-3 这是房型表的一种常用的方式。表中最上面一排数字为自然间的编号(必须上下对齐)，其优点是可以直观地说明某个确定的位置上是什么性质的房间，以此作为统计各种房型数量的基础，但表本身不能直接表达数字。
表内的英文缩写：
SD (Standard Double Bed)　普通双床间
SK (Standard King Bed)　普通大床间

HC(Disable Room)　残疾人客房
JS(Junior Suites)　普通套间(一般指两个自然间组成的套房)
ED(Executive Double Bed)　行政客房层双床间
EK(Executive King Bed)　行政客房层大床间
ES(Executive Suites)　行政客房层套间
LS(Luxury Suites)　豪华套间(经常指三个自然间组成的套房)
Prs(President Suites)　总统套房

一个数值。由此可见控制跨走廊梁高多么重要。

当然，不是所有管线都必须走客房走廊的吊顶上方，也有将新风管和空调水管通过管道井垂直下送的方案，这样可减少吊顶上方的管道数量及所需高度，在设计层高不够的情况下可采用此类方案。带来的新问题就是通过管道井的管道数量增加，管道井面积由此相应增加并占用客房面积，可能导致客房布局困难。

在考虑机电管线所需高度时，除了管线本身外，还需考虑保温和将来维修所需要的空间，尤其是各种阀门所在位置。为慎重起见，应在层高最终确定前做一个客房走廊吊顶内机电管线走向的横剖面并协调各专业确认。

4. 房型比例、房型表和客房编号

酒店的基本房型有：双床间(国内常称标准间)、大床间、套间(双套间、三套间)、豪华套间(总统套间、副总统套间、CEO套间等)。此外还有一些特殊的房型，如残疾人房、连通房等。

酒店的房型比例关系到将来的经营效益，因此，根据酒店所在地的市场需求(包括未来的市场走向)及酒店定位、规模确定合理的房型比例非常重要。

酒店的房型比例可通过"房型表"(表2-3、表2-4)体现，"房型表"在酒店扩初设计阶段就应基本确定。

确定房型比例时应注意以下几个问题：

(1) 双床间和大床间的比例

对于中档或中高档的商务型酒店，在扣除套房后，通常可按大床间、双床间各50%考虑，但对于高档的高星级酒店，可适当扩大大床间比例，如大床间:双床间=2:1。

经常接待国内会议和旅行团的中低档酒店及度假型酒店，可适当扩大双床间比例，如大床间:双床间=1:2。基本规律是酒店越豪华，大床间比例就越高。

(2) 套 房

尽管《评星标准》2010年版已调低了套房比例，但对于大部分酒店而言，还是比较高的。因套房入住率与双床间、大床间比相对较低，而一个普通套房的房价一般小于两个单间房房价之和，因此，只要没有特殊需求或不是以"全套房"为主要卖点的精品酒店，不宜安排太多套房。

通常情况下，套房比例建议为5%～6%，最多不超过8%，为长远的经营利益，可以放弃套房的一些分值。

(3) 豪华套房

应慎重考虑豪华套房的数量和套内面积，尤其是代表酒店客房最高水平的"总统套"，是否设置应视实际需要而定。

对于一般的高星级酒店，"总统套"实际上就是一个豪华套房，绝大多数酒店的总统套并无总统入住，因此面积不需太大，况且真正可能接待总统的总统套有很多其他的特殊要求，不是多几个房间的面积就可以解决的。"总统套"有

无锡洛社项目新房型表													2010.2.4	
客房层	TTa	TKa	TKb	TKc	TKd	TKe	TKf	CSa	CSf	CDS	TQh	CL	小计	自然间
房型	双床间	大床间	大床间	大床间	大床间	大床间	大床间	套房	复式套房	总统套	残疾人房	行政酒廊		
7F	9	2	2	3							1		16	16
8F	9	2	2	3									16	16
9F	9	2	2	3									16	16
10F	9	2	2	3									16	16
11F	9	2	2	3									16	16
12F	9	2	2		3								16	16
13F	9	2	2		3								16	16
14F	9	2	2		3								16	16
15F	9	2	2		3								16	16
16F	9	2	2			3							16	16
17F	9	2	2			3							16	16
18F	9	2	2			3							16	16
19F	9	2	2			3							16	16
小计	116	26	26	15	12	12					1		208	208
20F	9	2					3						16	16
21F	9	2					3						16	16
22F								3	1			《1》	4	16
23F		2						6					9	16
24F		2						6	1				9	16
25F							2	3		1			6	16
小计	18	8	4			6		18	2	1			59	96
	134	34	30	15	12	12	5	18	2	1	1		267	304
总计	134	111						21		1	1		267	304
%	50.2	41.6						7.86			0.37		100	100

说明：1. 本案计有客房19层，自然间每层16间，共304间。
2. 房型设计：双床间134，为50.18%；大床间111，为41.57%；套间21，为7.86%。
3. 2025层为行政层，共6层，客房59间(套)，占22.1%。

表2-4 房型表的另一种表达形式，这是在统计酒店各类客房数量时经常采用的一种形式。
其优点是可直接分层表达各类客房的数量，便于对客房房型布局和比例通盘考虑和调整，和表2-3结合使用将更完整地表达酒店客房的状态。

表2-5   **不同类型酒店的客房房型比例**

	双床间	大床间	套房	残疾人房	(其中连通房)	备 注
豪华城市商务型酒店	20%-22%	70%	8%～10%	按规定	5%	单人床宽度1400
中档城市商务型酒店	50%	45%	5%	按规定	5%	单人床宽度1200
中档商务会议型酒店	65%	30%	5%	按规定	5%	单人床宽度1200
豪华度假型酒店	65%～67%	25%	8%～10%	按规定	5%～10%	单人床宽度1400
中档度假型酒店	80%	15%	5%	按规定	5%～10%	单人床宽度1200
会议-度假型酒店	75%	20%	5%	按规定	5%～10%	单人床宽度1200
精品酒店		80%	20%	按规定	5%	
经济型酒店	100%			按规定	10%	单人床宽度1000～1200或1000+1350

5～7个自然间已可安排包括夫人房在内的全部功能，如不设夫人房，有4、5个自然间即可，有些面积不大的精巧型"总统套"给人感觉非常好。如把主人间和夫人间设计成可分可合的两个相对独立的部分，中间设置连通门，平时可分别出售以提高使用率，对酒店经营非常有利，三间套、四间套也可如此处理。

(4) 残疾人客房

通常有1、2间即可，因目前国内残疾人还很少在无人陪伴情况下单独出行，残疾人房利用率不是很高，不一定要按1%的比例设置。但接待较多境外客人，尤其是境外旅游团队的酒店可适当升高其比例，甚至达到主要房型各设一套。

残疾人房的位置宜设置在较低楼层并尽量靠近消防疏散通道和消防电梯，相邻房间则最好是它的连通房，以方便陪伴人员入住。

(5) 连通房

这是一种很实用的房型，可分可合的特点使这种房型具有较高的适应性，有些国际品牌酒店管理公司对连通房的数量规定了很高比例。

根据实际情况安排一定数量的连通房是可行的，但在设计时要注意连通房之间双门的位置要合理并能完全隔音。

表2-5提供了一组不同类型酒店的客房房型比例，目的是根据各类酒店的特点作一个方向性

分析，应用时应根据酒店自身情况作相应调整。

客房编号属内装设计的工作范畴(这一点有时不太明确，因此常由酒店管理公司代劳)，应在客房层平面、房型比例和分布确定后随即确定，最好直接体现在房型表里，而不是等工程完工交付使用后再由管理公司确定。这样做的好处是，在整个设计—施工期直至竣工验收阶段，各层客房始终有一个统一的编号便于协调、检查和管理，也不会影响标牌的设计、制造和安装。

编号方式以客人方便好找、不走冤枉路为原则，一般不超过四位数，客人在走出电梯轿厢后应在第一时间即可看到标明客房分布方向的指示牌。由于酒店电脑只认数字不认字母，因此不能用英文编号。

编号的另一个原则是上下房间房号应该一致。如遇套房、行政酒廊等占用了多个自然间，或由于楼层形状改变造成上下客房不相重叠，则宁可出现空号，也要尽可能使上下重叠部分客房号保持一致。根据各国、各地区的风俗习惯，应尽量避免采用"不吉利"的数字。

5. 客房内部布局

(1) 客房内部的功能分区

客房内部最基本的功能区包括入口和卫生间区、睡眠区以及休息区三部分。

图2-6 大床间、双床间和套间的室内分区，三套间如做成连通房可提高使用效率

如把一个典型的标准客房横向分为三段(图2-6)，从门口开始第一段为入口和卫生间区(包括卫生间、短走道、衣橱和微型酒吧)，中间段为睡眠区(包括床和床头柜、电视和电视柜)，靠窗的第三段则是休息区(包括沙发或沙发椅、写字台和书写椅)。

套房实际上就是把标准客房的休息区扩大，放到另一个自然间，形成一个包括客卫的休息/会客区(即客厅)，三套间就是在套间客厅另一侧再增加一个自然间用于第二卧室或书房/办公室。

总统套或豪华套房无非是进一步扩展了套房的休息/会客区，增加了书房、餐厅甚至包括健身房、听音室、静室等功能，第二卧室变为豪华夫人房，相邻区域可能会增加一些子女、随从、警卫房间，详见第三节客房案例分析。

在客房净面积确定的情况下，三个分区的范围明显是此消彼长，因此需采取各种方法取得平衡，以确保总体舒适和布局合理。同时由于进深和开间的尺寸也是此消彼长，需要考虑不同的方案。

根据酒店定位，不同面积和形状的客房可做

出很多不同的平面设计方案。尤其在面积较宽松的情况下，可以做出一些很有特色的好方案。

尽管客房功能不复杂，但真要把方案做好也不容易，需要掌握很多较基础的细节知识和了解最新的设计潮流。

(2) 客房卫生间和管道井对布局的影响

客房卫生间无论大小和形状，其位置必须与管道井相邻。由于维修井内管道时维修工不能进入客房，维修门必须开向客房走廊，又因排水管不宜穿越卧室，且为缩短管道长度，卫生间通常在客房走廊一侧，同时避开框架柱和大梁。

管道井的大小和形状在很大程度上与机电设计方案有关，特别与井内管道的数量、用途、是否需要保温及维修的频度、方式有关，对卫生间洁具的布置有很大影响，对卧室的净面积和部分设施的位置也有很大影响，因此建筑专业和机电专业需就管道井问题进行细致协调。

管道井的基本形状大体上有条形(与客房长边、短边边平行)和方形三种，见图2-7。

条形管道井与客房长边平行，对客房进深没

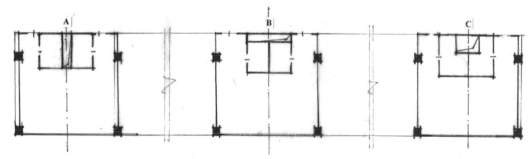

图2-7 A.条形管道井与客房长边平行，B.条形管道井与客房短边平行，C.方形管道井

图2-8a "透而隔"的卫生间：采用有铝合金百叶的玻璃隔断，商务型酒店通常会采用这种形式(上左)

图2-8b 卫生间内部：浴缸靠在与卧室的隔墙一侧，扶手垂直设在右侧墙上(上中)

图2-9a "透而不隔"的开放式卫生间：无玻璃隔断，完全敞开。靠卧室一侧为洗脸台，后侧是有磨砂玻璃隔断的淋浴间和坐便器，常用

于度假型酒店(上右)

图2-9b 卫生间内部：洗脸台对着卧室，但因完全开敞，正面无镜子而稍感不便(下左)

图2-10 采用折叠门的卫生间(下中)

图2-11 通过式卫生间，卫生间和卧室连为一体，用宽大的移门分隔空间，短走道和卫生间之间没有隔墙，通常用于面积较小的客房(下右)

有影响，但影响卫生间宽度，通常适用于开间较宽、进深较浅的客房。为了使维修工可以侧身进入管道井，其净宽不宜<650。维修门只需一个，对客房走廊的美观影响较小也是其优点。

条形管道井与客房短边平行，对卫生间宽度没有影响，但影响客房进深，通常适用于开间较窄、进深较大的客房。由于需站在客房走廊里维修，可能需要开两扇门，对客房走廊的美观有影响。

方形管道井兼顾客房开间和进深，但导致卫生间平面不完整，需通过细微尺寸的把握对卫生间合理布局，维修门通常也只需要一个。

6. 客房设计的新潮流

近年来，酒店客房设计开始打破多年来形成的千篇一律的传统格局，出现了很多新的设计理念、设计手法和设计方案，在材料、设备和色彩运用上更加丰富、多变和大胆，这些成果对客房内部的平面布局产生了广泛影响，以至产生了一

系列全新的客房。

(1) 卫生间

卫生间是变化最大的区域，打开了卧室和卫生间之间的隔墙，改变了卫生间"暗无天日"的状态。由于卧室和卫生间打成一片，客房显得更宽敞，卫生间显得更明亮。

隔墙打开后基本有两种处理方式：

一是采用大小和位置不一的玻璃隔断，配以各种类型和材料的活动帘，既使卫生间变得敞亮，也可保持卫生间的相对封闭，卫生间的声音和气味不会传至卧室。这种方式多用于商务型酒店，对会议—商务型酒店尤为合适。更为讲究的做法还有在双层玻璃内设置遥控的铝合金百叶或充满通电后可使隔断从不透明到透明的惰性气体等(图2-8)。

二是不设玻璃隔断，仅设置活动移门或折叠门，拉开后卫生间和卧室完全连成一片，甚至什么也不设置。这种做法多用于度假型酒店(图2-9、

图2-10)。有些面积较小的客房干脆取消了短走道，采用通过式卫生间，卫生间和卧室连成一片，卫、卧之间用宽大的移门进行分隔(图2-11)。

卫生间内部发生了很大变化：

①洁具传统位置变化，原放在靠客房走廊墙一侧的浴缸经常被移到靠卧室一侧。有玻璃隔断时浴缸可采用常规装修做法，在全敞开时常用可移动式浴缸。淋浴间和坐便器设置客房走廊墙一侧，洗脸台则放在中间对着门的位置，坐便器不再对着卫生间的门。

②淋浴间得到更多重视。中档酒店经常采用洗脸台、坐便器、淋浴间三件套而放弃浴缸，或仅为满足部分客人之需在少量房间保留浴缸，但五星级酒店还须配置浴缸。淋浴间标准提高，面积加大、普遍采用水流量更大的"雨淋花洒"(图2-12)、采用暗装排风扇和地漏等。

③洗脸盆式样越来越新颖(图2-13)，"老式"的台上盆和台下盆几乎绝迹，很多豪华型酒店采用"双盆"做法(图2-14)。

④广泛采用各种类型、各种材料的隔断和移门，豪华客房的卫生间经常开两个门(短走道和卧室各一)，客人起夜时可不经过短走道。

⑤衣橱有时被移到短走道靠卫生间一侧且两面开门，以方便客人取用衣物，在客房面积足够时常做成步入式衣物储藏间(图2-15)。

⑥音响(或电视机的音频)和电视更多地进入卫生间(图2-16)。

⑦各种细节的改变：毛巾更多地被放置在洗脸台下面的搁板或壁龛里，传统的毛巾架基本取消(图2-17)、固定在墙上的吹风机被更小巧、通常放在抽屉里的可移动吹风机取代，等等。

(2) 卧室

①普遍采用液晶电视。原风靡一时、体量较大的电视柜退出舞台，一系列家具(包括微型酒吧、行李架、电视柜、写字桌椅)的设计风格发生了根本性变化(图2-18、图2-19)，电视背景墙成为卧室内装设计的视觉中心。

②传统的床罩大而累赘，因不能经常洗涤很

图2-12 雨淋花洒和手持移动式花洒应组合使用(上左)
图2-13 洗脸盆的式样日趋新颖(上中)
图2-14 在卫生间面积允许时，豪华型酒店有时会采用"双盆"

图2-15 带有化妆台的步入式存储间(下左)
图2-16 安装了液晶电视的豪华型卫生间(下中)
图2-17 洗脸台下方的搁板：毛巾就叠放在此，没有毛巾架(下右)

图2-18 壁挂式液晶电视与微型酒吧结合，玻璃台面的写字台与墙垂直设置(上左)

图2-19 微型酒吧与书写台结合，壁挂式电视在桌面上方(上中)

图2-20 传统的老式床罩已被淘汰，直接显示白色布草，床旗

(runner)的采用也很普遍(上右)

图2-21 配置了贵妃椅的客房(下左)

图2-22 客房内带有辅桌的写字台，插座在辅桌下面的抽板上(下中)

图2-23 带翻盖的多媒体插座(下右)

不卫生已被淘汰，白色的被、枕直接铺在床上，显得洁净明快。一些客房增加了runner(即"床旗")使客房感觉丰富和亮丽(图2-20)。

③圈椅或沙发椅(常常是一对)已很少使用，代之以舒适的沙发或贵妃椅(图2-21)，可惜因缺乏对人体工程学的研究，贵妃椅的舒适度通常很差，中看不中用。

④办公效能得到很大拓展，宽大的写字台往往带有辅桌(图2-22)，采用有滚轮的黑色皮质写字椅。现代风格的书写灯取代了经典的有圆形灯罩的台灯，桌上或抽屉里放着精巧的文具盒。宽带上网线伸手可及，无线上网越来越普遍。如果想看自带笔记本电脑里的资料、电视剧及CD录像，可通过多媒体面板(也有称为RJP)连接客房的大屏幕液晶电视机(图2-23)。

⑤讲究人性化，使客人有更多的居家感觉。老式的开关控制板早已被取消，触摸式的新品种也很少使用。式样新颖的开关、插座设在客人觉得最方便的位置。客房保险箱安装在最适合客人使用的高度，形状也由原来的长方形变成扁长

形，以便放进客人的笔记本电脑。

⑥智能化设计越来越多地进入客房，灯控、温控、房态以及客人的各种服务要求(如房间清洁、请勿打扰、通知退房、消费查询甚至天气、旅游信息等)都可通过按钮联系客服中心或从电视中获得。

二、客房的基本配置

1.固定家具和活动家具

(1) 衣橱

衣橱通常是客房固定家具之一。因可充分利用柱的宽度将衣橱全部或部分镶嵌在内，所以只要不是特殊房型，或采用了双面开门的衣橱及步入式存储间，还是在短走道靠柱一侧(卫生间在另一侧)的情况居多，具体位置和尺寸根据柱位确定。

衣橱和微型酒吧可相连或分开。

衣橱的最小尺寸：宽度1100，进深净550。如果柱位允许设置宽度550×3＝1650的衣橱(即三

图2-24 衣橱：右侧挂衣，左侧从上到下分为三部分，上部是搁板，放置备用的被、枕等物。中部是保险箱，客人使用时不必弯腰，下部是抽屉，布局合理(上左)

图2-25 较窄的衣橱内空间明显不足，物品放入后显得凌乱，挂衣局促，保险箱无处可放(上中)

图2-26 客房配电箱可放在衣橱上方，但不能这样明装，外面要

另行设门，客人不能接触配电箱(上右)

图2-27a 步入式存储间——从短走道到卧室(下左)

图2-27b 步入式存储间——从卧室到短走道(下中)

图2-28 别致的微型酒吧，缺点是饮料、食品、玻璃器皿均展示在外，易积灰且不易清洁(下右)

扇门)最好，因为可以用两扇门的宽度挂衣，并放置熨衣板、浴衣甚至雨伞等物，用一扇门的宽度自下而上设置抽屉、客用保险箱和搁板，较为从容。熨衣板、雨伞等物如有可能利用柱间其他零星空间另行设柜放置，不占据衣橱空间则更好。

小于1100×550的空间则明显紧张，衣服只能平挂，保险箱也很难设置在客人方便使用的高度，甚至需另找地方。

衣橱门以平开为好，橱的上部要设置放备用被、毯、枕的隔板，并考虑电源总开关箱(暗装)的位置和装有限位开关的橱柜灯(图2-24~图2-26)。

如有条件设置步入式存储间最理想，图2-27是一个套间的步入式存储间，一端通向客房入口的短走道，一端通卧室。

(2) 微型酒吧

过去的通常做法是和衣橱结合在一起，现在越来越多独立设计而成为活动家具，式样也越来越丰富。要注意的一是清洁，应有妥善放置玻璃器皿和咖啡、茶叶等物的抽屉，不宜都放在桌面上，二是要处理好小冰箱的散热问题(图2-28)。

(3) 床

床是客房里最重要的家具，没有一张舒适的床，客房设计再好也是失败的。

① 床的尺度，包括宽度、长度和高度。

宽度：单人床不宜小于1200，如果客房面积够大，可以做到1350至1400，双人床1800即可，除少量豪华套房外，一般不必做到2000，更不必做到2200。

表2-6		高档商务型酒店	中档商务型酒店	高档度假型酒店	中档度假型酒店	经济型酒店	备注
	长 mm	2000	2000	2000	2000	2000	
单人床	宽 mm	1400	1200	1200~1400	1100~1200	1000~1200	
	高 mm	600	550~600	550~600	500~550	500~550	至床垫上平
	长 mm	2000	2000	2000	2000	2000	
双人床	宽 mm	1800	1800	1800~2000	1800	1800	
	高 mm	600	550~600	550~600	500~550	500~550	至床垫上平

床的尺度

长度：2000。

高度：床垫上平550～600，欧美客人较多的酒店可取后者，床太低没有豪华感(表2-6)。

②床垫必需使用优质床垫，注意有些高档的床垫厚度是250，而不是习惯的200，在设计床箱时要事先掌握。

③床的位置，长边距卫生间一侧的墙，在没有门的情况下为300(供服务员铺床用)，如卫生间向卧室开门，则不宜少于1200。

正常情况下，床靠背后应是实墙，即风水上讲的"床头有靠"，避免窗户，更避免门口。除非有特别美的室外景观(图2-30)，床一般不对着窗户。

双床之间距离不宜太小，一般不应少于600，最好做到700(中间的床头柜600)。兼顾两种房型，用双床合并大床(所谓夏威夷床)的做法并不可取，在高星级酒店尤其如此。主要原因一是两床相拼，中缝很难平整舒适；二是可能增加布草规格(如单床宽度1000~1200，合并后大床宽度即为2000~2400)；三是两床相并后，床位移动，床头柜与插座开关的距离拉远，客人使用不便；四是床靠设计很难兼顾两种宽度，影响客房美观。

双床中间距离较近(如300)、床头柜设在两侧的方案，会使有些客人感觉别扭。

④床靠，通常固定在墙上，与床箱分离。豪华客房的床靠与床后的背景墙结合设计，与电视

图2-29 浅色软包和镜子结合，组成了床头时尚亮丽的背景墙，主导着客房的风格和氛围(上左)
图2-30a 窗外有秀丽的景观时可考虑"床头面窗"方案(上右)
图2-30b 香港JW万豪客房，床45°角对着窗户(下左)
图2-31 宽度为600、简洁实用的床头柜(下中)
图2-32 床头柜台面的抽板，扩大了台面面积，在细微处体现对客人的关怀(下右)

背景墙相对应，成为影响客房内装设计效果的重要部位。

⑤床箱：靠床头一端(不是两端)要有滚轮，要考虑一个服务员可以抬起一头移动床位的可能。

(4) 床头柜

平面尺寸一般为500～650(宽度)×500(深度)，应与客房面积和床的宽度匹配，太小了不大气。高度应与床垫上平相同。双床之间合用的床头柜宽度不宜小于600，如两床外侧已有独立床头柜，中间共用的床头柜宽度可适当减少。

床头柜下方应考虑夜灯的位置。

(5) 书桌椅

在开间允许情况下，书桌的长边应尽量与墙垂直，以便在墙边设置辅桌，并可避免行李柜、电视条桌和书桌一字排开的单调布置。有困难时也可顺墙放置，但要注意与相邻家具的组合关系，例如可将书桌和电视条桌设计成一件家具，甚至把微型酒吧也设计进去。

书桌基本尺寸不应太小，尤其是商务型酒店，宜做到宽650～750×长1300～1450，高度通常为760。台面可用木质(高档一点局部加皮面)或玻璃，石材面因过重且不够温馨现已极少采用。客用插座、开关可设在台面上方的墙上(底线距台面100)，或采用带盖板的多媒体面板(包括宽带接口)直接置于桌面(或辅桌桌面)上。书桌桌面下应设置薄型抽屉(内高50～60)，以放置文具、"客人须知"和其他宣传品。

根据客房的形状，书桌也可设计成方形、圆形和椭圆形。

书桌椅的座位和靠背应非常舒适，两边的扶手要确保低于书桌下方的净高，椅背可后仰(但注意不能翻过去)，有弹性，座位可升降，下面应有滚轮。面料应耐脏、易洁，一般采用黑色皮面。式样简洁，风格现代，与客房气氛相协调。

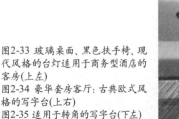

图2-33 玻璃桌面、黑色扶手椅、现代风格的台灯适用于商务型酒店的客房(上左)
图2-34 豪华套房客厅：古典欧式风格的写字台(上右)
图2-35 适用于转角的写字台(下左)
图2-36 书桌下部的薄型抽屉(下右)

图2-37 客房内造型美观的一对沙发,深黄的色彩与地毯很协调(上左)
图3-38 丰满的沙发很舒适,搁脚凳尺度和式样与沙发匹配,靠背曲线符合人体工学要求,如增加一个深色靠垫似更好(上中)
图2-39 柔软舒适的贵妃椅和色彩亮丽的靠垫(上右)
图2-40 可插入沙发底部的茶几占地很小,适用于面积较小的客房(下左)
图2-41 牢固、美观的折叠式行李架(下右)

不一定要在书桌对面设置客椅。

(6) 沙发和茶几

大床间的基本配置可以是一只单人沙发加搁脚凳(必要时当坐凳用),双床间可配置两只沙发或一只双人沙发,不要搁脚凳。

在面积不太充裕时,双床间也可只配置一只沙发和搁脚凳,甚至不配搁脚凳,因为酒店一般不考虑在客房接待客人。在面积充裕时,沙发尺寸

表2-7   客房部分家具的基本尺度

			豪华型(40m²左右或以上)	常规	经济型	备注
床头柜 (大床间)	床二侧	宽	600~650	500~600	450~500	与床垫平
		深	500	450~500	450	
		高	600	550~600	500~550	
床头柜 (双床间)	床中间	宽	650~700(350~400)	600	550~600	括号内数字为单人床 外侧另有床头柜 与床垫平
		深	500	450~500	450	
		高	600	550~600	500~550	
写字台		长	1350~1400	1200~1350	1200~1250	
		宽	700	650	600~650	
		高	740~760	740~760	740	
衣柜	上搁板	宽	1500(三门)	1200(双门)	900~1200	尽量采用平开门
		净深	600	550	500~550	
		高	1750	1750	1750	
行李架		宽	900~1000	800~900	750~800	
		深	500~600	500~550	500	
		高	450	450	450	
单人 茶几	矩形	长×宽	600×500	600×500	550×450	
	圆形	直径	500~550	500	450~500	
		高	550~600	550~600	550~600	

应大一些,甚至可配置一组沙发,包括采用双人沙发和三人沙发,总之不要造成空空荡荡的感觉。

沙发要柔软舒适,适合人体曲线,必要时增加色彩鲜艳、做工精美的靠垫。豪华客房如配置贵妃椅,一定要确保舒适美观,否则不如不用(图2-37~图2-39)。

茶几的形式可多样,大小要适中,圆茶几的直径一般在500左右,与成组沙发相配的茶几要专门设计。在客房面积较小时,可以设置紧靠外墙、比火车座稍宽的长沙发(但此时无法采用落地窗帘),同时配置一种可活动、可插入沙发下方、与沙发结合在一起的茶几(图2-40)。

(7) 行李柜或行李架

根据客房情况可任选用一种,宽度800左右。

行李柜柜面材料要结实、耐磨,经得起笨重行李撞击,背后要有挡板。

折叠式行李架已被广泛采用(图2-41),其优点是不用时可放到衣橱里,实际上大部分时间还是放在外面的固定位置,结实牢固是需要重视的一个问题。

(8) 穿衣镜和装饰镜

穿衣镜应能照到全身,一般设在短走道的墙上或衣橱门上,很少放到卧室里。"镜子宜暗不宜明",尤其要注意不要正对着床或客人躺在床上能看到自己,一些国内或境外华裔客人忌讳这一点。

过去卧室的装饰镜几乎是必需的,通常设在写字台正上方。现因写字台位置多变,是否设置

可根据实际情况决定。

表2-5提供了客房部分家具的基本尺度,供参考。

2. 灯具

客房灯具主要有床头灯(包括阅读灯)、筒灯(包括射灯)、落地灯、书写灯、壁灯、吊灯、夜灯和灯槽间接照明等。

(1) 床头灯

一般有台灯、壁灯和吊灯三种形式。台灯高度在650~700左右,灯罩不宜过小,灯光不能直射客人的眼睛。为了不占床头柜的空间,现在常使用的仍然是壁灯,但式样要新颖,档次要高。不能使用摇臂灯,因其易损坏和不安全。吊灯是近年开始流行的,效果不错。前几年阅读灯基本设置在床头上方的天花上,实际上由于光束不够集中,对邻床有影响,现在越来越多采用壁灯的形式。

图2-42是采用了吊灯的床头柜,图2-43介绍了一种简洁、实用、美观、可折叠的阅读灯。

(2) 筒灯和射灯

筒灯和射灯在卧室、短走道和卫生间里经常被使用,但多用于局部照明,有明确的照射目的和范围,筒灯过多效果不好。要注意筒灯和射灯的区别,在需要更强的点照明时,应采用后者。

应急照明一般使用安在短走道天花上的筒灯。

(3) 落地灯

图2-42 床头柜上方的吊灯,阅读灯在床靠上,简洁实用、有现代气息,床头柜显得很干净(左一);图2-43a 折叠式阅读灯,处于闭合状态(左二);图2-43b 阅读灯拉出(左三);图2-43c 阅读灯打开(左四)

配置在沙发一侧，高度一般为1550～1650。除式样问题外，应注意以下几个细节：一是要有较重的底盘以保持稳定，整个落地灯要提得动，碰不倒；二是不宜使用脚踏式开关(开关宜装在灯头上)，因为客人把脚伸到沙发一侧很不方便，年老体弱的客人易失平衡而摔倒；三是灯光不要直射客人的眼睛。

在面积紧张时，可用壁灯或吊灯代替落地灯。

(4) 书写灯

商务型酒店的客房宜采用现代风格的长臂式台灯，不宜使用线装开关，开关应装在灯座上。

(5) 壁 灯

除用于床头外，还可以用在沙发区，老式的镜灯、画灯、行李灯已被筒灯和射灯取代。

(6) 装饰性吊灯

在客房净高允许时，卧室天花中心区可使用装饰性吊灯以增加客房豪华度。但其风格应与客房总体效果协调，且容易清洁。

(7) 夜 灯

通常设在床头柜下方，也可设在短走道靠卫生间一侧的墙面下方，但不宜设在床对面的墙面下方，以免灯光影响客人睡眠。

3. 布 艺

(1) 窗 帘

客房窗帘面积很大，因此除使用功能外，其材料、色彩对客房装饰效果具重大影响。

窗帘使用最多的是落地式，展开宽度为墙长的一倍，下端离地1厘米。由布帘、遮光帘和纱帘组成，布帘和遮光帘通常结合在一起。布帘一般使用浅暖色，柔软、有垂感，并经阻燃处理，花纹通常是隐形的。布帘和纱帘均应配置拉杆，有条件时可电控或遥控，电控开关位置应设在靠近窗口的醒目处，有明显标识使客人容易找到。

窗帘上方应设置窗帘盒，必要时还需在两侧设置，以确保遮光效果。

在没有条件使用落地窗帘时，窗帘仅可垂至

图2-44 紫红色床旗+橘黄色靠枕+白色布草，典雅而不失温馨，地毯色彩与之匹配

窗台，但遮光不够严密。此时如使用带垂直滑轨的电动罗马帘效果较好。

(2) 床旗(runner)

所谓"床旗"，实际上是铺在被子上靠床尾位置的一条夹被，质地光滑而柔软，宽度一般在700左右，长度略小于被宽。其用途首先是装饰作用，改变床上一色全白的单调感，故其色彩通常较华丽，在客房装饰效果上起画龙点睛作用，也可如同毯子盖在被子上，有实用功能。

从近年来的使用效果看，客人、设计师和酒店业者普遍接受"床旗"的概念，但很多做得不成功。主要原因是对其用途认识不足，设计不到位，布料质量、做工和色彩达不到要求，品质不高的runner不如不用，很多客房全由白色布草铺就的床效果也很好。

(3) 床 裙

床罩虽然取消了，床裙还是要的，因为床箱的三面需要围起来。

床裙色调应和地毯协调。

4. 洁具和五金

(1) 浴 缸

现在客人很少在浴缸里泡澡，但大部分高星级酒店的卫生间还是按四件套设计，既有浴缸，也有淋浴间，以方便客人选择。《评星标准》

2010年版的"必备项目"规定:四星级为"有浴缸或淋浴间",即可以没有浴缸。但五星级为"浴缸并带淋浴喷头(另有单独淋浴间的可以不带淋浴喷头)",即可以没有淋浴间,但浴缸一定要。如此规定还是合理的,道理很简单,浴缸可以洗淋浴,但淋浴间不能泡澡,毕竟浴缸功能要多一些,面积要大一些,造价要高一些。

四星及以下卫生间面积偏小的酒店,建议大部分客房设淋浴间而不设浴缸,少部分客房设浴缸而不设淋浴间,在客人订房时可征询客人的选择。

浴缸尺寸:长×宽×高 1500~1700×760~820×350~400,客源以欧美为主的可选宽一点和浅一点的,以日本为主的则反之。

应采用优质白色涂瓷釉铸铁浴缸,防滑盆底,既保温又没有声音。固定浴缸不要带裙边,价格高且碰瓷后很难修复。

(2) 坐便器

通常为加长连体式,低噪声节水型,白色,可采用暗装式水箱。

由于卫生问题,一般不设妇洗盆。

(3) 洗脸台(盆)

台面宜采用优质花岗石(大理石质地较疏松一般不用),长×宽不少于1200×550。靠墙应设挡水板,高度不少于100,材料同台面。

下水管应全部或部分隐蔽在墙内而不应通过地面,便于地面清洁,台下可设置夜灯。

图2-45 暗装的地漏,要注意细部构造,并确保排水畅通(左)
图2-46 浴缸上的搁板,放置洗涤用品,非常实用和人性化,适用于度假村(右)

在选用各种时尚的台上盆时,台面标高会比过去的习惯下降100~150,豪华套房还可能使用双盆。有些设计师在选择洗脸盆时过于重视式样而忽视了应有的功能,很多洗脸盆太小或太浅,实用效果不佳。

富有装饰性的镜子是卫生间的一大亮点,高星级酒店应尽量采用防雾型镜子。

(4) 淋浴间

面积不小于1000×1000,高品质无框钢化玻璃,不锈钢连接件,带专用把手的玻璃门。由于大部分客人会选择淋浴间而不选择浴缸,目前淋浴间的档次在不断提高:一是面积增加,达到1000~1100×1200~1500。二是越来越多采用"雨淋花洒",同时仍需配置可移动手持式按摩型淋浴花洒,可调节高度的淋浴杆。三是排风扇暗装、地漏暗装,设置座位越来越普遍。

也带来了一些问题:例如虽然安装了"雨淋花洒",但水量和水压经常不足(在客房改造时更常见),毫无"雨淋"感觉。或者供水量增加了但排水能力没有相应增加,导致积水严重。又如暗装了排风扇却未考虑维修问题,地漏暗装了却盖板不平,下面做工粗糙,成了藏垢纳污的地方。

(5) 五 金

客房五金主要集中在卫生间,通常包括:龙头(宜使用冷热水合一的高档水龙头)、淋浴花洒、浴缸拉手(长度不少于400,承受力不少于160kg)、浴帘和浴帘杆、内置式淋浴架(摆放肥皂和香波)、晾衣绳、化妆镜、毛巾架、手纸盒(两个)、浴衣钩(双钩)等。电吹风目前多使用便携式,不再固定在墙上。

客房五金和客人直接接触,应选用高档产品,高星级商务型酒店通常采用表面为铜镀铬或光滑明亮的不锈钢制品。

5. 客房门

(1) 进口门

客房进口门的门洞宽度一般为900~950(净

宽至少860)，高度不宜小于2100，太宽的门不必要(残疾人客房除外)，尤其在客房走廊净高偏低时，门的高宽比容易失调。

应采用质量较好的实心门，结实且隔声。门框的构造要牢固(国际品牌规定使用金属门框)。目前内地的习惯做法是用两层细木工板做基层加木皮面层，其牢固程度值得怀疑。

必须使用电子门锁，为降低成本采用磁卡即可，不一定要使用IT门锁或感应门锁。应配置闭门器、门闩式安全插销(不用链条)及猫眼(180°内窥镜，离地高1.5m)，门内面应设逃生路线图。

门的上、左、右侧均需设置隔音封条，门下侧设升降式封条。

与中庭回廊相通的门应采用乙级防火门(耐火极限0.9h)。

(2) 卫生间门

门洞宽度不少于850(净宽不少于800)，高度与进口门相同。采用高质量的实心门，门锁可使用从里面关闭的旋钮锁定装置，外面开启也不必使用钥匙，便于在发生意外时进入。

门上不宜使用百叶，可在门下设15~20的门缝回风以保持内外压力平衡。

(3) 连通房门

双门，各自开向两侧房间，门的位置一般在卧室间隔墙适当位置，基本要求同进口门，但使用仅一侧带旋钮的门锁，安全插销锁舌长度不应小于25，并应特别注意隔声。

6. 设备配置

(1) 电视机

电视机规格取决于客人看电视的距离。一般客房开间不大于4200时采用32英寸即可，大开间或套房的会客室，可采用37~42英寸。

壁挂式和台式均可在客房使用，前者多于后者。壁挂式可节省空间，但有几个问题需注意解决：一是固定问题，客房通常使用轻质材料砌块或轻钢龙骨石膏板，电视机有一定重量，悬挂不

牢容易松动甚至掉下来，同时挂件容易穿透墙身造成隔音问题；二是客人可能直接碰到造成安全问题；三是除非采用专门支架，否则无法旋转调整角度。为此，有国际酒店管理公司曾一度规定不能采用悬挂式。随着可旋式壁挂电视的出现及电视背景墙的设计日趋成熟，此要求已经取消。

通常以木饰背景墙护住电视机，并在下方设400左右宽的装饰台，或与书写台、微型酒吧结合设计。

普通客房不需配置DVD，也不需配置电脑。

(2) 电 话

客房电话一般配置3部，床头柜、写字台、卫生间各1部。

客房电话要选择适合酒店客房使用的类型，各种功能和分机号在面板上有明显标示，并注意隐蔽所有线路，接线盒应安装在桌子底下客人看不见的高度上(写字台下距地450)。卫生间的壁挂式电话应安装在坐便器前方客人伸手可及的地方，距地约850，接线盒和电线应全部隐蔽在电话机机座后面。

客房不设外线，所有外线电话均应通过总机以便收费，同时应设置软件防止骚扰电话打扰客人。

(3) 冰 箱

客房冰箱(50~60l)通常放在微型酒吧下方，应认真选择冰箱型号、规格和尺寸并及时提供给内装设计师，须为冰箱设置24h供电插座，并解决好散热问题。

很多酒店没有解决好冰箱散热问题，主要原因是没有考虑空气对流和排气方向，仅在后板上开个洞(百叶门现在很少使用)不一定能解决问题。尤其在微型酒吧和衣橱相连并固定在墙上时，因缺少对流，热气仍不易排出。此时可在做木基层时就利用其与墙之间的空隙，预留一条垂直通道让热气排至天花里。如为了美观和方便清洁门上不做百叶时，应注意在门和底板之间留一条约10~15的缝。

这都是一些细节，但一个好的酒店，很大程度

上就是靠解决了许多易被忽视的细节才形成的。

(4) 客用保险箱

客用保险箱须是扁平型的,目的是能放进一个笔记本电脑。其尺寸约是高125、宽400、深350。客用保险箱应放在衣橱里方便客人使用的高度并进行安全固定,不能摆放在衣橱的底板上。

7. 地面和墙面面层

(1) 卧室和短走道的地面

高星级酒店(尤其是商务酒店)的客房卧室和短走道地面最常用的材料仍是地毯,其柔软、舒适、隔声和造价不高的优点,其他材料(如木地板)无法取代。

选择地毯颇有讲究,通常应采用优质阿克斯明斯特地毯,80%的羊毛和20%的尼龙66,双层纱线,毛长7~8mm(客房走廊可略短,通常为6mm),簇绒地毯不适合用于客房。客房地毯要耐脏、易洁,局部受损后易修复,因此,颜色(尤其底色)不宜太浅,而且希望有3、4种较明亮的颜色组成图案。净宽不大于4m的客房地毯不应有拼缝,尤其在卧室和短走道的连接处,拼缝不紧密、花纹对不上很难看。此时的裁剪形状是L形的,损耗稍有增加,但没有在连接处脱开的问题。

卧室采用木地板,如使用高档实木地板则造价较高,损坏后不易修复,由于隔声效果稍差,往往还要在局部(一般在床的位置)铺设造价很高、不易清洗的羊毛地毯,因此只有豪华客房才会考虑。复合地板则广泛用于经济型酒店和度假村。

短走道处的地毯容易受潮而影响使用寿命,因此硬质地面被广泛采用。最好使用优质大理石,但造价较高,拼花大理石造价更高。

(2) 卧室和短走道的墙面

墙面以采用浅暖色墙布为好,尤其宜采用有明显凹凸花纹、较有立体感的品种,这样的墙布使卧室有温馨感和厚重感,感觉上好于涂料,目前我国墙布生产已完全过关,价格不高且品种不少。

较豪华的客房可采用一定面积的木饰面。

(3) 卫生间的地面和墙面

全部使用高档大理石当然豪华,但毕竟造价太高。为节约投资,可在墙面采用仿石面砖,地面仍使用优质大理石。因为去掉浴缸后,地面实际面积已不大,毕竟大理石感觉要豪华些。当然两种材料要配合好。退一步讲,宁可全部使用高档面砖也不要使用低品质大理石,现在高档仿石面砖差不多可以以假乱真。

卫生间墙、地面设计要特别注意安全因素,保护客人不受意外伤害。例如地面应使用防滑材料、所有阳角做成小圆角、在浴缸边增加垂直扶手等。一些酒店过于追求时尚,在卫生间墙面上大面积使用玻璃和玻璃制品,甚至直接把大镜子装在浴缸上方的墙上,或为追求野趣,在卫生间、淋浴间墙面、地面使用表面粗糙的天然石材,实际上均增加了不安全因素。

由于洗浴时卫生间温度和湿度较高,年老体弱的客人容易出现意外,卫生间应设置报警按钮。

三、客房层的辅助区域

1. 客房走廊

客房走廊指客房外的走道,简洁、宁静,以暖色为主,较长的走廊可通过对天花、地面、墙面的处理避免单调感,例如将天花造型和地毯花纹分段设计(图2-48)。

单面客房的走廊净宽不应小于1500(不包括凹室),双面客房的走廊净宽不应小于1800(不包括凹室)。客房入口处的凹室使客房较为隐蔽,增加客房的私密性和客人的安全感,且可停放清洁车。深度一般为300,过深的凹室会形成安保监控死角。

客房走廊净高不宜小于2400。

客房走廊不应出现高差和踏步,不宜使用硬质地面,因为拖包和高跟鞋发出的声音会影响客房和其他客人。

图2-47 通过门套、壁灯及天花、地毯的变化打破客房走廊的单调感(左); 图2-48 客用电梯位于圆形挑空两侧, 相距较远, 客人需绕行

商务型酒店通常采用全天候封闭式走廊并设置空调, 不允许全部或部分暴露在室外, 热带或亚热带的度假村例外。

要仔细调整天花上灯具、烟感器、喷淋头、广播喇叭、安保探头、检修孔、疏散指示灯的位置和高度, 不能使用活动的吸音板、穿孔板和铝合金板。

客房走廊尽量考虑自然采光, 基本照明依靠均匀分布的筒灯, 客房门凹入处可增加射灯或壁灯局部照明, 每15 m应设置一个清洁插座。

2. 客用电梯厅

客用电梯厅是客房层的交通枢纽, 是客人一出电梯轿箱对即将入住的客房区产生第一印象的场所, 应亲切、温馨、宁静, 有艺术品位和地域文化特征。

客用电梯厅宜设在客房层中心位置, 与客房走廊有明显区别, 电梯门不宜直接开向客房走廊, 更不能对着客房门。

电梯厅宽度: 不小于电梯轿箱长度的两倍, 或以单排电梯不小于2500, 双排电梯不小于3600为下限。双排电梯厅宽度不宜过大, 采用回廊式电梯厅要慎重, 因为此时厅门间的距离会超过

5m, 客人可能需要绕行(图2-48)。

客房电梯厅的地面, 传统做法是地毯, 四周配以优质大理石或花岗岩捆边, 但近年来全部采用大理石拼花的情况有增加的趋势。其优点是美观且易于保养, 前提是拖包和高跟鞋的噪声不能影响客房和造价允许。

拼花大理石一般采用暖色调并以柔性图案为主。

电梯厅一端可设置艺术品或其他摆设, 可配置一部公用电话(内线), 也可配置绿色盆栽。电梯厅应提供两个清洁插座(一端一个)。

服务电梯不能设在客用电梯厅, 消防电梯不宜设在客用电梯厅。

3. 消防－服务电梯厅

超过200间(套)的酒店需要至少两部服务电梯并加以群控。在主楼每层面积不超过1500m²时, 通常会将其中一部设置为消防电梯。

服务电梯厅应与客用电梯厅分设, 电梯厅门应通向客房走廊但不宜直接开向客房走廊。服务电梯也不宜直接设在客房层服务间内, 因服务间需闭锁, 不便让无关人员(包括其他员工)穿越。

消防－服务电梯经常和疏散楼梯共用消防

图2-49 客房层通向疏散楼梯间的防火门(上左); 图2-50 酒店疏散楼梯的双语楼层标识(上中); 图2-51a 客房层服务间: 洗涤池、消毒柜、开水器(选用)(上右); 图2-51b 客房层服务间: 布草层架(下左); 图2-51c 客房层服务间: 清洁车(下中); 图2-52 布草井的防火门(下右)

前室,这是合理的做法,此时前室面积应不小于10m²。消防-服务电梯厅宽度不应小于2.5m,并应提供一个单独的清洁插座。

4. 消防疏散楼梯

消防疏散楼梯的位置、数量、类型和楼梯宽度均要符合消防规范要求。

消防疏散楼梯间应设置乙级防火门,闭门器使门常闭且不得加锁。每层均应设置醒目的楼层号码,所有标识应使用双语,同时按规定配置疏散指示灯和应急照明等设施(图2-49~图2-50)。

酒店消防疏散楼梯不宜和非酒店区域(如写字楼层、商场、公寓楼层)共同使用,不得已时应在关键梯段增设安保监控摄象头,并密切关注非酒店区域的消防状况。

5. 楼层服务间

通常每层一间,面积15m²左右,门洞宽度1000,在尽量接近服务电梯的位置。每层客房较多,服务流线较长时,可增设一间或适当扩大面积。不设楼层服务台,避免使客人有被监视感。

楼层服务间的基本配置(图2-51):

①工作台: 600×1000~1200。

②层架(3~4层): 用于放置布草、客房用品、清洁用品等。

③双联洗池: 1个。

④消毒柜: 可单独设置或固定在洗池上方墙上。

⑤开水机、制冰机: 选用。

⑥清洁车: 12~14个房间一辆,车架尺寸一般为760×1250。

员工卫生间可设在服务间内,也可在适当位置另设,每层一个或两层一个。

目前的新酒店较少采用布草井,因为在布草井末端收集脏布草很麻烦,同时布草井的消防问题也需认真解决(图2-53)。

四、行政楼层

1. 行政楼层的功能与商业价值

行政楼层是酒店为适应高端客人需要而设置的相对独立的豪华客房区域，一般在酒店客房层高区，客房数量通常占酒店客房总数的20%左右，以大床间为主，加上一定数量的套间和豪华套间(包括总统套)，基本不设双床间。

行政楼层通过行政酒廊为入住的高端客人提供服务，如直接入住和结账，提供专用休闲和会客空间，提供专用餐厅、免费下午茶、免费使用会议室(一般为两小时)、电脑上网等，使客人感到舒适、方便和自身的尊贵。高端客人入住行政楼层，也提高了酒店档次。

行政楼层房费比普通客房层有较大幅度提高(一般增加30%左右)，而实际增加的成本远小于增加的收入，因此有可观的商业价值。为此酒店需增加一点服务面积和建设资金，但从酒店经营的长远利益看非常值得。

2. 行政楼层的客房

行政楼层客房的总体感觉应比普通客房更舒适、更豪华，但二者差距不必过大，以免酒店整体性受到影响。尤其在客房面积、床的宽度以及基本配置等方面，不必刻意求大求变。至于白色布草，完全可以和普通客房通用。

行政楼层的客房可在软装修方面适当提高一些档次，使用一些品质更好的灯具、地毯、窗帘和更具个性化的艺术品，并在风格和色彩上稍作一点变化。如能增加一些高科技设施，如高清晰度的液晶电视、DVD、电脑和传真机等则更好。总之，在不打乱酒店总体布局和总体风格的情况下，根据实际情况作适度提升，就可以得到不错的行政客房。当然，少量的高级豪华套房，如总统套房还是要专门设计的。

在行政楼层客房数量较多及条件允许的情况下，可设专用电梯直达行政楼层。但通常是在客梯轿箱内设插卡机，入住客人插卡后电梯方能到达行政楼层。

通常不需要设置内部楼梯，其使用效率不高且占用很多面积。

3. 行政酒廊

行政酒廊是行政楼层特有的公共区域，不设行政楼层就不需设行政酒廊。一个精心设计、功能齐全、温馨舒适、赏心悦目的行政酒廊在一定程度上代表了行政楼层及整个酒店的档次和服务水平。

行政酒廊的主要功能是：

①接待：为客人直接办理入住登记、结账和其他类似商务中心的服务；②餐饮：提供早餐和免费的下午茶；③休闲和社交场所：包括阅读、电视、上网等；④小型会议。

上述功能应尽量有序组合在一个连续空间里，如条件不允许，可分开设置，但相距不能过远。

表2-6提供了行政酒廊的基本配置要求，供参考。

行政酒廊通常设在行政楼层的最下一层，在行政楼层数量较多时亦可设在中间层。其面积一般控制在七八个自然间，可根据自然间的大小和行政楼层客房数量进行调整。

行政酒廊应选择室外景观最好的位置，并尽量设置在酒店正面。室内设计的档次类似大堂，风格可有区别，并应显示相当的艺术品位和地域文化特征。在室外景观特别优美时，尽量提供室外露台。

下面分述行政酒廊各功能区的设计要点。

(1) 入口和接待区

行政酒廊入口应尽量设在客人从电梯轿箱出来即能看见的地方，通常对着电梯厅。如有困难可设在稍远的位置，但要有明显标志指示方向。入口设计与客房应有明显区别，通常采用具有装饰性的玻璃隔墙和玻璃门。

表2-8 　　　　　　　　　　　　　　　　　　行政酒廊的基本配置

	面积(m²)	配　置　要　求
面积控制	250~300	根据行政层客房的数量决定，中等规模的酒店，大体相当于7~8个自然间。要求有良好的室外景观
接待区	20	接待桌和接待椅，尽量提供一组沙发
文印	6~8	复印机、传真机等
休闲区(阅读)	30~35	一组沙发和沙发椅，书架：提供报刊和图书
休闲区(社交)	30~35	一组沙发和沙发椅，提供电视
上网区	8~12	2~3个免费提供的电脑位
餐厅	100~120	按不小于1/3的客人数(行政客房层)提供餐位，包括自助餐台和小型明档
备餐间	20~25	有直接通向客房走廊的门
小会议室	20~25	6~8个座位
卫生间	8~12	男女各一
储藏室	6~8	

图2-53 行政酒廊的餐厅，装饰的豪华程度应超过自助餐厅(上左)；图2-54 行政酒廊的自助餐台，菜肴少而精(上右)；图2-55 行政酒廊的餐厅应有良好的室外景观(下左)；图2-56a 行政酒廊备餐间：热水器和咖啡机(下中)；图2-56b 备餐间的洗碗池(下左)

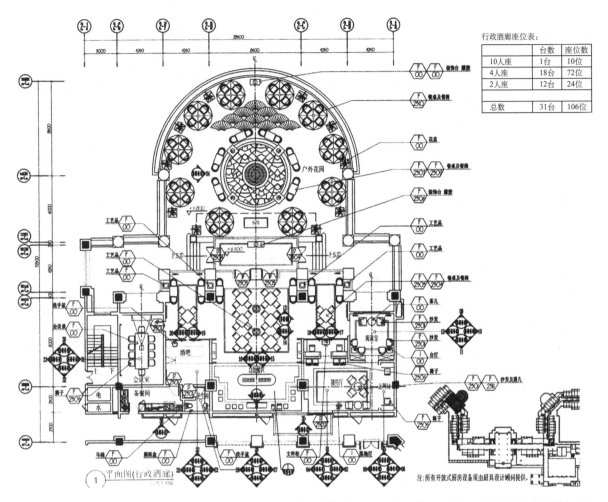

行政酒廊座位表:

	台数	座位数
10人座	1台	10位
4人座	18台	72位
2人座	12台	24位
总数	31台	106位

注:所有开放式厨房设备须由厨具设计顾问提供。

图2-57 行政酒廊平面(1):某度假型酒店的行政酒廊,处于多层客房楼内,面积不大但有一个露台,相当数量的餐桌椅在露台上。平面布局较活跃,除餐厅外,有单独的接待、阅读和会议空间,但休闲区域较小

行政酒廊面积一般超过60m²或75m²,根据消防规范必须设置两个门,很多设计忽视这一点。

接待区通常设在入口处,正对门或在门一侧。基本配置包括一张经过专门设计的行政接待桌,一把书写椅和两把客椅,具有除外币兑换以外总台的全部接待功能,且同样需要设置警铃。如面积宽裕可再提供一组供客人等候和休息的沙发,务使客人感到舒适、温馨和方便。接待桌邻近应设置一个辅助区,配备复印机、传真机等文印设备,该区可与服务间相连接。接待桌必须设在行政酒廊内,不能设在电梯厅或外面的客房走廊上。

(2) 休闲社交区

在接近入口处,适宜阅读、安静的社交和其他休闲活动。采用造型优雅、组合灵活的沙发、沙发椅、茶几和咖啡桌,一般按2~4人一组,也可有6人组合,部分组合能适应客人的餐饮需求。

以局部照明为主,采用台灯和落地灯。电视应布置在适当位置,以免影响不看电视的客人。

应有无线上网功能。有书架,提供图书、报刊,如有条件可设置一个小型图书馆。行政酒廊应提供2~4位客人上网的位置,配备电脑和打印机。

(3) 餐 厅

餐位数约占行政酒廊座位总数的65%左右,至少可供行政楼层30%~35%的客人同时用餐。餐厅主要供应自助餐(早餐)、饮料和下午茶(包括

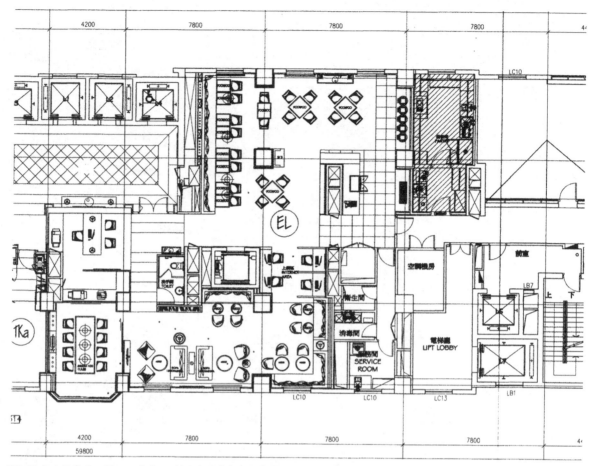

图2-58 行政酒廊平面(2)：一个有400间客房的城市型商务酒店的行政酒廊，位置在一个板式客房楼的端头，设计紧凑，功能完善，布局合理。尤其是休息区和餐厅的区隔明确，相互影响很小

简单的点心)，也可进行社交活动。

桌椅和座位可采用自助餐厅形式，以可移动的两人桌和四人桌为主，适当配备休闲沙发座和火车座。风格应多样和具有个性(图2-53)。

自助餐台长度不应小于5m，并应预留适当空间以便临时布台，有条件设一个小小的明档会活跃气氛。由于行政酒廊餐厅规模较小，所供菜肴和主食种类要少于酒店的自助餐厅，但大部分入住客人仍愿在此用餐，因为行政酒廊餐厅的景观、氛围和服务更好，同时也可能提供一些自助餐厅没有的饮料和食品(图2-54-图2-55)。

餐厅和休闲区可在一个连续空间里相邻，隔而不断。

(4) 备餐间

备餐间面积不应过小，一般控制在30m²左右，能为餐厅提供食品、饮料服务，能进行简单的食品准备，但主要食品仍由自助餐厅厨房提供，因此备餐间需与自助餐厅厨房有便捷的联系。

备餐间还应具有储存、清洁的能力。

备餐间应设两个门，一个通向餐厅的餐台，一个直达服务电梯通道或经公共走廊到达服务电梯厅(此门通常可用于消防疏散)。

备餐间的主要设备有：开水机、咖啡机、果汁机、微波炉、烤箱、制冰机、酒柜、冰箱、橱柜、洗碗池、餐车存放、干湿垃圾箱等(图2-56a、b)。

(5) 会议室

行政楼层为客人提供定时免费使用的小型会议室，会议室的门宜开在行政酒廊内，属行政酒廊的组成部分。

会议室为6～10座，设施应满足小型会议的全部需要，并提供高品质的会议用品。

(6) 客用卫生间

行政酒廊内需设置小卫生间，最好男女分设，注意卫生间的门不能直接开向餐厅和休闲区。

4. 总统套间

总统套是酒店最豪华、最舒适的房间，代表酒店客房最高水平，通常设在行政楼层最上层，外部景观最好的位置。但真正的总统套安保要求较高，宜下降一层而在顶层安排随从和警卫人员。档次更高的国宾馆通常设置独立的总统楼。

由于总统套使用率一般不高而投资较大，因此，设不设总统套、设多大的总统套，装修标准和设施配备到什么水平，应根据酒店实际需要适当掌握。

在北京、上海、广州这类一线城市建造高星级酒店，如确实想让酒店具备接待国家元首的能力，毫无疑问应设置总统套，而且要设置真正符合要求(尤其是安保要求)的总统套。因为真要举办有很多国家元首参加的大型国际会议，当地符合要求的总统套往往不够。但此时酒店的整体设施和接待能力应同时符合要求。

就一般情况而言，一个普通的高星级酒店，即使是五星级酒店，外国元首入住的几率也微乎其微。但设置一个类似"总统套"的豪华套房来提升酒店的档次还是可以的，因确有一些高端客人有此需求。此时"总统套"面积不宜过大，通常控制在4～6个自然间即可，精致实用而非大而失当。必要时还可设计成连通房，可一分为二以提高使用率。

总统套的基本组成通常包括玄关、会客厅(带客用卫生间)、餐厅(带小厨房)、书房及主人卧室和夫人卧室(均有宽敞舒适、设备豪华的卫生间)，必要时还有专用静室、听音室和健身房等，同层还可配备子女房、随从房和其他辅助房间，如接待室、会议室等。

总统套有室外露台时，设计上要有专门的安保措施。

图2-59～图2-61为几张不同风格的总统套照片。

五、残疾人客房

(1) 数 量

残疾人客房通常可按酒店客房总数的1%左右配置。

(2) 位 置

便于到达、疏散和进出方便，通常安排在较低的层面，尽量接近安全疏散口。轮椅可方便到达餐厅、商店和康乐设施，尽可能远离易发生火灾的区域。

(3) 面积与尺寸

平面设计参数见表2-9，应为联通房，相邻房间供陪同人员使用。

(4) 设 施

客房设施及其安装高度见表2-10，应设声光报警装置，必要时提供盲文服务指南，其他设计

图2-59 古典欧式风格的总统套卧室(左); 图2-60 简欧风格的总统套客厅(中); 图2-61 复式总统套: 楼下是客厅、餐厅, 楼上是卧室、书房和其他房间

表2-9　　　　　　　　　　　　酒店残疾人客房平面设计参数

净面积	不少于20m²(不包括卫生间和短走道)
净高	不低于3m
卫生间净面积	不少于6m²
短走道净宽	不少于1500
客房门和卫生间门的净宽	不小于900
轮椅回转面积	床位一侧和卫生间内：不少于1500，且轮椅应能从客房门和卧室顺利进入卫生间

表2-10　　　　　　　　　　　　酒店残疾人客房设施的安装高度

设备与操控装置	离地高度	备　　　　　注
各类开关	800~1200	包括照明开关、空调开关、或警装置、通信系统、窗户把手、紧急呼叫按钮(直达客务中心残疾客人专线)紧急逃生门锁、电视、电话
墙插座	600左右	客用插座
衣橱内挂衣杆	1200	同时调整衣橱内部设计
床垫面高	450~500	

要求应与标准客房一致。

(5) 客房卫生间

① 物品摆设：毛巾架与挂衣钩等设备高度不超过1200，镜子底部尺寸不超过1000。

② 洗脸盆：使用单个的(冷热)混合式水龙头，洗脸盆净高低于660，洗脸盆深度小于250，洗脸盆两侧有垂直的不锈钢扶手，间距760~900，扶手直径32~40(以下同)。排水管应采用全封闭方式，不能影响轮椅的一部分进入洗脸台下方。

③ 坐便器：坐便器高度为430，尽量使用壁挂式坐便器。扶手安装在坐便器一侧和后端，应能承受不小于140kg的推拉力。

④ 浴缸：浴缸底部应使用防滑材料，内侧墙扶手长度为600，两端水平高度分别为500与800。侧墙上也应水平设置不少于400长的扶手，距地800。若浴缸一侧有坐便器，则此侧扶手可外移，成L形一端与地面连接，一端与墙连接(与坐便器扶手结合设计)。浴缸外侧墙上的适当位置可设垂直扶手，长度不小于400，下端高度为800，供出浴时使用(实际上有些酒店的普通客房

也有此扶手，对老年体弱客人颇有好处)。所有扶手的承拉力均应不少于140kg。

⑤ 淋浴间：采用活动式可调节淋浴喷头，1500长金属软管，单个(冷热)混合式水龙头，距地1000。底部必须使用防滑材料，并为残疾客人设置坐椅。设置两根L形扶手，间距760~900，一端固定在地上，一段固定在墙上，水平杆高度距地800。

六、客房的舒适度问题

《评星标准》2003年版首次提出了"客房整体舒适度"的概念，包括噪声消除、温湿度控制、客人用品和遮光照明等项条件，分值为10分。2010年版取消了"整体"两字，但实际上仍保留了客房"整体舒适度"的概念。

新标准把"客房舒适度"的分值猛增至35分，对布草床垫质量、温湿度、隔音、遮光、照明、客用品、插座开关、电视音响及家具、灯饰、艺术品的档次匹配、色调和谐等方面，从触觉、听觉、视觉的角度作出了明确、细致的规

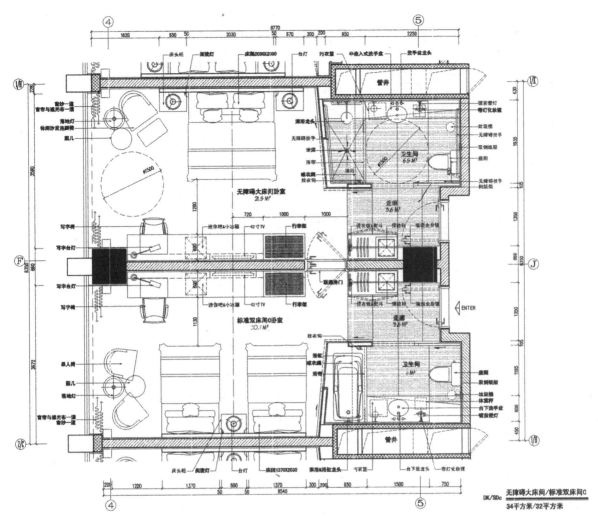

图2-62 酒店残疾人客房平面设计,上边是残疾人客房,注意其卫生间是完全开放的,面积不大的卧室要解决直径为1500的轮椅回转空间。下边是陪同人员的房间,为连通房

定。在客房作为酒店核心产品的基础上,将"客房舒适度"列为提升要素。

以下就影响客房舒适度的几个问题稍作分析。

1. 床和床上用品

酒店里最重要的是客房,客房里最重要的是床,可惜不少酒店对床仍然不够重视。

床的舒适度主要取决于以下三要素:床的尺度、床垫质量和床上用品质量。

床的尺度前面已作过分析。一般情况下,床似乎越宽越舒服,单人床的宽度小于1200肯定谈不上舒服,能做到1350甚至1400就称得上豪华。

但双人床并非越宽越好,一般大床间1800即可,不一定需要2000,更不能再宽。在很多情况下,双人床其实是一个人睡,大多数人仅睡在床的一侧(而不是爬到床中间去睡),这样上下床、在床头柜拿东西都较方便,再大的被子也不过盖一半。

至于床高,以西方客人为主的酒店可定在600(到床垫上缘),以亚洲客人为主的酒店可做到550。现在有的国际酒店管理公司做到650,似乎有点太高,个子矮一点爬上去都费劲。

床垫和布草当然要用优质品,著名的国际、国内酒店管理公司对床垫和布草的品质都有专门标准,甚至有专门的供应商。Marriott曾在2006

表2-11
布草的质量要求

布草名称	质量单位	A	B	C
床单、被套、枕套	支纱	不低于80×60	不低于60×40	不低于40×40
	含棉量	100%	100%	100%
毛巾(含浴巾、面巾、地巾、方巾)	支纱	32支纱(或螺旋16支)	不低于16支纱	
其中浴巾	尺寸 (长×宽) (mm)	不小于1400×800	不小于1300×700	不小于1200×600
	重量(g)	不低于750	不低于500	不低于400
其中面巾	尺寸 (长×宽) (mm)	不小于750×350	不小于600×300	不小于550×300
	重量(g)	不低于180	不低于120	不低于110
其中地巾	尺寸 (长×宽) (mm)	不小于800×500	不小于700×400	不小于650×350
	重量(g)	不低于450	不低于320	不低于280
其中方巾	尺寸 (长×宽) (mm)	不小于320×320	不小于300×300	
	重量(g)	不低于55	不低于45	

表中数据摘自《旅游饭店星级的划分与评定》(GB/T14308-2010)

年专门推出了题为Pillow Talk(枕边物语)的床具更新计划，规定使用密度为300针、全棉、白色上层和固定底层的被单、羽绒被和更加蓬松的枕头，宣传声势浩大，其广告还获了大奖(图2-63)。锦江国际酒店管理公司也规定要使用名为"锦江亚洲之梦"的床垫和Mirange羽绒被。

为适应不同客人的需求，有的酒店会配置一组软硬不同、厚薄不一的枕头供客人选择，深受客人欢迎。

图2-63 "枕边物语"："一夜睡眠之后，旅游者从白色大床上英雄般一跃而起，精神饱满地迈向新的旅程。"这是Marriott 2006年为全新床具设计的广告，获德高贝登公司(JCDecaux)第二年度机场广告评比"全球创意效果奖"

布草质量与洗衣房的洗涤水平有很大关系，从专业洗衣房出来的布草又白又柔软，消毒很好，布草使用寿命也长。不专业的洗衣房设备配置不到位，洗涤程序不规范、未使用高质量洗涤剂和柔软剂，洗出来的布草质量当然差。因此，如周边没有合格的洗衣房可供利用时，酒店应设置洗衣房，以保证布草的质量要求(表2-9)。

2. 噪声和隔音

这是很多酒店的客房解决不好的问题，一定程度上是不知怎样做才能解决好。

客房的外部噪声主要来自三个方向，隔音措施也应向这三个方向布防。

首先是窗外的各种噪声，可通过加强窗户(主要是开启窗)的密闭性和采用双层玻璃来解决。其次是客房走廊，可通过确保客房门质量和设置密封条来解决。

比较麻烦的是客房之间。两侧客房之间出现隔声问题的原因较多：如隔墙本身的隔声能力达不到要求、接线盒背靠背、卫生间隔墙上部因管道穿越较多未能严密封堵、轻钢龙骨石膏板厚度不够、接缝没有错开和封闭、隔音棉没有很好填充、隔墙与地面、顶板、相交墙面(尤其是与玻璃幕墙交接处)之间的缝隙没有密封及各类管道的传声等。上下客房间的问题可能出在因全幕墙造成的上下通缝没有严格封堵。多种问题要从设计、施工各环节严格把关才能防止其出现。

客房内部的噪声多半来自风机盘管和排风扇，这是一种持续而非一过性的噪声，客人投诉较多且往往需要换房。风机盘管的噪声一般希望小于35Bd(风机盘管中速，噪声测定仪放在床的中间位置)，实际上很难达到，有的酒店管理公司要求小于30Bd就更困难，但控制在40Bd以内是有可能的。为排除外部噪声影响，测试需在深夜进行。

必须选择高品质、低噪声的风机盘管，并确定适当型号，一般客房采用006即可，面积较大的客房可采用008，不必再大。卫生间的排风扇必须是静音的。即使高品质风机盘管和排风扇价格相对较贵，也必须选择好的。

3. 遮光和照明

客房的遮光要求较严格，因为有些客人对光比较敏感。遮光主要靠窗帘，通常由布帘、遮光帘和纱帘组成(也有布帘和遮光帘合一的材料)。首先要确保遮光帘的品质，注意缝线的针孔也不能透光。其次是窗帘和天花、墙的接触面不能漏光。因此，窗帘盒和落地窗帘组合的方案往往遮光效果较好，如窗帘尺度仅在窗洞范围内，容易造成程度不同的漏光。

客房照明主要依靠局部照明的组合，漫射灯光不要过亮。应采用色调柔和的暖光和高品质灯管(灯泡)，做到即开即亮、无声、无闪烁，灯光不直射客人的眼睛。

卫生间灯光设计经常受到忽视，尤其是镜前灯亮度往往不足，灯光组合效果很差。如仅仅使用顶光而没有面光，客人脸上会出现阴影，影响客人修饰仪容，尤其是女客的化妆。浴缸、淋浴间、坐便器上方都需设置筒灯。

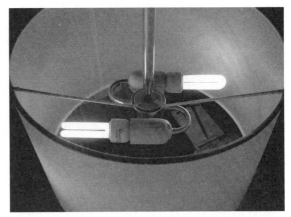

图2-64 节能灯管已普遍采用，为灯光均匀，此灯采用两个灯管并反向水平安装

一般40m²左右的客房，照明总用电量可控制在500W以内(包括卫生间)，应尽量采用节能灯管(图2-64)，并由专业灯光设计师设计。

4. 温湿度和空气质量

《星评标准》2010年版要求"室内温度可调节"，"公共区域与客房区域温差不超过5℃"，在高星级酒店，由于普遍采用BA系统，这两项要求都不难做到，问题在于温度的控制值如何确定。

酒店客房的温度控制值，不同品牌酒店有一定差别。一般境外客人、尤其是欧美客人较多的高星级酒店希望夏季室温为22℃-23℃，冬季为21℃-22℃，此控制值与我国的节能要求有一点差异，需与有关方面协调，以国内客人为主的酒店温控标准通常可放低一点。温度是一个敏感指标，差1℃客人就会有感觉，能耗也会有明显变化，设计时可根据实际情况选择参数。

关于湿度控制，《星评标准》2010年版规定"相对湿度：冬季为50%~55%，夏季为45%~50%"。通常冬季开暖空调时室内空气较干燥，可为空调加湿。北方的酒店冬季直供新风时可能需要加温，而南方的酒店在雨季可能有除湿问题。

除温湿度外，客房空气质量主要由排风和新风来保证。客房内出现异味往往是排风出了问题，客房排风口在卫生间(卧室里没有排风口)，因此要有足够的排风能力使卫生间保持负压，同时确保排风路线畅通，卫生间门下的缝要足够大，排风口位置和构造要有利气流通过，在排风口被隐蔽时更要注意。垂直的主风管内壁要光滑，应用白铁风管而不要使用结构风道(因其内壁往往不够光滑，阻力太大且容易漏风)。另外，从排风口到主风道必须采用硬质风管直通，不能使用软管，更不允许向天花内直排，以免污浊空气回流客房。

最后要确保足够的新风量，不能因为怕空调损失减少新风量甚至关闭新风。

5."搭配协调"和"档次匹配"

这是客房整体舒适性中很重要的八个字，《评星标准》2010年版中的完整条文是："艺术品、装饰品搭配协调，布置雅致；家具、电器灯饰档次匹配，色调和谐。"单从字面上看，一目了然，并无深意，其实针对性很强。在部分酒店客房中，各种活动家具、灯具和摆设单个看都不错，档次也不低，但放在一起就感到不协调，不舒服。或者大部分东西质地不错，感觉很好，仅仅因为一两件档次不高的俗物败坏了整体感。为此在《评星标准》2003年版中专门作了规定，现新标准一字不差地再次列入，可见有必要重申以引起注意。

七、客房房型分析

案例1. 传统的客房平面

图2-65是过去几十年最经典、采用最多的客房平面。客房面积通常在30m²左右，封闭卫生间4-5m²，座便器对着门。衣橱和微型酒吧在短走道一侧，卧室里行李柜、电视台、写字台一字排开。如是双床间，则在沙发位置上放一对圈椅和一个茶几。现在此类平面已很少见到。

细究起来，此平面在功能上还是相当紧凑合理，否则也不会如此长期被广泛采用。当前新房型虽层出不穷，小面积客房以此平面为基础改进

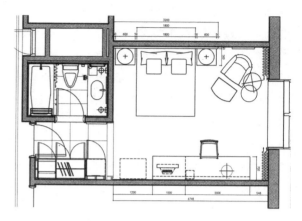

图2-65 某客房平面

后采用，也是可以的。

案例2. 现在常见的"客户平面"

图2-66a是目前常见的一种大床间方案，卫生间布局正好适合净面积在6m²左右的矩形平面。请注意淋浴间需要去一个角，否则不好开门。洗脸台宽度不宜<1200。

本案基本尺寸：

客房净面积4000×8800=35.2m²(不包括阳台)，其中卧室20.8m²，卫生间7.62m²。短走道净宽1025。

图2-66b是与图2-66a方案同一酒店的双床间(也是标准间)，粗看两个平面几乎一样，其实面积不同，虽然开间都是4200(即客房净宽为4000)，但进深为10500，比图2-66a要长1700，进深长的房间优先用于双床间是客房设计的一个原则。

本案基本尺寸：客房净面积42.26m²，卧室净面积26m²，卫生间净面积8.41m²。

案例3. 变化后的标准间

图2-67a是一个四星级酒店的双床间，净面积34m²，在较常见平面的基础上做了一些变化，尤其是卫生间的布局。为确保卧室净面积不小于20m²，卫生间不能做得太大(现净面积为3200×1935=6.2m²)，勉强做一个四件套显得太挤，所以把卫生间转角做成玻璃隔断，与卧室之

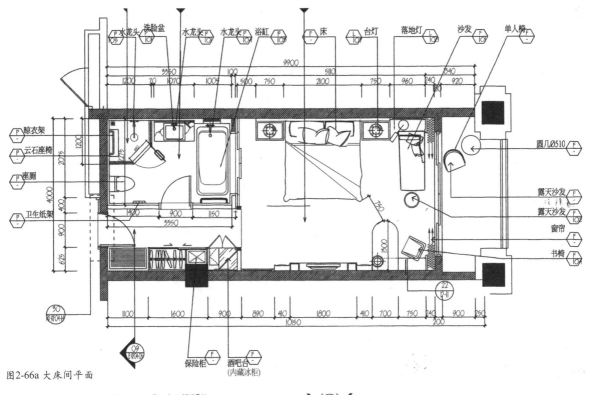

图2-66a 大床间平面

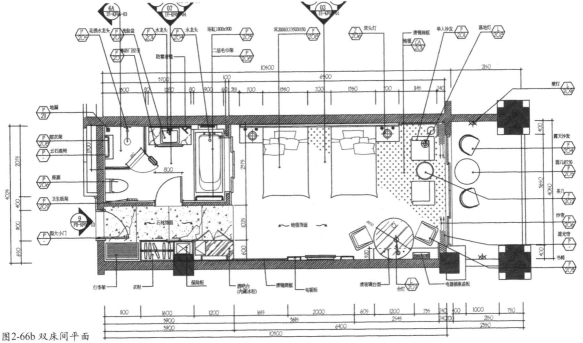

图2-66b 双床间平面

以中间有柱,走廊在客房长边。

右图是原方案,左图是新方案。新方案把门移到柱下方,形成一个玄关,卧室较隐蔽,电视机位置也较合理,卫生间调整后淋浴间和浴缸分

走道,宽度仍嫌不足,所以将卫生间开放,但进淋浴间仍要经过坐便器再开启移门。

卧室靠窗放了一个类似火车座的长沙发,茶几式样见图2-40,可推到沙发里面,以最大限度节约空间，双床间不得已压缩了卫生间和洗脸台宽度。

系感觉不佳。沙发、茶几放在床和电视之间确是无奈之举。

案例7. 大开间、浅进深客房(1)

大开间、浅进深是一种较难布局的房型(在面积相同情况下，反而开间稍窄，进深足够的平面相对好做)，主要是靠窗布置休息区尺度不够，而床和电视机之间有很大距离不好利用。此案图2-71a将休息区(沙发和茶几)设在床和电视机之间，虽解决了空间转换问题，但无法解决在床上看电视距离过远、沙发靠背可能对视线有遮挡、会客感觉不是很好等问题。

该方案的实际效果(图2-71b)，家具之间的关

案例8. 大开间、浅进深客房(2)

图2-72a为小套间方案。通过曲折的隔墙，为卧室和卫生间取得一个基本舒适的宽度。如果用相同或略高于标准间的价格出售，相信大部分客人会欣然接受，因为毕竟是一个套间，卫生间很舒适，还有一个步入式衣物间。

坐便器间的长度可能稍短了一些，但只要把卫生间向卧室方向扩大一点即可解决。

图2-72b/c为效果图：通过家具、灯具、地毯等软装饰布置，会客室和卧室的感觉似乎还不错。

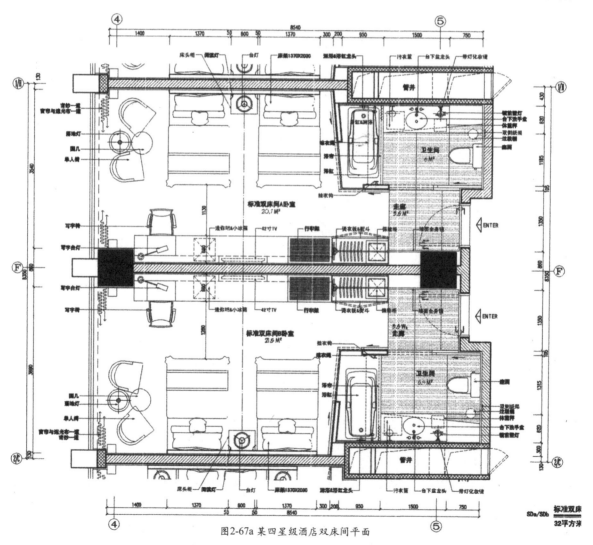

图2-67a 某四星级酒店双床间平面

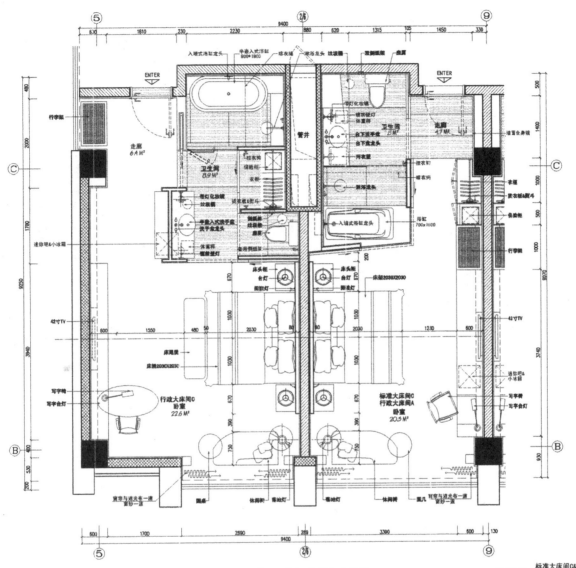

图2-67b 某四星级酒店的大床间平面

案例9. 大开间、浅进深客房(3)

图2-73所示方案，将卫生间放在一侧。与上述两个方案相比，此方案似更合理一些，卫生间显得宽敞，写字台放在客房门口感觉也并无问题，还能设一个玄关。在对老酒店的客房进行改造常采取3改2的做法，与此方案有异曲同工之妙。

案例10. 大床面窗

图2-74是一个大床面窗的房型。客房开间5600，进深8200，净面积近46m²。其特点是卫生

间特别豪华，约有12m²，浴缸在正中，洗脸盆与坐便器、淋浴间分列两侧的布局不多见，突显"泡澡"的重要。玄关左侧是步入式衣物间。

大床面窗通常在室外景观特别好的情况下采用，此时在一侧的电视机应能变换角度。本案大床右侧的床头柜宽度加长，既解决了右侧太空的问题，又有不对称的特殊效果，在客房设计中也是常见的手法。

案例11. 转角客房

图2-75是一个转角方案，两间客房从相邻两

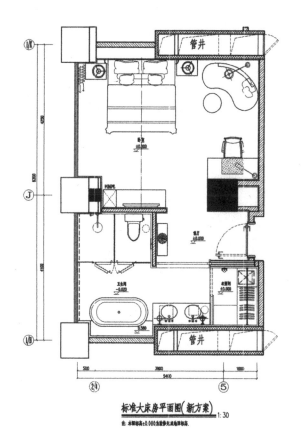

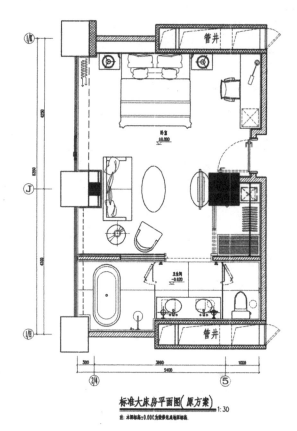

图2-68 标准大床房调整前后平面

门进入，右侧客房是一个干湿分开的卫生间，左侧客房卫生间的空间是外立面需要形成的，做得比较豪华。

两间客房本身的设计并无特别之处，但两个入口紧挨着容易相互干扰，况且还有一个在死角里，应尽量避免。如把左侧客房门移到下方，转90°后开向卧室，再做一个玄关挡住卧室可能要好一些，衣橱可设在现门的位置，贴着管道井。

案例12. 弧形平面

本案是弧形板式客房楼(中间走道)两侧的客房，在此希望用对比方式说明弧度对客房设计的影响。

图2-76a是内弧一侧的客房，在面积相似的情况下，开间相对较窄，进深相对较长。其窗户墙正好是最窄的位置。可以看到休息区非常拥挤，以至写字台只能做成方形，客人必须面窗而坐，而坐椅又遮挡了电视机，条形沙发的位置很局促，没有窗帘的位置。卫生间虽然还可以，还设置了双向开门的衣橱，但短走道显得很窄长，通向卧室的口只有900宽。

图2-76b的情况正相反，由于在外弧位置，开间宽而进深浅，尽管将卫生间放在一边的位置，在隔墙上又动了不少脑子，情况基本可以，但卧室仍很拥挤，净面积应该不到20m²。

实际上，这两型客房的内部布局都很困难，而且最后效果都不是很好。

由此可见，在以弧形作为客房楼的外形时必须慎重，弧度不宜太大，且应充分考虑弧度对客房的影响。与矩形客房相比，此类客房内部利用率通常低得多，面积要做得大一点。

案例13. 套 房

图2-77是一个典型的套房方案，面积约70m²

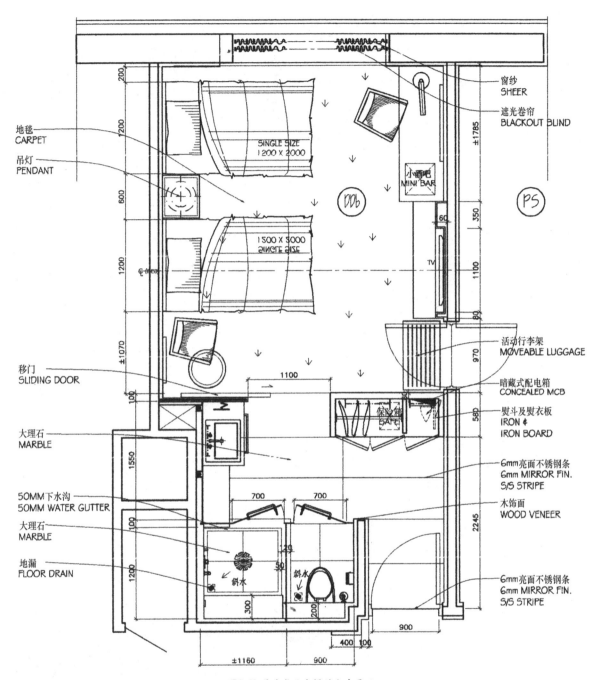

图2-69 通过式卫生间的客房平面

左右。外面是客厅和客卫，里面是卧室和主卫。客厅微型酒吧边上增加了一个圆桌和两把餐椅，已是较讲究的做法了，主卫外设置了一个小小衣物间，没有采取常规的衣橱。

案例14. 三套间

图2-78是一个三套间，左侧卧室布局与图2-72相似，仅卫生间和衣物间增大了一些。增加的一个自然间全部用于餐厅，包括一个吧台和一个小厨房，这也算一个特色，但并不是必须，特别是现在设吧台的方案不多，因使用率很低，意义不大。

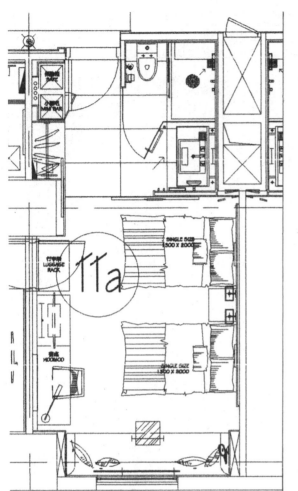
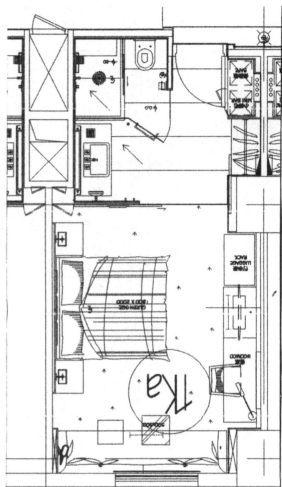

图2-70 客户通过式卫生间的另一方案

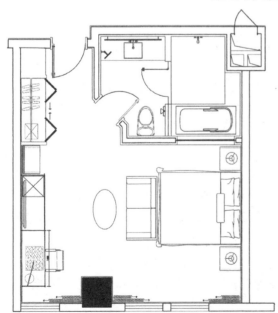

图2-71 大开间、浅进深客户平面及实景

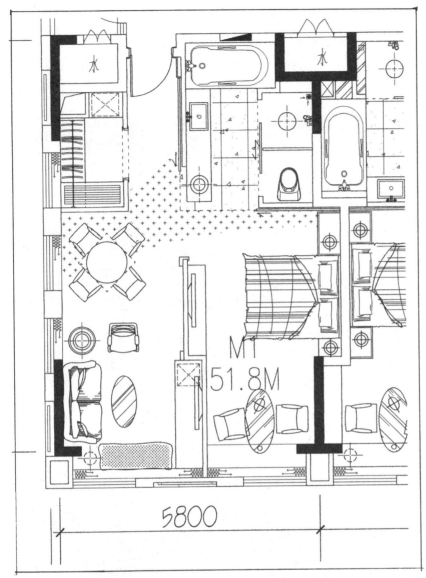

M1
51.8M

5800

图2-72a 大开间、浅进深小套间客房平面

图2-72b/c 客房室内效果图

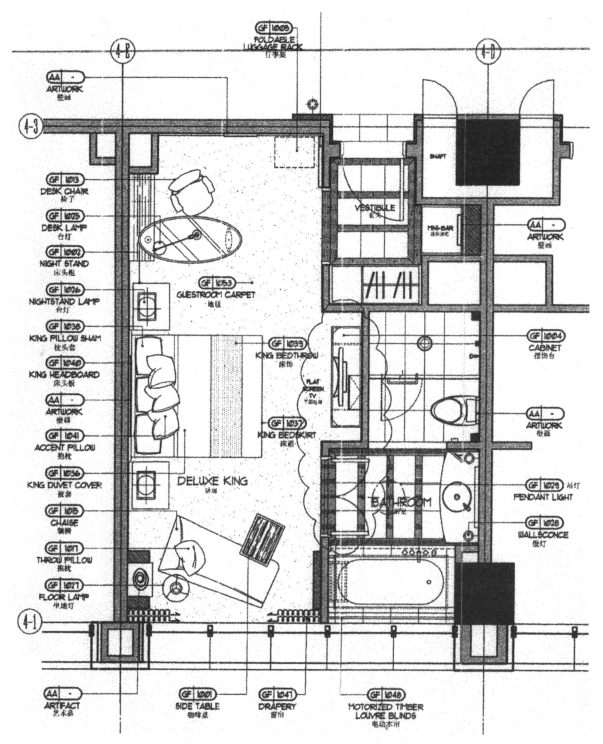

图2-73 大开间、浅进深客房另一种平面

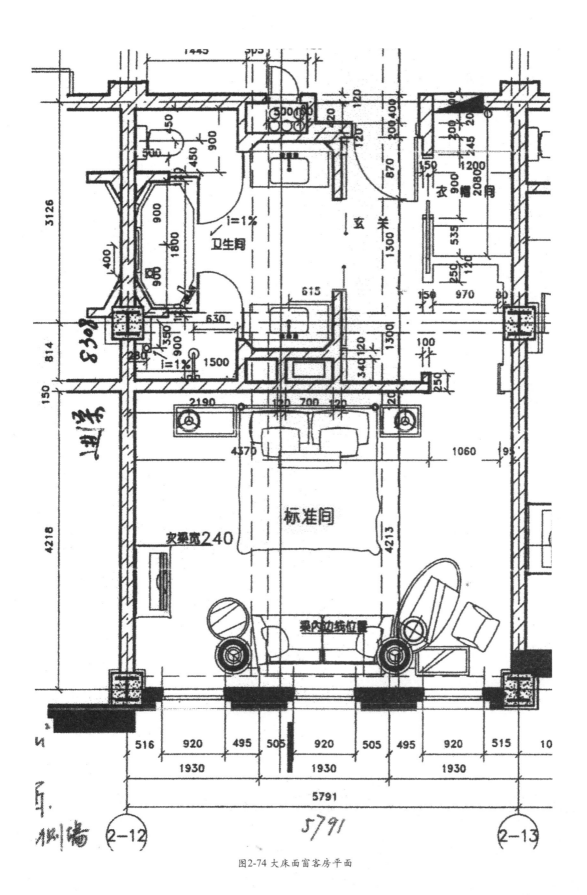

图2-74 大床面窗客房平面

案例15. 2+1套房

图2-79是设计较合理的一个三套间,实际上是由一个套房和一个双床间组成的连通房。在整体使用时,可以住一个家庭(一对夫妇、两个小孩或一对夫妇、一个老人带一个小孩),平时又可以分别出房,利用率较高。另外,套房的卫生间结合衣物间的设计也颇有新意,虽然没了客卫。

因两个卧室都有写字台,客厅的写字台可以取消。

案例16. 转角上的豪华套房

图2-80是一个在八角形主楼转角上的豪华套间,面积相当于2.5个自然间,约85m²左右,因此可以把各部位做得很舒服,卫生间面积12m²左右,开有两个门(客人使用时可以不进卧室)步入

式衣物间8m²左右,衣橱总长度有4.5m。

功能布局很其实很简单,客厅包括一个沙发休息区、一组圆桌椅、一套书写桌椅。

很多酒店的主楼有一些不规则部位,做一个标准间很困难,拿来做套房会很有特色和富有个性,会成为酒店客房的亮点。

案例17. 3+1套房

图2-81是一个四套间,实际上是由一个三套间和一个双床间组合的连通房,功能齐全,又可分别出房。客厅包括沙发组、书桌椅、餐桌椅、微型酒吧和客卫,四件套的主卫里有衣橱、行李架和化妆台。没有小厨房,双床间设置的是通过式卫生间。

入口对着餐桌椅(餐桌太大),沙发组偏在一隅,书桌椅挤在一角,客厅的空间感不太舒服。

图2-75 转角客房平面

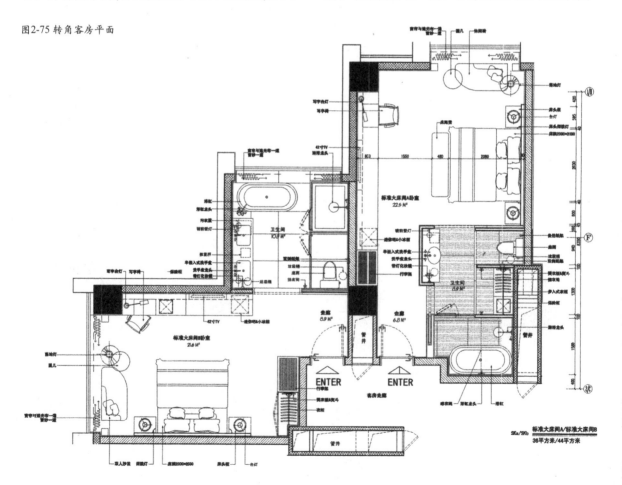

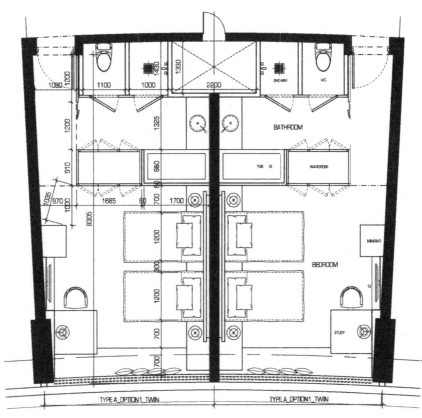

图2-76a(上) 内弧一侧客房平面
图2-76b(下) 外弧一侧客房平面

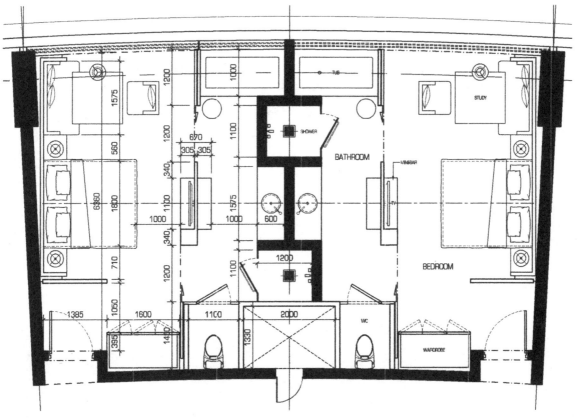

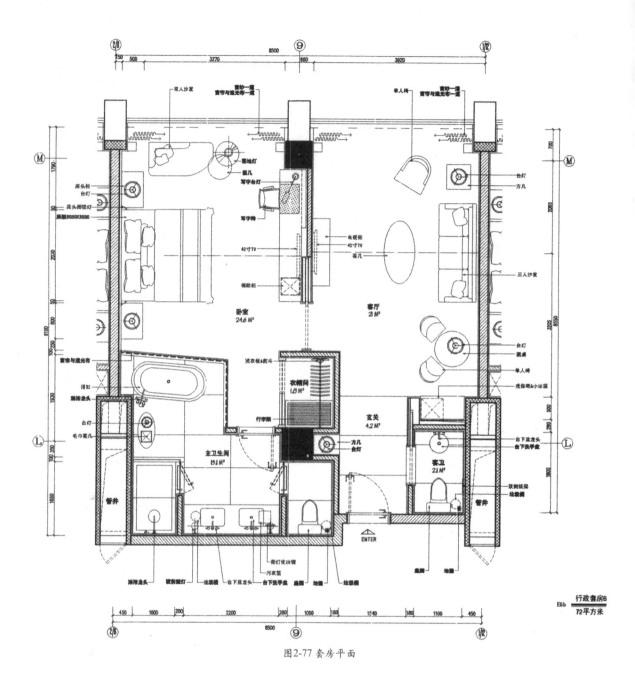

图2-77 套房平面

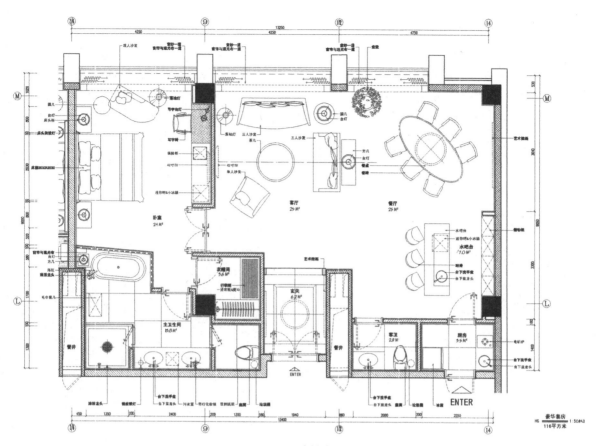

图2-78 三套间平面

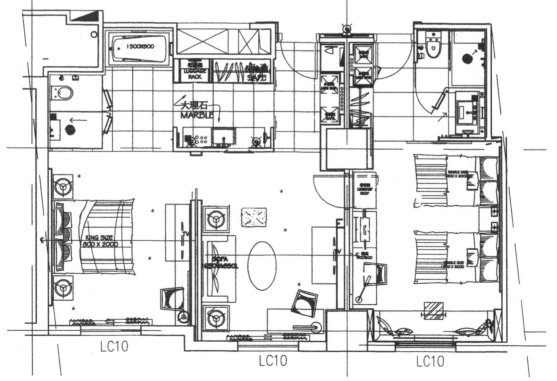

图2-79 三套间平面

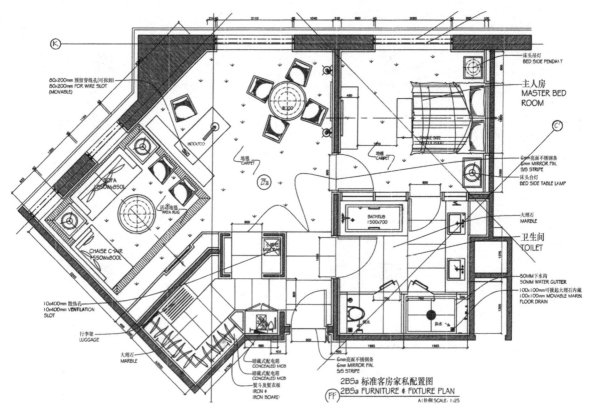

图2-80 转角上的豪华套房平面

图2-81 四套间平面

案例18. 总统套

图2-82是一个典型的总统套房，共6个自然间(开间4200，进深9600，面积约40m²)，具备总统套全部的基本要素，布局紧凑合理。

6个自然间柱下方的主要面积安排：会客厅2间，卧室2间多(各1间多)，书房和餐厅2间不到(各1间不到一点)。柱上方除入口及其一侧的备餐间外，全部用于卫生间和步入式衣物间。主卫和夫人卫均配置了桑拿房。

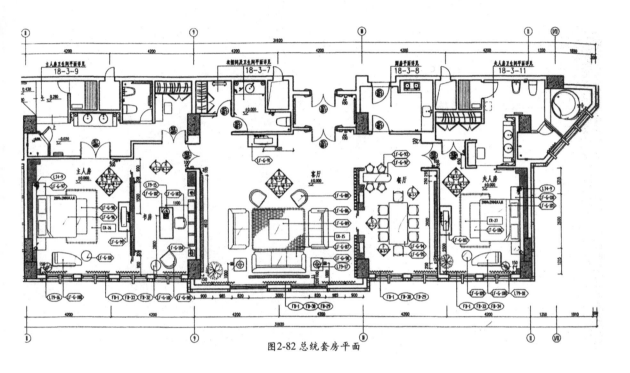

图2-82 总统套房平面

案例19. 副总统套

图2-83：所谓"副总统套"，是某些国际品牌酒店管理公司设计规范里的一种房型，实际上可理解为没有夫人房、面积稍小一点、功能稍少一点、豪华度稍低些的总统套，也就是一个四间套，当然进一步的功能拓展更是没有，但基本功能：包括卧室、会客室、餐厅、书房、主卫、客卫都有。

本案中的副总统套位置在主楼转角，主入口在下方，通过一个玄关到会客室，但入口与会客室形成45°角，感觉不太舒服。不如把入口与客卫对换一下位置，同样可以设一个玄关，从玄关两侧正面进入会客室可能更好些，厨房门可以直接开向走廊。

左上角是一个随从房，有门与会客室相通。

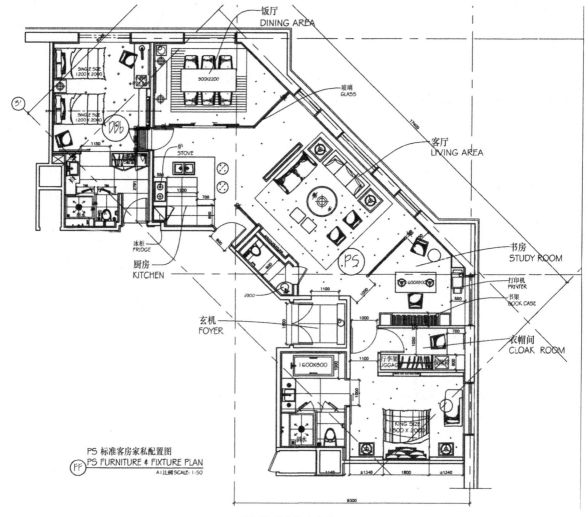

饭厅
DINING AREA

玻璃
GLASS

客厅
LIVING AREA

书房
STUDY ROOM

打印机
PRINTER

书架
BOOK CASE

炉
STOVE

冰柜
FRIDGE

厨房
KITCHEN

玄机
FOYER

衣帽间
CLOAK ROOM

PS 标准客房家私配置图
PS FURNITURE & FIXTURE PLAN
A1比例 SCALE: 1:50

图2-83 副总统套房平面

案例20. 复式总统套

图2-84a、b是一个复式的总统套。底层占三间(左面那间为随从房),用作客厅、餐厅和客卫,二层4间为主人卧室、书房和夫人卧室,楼梯间还有一个沙发休息区。

在高档酒店中采用复式总统套的实例并不多,原因可能是内部楼梯对老龄客人不很适宜。上海"喜达屋"酒店集团的"豪华精选"红塔(原来的"瑞吉红塔")十年前就就拥有一个设计得很不错的复式总统套房。

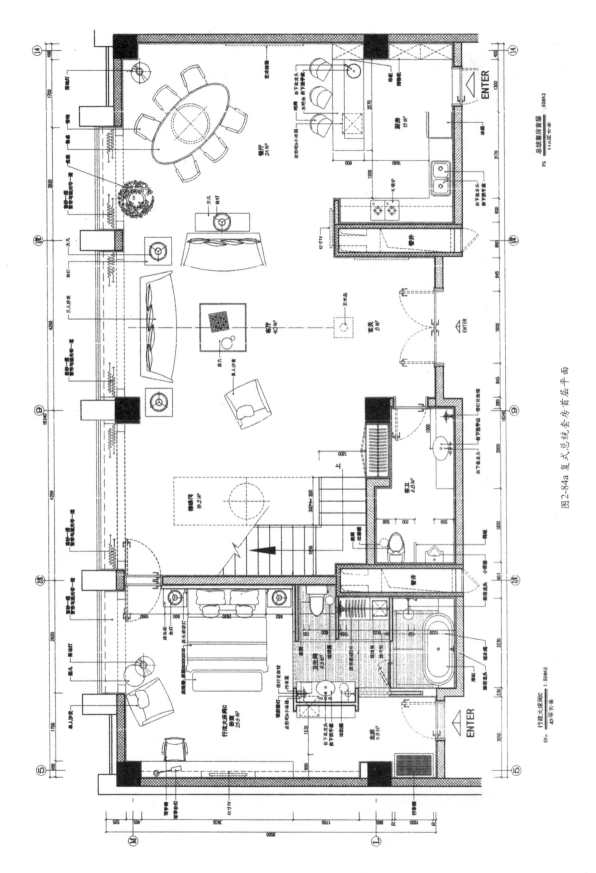

图2-84a 复式总统套房首层平面

131

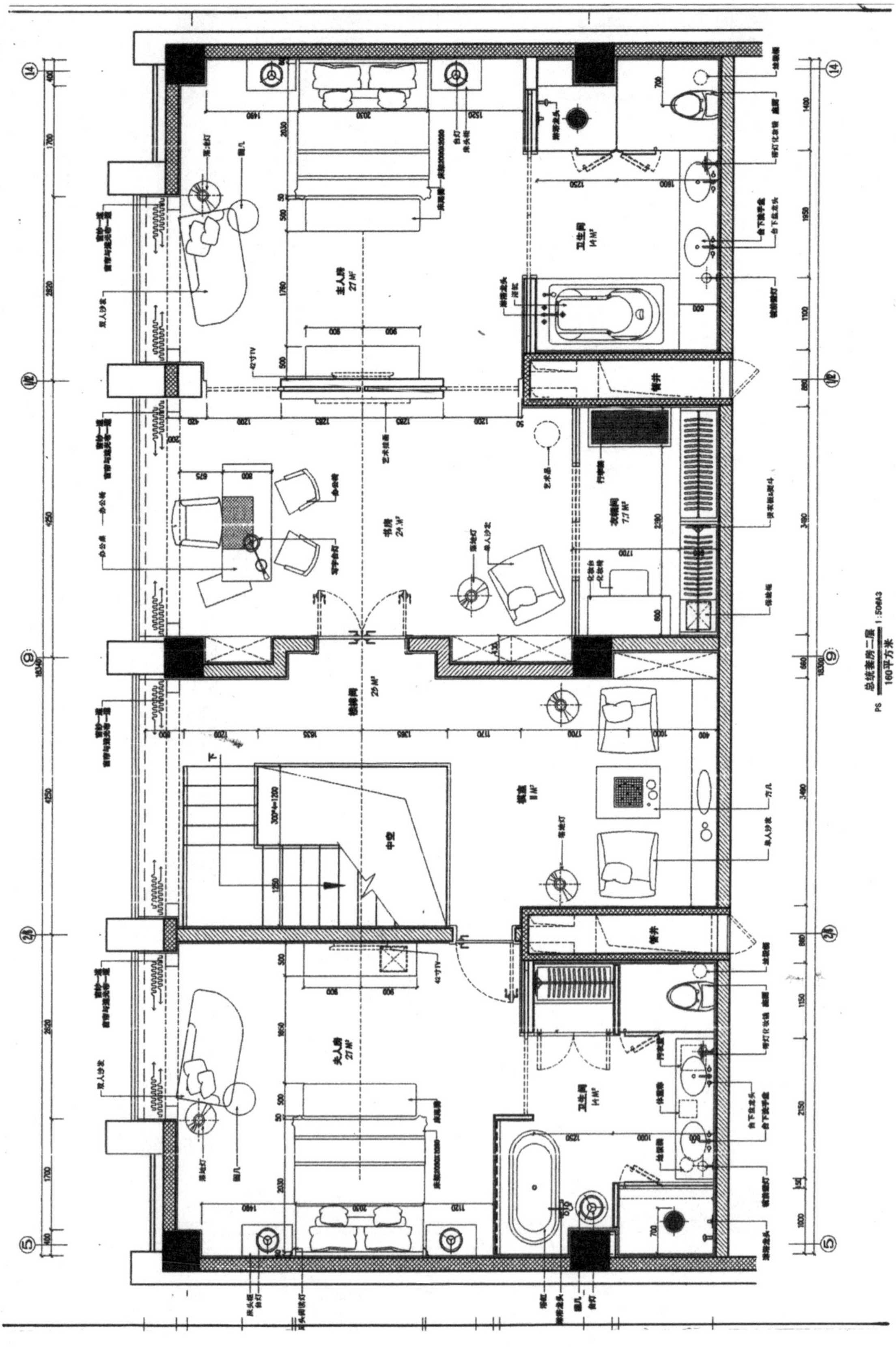

图2-84b 复式总统套房二层

总统套房二层 1:50M×3
160平方米

第三章 餐饮区域

餐饮收入是酒店仅次于客房的又一大收入。

根据仲量联行和中国旅游酒店协会对全国251个酒店(四、五星级酒店为81%)的问卷调查,2010~2012年三年间,客房收入仅占营收总额的40%~45%,而餐饮收入比例则大为提高,有些酒店甚至超过了客房收入,与业内过去的经验数字(客房:餐饮:其他=60%:30%:10%)有很大差别。表明餐饮在酒店经营中的重要性有大幅提升,因此有必要加强对酒店餐饮的研究。

一、酒店餐饮的特点

1. 餐饮设计和餐饮概念

餐饮设计是酒店设计中最不易把握的部分,具有较大的变数,较多受地域因素、社会因素和市场因素的影响。不像客房有较稳定的共性,有成熟数据供参考,有很多方案供借鉴。

餐饮设计并不仅仅是餐厅设计,而是对酒店整个餐饮概念在硬件方面的一种体现,既包括餐厅,也包括厨房,既包括餐饮前区,也包括餐饮后区。所谓餐饮概念,则可以理解为包括餐厅数量、种类、规模、客源、档次、价格、菜系、菜单、经营方针、经营特点等一系列总体性问题策划和思路的总和。

经常会有业主或设计师问到酒店客房数和餐位数的比例问题,其实这很难回答。统计资料表明,酒店的餐厅数和餐位数,即使是相同档次、相同规模的酒店出入也非常大,即使给出一个平均值,因离散度太大也没什么意义。

最好的办法就是在决策前进行扎扎实实的市场调研,在细分的市场份额中找到属于自己的那一块,以此确定酒店的餐饮概念,在餐饮概念的基础上进行餐饮设计。业主方要独立进行详尽的市场调研,著名的酒店管理公司都有餐饮总监负责市场调研和对新酒店的餐饮概念进行策划,业主方要及时与酒店管理公司沟通并尽早达成共识。

餐饮市场调研的要点如下:

• 酒店住客状况和他们的餐饮需求。

• 拟承接何种类型和规模的会议。

• 酒店所在地居民的餐饮习惯和婚宴要求。

• 酒店所在地餐饮市场的现状和未来的变化趋势。

• 潜在的客人(包括社会客人)。

• 竞争对手:包括主要竞争对手、次要竞争对手及未来的竞争对手。

• 交通状况。

• 地域文化和餐饮文化。

根据我国《旅游饭店星级的划分与评定》(GB/T14308-2010)的规定,五星级酒店至少需要三个餐厅和一个"吧",即"装饰豪华、氛围浓郁的中餐厅;装饰豪华、格调高雅的西餐厅(或外国特色餐厅)或风格独特的风味餐厅;位置合理、独具特色、

图3-1 香港某酒店的餐饮区:从低到高为中餐厅、咖啡吧和自助餐厅,窗外的景观共享(左);图3-2 酒店宴会厅:盛大的婚宴

格调高雅的咖啡厅"以及"专门的酒吧或茶吧"。要注意西餐厅或外国特色餐厅、风味餐厅"均需配有专门厨房"。这个要求实际上不算高，通常可以做到，问题是如何进一步细化。如鲁、川、苏、粤、浙、闽、湘、徽八大菜系，中餐厅将以何种菜系为主？还是做像上海"海纳百川"的"海派菜"？又如法式扒房、日本料理、韩国烧烤、泰国风味，西餐厅作何选择？各餐厅的经营特色又是什么？规模如何？采用什么装饰风格等，都需要尽早确定，不同的菜系的厨房设计和厨具有很大区别，不能过于滞后。

2. 境外客人和境内客人

境外客人和境内客人对酒店餐饮的要求有很大差别，在确定餐饮概念和进行餐饮区域设计时应充分注意。

境外客人比例很高的酒店，尤其是以欧美客人为主的国际品牌酒店，餐饮的西方特征较为明显。此类酒店特别重视24h自助餐厅，因为几乎所有的客人都会在这个餐厅用早餐，中午和晚上自助餐（如有的话）的营业额通常也相当高。自助餐厅豪华、宽敞，每个餐位的餐厅面积在2.6～3.0m²之间，在明档较多的情况下可能会达到4~5m²。以西式早餐为主，品种丰富，符合西方人的口味，中式菜品相对较少，价格不菲，因客人要求送餐到客房的比例较高，送餐服务及其相关设施也较完善。北、上、广等一线城市的高星级商务酒店基本属于这种类型。

此类酒店对大堂吧和西餐厅同样比较重视，因境外客人通常没有在客房内接待客人的习惯，大堂吧和西餐厅是客人会客、休息、用餐的重要场所。如亚洲客人占有一定比例，还会设置一个或多个诸如日本料理、韩国烧烤、东南亚菜系等外国风味餐厅。中餐厅的规模通常较小，其菜单往往以港、澳、台、粤的风格为主。有些国际品牌公司的规范中根本没有中餐厅这一章，如COURTYARD BY MARRIOTT(万怡)甚至明确仅设24h自助餐厅而不设中餐厅。

反之，以境内客人为主的酒店，中餐厅是当然的主餐厅，规模很大，包房很多、很豪华，中餐厅厨房也是酒店的主厨房。而24h自助餐厅往往是中西合璧，既有西方客人需要的西式菜点，也有不少境内客人喜欢的中式菜点，甚至连豆浆油条、包子、咸菜一应俱全。西餐厅经常不单独设置，而是和24h自助餐厅结合考虑，或者规模很小。往往不设外国特色餐厅，而设置体现当地地域文化的风味餐厅，推出地方菜或具有当地少数民族风味的农家菜。

不同的客人主体产生不同的餐饮概念，酒店必须最大限度地迎合客人的需求，这是任何酒店管理公司都需要考虑的。有些国际品牌酒店管理公司过去不太愿意去内地二三线城市，其原因除房价问题以外，不擅经营地方餐饮也是原因之一。

3. 酒店餐饮和社会餐饮

与酒店餐饮相比，社会餐饮(没有客房，只做餐饮)的最大优点就是实惠。它主要面向当地，面向社会，成本尽量压缩，价格相对便宜(少量特别高档的社会餐饮另当别论)，毛利率较低且不收服务费，对客人自带酒水的问题通常较为宽松。因此在竞争时，酒店餐饮经常处于劣势。

由于种种原因，酒店特别是高星级酒店的餐饮成本很难降下来。舒适的就餐环境、良好的服务水准、较高的原料品质等，都需要高成本支持。酒店餐饮的毛利率通常要求超过50%甚至更高，还要加10%～15%的服务费，价格贵了，客人就少。

餐饮业的特点是客人少，原料就不新鲜，菜肴的口感就差，客人(尤其是回头客)就更少。客人虽少，基本能耗费和人工费却不会少，成本就更高，酒店餐饮一旦陷入这样的怪圈，离亏损就不远了。

但酒店又不能不设餐饮，因此餐饮概念设计的基本原则应是扬长避短，不和社会餐厅争低端客人，而把重点放在中、高端客人上，做得好，酒店餐饮同样能盈利，尤其是婚宴，可以实现相对较高的利润。即使现在的大形势要求酒店餐饮变轨转型，面向社会，上述基本原则还是应该坚持，当然要在经营特色和服务品质方面下更大功夫。城市的商务型酒店如果向度假休闲方向靠一点，可能也有利于酒店餐饮。

当酒店周边的社会餐饮比较发达、档次较高时(这种情况在一线城市较为多见)，酒店餐饮将很难与之竞争，在住店客人也很难留住时，酒店餐饮的规模更不宜做大，少而精、保住星级要求的基本条件即可。可以把重点放在会议和宴会上，以发挥酒店环境豪华的优势。如周边有较多商务活动，或有高端的商务人员居住区时，可以有意识做大做强24h自助餐厅，除供应早餐外，还可以供应以自助餐和商务套餐为主的中、晚餐，适当增加零点菜单，吸收茶餐厅的某些特色。

很多二三线城市的情况有所不同，尤其在一些开放程度相对较低的城市，当地的社会餐厅档次不高，酒店餐饮始终占有主导地位，重要的社会活动和婚宴通常都在酒店举行。有些地区的风俗甚至认为不进酒店没有档次，进了酒店不进包房也没有档次，把餐饮包房看成是一个重要的社交场所，这种市场条件对酒店餐饮非常有利。

二三线城市的酒店通常以当地和本省客人为主，餐厅以本地菜为主，自助餐厅的菜点也以中式为主。中餐厅规模很大，不到200间(套)的酒店仅中餐区面积就会超过4000m²，有零点餐厅和几十个包房，与酒店客房数量不成比例。餐厅的包房多、面积大而豪华，80~100m²一间相当普遍。婚宴经常要求在50桌以上。尽管客房房价上不去(五星级酒店年均房价通常只有400~500元)，但餐饮却特别红火。在酒店的GDP中，餐饮收入可以超过50%。在这些地区开设酒店要注意结合当地的消费特点和地域文化，要善于变通，一些国际品牌的酒店管理公司往往很难做到这一点，这是其弱点。

4. 餐厅的自营与外包

酒店餐厅自营还是外包，涉及酒店餐饮系统的经营方式和经营效益。在一般情况下，以酒店客人为主要客源的24h自助餐厅和咖啡吧，通常由酒店自营。宴会厅(或多功能厅)涉及酒店的会议接待，加上效益较好，通常也是酒店自营。但是中餐厅、外国餐厅和风味餐厅就不排除外包的可能性。

餐厅外包有利有弊。利处一是餐饮业者更专业，通常可以更多获得市场认可，取得更好的经营效益；二是可以引进酒店不熟悉的特殊菜系，如印度菜、日本菜等；三是可以节约成本，包括人力、原料、能源甚至设备和装修成本；四是如引进知名餐厅和明星主厨可以扩大酒店的知名度和社会影响力。弊处一是可能难以预测餐厅最终的经营效益，尤其是餐厅与酒店采用利润分成的合作模式时，有一定的风险存在；二是酒店将失去控制权，如外包餐厅的服务品质与酒店标准不同，甚至食品的安全卫生出现问题，会严重损害酒店形象，与酒店接待的会议或其他大型活动的配合也可能出现问题；三是如酒店较为注重社会责任和生态保护，而餐厅却坚持供应由争议性食材制作的菜肴，双方可能因经营理念出现重大分歧而导致合作关系破裂。

因此，酒店如确定将某餐厅外包，谨慎选择合作伙伴，确定有利的合作模式至关重要。引进的餐厅品牌必须和酒店相匹配，甚至其知名度高于酒店。这样餐厅方面因爱惜自身品牌不会发生出格的事，甚至可以实现品牌的交叉宣传效应。至于合作模式，国内目前常见的有保底租金和商标特许经营两种，可根据自身情况选择。

外包餐厅一旦入驻，就是酒店的一个部门，餐厅员工、餐厅卫生、消防安全、宣传计划都需纳入酒店统一管理，这一点在合同中必须写清楚。

餐厅外包可能出自酒店管理公司经营决策，也可能是业主方的意向或由业主方直接外包，两种情况都应经双方经磋商达成共识后进行，对上述

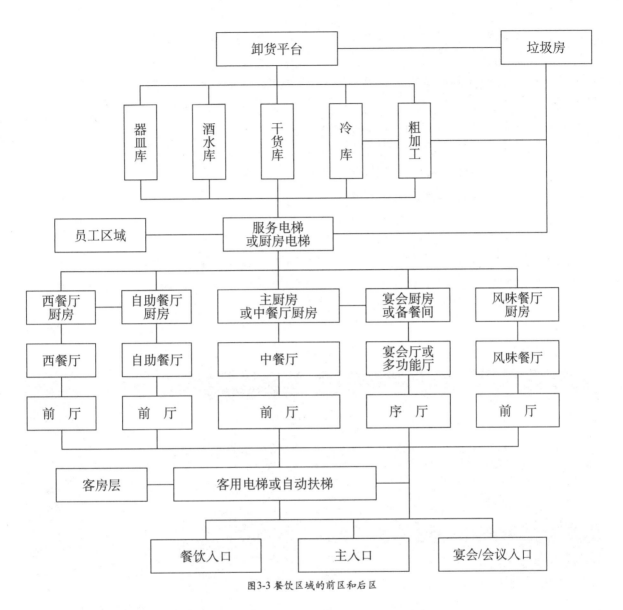

图3-3 餐饮区域的前区和后区

利弊的应对措施也需要双方共同研究统一意见。

二、餐饮区域的总体设计

1.酒店餐饮的前、后区

对酒店餐饮区进行布局前，须搞清餐饮前区和后区的组成及相互关系(图3-3)。

餐饮前区：指客人活动区。包括餐饮出入口、客人等候区、各类餐厅、包间、休息厅、卫生间、电梯厅等其他公共交通区域。

餐饮后区：包括各餐厅的服务通道、厨房和厨房电梯、粗加工间和冷库、各类仓库和储藏室(如酒水库、干货库、器皿库等)、员工二次更衣室和员工卫生间、卸货平台、垃圾房、员工电梯和员工通道等。

酒店通常有多个分布在不同层面的餐厅(包括宴会厅)，各餐厅前区和后区的很多功能是共用和相互交织的。成功的餐饮区设计必须在餐饮概念指导下，通盘安排各餐厅的前区和后区，合理布局，充分发挥所有面积和设施的综合效率。

有经验的建筑师和内装设计师可在方案阶段和扩初设计时把前、后区面积和位置分配得比较到位，流线组织比较合理，从而为深化设计创造条件，缺乏经验的设计师很难做到这一点。无论如何，在餐饮区深化设计时进行二次调整通常很难避免。

主导二次调整意见的专业人员一是厨房设计师，二是酒店管理公司的技术团队。后者并不直接负责设计，但它们是酒店餐饮概念的策划者，对酒店餐饮，包括大型宴会的组织比较有经验，熟悉前后区的配置、功能布局和流线，了解厨房的基本设备设施，有能力提供各餐厅、厨房、仓库等设施的面积参数，可对厨房设计进行审核把关。建筑设计院的建筑师、各专业工程师和内装设计师均应参加调整意见的讨论，修改和深化设计。

2. 餐厅设置和相关参数

(1) 餐厅设置

餐厅设置要综合考虑酒店的市场状况和星级要求，在策划酒店餐饮概念时即应决定。

表3-1提供了不同类型酒店的餐饮设置，可供参考。

《评星标准》2010年版仅对提供"完全服务"的四、五星级酒店的餐厅数量作了规定，尽管具体标准上有差异，但都要求设置"中餐厅"、"西餐厅""咖啡厅"和"酒吧(茶室)"。

"中餐厅"概念清楚，无需多说。"咖啡厅"实际上就是本书的"自助餐厅"(社会上习惯如此叫法，似更确切)。"酒吧(茶室)"是本书的"咖啡吧"(或称"大堂吧")，并非《旅游饭店星级的划分与评定》(GB/T14308-2003)中白金五星级要求的"独立封闭式酒吧"，此三项四、五星级酒店通

图3-4 自助餐厅：气氛热烈、随意(上左)；图3-5 中式零点餐厅：浓郁的中国古典园林风格(上右)
图3-6 西餐厅：宁静、幽雅(下左)；图3-7 外国特色餐厅——日式餐厅(下右)

表3-1 不同类型酒店的餐厅设置

		大堂吧(咖啡吧、酒吧、茶室)	中餐厅	24H自助餐厅(咖啡厅)	西餐厅(或外国特色餐厅)	风味餐厅	封闭式酒吧	音乐茶座	茶餐厅	旋转餐厅或中庭餐厅	备注
中心城市商务型酒店	豪华	设置	设置	设置	设置	可选	可选	可选	不考虑	可选	
	中档	设置	设置	设置	可选	可选	不考虑	不考虑	不考虑	不考虑	
商务-会议型酒店		设置	设置	设置	可选	可选	不考虑	不考虑	不考虑	不考虑	
度假-休闲型酒店	豪华	设置	设置	设置	设置	可选	可选	不考虑		可选	
	中档	设置	设置	设置	可选	不考虑	不考虑	不考虑	不考虑		
精品酒店		设置	设置	设置	可选	可选	可选	不考虑	不考虑		
商务酒店		设置	设置	可选	不考虑	不考虑	不考虑	不考虑	可选	不考虑	
经济型酒店		可选	可选	不考虑	不考虑	不考虑	不考虑	不考虑	可选	不考虑	根据情况确定是否需要设置一个餐厅

常都会设置。关键是西餐厅，境外客人很少的酒店确实不需要单设一个有独立厨房的西餐厅，但不设又会影响评星。一些酒店的解决办法是在自助餐厅的一角设一个小小的西餐厅，在自助餐厅厨房里设一个烹调区，加工西式正餐菜单上的菜肴，必要时，此西餐厅可以当自助餐厅的包房使用。当然还可以外国特色餐厅和风味餐厅取代西餐厅。

虽然不属于必备项目，高星级酒店还是需要设置多功能厅和宴会厅。其他选项还有中厅餐厅、旋转餐厅、露天餐厅等，食街或快餐厅挡次偏低，高星级酒店一般不设置。

各餐厅在与酒店总体设计风格一致的前提下应各具特色，中、西餐厅应有明显差别，前者要有中式元素，后者要有西式元素，创造舒适而有吸引力的餐饮氛围(图3-4~图3-7)。

(2) 餐厅参数

300间(套)左右的酒店，如无特别的社会需求，餐饮作为酒店的配套设施，主要面向酒店客人时，表3-2列出的餐位数即可满足需要，否则根据市场调研数据决定餐位数。

表3-3提供了按餐位数控制餐厅面积的参

表3-2 餐厅餐位数的确定

餐厅名称	餐位数	备注
中餐厅	根据需要确定	如无特殊需要，300间(套)的酒店可按60~100座(不含包房)设置零点餐厅
自助餐厅(24h餐厅、咖啡厅)	按客人总数的1/3确定	如有相当数量的社会客人需求量可适当增加餐位
西餐厅	根据需要确定	如西式正餐的需求量不大，可按客人总数的10%~15%或与自助餐厅结合设计
大堂吧	按客人总数的15%确定	如当地社会有相当的需要可适当增加餐位

表3-3 餐厅的面积控制

餐厅名称	面积计算(m²/座)	备注
中餐厅	2.2-2.4	此数为零点餐厅面积，包房需另行考虑
自助餐厅	2.8-4.5	包括自助餐台和明档，根据餐厅的豪华程度和明档的规模调整,如自助餐厅的豪华程度较高，自助餐台数量较多，面积可能还需适当增加
西餐厅	2.6	
大堂吧	2.4-2.6	包括吧台

数，主要适用于高星级酒店。

高星级酒店餐饮区域的面积控制不能等同于一般的社会餐厅，桌与桌之间要保持一定距离，要有较宽(双向行走)的服务走道并留出足够的服务台位置。有些室内设计师给出的餐厅平面餐桌密布，似乎满足了业主在餐位数量上的要求，实际上不可能那样安排。

餐厅净高：餐厅面积在200m²内时，不应小于3.5m，更大餐厅的净高随面积增加而递增。

3. 餐厅、厨房的布局和流线

(1) 中餐厅的位置

通常设在裙房的中间层，如二层或三层。因为中餐厅(连同包房)的面积较大(至少要占一层、甚至两层裙房)，就餐人数多，社会客人多，响声和气味较大，放在首层易对大堂造成干扰。而裙房顶层一般应设置大空间，如多功能厅、宴会厅、歌舞厅、游泳池等，为的是抽柱容易，且这些区域也不宜和中餐厅同层。如果大堂上方挑空，则中餐厅门不应开向回廊或与回廊过于接近，尤其是送菜通道不要经过回廊，以免影响大堂。

如无特殊需要，中餐厅不宜放在主楼顶层，以免增加客流和物流对垂直交通的压力以及在火警时增加疏散难度。同时因厨房可能也需设在主楼顶层，煤气管道设置、排水排污、垃圾清运都会很麻烦。

中餐厅也不宜放在地下室，这不仅会降低餐厅档次，也容易产生消防和疏散问题。

(2)自助餐厅和咖啡吧的位置

如条件允许均宜设在首层，至少咖啡吧宜设在首层，两者可分可合，但大部分情况下分设。

24h自助餐厅也可设在裙房中间层，可与西餐厅同层，因自助餐厅以西餐为主，厨房可相互支持，但不宜和中餐厅同层。

无论设在哪一层，都应提供较大的自然采光面和较好的室外景观。在室外景观特别好的情况下，甚至可考虑设在主楼顶层，有条件时做成旋转餐厅。由于自助餐厅的冷菜、热菜和点心基本上都是事前准备的，不需要现炒，厨房可设在地下层，同层仅设置备餐间，但需有专门的厨房电梯联系。

(3) 西餐厅的位置

如单独设置，可在裙房任何一层较为安静的区域，不需占据主要位置，但应与不同性质的餐厅和其他功能区域有所区隔，同时希望能获得较好的室外景观。西餐厅可与自助餐厅相邻或合一，此时最好有相对独立的厨房。

(4) 外国餐厅和风味餐厅的位置

可在裙房的任何一层，也不需占有主要位置，因其面积相对较小，宜和其他餐厅设置在同一层，但应注意和其他不同性质的功能区域区隔。

(5) 厨房的位置

厨房应尽可能和相关餐厅同层，这是基本原则，对长远的经营管理有莫大好处。设计师在进行餐饮区功能布局时要尽量做到这一点。《评星标准》2010年版规定，"任一餐厅(包括宴会厅)与其厨房不在同一楼层"扣2分，分不多，但要求明确。

如餐厅和厨房同层确有困难(很多酒店有困难),就必须切实解决好运输和中转问题。运输线路过长必然使菜肴的色、香、味受到影响,使脏盘子回收速度减慢,使餐厅和厨房之间的联系困难,从而影响整体服务质量。因此首先要确保有足够的运输能力并根据卫生防疫条例做到洁污分开,同时要设置与餐厅相通、面积足够、设备齐全的备餐间,备餐间面积可根据餐厅的规模及其能力确定。

仅仅使用升降梯(图3-8)不能解决人员上下的问题,送菜保温车和运脏盘子、餐饮垃圾的推车也无法进入,因此可采用邻近的裙房服务电梯(如有)与厨用升降梯相结合的方案。如餐厅规模较大,则应考虑设置可直通餐厅的备餐间、厨房、粗加工间、冷库、卸货平台和垃圾房的厨房专用电梯(通常需要2~3部)。厨房电梯应设置专用电梯厅和专用走道,厨用升降梯可直接设在备餐间内。

厨房位置应尽量设在酒店背面,不占用适合经营的、朝向景观较好的一面。如有可能,各层(包括地下层)厨房、备餐间最好重叠或部分重叠,使厨房服务电梯可同时服务各层厨房并直通一般位于地下层的粗加工间、冷库和垃圾房等辅助区域,并使餐厅可便捷地获得由其他餐厅提供的菜肴、点心或半成品,从而提高厨房电梯的工作效率。

(6) 餐饮区域的流线

① 前区流线 包括客人流线(住店客人和社会客人)及传菜通道。

图3-8 厨房升降梯

客人流线:要考虑住店客人和社会客人的不同通道。住店客人主要走客人电梯,但社会客人不能完全依靠客人电梯,酒店也不希望社会客人过多使用客人电梯,以免给住店客人造成不便,也会对客房区域的安全带来影响,尤其在餐厅规模较大时更是如此。此时有必要为餐厅设置单独的、不经过大堂的餐饮出入口及专用的裙房电梯。在有较大的宴会厅或多功能厅时,首先应考虑设置自动扶梯,这是效率最高的垂直运输设备,几乎不需要等候时间。

传菜通道(以及脏盘子的回收通道)不应过长,一般从厨房(备餐间)出口算起,到最远的餐桌不宜超过40m。

传菜通道不应与非餐饮区域的客人流线交叉,不应穿越餐厅入口及入口前的休息厅,不应穿越其他公共区域和公共卫生间门口。根据卫生防疫条例的规定,厨房要设两个门,脏盘子回收要走厨房的另一个门,洗碗间一般就设在那里。

② 后区流线 包括食品原料进入通道和厨余垃圾的运出通道。

原料进入:从卸货平台→粗加工(切配中心)、仓库(冷库、酒水库、干货库、其他仓库)→厨房。

垃圾运出:从餐厅→厨房(备餐间)→垃圾房。

前区流线和后区流线不允许交叉,但餐饮原料(不包括从点心间出来的点心和其他熟食)尚未加工,后区两个通道允许有部分重叠和交叉,事实上也很难避免重叠和交叉。

三、中餐厅

中餐厅通常是酒店的主餐厅,其规模在不同的酒店差异很大,以下分述中餐厅各区域的设计要点。

1.零点餐厅

零点餐厅(有时就称中餐厅,以区别于包房)

是酒店中餐厅的核心区，通常面积不大，300间(套)的中型酒店一般在60~100个餐位左右，约140~240m²。如需接待大量社会客人，面积应根据实际情况确定。

(1) 入口和过厅

零点餐厅的主入口只能是一个，接近公共区域客人流线和电梯厅，有明显而富有吸引力的标识，客人很容易看到。著名的酒店管理公司对主要餐厅都有固定的名称和标识，不能随意取名和设计。

需要一个过渡空间分隔就餐区和酒店公共走廊，一般以过厅形式出现，其面积根据餐位数量确定，60~100座的零点餐厅约需30m²。如与包房合用，且包房数较多时，则面积需适当增加，类似多功能厅序厅。过厅宜有绿色盆栽或鲜花，设置公共电话。

迎宾台(也有叫咨客台)在入口一侧，是一个开放的、设计风格和中餐厅一致、极具个性的台子，宽度约600左右，高度约900左右。有咨客人员负责临时预订、接待和引座，需配备电脑、电话等相关设备，能观察到用餐区和餐厅外部的情况。

如过厅面积较为宽敞，可设置一个客人休息/等候区，由1-2组沙发和沙发椅组成，供应茶水，提供少量报刊，并布置兼有装饰作用的酒品展示柜。还可设置宣传台放置餐厅的宣传品，如推荐菜单和服务项目介绍等。

(2) 用餐区

一个相对独立的区域，可以是封闭的，也可以是半开敞的，但不宜全开敞，尤其不能通过该区向包房传菜。

零点餐厅的餐桌宜大小兼容，方圆并用。通常由二人桌、四人桌、六人桌、八人桌按一定比例布置。一般不设十人桌，通常圆桌的座位很宽松，必要时八人桌坐十人也没有大问题，十人桌及十人以上桌多用于包房。

零点餐厅的餐桌要具备快速变动能力，因此都是可拼装的。为适应灵活多变的布台，餐椅尽量与包房、宴会厅、多功能厅和会议室通用，仅

图3-9 可叠放的餐椅便于储存

使用不同的椅套。为便于存放，此类椅子均可叠放(没有扶手)并常常使用金属制品(图3-9)。

餐桌椅的排列不应拥挤，其间距应能通过服务小推车或两个服务员相向通过，即不小于600，布局应活泼而有变化。

餐厅地面应尽量控制在一个标高，以方便客人，尤其是高龄客人和残疾客人的活动，也方便送菜、撤盘等服务工作。有些规模较大的餐厅为丰富空间，地面做了高差，并借此设置一些半隔断单间或卡座，但是应注意以下几点：

• 尽量靠边。

• 做2-3个踏步(不能仅一个踏步)，用灯光和对比的地面色彩，让客人注意到高差的存在。

• 踏步板最少300宽，分界明显，有防滑处理。步高不超过150，但也不应低于100。

• 必要时配置易抓握的扶手。

(3) 客人出入口

客人出入口的数量、位置和总宽度应符合消防规范，但主出入口只能是一个，其余均为疏散逃生通道，出入口太多将增加管理难度。

客人出入口不允许通过厨房，需穿越厨房的服务通道也不能用作客人的疏散逃生通道，所有的疏散口均应设疏散指示灯。

(4) 服务入出口

餐厅与厨房(或备餐间)通过服务入出口联系，服务通道应隐蔽，避免从用餐区看到厨房内部，必要时应设隔断以遮挡客人视线和防止厨房的噪声、油烟进入用餐区。

入口(出菜)和出口(脏盘子回收)应分开以满足洁、污分流的要求，需要与厨房的内部设计结合考虑。确有困难时可做双扇门(一进一出)。无论是单扇门(出入分开)还是双扇门(出入合一)，门扇宽度均为900，可完全打开，门上应设玻璃视窗，以观察餐厅情况。

规模较大的餐厅应设置专门的服务走廊，同宴会厅。

进出口地面必须防滑易洁，且不应出现高差。因结构没有降板导致厨房地面不得不升高(为设置排水沟)，以至无法避免高差时，坡度不能大于1/12，且应尽可能避免这种情况的出现。

(5) 残疾客人设施

• 残疾客人路线：直达餐厅，无需经过其他服务区域。如餐厅入口处有台阶，应设残疾人坡道，坡度1:12。

• 设施：餐桌净高790，餐桌间净距1800。

• 轮椅位置：不宜设在座位区的进出口处。

(6) 餐厅服务台

每40~50座设一个，供服务人员使用，临时放置菜肴、酒水，分菜，存放碗碟、刀叉、筷子、餐巾纸等零星物品。设计风格应与餐厅协调，位置应避开餐厅主要通道，尽量靠边、靠柱设置，同时尽量避开客人视线。

(7) 酒水台和储藏室

酒水台通常兼有总服务台的功能，一般设在餐厅内接近入口处、噪声较小的位置，可以看到整个就餐区和主要出入口而不易引起客人注意，但服务员能方便到达。

酒水台为客人提供各类服务，包括结账、出单、收款以及酒水供应等，背景墙常常是精心设计的高大酒柜。

酒水台后面或一侧应配置一个约30m²的储藏室，放置备用的餐桌椅、幼儿座椅、台布、餐巾、各类器皿、清洁用品等，还可储存备用的酒水饮料。

在很多情况下，零点餐厅和包房合用一个酒水台，此时酒水台的位置要二者兼顾。

数量较大的桌椅储存应另设家具库，面积根据中餐厅规模而定。

(8) 卫生间

餐厅卫生间应设在隐蔽易找的位置，如餐厅外靠近客人进出口处，并有明显的方向指示和标识，卫生间的门不得直接开向餐厅和公共走廊。

餐厅卫生间和大堂卫生间一样，应宽敞、洁净、豪华。洗脸台应在卫生间内，不能设在外面并男女合用，女卫生间可设简易化妆台和梳妆镜。是否设置独立的残疾人卫生间可根据情况决定，清洁间应在卫生间附近单独设置。

(9) 内装设计

• 总的风格：使用中国元素，与其他餐厅有明显区别。

• 地面：门厅地面可使用优质拼花大理石或优质地毯，用餐区宜使用色彩鲜艳、有喜庆气氛的优质地毯，不宜使用硬质地面。尽管地毯要经常清洗，但客人不易滑倒。为使清洗后的地毯容易吹干，可采用50%羊毛和50%尼龙66。

• 墙面：大面积墙面可使用优质涂料或凹凸感明显的墙布，配以适当面积的木装修和软包，木基层应用防火涂料处理并经消防部门批准。为降低造价，仅在局部使用大理石，玻璃和金属制品。

• 天花：使用做工精细、线条美观的石膏板造型天花，尽量避免使用木饰面，如使用需经消防部门批准。

• 照明：整体照明和局部照明相结合，吊灯、筒灯、射灯相结合，可调光。中餐厅油气较大，水晶灯清洗困难，故不宜采用。

2. 中餐厅包房

近年来，中餐厅包房面向社会，规模扩大，面积增加，设施豪华。普通包房面积在40m²左右，相当一个客房的面积，豪华包房面积在80m²左右，相当两个客房的面积，配有专用备餐间和卫生间，特别豪华的包房甚至超过100m²。

包房规模经常会达到20～30间，甚至30间以上。如平均60m²一间，30间包房本身面积已达1800m²，加上走廊和辅助面积，包房区要在2200m²以上，这意味着包房区本身可能要占到整整一层裙房，而全部中餐厅面积可能要占两层裙房。此时，可能会把厨房、零点餐厅和部分包房设在同层，另一层包房依靠备餐间、厨房电梯和升降梯与厨房连通。顺便提一下，VIP包房的概念目前已不仅属于中餐厅，自助餐厅和西餐厅也经常会设置几个小型包间，供重要客人集体用餐之用。

包房的配置应大、中、小结合，普通、豪华、超豪华结合，以适应不同客人的需要。

(1) 普通包房

普通包房可由一组大小不一的包房组成，以8～10人桌为主，特殊的小空间可安排4~6人桌。可以不配置专用备餐间和卫生间。

8人桌的单间面积不应小于35m²，净宽不宜小于4m；10人桌的单间面积不应小于40m²，净宽不宜小于4.5m。吊顶净高最低处不应小于3m。除餐桌椅外，有条件时可设置一组休息沙发或沙发椅，服务员应可绕餐桌椅服务而不影响客人用餐。

包间入口应通向连接门厅的包间走廊，而不应面向零点餐厅的客人用餐区。包间门口一侧可设服务台(间)和内线电话，传菜窗目前已很少采用。

包间的门宽不小于900，门高不小于2200(门高一点有豪华感)，有良好的隔音性能。

室内装饰：简洁、高雅、温馨，以中国元素为其特征，但不应过分。照明以灯槽、筒灯、射灯为主，重点是打亮餐桌。应可调光，不一定需要设置吊灯。

(2) 豪华包房

面积较大(60~100m²)，装修豪华。通常可采用10、12、16人桌，超豪华的大包房可设26人大圆桌。需设置专用卫生间和备餐间(备餐间可以两个包房合用)。其他功能包括增加沙发、电视、牌桌、卡拉OK等。

有些国际品牌公司管理的酒店不允许在包房里设置用餐和休息以外的功能，甚至不设电视，实际上也不是没有道理，因为安静也是高端餐饮的一个基本条件。酒店餐饮毕竟不是社会餐饮，地方习俗固然要考虑，包房里设置沙发、电视也可以，但牌桌尤其是卡拉OK还是尽量不要设

图3-10a 酒店的豪华包房：有沙发和电视，有备餐间和卫生间

图3-10b 豪华包房的入口玄关

置。如隔声不好或开门时会干扰其他包房客人的用餐。豪华包房的餐椅可单独设计，不需要考虑叠放问题。

四、自助餐厅(24h餐厅、咖啡厅)

自助餐厅主要为客人提供自助式早餐，中午和晚上通常还提供一些套餐和西式正餐(有菜单供选择)，或提供与早上不同内容的自助餐，是酒店主要餐厅之一。自助餐厅和咖啡吧相邻可充分利用所有的餐位，为一些中、小型会议提供套餐(一般是午餐)，而中午正是大堂吧生意清淡的时间，是一种不错的方案。

酒店为客人提供的24h送餐服务通常由自助餐厅承担，因为自助餐厅的营业时间较长(不少18h)，而中餐不适合用于客房送菜。

1. 自助餐厅的餐位数量和餐厅面积

自助餐厅餐位数的理论计算值为客人数量的1/3(即考虑有1/3的客人同时用餐)，如一个300间(套)客房的酒店，去掉20%的行政客房(客人在行政酒廊用早餐)，普通客房还有240间(套)，在双床间和大床间各占一半的情况下，普通客人数为240+120=360人，餐位数即是120个。但实际上此数可能不够，原因一是餐位的利用率较低，二人桌经常只坐一个人，四人桌经常只坐两个人，六人桌的利用率更低。二是可能还会有一部分未住店的社会客人前来用餐。所以通常要在此数上增加20%~30%，即需要设置144~156个餐位。

关于自助餐厅的面积计算，前几年国际酒店管理公司的规范是每个餐位2.6m²(含餐台面积)，此值已超过了一般餐厅的标准。后来考虑到开放式厨房的出现，每个餐位提高到2.8m²，近年来，由于岛式餐台的数量比以往增加，开放式厨房的规模越来越大，据笔者接手的项目以及对接触到的高星级酒店的观察，已超过了每个餐位4m²(包括餐台和开放式厨房)，即一个300间规模

图3-11 上方是自助餐厅，下方是咖啡吧，二区相邻，独立经营

的酒店自助餐厅的面积至少需要600m²左右，有些超豪华酒店的自助餐厅由于餐桌椅的尺度较大，沙发座数量较多，每个餐位甚至达到5m²左右。星级较低的酒店可以减少开放式厨房的规模和岛式餐台的数量，以压缩自助餐厅的面积。

商务－会议型酒店在设计自助餐厅时应考虑与会议的配套功能，即能够解决中、小会议的用餐问题，尤其是中午的自助餐或套餐，既可缓解宴会厅和其他餐厅的压力，又可弥补中午和晚上生意的相对清淡。

2. 用餐区

用餐区的餐桌以方桌和长方桌为主，需要时可考虑1~2个6人圆桌以丰富餐桌椅式样和适应客人的需要。

二人桌(双人对座)和四人桌是自助餐厅餐桌的主要规格。其中二人桌的比例不宜少于50%，因为这是使用效率最高的餐桌。二人桌的尺寸：宽×长为750~800×900~1000，四人桌的边长为900~1000。同一餐厅二人桌和四人桌的长度应该一致，以利拼接。餐桌宜使用有耐磨保护涂层的木质面，并铺有桌布，如此较有温馨感。花岗石虽然坚硬易洁，但过于生硬。餐桌高度以760为宜，不应使用活动桌面和折叠桌。桌布色彩要明快，餐巾的色彩要与之匹配。

餐椅应为软靠椅，舒适且适合人体曲线，面

料可优先考虑皮制品，不需要考虑叠放问题。

餐桌椅的式样要丰富，精美而有个性(图3-12~图3-16)。其布置既有规律又有变化，不能太单调或做成"排排坐"。可以成组设计，同时在适当位置布置一些火车座和沙发区。

餐桌椅不能过于接近自助餐台和明档区，以免妨碍客人取菜及影响客人用餐。

如有可能，提供几个相对独立的就餐空间或豪华包间，以适应有些客人集体用餐的需要，也可以为一些重要客人提供相对安静的环境和更到位的服务，较大的包间还可布置成小型西餐厅的风格，必要时可作为西餐厅使用。

3. 自助餐台和开放式厨房

自助餐台是自助餐厅的核心区，是每个客人必到的地方。一般分布在餐厅中心或接近厨房的一侧，位置明显，通道顺畅，与各用餐区的距离尽量相近，既方便客人取用食品，又方便厨房补充食品。条式餐台最好有通向厨房的后通道，并可根据布局与开放式厨房(明档)相结合。

自助餐台应有足够的长度，但决不意味着要设置成一个长长的餐台，这样的餐台会使人想起员工食堂或中式快餐店排队取菜的状态。由内装设计师根据餐厅规模、形状及所追求的风格精心设计和布局的餐台，应根据食品种类，如西式、中式、冷菜、热菜、点心、蛋糕、海鲜、水果、饮料、冰淇淋等，以直线、弧线、岛式灵活布局和分段组合，向客人展示食品的丰富和可口。自助餐台的台面应使用优质花岗岩，不应使用大理石，因大理石质地较疏松，易污染而不易清洁。

设计自助餐台的复杂性还在于其内部要根据需要设置升碟机、电磁炉、嵌入式冷井等专用设备及放置备用器皿的橱柜，还涉及各种机电管线的维修问题。因此，内装设计师需和厨房设计师密切配合，多次反复，才可能设计出既合用，又美观的自助餐台(图3-17)。

目前自助餐厅厨房的开放程度越来越高，已不仅仅是煎蛋、煮面的问题了。因此明档设计越来越重要(图3-18~图3-19)。当然，开放是需要成本的，生鲜食品一旦取出展示，就不能回收再

图3-12 自助餐厅一角(上左)
图3-13 双人桌的拼接(上中)
图3-14 火车座(上右)
图3-15 自助餐厅或西餐厅均可设置少量包房，但风格与中餐厅完全不同(下左)
图3-16 三亚度假村：自助餐厅扩展至露台(下右)

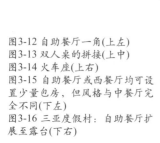

图3-17a 设计精美的自助餐台(上左)
图3-17b 岛式自助餐台(上右)
图3-18 自助餐厅的明档(下左)
图3-19 开放式厨房，披萨炉已进入设备序列(下右)

用，空调要求也会相应提高。因此厨房的开放程度要根据酒店档次、客人需求和餐厅实际情况决定，未必是开放得越多越好。

自助餐厅厨房应设置送餐服务室，有送餐用的保温车和其他设施。

自助餐厅一般不需要设置吧台。

4. 自助餐厅的内装设计

自助餐厅基本上属于西式餐厅，其总体风格多采用具有现代气息的简欧风格，较少采用古典欧式风格，更不宜采用古典中式风格。

• 地面：通常以优质地毯为好，一般使用阿克斯敏斯特地毯，80%羊毛和20%尼龙(尼龙66)，地毯色调要明快，如采用硬质地面，则需要注意防滑。自助餐台和明档周边的地面必须使用花岗岩。

• 墙面：优质涂料或墙纸，局部木装修或其他装修(如软包)，适当采用玻璃和金属制品，要符合消防要求。

• 天花：造型优美、层次丰富，有泛光灯槽，如用木镶板应作防火处理并经消防部门批准。

• 照明：筒灯、射灯、壁灯和吊灯的组合灯光的组合，亮度最好可以调节。自助餐台上方应设置高强度的卤素灯，以展示食品。

• 窗帘：欧式落地布帘、罗马帘或高档百叶帘。

• 绿色盆栽：不能用人造的。

• 艺术品：格调高雅，符合餐厅的主题和地域文化特征。

五、西餐厅

西餐厅布局有两种主要方式，一是独立设置(五星级有此要求)，二是和自助餐厅合一。

前者希望安排在一个相对安静、有良好室外

图3-20 现代时尚的西餐厅,舒适的沙发椅,亮丽的橘黄色构成愉悦的主色调图(上左)
3-21 简欧风格的西餐厅,宁静典雅(上右)
图3-22 厚重的餐桌椅,更显高贵豪华(下左)
图3-23 餐厅通向厨房的门,注意门上的圆形观察窗、厨房内部的排水沟和门上方的灭蝇器(下右)

景观的区域,不一定在中心区,但也不希望离客人流线太远。后者可以在自助餐厅内辟一个相对独立的区域,设隔断或半隔断。欧美客人比例较高的高星级酒店应设置独立的、各种类型的西餐厅,但规模不需要很大。

西餐厅的风格应幽雅宁静、有浓厚的欧式情调,可采用古典欧式风格,也可采用简欧风格或现代风格(图3-20-图3-21)。

可采用水晶吊灯,但水晶的品质要好,晶莹透明,有漂亮的七色光,否则宁可不用。水晶灯要定期清洗,较重的水晶灯需有升降设施,比较麻烦。

西餐厅通常供应法、意等西式正餐,厨房宜单设。

表3-4　　　　　　　　　　　　　厨房和餐厅的面积比

厨房名称	占餐厅总面积	备 注
中餐厅厨房	0.5%~0.9%	①不包括粗加工、冷库、各类仓库和交通、辅助面积;②餐厅面积大,厨房面积比趋低值;③可包含8~10间包房,如包房数量过大,厨房面积比可相应调低;④如需支持宴会厅则面积要适当增加
自助餐厅厨房	0.6%~0.8%	①不包括粗加工、冷库、各类仓库和交通辅助面积;②包括明档,但不包括自助餐台
西餐厅厨房	0.6%左右	不包括粗加工、冷库、各类仓库和交通、辅助面积,不包括点心间、冷菜间等
宴会厅厨房	0.2%~0.4%	以备餐间为主,需得到中餐厅厨房和其他厨房的支持

六、厨 房

厨房设计涉及各菜系的特点、内部的流程和布局、品种繁多的厨具设备以及与机电设计有关的各类参数等专业知识，需由经验丰富的厨房设计师承担。

设计院的建筑师和相关的专业工程师应了解酒店厨房设计的基本要求，以便在方案阶段就能充分考虑与厨房有关的功能布局、面积分配、流线及水、电、风、空调的总用量，并在深化设计时能与厨房设计师顺利配合。业主方则应对厨房设计的复杂性和设计过程有足够的认识，以便及时引进厨房设计。

迄今为止，笔者还未见到过一本较为系统的介绍厨房设计的专著。涉及餐厅设计的书不少，其中厨房设计往往一笔带过，说明该项设计还是相当专业。

1. 厨房的面积和净高

不同类型和规模的餐厅需要的厨房面积差异很大，各种资料提供的参数差异也很大。

有些规模类似、档次相近的餐厅，厨房面积相差不少，设备配置也相差不少，但都能使用，说明在厨房面积问题上有一定弹性。面积大一点、设备多一点，厨房宽敞一点可能比较好用，可提供的菜肴品种也丰富一点。面积小一点，设备少一点，厨房挤一点，如果配置合理，流线畅通，也能将就使用，但可提供的菜肴品种可能就少一点。如何把握要看酒店档次、规模、客观条件和厨房设计师的功力。确有很多不同组合和变通的可能，但设备配置过量也不是个别现象。

表3-4给出一组数据供参考。

厨房总面积似可控制在各类餐厅总面积的0.45%~0.7%(不包括粗加工间、冷库、其他各类仓库和交通、辅助区域)，餐厅面积大，厨房与餐厅面积之比趋低值。

大堂吧通常不设厨房，由自助餐厅厨房支持。可设置备餐间或服务间，面积在25~30m²左右。

一般情况下，厨房净高不得小于3m。

2. 厨房设计要点

· 厨房(包括粗加工间、冷库)需结构降板300~400，以便设置排水沟。因此厨房范围应尽早确定。

·不同层面厨房的位置尽可能重合。

·形状尽量规整，尽量避免柱子，外墙避开主立面。

·应始终处于负压状态。在全空调环境下，平时不需要开窗，开窗反而影响气流组织，厨房窗主要用于采光。

·防水层需在铺设地面面层前完成并确保质量，特别注意各类穿越楼板的管道孔的封堵和排水沟的防水。

·地面坡度一般在1%左右，水流应准确导向排水沟。

·下水口须设置油污箱，并有专人定期清理。

·应有良好的排风、排油烟和空调设施，换气次数约每小时40~60次，新风量大体控制在排风量的90%，局部空调。在热灶处应为厨师提供区域空调或新风，但出风口距厨师的操作位置应有一定距离。

·高度重视消防问题，在排油烟罩和排烟风道处应设置可靠的灭火装置，出现火情时能迅速启动灭火、自动切断煤气、电源并报警。

3. 厨房内部的分区、配置和流线

厨房内部的基本分区和主要配置见表3-5和表3-6，提供这两个表只是想给读者一个大体的概念，真正的厨房设计和设备布置需考虑很多因素，要复杂得多，详尽得多。

厨房流线：原料和半成品从冷库(及其他仓库)、粗加工间通过后区走廊进入厨房，进行清洗、切配或直接进入冷菜间、点心间和热灶区制

表3-5　中等规模酒店中餐厅厨房的基本分区和主要配置

基本分区	面积(m²)	位置	开放/封闭	主要配置	备注
切配区	30~40	在原料进厨房的入口一侧	开放	冷藏冰箱、工作台柜、双星盆台、绞肉机、斩切片机、刀切片机等	酒店有共用粗加工间和冷库
热厨区	45~55	靠近排油烟井道和出菜口	开放	打荷台柜和电热打荷台柜、单头和双头中式炒炉等	
蒸煮区	20~25	靠近热厨区和排油烟井	开放	九头平台炉、三门蒸柜、双头矮汤炉等	
烧烤间	25~30	灵活安排	封闭	高身冷冻冰箱、烧腊通架连油盘、蜜汁箱、烤鸭炉、烧猪炉、单头矮汤炉、工作台柜和星盆	
鲍翅间(可选)	15~20	灵活安排	封闭	三门蒸柜、六头平头炉、单头炒炉、单头矮汤炉、冷藏冰箱、工作台柜和星盆	
海鲜间(可选)	10	灵活安排	封闭	理鱼台和理鱼星盆	
冷菜间	20~30	灵活安排	封闭	没有特殊的设备要求，仅需配置冰箱、工作台柜，不锈钢层架和制冰机等，调和紫外线消毒器	需要二次更衣室
点心间	20~40	可和厨房设置在一起或单独设置，但相距不要太远且注意意流线合理无污染	封闭	高身饼盘车、三层九盘电烤箱、双头蒸炉、面粉车、压面机、搅拌机、和面机、工作台柜和星盆	
备餐(出菜)间	10~20	靠近出菜口	开放	开水器、高身冰箱、毛巾柜、工作台柜和星盆，在门口(包括厨房所有的门口)要设灭蝇灯	如条件所限厨房只有一个出入口时需设双门，单厨门宽不小于900，面积需适当放宽
洗碗间	30~40	接近厨房回收脏餐具的门口	封闭/半封闭	收碟车、污碟架(台)、洗碗机(高压花洒龙头)、洁碟台、星盆、层架和高身碗柜	
酒水间	15~25	餐厅总服务台后侧	封闭	调酒柜、酒吧搅拌机、酒水冰柜、高温冰柜、玻璃杯架柜、制冰机	酒店需另设酒水库
厨师长办公室	6~8	灵活安排	封闭	冰箱、星盆、工作台柜、层架等，根据情况灵活配置	简单的办公桌椅和办公用品

表3-6

中等规模酒店自助餐厅厨房的基本分区和主要配置

基本分区	面积(m²)	位置	开放/封闭	主要配置	备注
切配区	15~20	原料进入厨房入口一侧	开放	斜刀切片机、工作台柜、星盆、高低温冰箱、层架	由酒店集中的粗加工和冷库支持
热厨区	20~30	接近出菜口	开放	四头炉连锅炉、电力面火炉、扒炉和半扒半扒炉、双缸炸炉、汤锅、万能电烤箱、暖汤池柜、炉身高身冰箱、食物保温灯	
冷菜间	15~20	根据实际情况	封闭	工作台柜、传菜柜、层架、星盆、冰箱。紫外线消毒灯和独立空调	需要二次更衣间
饼房(点心间)	60~80	根据实际情况，也可以设在接近厨房的其他区域，但要确保交通便捷和符合卫生防疫规定	封闭	和面机、搅拌机、醒发箱、面团分块机、电烤、酥粉、糖皮饼车、高身饼柜、电磁炉、工作台柜和大理石工作台、星盆、冰箱、层架及面食库等	高星级酒店的自助餐厅和西餐厅，要依靠饼房提供各类花色、品质优良的点心，甚至做出品牌至关重视饼房设计
巧克力裱花房	12~15	用于蛋糕裱花，通常和饼房连通。	封闭	奶油搅拌机、热巧克力机、工作台柜、冰箱、星盆、层架、紫外线消毒灯等	
备餐(出菜)区	20~30	出菜口一侧	开放	开水机、净水机、咖啡机、工作台柜、层架和星盆	
洗碗间	30~35	脏盘子回收口一侧	封闭	收碟台、残菜台、垃圾桶、双星污碟台、洁碟台、高压层架和高身四门冰箱	
洗锅间	8~12	接近热厨区	开放~半封闭	洗锅三星盆台、挂锅架和不锈钢层架	
客房服务	10~15	根据实际情况决定	封闭	咖啡机、开水机、净水机、食物保温箱、送菜车、工作台柜、层架和不锈钢层架	客人的送菜服务，一般设在自助餐厅厨房，因为只有自助餐厅才能提供18~24h送菜服务
明档区	15~40	面向餐厅，与厨房有门相通	半开放	较小规模的明档配置有电平扒炉、电意粉炉和工作台柜	规模差异很大，面积和位置要根据实际情况决定
自助餐台区	根据实际情况	餐厅	开放	一般分为水果、冷菜、海鲜（下设冰盆）、中式点心、汤粥（下设电磁炉）、西式点心、饮料（果汁桶）、人式电素炉等	自助餐台规模根据实际情况决定，通常星级越高，提供的自助餐台菜肴越多也越大

图3-24 厨房的切配台，远处是热灶(上左)；图3-25 厨房的热厨区(上中)；图3-26 中餐厅厨房的点心间(上右)
图3-27 西餐厅(自助餐厅)厨房的点心间(下左)；图3-28 冷菜间出菜口(下中)；图3-29 洗碗间(下右)

作，然后直接出菜或在备餐间(保温车)暂存，这是一条线。脏盘子和残余食品从餐厅经另一个门回收到洗碗间清洗、消毒、储存，然后供加工区再次使用，这是另一条线。两条线在厨房内部应合理组织，尽量避免不适当的交叉。厨余垃圾集中后送至垃圾房。

洁与污、生与熟、干与湿、冷与热分开是基本原则。

七、其他辅助设施

1. 粗加工间和中心冷库

粗加工间为酒店所有餐厅服务，对各类食品——主要包括肉类、鱼类、蔬菜类及部分水果类食品进行初步处理，因此，一般和酒店的中心冷库组合在同一区域(图3-30、图3-31)。

粗加工间和冷库通常位于地下层，一头连接卸货平台和垃圾房，一头连接各厨房，通过服务电梯或厨房专用电梯进行联系。如卸货平台设置在一层，而一层的布局又允许，粗加工间和冷库也可设在一层。

在困难的情况下，酒店可能没有条件设置集中布局的粗加工间和冷库，则该功能就需分散到各厨房解决，此时厨房面积将相应扩大，设备也相应增多，不是理想的布局。有的餐厅因经营外包无法使用酒店的粗加工间和冷库，粗加工和冷库的功能需独立解决。

粗加工间的设备可根据需要配置，表3-7供参考，此外粗加工间可能要配置若干份盆推车。

中心冷库通常包括鱼肉类高温冷库、鱼肉类低温冷库、蔬果高温冷库、半成品高温冷库和半成品低温冷库，容量按实际需要确定(图3-32)。

为避免交叉污染，肉、鱼、蔬菜、水果的工作台、星盆和冷库应分开设置，规模较大的粗加工间和冷库可按类分间设置。

目前一线城市供应的食品原料加工精细度不断提高，货源有保证，酒店粗加工间和冷库的面积有缩小的趋势。一般中等规模的酒店，粗加工间和冷库的总面积有120～150m²左右即可，二三线城市的酒店可能需200m²左右。

由于粗加工有排水要求，冷库(一般是成品组装)组装完成后的内部标高需和地面完成面同

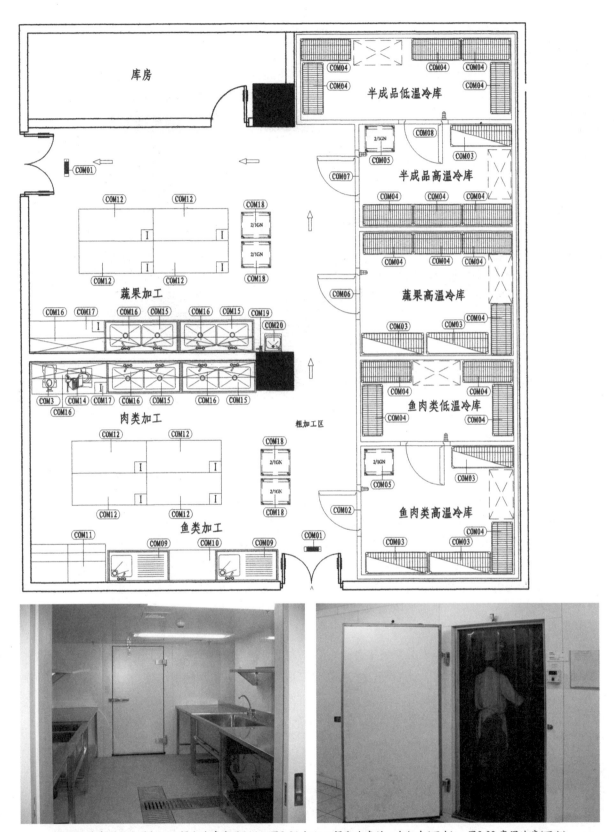

图3-30 某中型酒店的粗加工间和冷库布局(上)；图3-31 粗加工间和冷库的一个组合(下左)；图3-32 高温冷库(下右)

表3-7   **粗加工间的设备配置**

加工区	主要设备配置	冷库
鱼加工区	鱼缸、理鱼台、高压龙头、星盆	鱼肉类高、低温冷库
肉加工区	斜刀切片机、绞肉机、工作台、星盆	鱼肉类高、低温冷库
果蔬加工区	土豆剥皮机、榨汁机、制冰机、工作台、星盆	蔬果高温冷库

高，两者的地面结构也需要降板处理(约需降低300~400)。

冷库顶部经常做成斜坡，防止在上面堆放杂物。

2. 食品化验室

《评星标准》2010年版规定五星级酒店"应有食品化验室或留样送检机制"，过去各版均无此要求。

食品化验室为单独设置的房间，面积在18~20m²。可分为三个相对独立的单间。

①无菌操作化验室：8~10m²，全封闭，进门设分隔的两次更衣室，配置高低倍显微镜、立式冰箱、橱柜、细菌培养室(恒温箱)、干燥箱等。

②清洗消毒间：4m²，配置高压消毒炉和洗手池。

③办公室：6m²，配置办公桌椅和文件柜。

3. 厨房仓库

主要包括干货库30m²左右(图3-33)、酒水库30m²左右(需设置独立空调，保持室温在13℃左右)、器皿库30~50m²等，豪华酒店可能还需要银器库。

图3-33 干货库

4. 卸货平台

卸货平台是酒店的货流入口，是酒店后区的重要区域。从卸货平台进入的不仅仅是与厨房有关的货物，但食品肯定是最多和最频繁进入的货物。

卸货平台位置通常设在酒店一层的次要面(酒店客人应看不到)或地下车库，与后区相连，与员工通道分开。平台至少有两个车位宽，高度与车身一致，面积约30~40m²，视酒店规模而定。位于一层的卸货平台与室外停车位标高应有一个车身的高差，平台一侧可做成坡道，正面有缓冲装置避免卡车冲撞，上方应有雨篷覆盖。

卸货平台里侧设有收货间(有时采购部也设在此处)，附近还应设置员工卫生间供司机使用，并设有洗地水龙头，最好有热水供应，以便冲洗油污。

卸货平台直通服务电梯，并有服务通道直达各仓库。

卸货平台可设在地下车库，但要确保上述基本功能和流线，注意安全，停车位要避开车道，并处理好消防问题。

5. 垃圾房

垃圾房面积一般在30~40m²，通常设在卸货平台一侧，可共用卸货平台，但需适当分隔，避免流线交叉和污染货物。

干垃圾必须袋装，湿垃圾必须桶装并有盖。垃圾房内要设置湿垃圾冷藏库(暂存)、纸板盒和瓶罐回收间、垃圾桶清洗处、洗地龙头、高压冲洗龙头、大单星盆和灭蝇灯。

八、案例分析：餐饮区的布局和流线

1. 酒店厨房平面设计中间方案

图3-34是某酒店的自助餐厅厨房、中餐厅厨房和宴会厅厨房平面设计的一个中间方案。

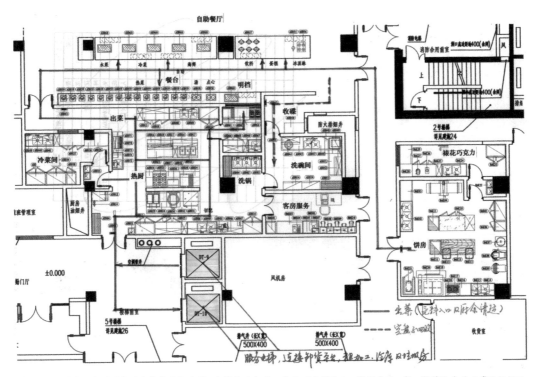

图3-34a 一层自助餐厅厨房的内部布局和流线，出菜和脏盘子回收从两个门出入，洁污分流，点心间单独在外是常见的做法

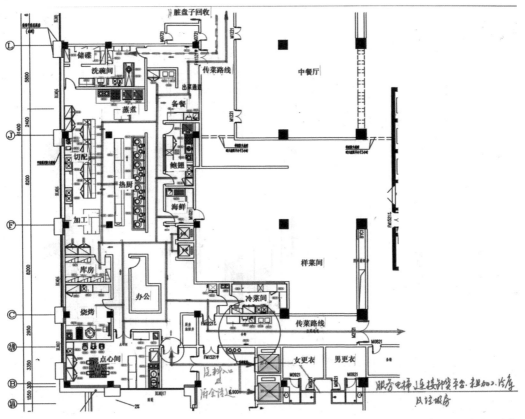

图3-34b 二层中餐厅厨房的内部布局和流线，虽然出菜和脏盘子回收从一个门进出，但进入厨房后立即分流，内部二部升降梯通向三层包房区备餐间

155

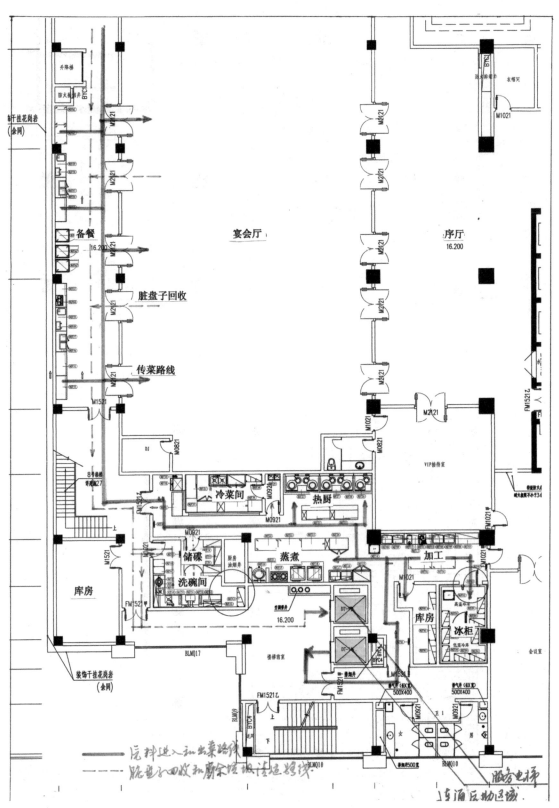

图3-34c 四层宴会厅厨房的内部布局与流线：注意此厨房需得到位于下一层中餐厅厨房(主厨房)的支持，其联系主要依靠两部餐饮电梯。服务走廊宽度为4500，故扩大其备餐功能，热水器、过滤器、咖啡机均设在此

该酒店有300间客房,裙房一层是自助餐厅和咖啡吧,二层及三层是中餐厅。图3-34b是位于二层的中餐厅主厨房,三层仅设置备餐间,与主厨房有二部升降梯用于传菜。四层是宴会厅和宴会厅厨房。此方案的最大优点在于4个层面的厨房和备餐间全部重合,有两部厨房专用电梯及其电梯厅连通各厨房及位于一层的垃圾房、位于地下室的粗加工间和冷库,宴会厅还可直接获得中餐厅厨房和自助餐厅厨房的支持。厨房面积不大,设备布置紧凑合理,流线简洁明了,比较实用。

2.酒店餐饮区布局

(1) 原方案

图3-35a分析:

①宴会厅设在一层是可以的,但要处理好与

大堂的关系,此方案与大堂间既连通又有区隔,因此可行,但宴会厅入口处和序厅由于受电梯厅和公共卫生间占位的影响有点局促。

②宴会厅上方的服务间不必要,影响了传菜的通道,尤其在设置了活动隔断后。

③卸货平台面积不够,与服务电梯无直接联系通道(当然可从厨房外侧开一条通道),因此其位置有问题。

图3-35b分析:

①西餐厅(应为24h自助餐厅)面积不够。

②中餐厅与厨房距离较远,传菜通道需经过大堂上空的廻廊,对大堂可能有干扰。

③大部分包房在三层,与风味餐厅相邻,中餐厅没有足够的包房。

图3-35c分析:

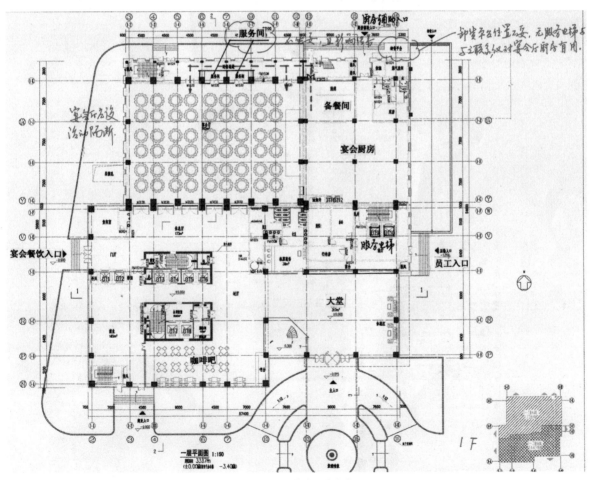

图3-35a 一层平面原方案

157

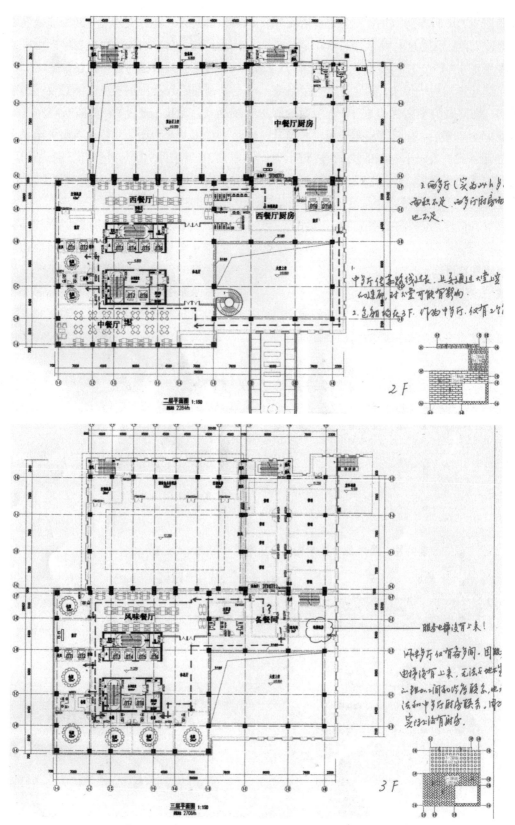

图3-35b 二层平面原方案(上)；图3-35c 三层平面原方案(下)

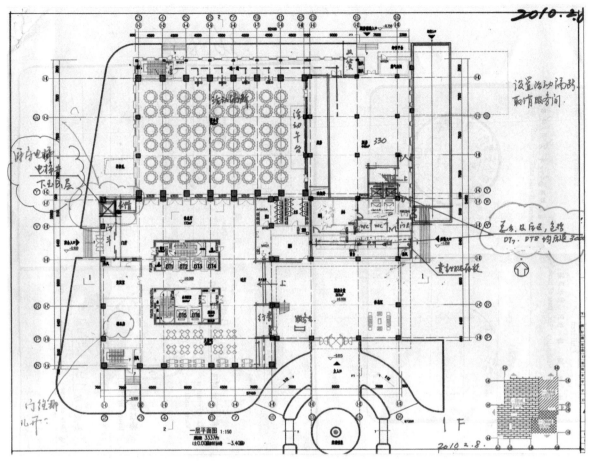

图3-36a 一层平面建议方案

①风味餐厅没有厨房,仅有备餐间。

②服务电梯没有上到三层,风味餐厅厨房无法与地下层后勤区域联系。

③风味餐厅不必要有很多包房。

(2) 建议的修改方案

图3-36a分析:

① 宴会厅增加活动隔断。

② 取消宴会厅上方的服务间,打通传菜通道。

③ 如卸货平台位置不变需增加收货间(最终卸货平台移至地下一层)。

④ 宴会厅入口处增加的厨房电梯是为二层24h自助餐厅设置的,此处不开门。

⑤总台应稍后退。

图3-36b分析:

①中餐厅移至三层,其位置改为24h自助餐厅。

②扩大自助餐厅厨房,设置明档。

③仅设小型西餐厅,厨房设在自助餐厅厨房。

④取消大堂上空原用于中餐厅传菜用的回廊。

⑤增加一部1350kg的自助餐厅厨房专用电梯。

⑥原中餐厅厨房另作他用。

图3-36c分析:

①取消风味餐厅,三层全部用于中餐厅及其包房。

②右上方原酒店办公区改为中餐厅厨房。

③酒店行政办公区移至游泳池下方。

(3) 内装设计的调整方案(建议方案基本被采纳)

图3-37a分析:

①建议被采纳,宴会厅增加了两道活动隔断,服务间取消,传菜通道顺畅。

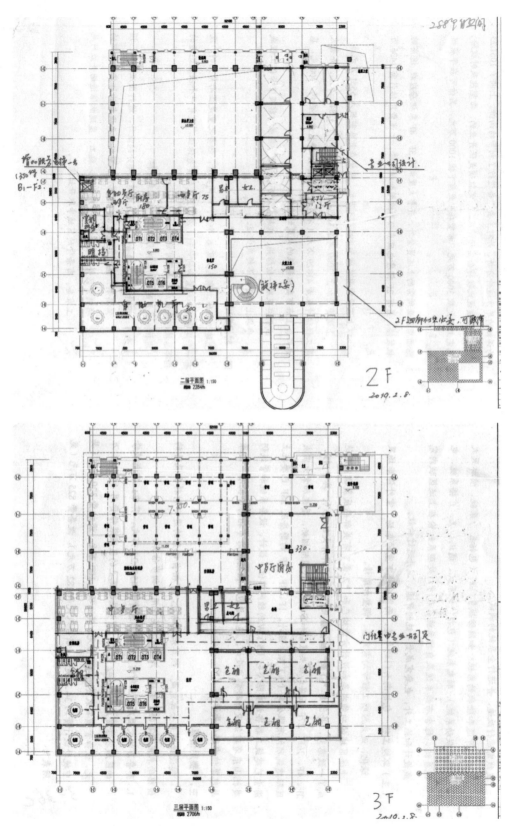

图3-36b 二层平面建议方案图(上)；图3-36c 三层平面建议方案(下)

②增加了餐桌椅储藏室。

③序厅仍太小，似应考虑移开卫生间的可能。

图3-37b分析：

①建议方案被采纳，自助餐厅位置恰当，面积够用，室外景观良好。

②回廊已取消。

图3-37c分析：

①三层已全部改为中餐厅。

②包房已集中在该层。

③零点餐厅不能全部为10人桌。

④需进一步深化。

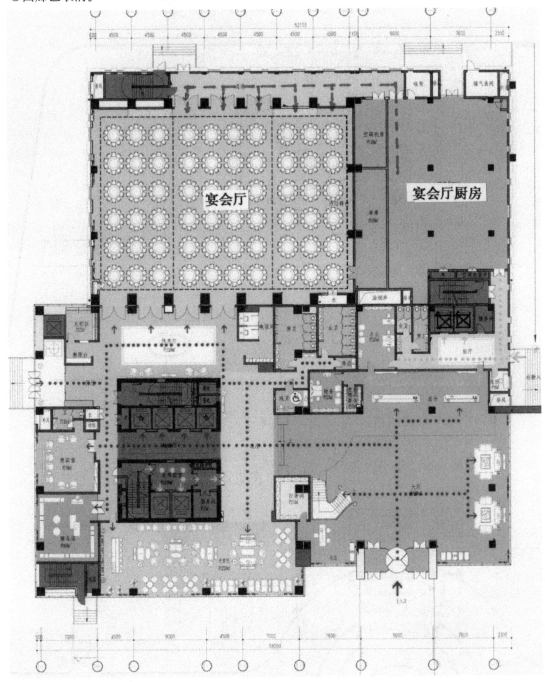

图3-37a 内装设计一层平面

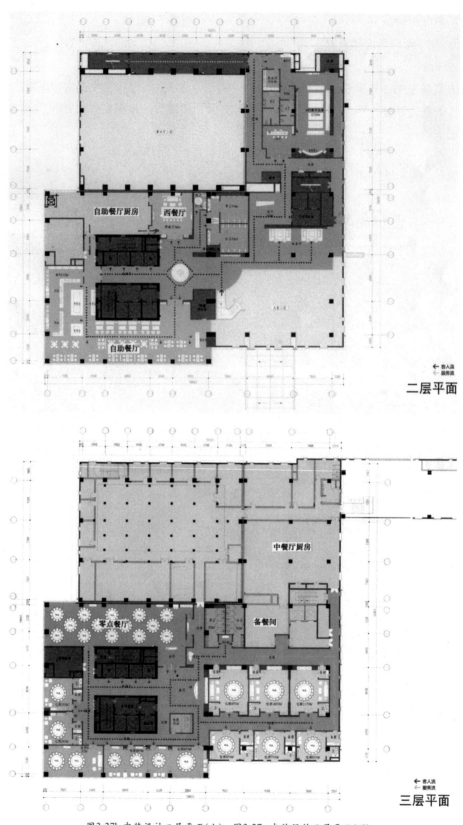

图3-37b 内装设计二层平面(上)；图3-37c 内装设计三层平面(下)

第四章 多功能厅、宴会厅和会议区域

一、多功能厅

多功能厅是酒店特有的集宴会、会议、观演、展览等功能于一身的大空间(图4-1~图4-3)，可使用活动隔断灵活分隔，以适应不同功能、不同规模的活动，或可同时进行多种不同功能的活动。不具备上述多种功能的空间实际上不能称为多功能厅，只能称宴会厅或会议厅。尽管很多客人不知道"多功能厅"这个词，习惯将其称为"宴会厅"，但从专业词汇角度讲，宴会毕竟只是多功能厅的主要功能之一，还是将两者加以理论上的区分为好。

多功能厅的使用对象不完全是住店客人，还包括大量社会客人。

多功能厅是酒店的重要区域，和大堂一样，集中体现了酒店的档次和服务水平。无论是国内还是境外的酒店管理公司，从自身经营特长和利益考虑，多功能厅一定会由酒店自己经营，因为它既是酒店的标志性区域之一，也能给酒店带来大量商机。

首先是会议。有多大的多功能厅，就意味着能承接多大规模的会议，而会议能带来住宿、餐饮等收入。其次是宴会，包括工作宴会、婚宴及其他宴会，这是酒店餐饮收入中利润较高的一块。商务散客当然是商务型酒店的基本客源，但此外如能做好会议服务，客房入住率就会进一步提升，加上大量宴会所带来的人气和丰厚利润，酒店业绩更好。

一些酒店有可能经常接待规模较大的会议和

图4-1a 多功能厅的会议(上左)；图4-1b 按会议布置的多功能厅(上右)；图4-2 多功能厅的婚宴(下左)；图4-3 在多功能厅的一个隔间布置小型宴会

表4-1   多功能厅及序厅的面积和层高

多功能厅面积　（m²）	多功能厅净高　（m）	序厅面积　（m²）	序厅净高（m）
300~400	不小于5	100~120	不小于3.5
400~500	不小于5.5	120~150	不小于4
500~600	不小于6	150~180	不小于4.2
600~800	不小于7	180~240	不小于4.5
800~1000	不小于8	240~300	不小于4.8
1000以上	8以上	300以上	5以上

宴会，要求设置面积超过1000m²的多功能厅。但面积超大的多功能厅设计较复杂，除了要增加相应的配套设施，还有一系列消防、机电和其他方面问题需要解决。因此，多功能厅面积要根据酒店定位和市场需求确定，不要为偶尔才出现一次的需求盲目扩大规模，以免利用率太低浪费资源。

有条件的酒店根据需要可同时设置接待规模相当的多功能厅和宴会厅两个大空间，此时，多功能厅主要用作会议，而宴会厅主要用于餐饮和宴会。由于每个宴会客人所需面积(约2.2~2.5m²)远大于会议客人(1m²左右)，宴会厅面积往往要比多功能厅大得多。其优点是能配套解决会议的餐饮问题，不需频繁和紧张地翻台，必要时还可同时接待两场宴会。

1. 多功能厅的设计要点
典型的多功能厅通常具有以下基本特征：
①矩形空间；
②高大、无柱；
③不需要窗；
④地面不起坡；
⑤有序厅；
⑥有服务通道联系宴会厨房；
⑦独立隔间和活动隔断；
⑧活动舞台；
⑨高大入口；
⑩层次丰富的天花和墙面；
⑪带饰边的优质地毯，色彩明艳的大型图案；

⑫富丽堂皇的灯饰；
⑬高级音响系统，音质和隔声良好；
⑭同声传译系统(选项)；
⑮升降式大型投射屏幕和可移动的屏幕；
⑯足够数量的电脑数据插座和足够负荷量的电插座；
⑰能快速拼装和便于存储的桌椅。

多功能厅长和宽的比例宜控制在(1.5~2):1。功能厅净高由面积决定，再加上梁高、空调风管及吊顶本身需要的高度，多功能厅约需两层裙房的层高，表4-1提供的设计参数供参考。

"无柱"决定了多功能厅上部的空间不能有柱，因此其位置不可能设置在主楼下方，最可能的位置应在裙房三、四层。在建筑用地允许情况下，多功能厅可选择离开酒店主体(包括裙房)单独设置。

多功能厅的垂直交通不能完全依靠客房电梯，应设置自动扶梯或专用的裙房电梯。

2. 序　厅
序厅是多功能厅外面的过渡区域，其功能包括交通、客人集合、登记、接待、休息及茶叙(供应饮料和点心)等(图4-4)。有些设计师不太了解这些功能，序厅面积设计得太小，或将其混同为一般的休息厅或走廊。

序厅位置宜位于多功能厅主入口(最好在长边)一侧，必要时向另两侧延伸，并应靠近客用电梯厅和自动扶梯，但电梯和自动扶梯不宜直接设在序厅里。

考虑到多功能厅的消防疏散问题，序厅应连接至少两个不同方向的疏散楼梯，尤其在多功能厅面积较大、社会客人较多时更应作此考虑。如多功能厅设在一层并有单独出入口，则序厅相当于一个大的进厅，大部分客人可不必经过酒店大堂和酒店主要出入口直接进入(图4-5)。

序厅面积约为多功能厅面积的30%左右，宽度不小于4.5m，净高至少3.5m，较宽的序厅应尽量与多功能厅同高，高大、宽敞的序厅可以衬托多功能厅，本身就显示一种豪华感。如多功能厅与序厅之间的分隔采用活动隔断、移门或折叠门可完全打开，必要时序厅就能与多功能厅组合在一起，从而容纳更多客人。

如活动隔断储藏室在序厅一侧，序厅的层高还要考虑活动隔断储藏室的高度。

功能设置：

①衣帽间；

②客人休息区：由几组沙发构成，位于序厅一侧，可分散设置；

③宽带插口、电源插座或无线上网系统；

④公用电话；

⑤茶叙设施(临时布台或带有移门的固定位置)；

⑥信息展示牌；

⑦艺术品陈设和较大的绿化盆栽。

3. 多功能厅出入口

多功能厅拥有高大的出入口和厚实精致的门。向序厅一侧开启的主门，其宽度一般不小于1800，高度一般不小于2500，甚至超过3000，同时宜180°开启(全开时门可与墙持平)。也可在与活动隔断储藏室结合设计的门洞里90°开启，以免影响序厅的功能设置与交通。

4. 天花和照明

多功能厅通常采用多层次、复杂的造型天花，由于净高较大，在尺度上要仔细斟酌，以获得较好的视觉效果。同时，要细致、巧妙地安排分布在天花上的出风口、回风口、各种灯具、烟感、喷淋、广播喇叭的位置，合理确定活动隔断轨道的走向，以求功能和美观的统一。

多功能厅的照明一般由天花上的灯槽、筒灯、射灯、吊灯、舞台灯、轨道灯及墙上的壁灯综合构成(表4-2)，同时要考虑4~6种的调光组合。成功的照明设计需和内装设计完美结合，因此要由酒店设计经验丰富的灯光设计师承担。

照度：0.75米水平面200~500Lx。应充分考虑照明的质量，包括均匀程度、眩光限制、光源颜色、光源的显色指数、反射比和照度比。

5. 隔间和活动隔断
(1) 隔 间

图4-4 多功能厅序厅：左侧是多功能厅

图4-5 位于一层的多功能厅入口，进门即序厅

表4-2		多功能厅的灯光照明
	位　　置	设　计　要　点
灯槽	多功能厅天花四周或井式天花四周	漫射光,可打亮天花本身,增强天花立体感。应注意处理好与设置在灯槽内进、回风风口的关系,对天花平整度要求很高
吊灯	天花正中或井式天花正中	主要光源。因其重量较大需悬挂在结构层上,如采用水晶灯需解决清洗时的拆卸和安装问题
筒灯	天花四周或井式天花四周	补充光源。均匀分布,疏密有致(不需过密,因其对增加照度作用有限),应处理好与天花上其他设施如烟感器、喷淋头,广播喇叭的关系
射灯	需集中补光的区域,如主席台、宴会厅主桌、出入口等	集中打亮某个区域,不对其他区域有较大影响
舞台灯	主席台区域前方天花及两侧	灯的数量、尺度和重量较大,通常为悬挂在天花下方的灯架,应注意牢固和不影响美观,需单独控制
轨道灯	主席台区域前方天花及每个隔间内可能设置讲台的地方	作用与舞台灯类似但较为隐蔽,灯的体量和照度相对小得多,单独控制
壁灯	多功能厅四周墙上	距地高度应大于2000,突出墙面不超过100

隔间是多功能厅(和宴会厅)普遍采用、用活动隔断分隔而成的相对独立的空间,隔间大小和分隔方式要根据多功能厅的平面状况和需要而定,但不宜太小。要注意隔间的比例,其长、宽比不宜超过2。

多功能厅的每个隔间(由活动隔断分开)都相当于一个独立的厅,至少要有两个间距符合消防要求的出入口作为消防疏散通道,通常一个通向序厅及序厅的疏散楼梯,一个(传菜门)通向由服务通道连通的疏散楼梯,不能在活动隔断上设置穿越门。

每个隔间还需满足以下要求:

①具备独立的电气、空调、照明、视听、消防等系统,在使用某个隔间时,其余隔间的系统均不需开启。

②至少要配置两个电源插座和两个宽带插口。

③通风和空调管道应单独设置,以防止声音在隔间之间传送,通风管道要尽量避免穿越活动隔断上方的隔墙(主管最好走序厅或服务通道)。

④天花、墙面和地面的内装设计要兼顾隔间独立使用时以及隔间部分或全部打开时的效果,要呈现一系列完整的大、小空间。

(2)活动隔断

活动隔断上部用滑轮悬挂在吊顶内的骨架轨道上,而骨架轨道需固定在建筑结构上(图4-6)。

活动隔断必须具有坚固(不变形)、美观(适应各种包装)、耐火极限符合要求、有良好的隔音能力(实验室测试50dB)和相对轻质的特点,应使用专业厂家生产的、高品质的产品。

为确保隔音效果,除活动隔断本身的隔音能力应符合要求外,必须充分注意和处理好活动隔断轨道与天花之间的接缝、天花和上部结构层之间的隔墙以及活动隔断和储藏室墙面之间空隙的隔音能力。

活动隔断最大高度一般不超过6m,过高的活动隔断应考虑电机驱动。

打开时活动隔断通过轨道移动进入专用储藏室,储藏室位置根据情况决定,一般和多功能厅长边的出入口结合设计,特殊情况下也可设置在多功能厅的短边,此时活动隔断需有较长轨道通向相应的储藏室。面积不大的多功能厅或宴会厅可采用没有储藏室的活动隔断(相当大型折叠门），此时的活动隔断可移至柱边与柱同宽并融为一体。

活动隔断的装饰设计要和固定墙面的设计风格一致。

6. 贵宾接待室和贵宾休息室

贵宾接待室是多功能厅重要的附属功能区，位置邻近多功能厅，面积大小根据需要决定。在经常举行重要会议或宴会、经常有领导人出席的酒店，贵宾接待室应形成一个相对独立的区域，为重要客人提供休息、接见、宴请、举行小型会议的场所。要注意解决贵宾的单独出入通道问题，并设置独立卫生间(图4-7)。

小型贵宾休息室可与多功能厅相邻，靠近主席台一侧，有专用小卫生间，如有单独通道进入多功能厅则更理想。在多功能厅举行婚宴时，此休息室可用作新人化妆、更衣和休息间。

7. 储藏室和服务通道

(1) 储藏室

多功能厅举行各种不同功能、不同规模的活动，其室内布置经常变换。如会议和宴会，尽管可使用相同的椅子，但桌子通常不同，桌椅数量也不同，因此可能有大量家具需临时存放。另外还有不少其他物品，如活动舞台、可移动的屏幕、音响、灯光等也需存放。因此多功能厅应配置面积较大的储藏室，一般为多功能厅面积的10%~20%。储藏室应邻近多功能厅且有便捷的通道直达。

为充分利用空间，有些酒店在多功能厅周边设置夹层。但储藏室如设在夹层要解决垂直运输问题，设置服务电梯或液压升降梯。

(2) 服务通道

多功能厅应设置服务通道，为多功能厅提供的各类服务，如为会议供茶水和宴会传菜、撤离脏盘子等均需通过此通道，服务通道不能穿越客人区域和其他公共区域，例如序厅——这是绝对必须避免的一种交叉。服务通道还可能为客人提供另一个方向的消防疏散通道。

服务通道一般设在与客人主要出入口(或序厅)相对的一侧，净宽不应少于3000，服务通道的一端与宴会厅厨房相接，另一端(或两端)可能通向疏散楼梯。

服务通道与多功能厅之间的出入口宜设置"视线屏障"，如隔断或门廊，从多功能厅里应看不到服务通道。"视线屏障"所需宽度不包括在服务通道净宽内。"屏障"之间的空间可设置活动隔断储藏室，还可设置服务台，即有热水器、过滤器、咖啡机和不锈钢洗涤盆的台柜(图4-8)。

服务通道必须保持通畅，很多储藏室面积不够的多功能厅不得已把桌椅和杂物堆放在服务通道一侧，既影响服务，也影响客人的紧急疏散。

图4-6 施工中的活动隔断

图4-7 贵宾接待室一角

8. 灯光和音响控制室

多功能厅应设置灯光和音响控制室，安装可独立操作的视听和照明系统，并根据需要提供背景音乐和广播。必要时还可设置同声翻译系统，该系统可在多功能厅全面使用，也可在各隔间独立使用。

灯光和音响控制室面积一般为10~20m²，其位置多在多功能厅外靠主席台一侧，有隐蔽的固定观察窗可看到多功能厅里的情况。控制室不宜固定在多功能厅主席台旁边，以免占用多功能厅面积和影响其他使用功能(例如需要拆除主席台时)。如多功能厅有两层层高时，控制室也可设在上面一层或设在夹层里。

多功能厅面积超过1200m²时，可设置两套控制室。

多功能厅大面积照明一般控制在200lx左右，在宴会时可达500lx，局部照射(如主席台、主桌等)的聚光灯和活动投射灯应有单独的控制器。

9. 卫生间

主要用于多功能厅的公共卫生间具有以下几个特点：

①客人集中使用的几率较高，洁具数量应适当增加。

②面积应适当宽畅，各类洁具间距离要大一些，为客人留出等候空间。

③位置：隐蔽、易找(标志明确)，距多功能厅的距离不超过40m，不能把门直接开向序厅和公共走廊。

④与其他公共区域的卫生间一样，洗手盆必须设置在男女卫生间内，不能在卫生间外混合使用，女卫应有简易化妆台和化妆镜。

10. 内装设计

豪华、明快，暖色调，与酒店其他公共区域相协调，内部(材料、色彩和各种陈设)也要注意

图4-8 设置在服务通道内的带有热水器和咖啡机的工作台

统一和协调。由于多功能厅的重要性，设计师有时会在天花和墙面使用较多装饰，但过分了易生繁琐之感。实际上，天花和墙面可看作是一种背景，天花是吊灯的背景，墙面是家具、布艺和其他陈设(例如艺术品)的背景，因此最终效果不是单纯由天花和墙面决定，而是所有元素的综合。

①天花：较大的净高、丰富的造型和各类灯具、烟感、喷淋、广播喇叭、进回风口位置的协调安排对设计师肯定是一个挑战，可能要几经反复，才能做到功能符合要求，排列有序、赏心悦目。要注意避免进风和回风的"短路"问题，不能为追求装饰效果影响空调效果。

②墙面：要关注声学效果，善于利用墙纸、软包、木镶板等材料的吸声、反射性能，结合装饰要求进行声学组合。

③地面：采用高品质的阿克斯明斯特地毯(80%羊毛、20%尼龙)和高档软垫。由于多功能厅经常举行婚宴，因此地毯色彩应明快，采用较为喜庆的色调和较大尺度(直径250~500)的花卉图案。

图4-9 上海国际会议中心：面积1500m²的多功能厅

④家具：造型简洁美观、耐脏、易洁、坚固、通用(主要和会议室)、易收藏(桌子为拼装式、椅子可以叠放)。布艺如桌布、餐巾、椅套的色彩与装饰效果关系很大，内装设计师应统一设计，不能由酒店随便采购。

⑤窗帘：如有窗户，则应精心配制窗帘。窗帘要柔软、厚实、阻燃、有坠度、有遮光功能，避免使用轻飘、质地脆弱的纺织品，如绸缎和天鹅绒。窗帘的风格和色彩应与多功能厅的装饰风格协调。

二、宴会厅

这里所指的宴会厅为不具备多功能厅全部要素，不具备多功厅的全部功能(尤其是举行大型会议的功能)，仅可用于宴会的大厅，而不是以宴会为主要功能的多功能厅。

出现这样的宴会厅可能有多种原因，例如：

①酒店原设计没有考虑无柱的大空间，现有大空间内的柱子又无法抽掉，这在由写字楼或其他性质楼宇改造成的酒店常遇到。

这类大厅中通常会有一两排柱，从而有一部分区域看不到完整的主席台或部分宴会桌，因此很难用于会议，仅可用于宴会。由于宴会对主席台的视线要求相对较低，在别无他法的情况下，通过内装设计处理，布桌时尽量减少柱子的影响，如以厅内跨度最大的区域为主跨，把主席台设到这一跨，使尽可能多的宴会桌直接看到主席台。

②另一种情况是酒店有(或需要)两个面积相近的大空间，可能都不太大。此时通常可安排较小的厅以会议为主，较大的厅以宴会为主(当然也要看厨房的位置和条件)。这样的酒店虽没有大的多功能厅，承接大型会议有一定困难，但好处是在会议进行时就可在宴会厅从容安排会议就餐和会议宴会，不必紧急翻台(即在原地把会议桌椅快速更换成宴会桌椅)，否则需要提前结束会议，为翻台留出时间(不可能每餐如此)。同时也不至于因会议影响其他餐厅的正常营业，可承接需连续多天的会议。

有些酒店习惯把多功能厅称为宴会厅(可能主要也用于宴会)，但该空间实际具有举行大型会议的能力，无非是叫法不同而已。

宴会时的餐位安排不能太密集，高星级酒店的宴会每个餐位通常需要2.6m²(包括活动舞台和服务台)，实际上如餐桌排得紧一些，每个餐位有2~2.2m²也能应付。

较大的宴会厅也可设置活动隔断，面积不大的宴会厅可不设。

三、宴会厨房

多功能厅(宴会厅)需设置宴会厨房。

面积大、宴会密度高的多功能厅(宴会厅)可能需设置设备配套、功能齐全的厨房，或与中餐厅合用主厨房，配备专门的厨师班子。但大多只需设置一个设备相对较少的宴会厨房。

酒店宴会的特点首先不是天天有宴，更不是餐餐有宴，配备一套完整的厨房设备需很多投资且使用率不高，更不可能常年维持一个完整的厨师班子。但宴会厨房的功能又不仅仅是简单的备餐，因为宴会不同于中餐零点，也不同于包房，后者客人点菜品种多而数量少，上菜时间较分散，可以随炒随上，而宴会菜量大集中，需要在尽可能相近的时间内给各桌上菜，还要保持菜肴的色、香、味。有些菜必须在很短时间内上桌，不能出锅后耽误太多时间，因此宴会厨房也需有一定的烹调能力，同时设置较大的备餐间，可排列保温车并以最快速度分盘。

较合理的安排可能是：一方面，宴会厨房得到主厨房(一般是中餐厅厨房)和其他厨房(如自助餐厅厨房)的支持，部分菜肴的切配和半成品加工，尤其是大部分冷菜和点心可在主厨房完成，部分热菜和汤、煲可从主厨房通过专用通道(包括升降梯或厨房电梯)直接送到备餐间。另一方面，仍需在宴会厨房内配置一些热灶，部分热菜在宴会厨房直接制作。宴会厨房通常需配置独立的洗碗间，备餐间的常规设备，如热水器、电磁灶、微波炉、冰箱、工作台和星盆等也需配置。

宴会厨房和主厨房关系非常密切，如两者不在同层，垂直运输设备，包括厨房电梯和升降梯的配置必须非常到位。

宴会厨房可归主厨房管理，设一套厨师班子。在有宴会时，只需临时从主厨房抽一部分厨师到宴会厨房工作即可，平时不需有人。

如多功能厅和中餐厅在同层，合用一个厨房效率更高，但此种情况不多，因较为吵闹的中餐厅会给多功能厅的会议带来干扰。多功能厅通常和会议区域在一个层面，单纯的宴会厅和中餐厅同层则问题不大。

应设置宴会用品储藏室，面积不小于宴会厅的15%，如需要可单独设置银器储藏室，面积15m²左右并确保该室安全。

应单独设置宴会销售场所或办公室，一般临近大堂或宴会厅，客人(包括社会客人)容易找到的地方。

四、会议区

酒店的会议区是一个相对独立的安静区域，有过厅、休息厅、服务间、公共卫生间和其他配套设施。即使按通常的做法和多功能厅在一个层面，也需适当区隔，因多功能厅人流集中，在举行宴会、演出、展览时比较吵。

会议区应避免和餐厅、歌舞厅及其他娱乐区域同层，也不宜和客房同层。

1. 会议室的数量与布局

有多功能厅而无特殊会议要求的商务型酒店，配置一组四个大小不同的会议室(一中、三小)即可，中会议室80m²左右，小会议室40~60m²，还可设置一个高级别会议室(或称为董事长会议室)。但如是商务-会议型酒店，对各类会议需求量较大，则应适当增加会议室数量。

有些酒店除了要接待各种国际国内的商业、科技会议外，还需频繁承接政府召开的会议，甚至要承接当地的两会，此时酒店的性质就成为一个会议型酒店，会议区要按此类酒店的特殊要求进行设计，通常包括一个正式的大型会议厅及十几个(甚至二三十个)大小不同，功能不一的会议室。山东济南的山东大厦(美国约翰·波特曼设计事务所设计)就是这样一个典型的会议型酒店，该大厦实际上是由拥有500间客房的主楼和会议区两大部分组成，会议区由一个三层大会堂、一个中型阶梯型会议厅、16个地市厅(相当于大会议室)和若干小会议室组成，餐厅、宴会厅等各类配套设施齐全，会议功能非常强大。

经常承接中、小型国际会议的酒店可考虑设置一个有同声传译设施的专业会议厅，面积在240~400m²即可，上海通茂大酒店的专业会议厅面积不大，设施完善，效果很好。

2. 会议室的设备配置

酒店会议室无论大小，均需配置完善的会议设备，豪华会议室还应配备豪华的会议设备。

(1) 普通会议室

①可灵活组合的会议桌椅；

②1~2组休息沙发和台灯；

③不少于2组的电视插口、电脑数据插口、宽带插口及电插座(一般使用地插座)；

图4-10 小会议室

图4-11 董事长会议室

④多媒体演讲系统：固定或活动的多媒体投影仪、手拉或遥控的投影屏幕；

⑤选项：电视电话会议系统、现场视音频转播系统、即席发言麦克风、演讲台和电子白板等；

⑥建筑要求：良好的音响效果和隔声、遮光效果，简洁明快的装饰风格、无内柱。

(2) 董事长会议室

①面积一般不少于80m²；

②固定的高级会议桌，椭圆形或长方形，可坐12~24人，会议桌中央至少提供一组电源或数据插口；

③可调节高度、带万向轮的高级会议椅，一般选用黑色牛皮面；

④豪华装饰：层次丰富的天花造型和灯光组合，照度均匀、舒适，1~2组沙发休息区和衣

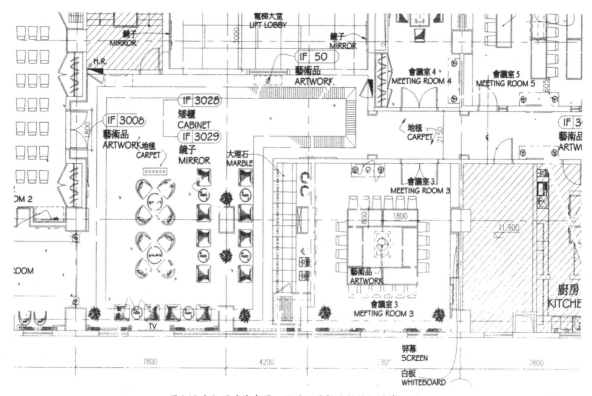

图4-12 会议区域休息厅：设置可用折叠门封闭的茶歇区

172

橱，高品位的艺术品；

⑤功能齐全的高档会议设备、音响和文具；

⑥绿色盆栽。

3. 会议厅轮椅席(选项)

视酒店性质确定是否设置。

①设在便于疏散的出入口附近，不应设在每排座位的进出口处。

②轮椅席位：深1100,宽800。

③轮椅席位置的地面应平坦无倾斜度，如与周围地面有高差时，宜设高850高的栏杆或栏板。

④进入轮椅席的通道不应有台阶。

4. 休息厅和辅助设施

会议区域需要一定面积的过厅和休息厅，面积一般为会议室总面积的30%~35%，功能和配置类似多功能厅的序厅。如会议区域与多功能厅相邻，两者可结合设计。

其他辅助设施包括卫生间、服务间(为客人供应茶水、饮料、物品存储和提供其他服务)、衣帽间等，规模较大的会议区域可能需要设置服务走廊，有些酒店的部分会议室可临时用于小型宴会。

五、案例分析：宴会厅、厨房及序厅

图4-13a分析：

①宴会厅厨房与序厅相邻，挤压序厅空间，影响多功能厅出入口的数量和位置。

②厨房距服务通道太远，传菜路线太长。

③固定舞台不必要。

④序厅在宴会厅的两个方向,中间连接处过窄。

⑤宴会厅后方有两根柱子。

⑥多功能厅面积太小，实际上相当于一个大会议室，作用有限。

⑦挑空不必要。

⑧服务走道宽度不够。

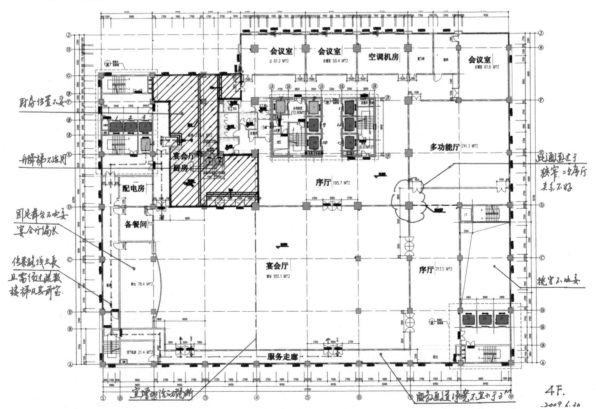

图4-13a 调整前的四层平面

173

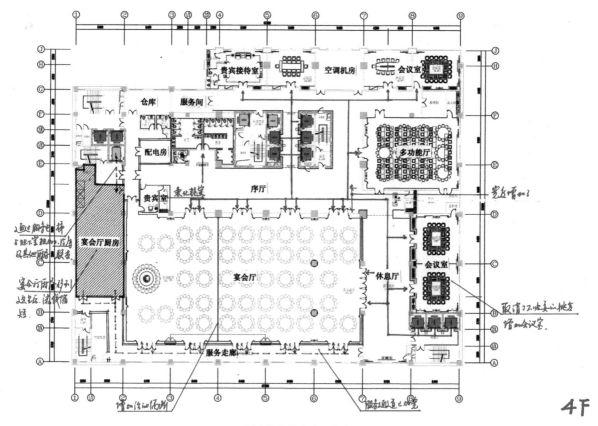

图4-13b 调整后的四层平面

⑨无贵宾接待室。

图4-13b分析：

①厨房移至固定舞台位置，扩展了序厅空间，宴会厅空间比例也比前图好，遗憾的是后面两根柱无法撤掉。

②传菜路线大为缩短。

③服务走道净宽扩大至3m。

④扩大了结合部宽度，序厅与多功能厅、宴会厅结合更好。

⑤增加了贵宾接待室和贵宾休息室(化妆间)。

⑥挑空取消，增加两个会议室。

一、康体项目设置

在本书"综述"中，笔者曾分析一个位于中国北方海滨的五星级酒店从经营角度存在的几个问题，其中之一就是"康体"问题。该酒店曾为评"五星"增加了很多康体设施，投资不少但利用率很低，尤其是保龄球占面积最大，利用率最低，颇有骑虎难下之势，可见康体项目的规模和选项是否恰当非常重要。

为酒店设置康体项目时应综合考虑以下五个因素：

①酒店性质：商务型酒店偏重健身项目，总量少一些，度假型酒店偏重娱乐项目，总量多一些；

②酒店档次：高档酒店多设一些，低档酒店少设一些；

③当地市场需求和经营预期；

④《评星标准》和酒店自身的条件；

⑤资金状况。

多年来，《评星标准》一再修改，已不再对具体康体项目作硬性规定，而将其列为选项，从而为项目选择提供了很大弹性。《评星标准》2010年版更是注重核心产品，弱化配套设施，即使是游泳池也不再是必备项目，分值从17分降至10分，高尔夫从20分降至5分。

不过无论属于那种性质的酒店，康体设施总还是要的，问题是如何选择。

有些项目分值不高，投资不大，市场需要，应优先考虑；有些项目分值不高，投资很大，即使市场需要，也不一定选择；有些项目分值很高，投资也很大，但市场确实需要，可能克服一些困难也要上；有些项目分值很高，投资也很大，但市场需求不大，就不要勉强上。

表5-1列出了《评星标准》2010年版中与康体有关的22个项目。对于五星级商务型酒店，笔者建议优先考虑"游泳池""桑拿浴""其他运动

娱乐休闲项目""健身房""更衣室""美容美发"6项。有了这些项目，预计能满足酒店客人在康体方面的基本需求，分值已接近上述全部项目总分的50%。"其他项目"可在棋牌室、游戏机室、台球室、乒乓球室、沙壶球室等容易实现的小项目中选择。

目前保龄球已基本退出市场，以社会客人为主的KTV、洗浴中心等需要相当规模且要向社会

表5-1　　　　　酒店康体项目分析

项　　　　　目	分值
8.2.1　温泉浴场	5
8.2.2　海滨浴场	5
8.2.3　滑雪场	5
8.2.4　高尔夫球场	5
8.2.7　游泳池	**10**
8.2.8　桑拿浴	**2**
8.2.9　蒸汽浴	2
8.2.10　专业保健理疗	1
8.2.11　水疗	7
8.2.12　壁球室	2
8.2.13　室内网球场	4
8.2.14　室外网球场	2
8.2.15　室外高尔夫练习场	2
8.2.16　室内电子模拟高尔夫	1
8.2.17　有儿童活动场所和设施，并有专人看护	1
8.2.18　其他运动娱乐休闲项目(每类1分，最多4分)	**4**
8.3.1　健身房	**18**
8.3.2　更衣室	**7**
8.3.5　美容美发室	**1**
8.3.6　歌舞厅或演艺室或KTV	2
8.3.7　影剧场	2
8.3.8　定期歌舞表演	1
总计	89

附注：加粗的6项为首选，共42分，占总分的47.19%
(摘自《评星标准》设备设施评分表)

图5-1 游泳池(上左)；图5-2 健身房(上右)；图5-3 台球房(下左)；图5-4 棋牌室(下右)

开放才会有效益，并不一定适合酒店。如确有市场需求，最好在酒店旁边的专用楼座另行安排。至于SPA，需具备专业配置和相应的客源。

近年来，以高品质客房为特色、不以评星为目标的高档商务酒店数量不断增加，往往只有一个不大的健身房，不设其他康体项目，但这是另一类仅提供有限服务的酒店。

二、健身中心

把各种健身设施集中在一个相对独立的区域里统一管理，这就是健身中心的概念。

健身中心的主要配置包括室内游泳池、健身房、瑜伽室、台球室、乒乓球室、更衣淋浴间(含桑拿)等，辅助设施包括接待厅、小型酒吧、服务间等。通常对住店客人不收费(收费项目如SPA等应另行安排)，对社会客人可采取会员制或俱乐部制。健身中心不仅便于管理，还可提高更衣室利用率，有事半功倍之效。

健身中心要求环境优美，设备优良，所在位置取决于室内游泳池。因室内游泳池需较大层高(包括室内净高、泳池深度、泳池底板厚度、管道层高度、吊顶内高度及梁高的总和)和跨度，可能还需要局部抽柱，通常设在裙房最顶上一层或使用两个层面，也可将游泳池的部分高度突出屋面。如有可能将泳池区与屋顶花园相通，则效果更佳。健身中心也有设置在地下层的，此时除高度问题外，还要特别注意空调、排水和消防疏散、与后勤区域的关系等问题。

健身中心不应对客房产生干扰，因此不应和客房设在同一层面，客人可从客房区直接、方便地乘电梯到达。往健身中心方向的通道不允许穿越酒店大堂、餐饮区域、多功能厅、会议区域及其他具有独立功能的区域。通道应设置明显的方向指示牌。

　　健身中心内部应合理布局，动与静、干与湿、开放与私密应注意分隔，并符合无障碍设计的要求。健身中心入口一般由玻璃隔断和玻璃门组成，客人可直接看到接待厅。

　　接待厅可设置服务台、沙发座、服务项目指南等。服务台应正对门口或在一侧的醒目位置，能容纳一两名工作人员，能看到运动区的情况，并可供应泳衣、泳帽、泳镜等与运动相关的小商品，附一个小服务间。从接待区通往运动区的走道净宽不宜小于1.5m，较长的通道可采用木装饰、镜子、装饰灯具和艺术品以减少通道的单调感(图5-5)。

三、游泳池

　　游泳池是高星级酒店的重要标志，是健身中心的核心项目，其意义和价值不能仅从游泳池本身效益考虑，而应从提升酒店档次、进而提高房价的综合效益考虑。相当数量的高端和中高端客人(尤其是境外客人)有游泳健身的习惯，有无游泳池是他们选择酒店的重要条件。

　　Courtyrd(万怡)是Marriott(万豪国际酒店管理公司)的中档品牌，在中国相当于四星，其新的设计规范中将游泳池列为必备项目。Starwood(喜达屋)的Four Points(福朋)档次和万怡相当，在中国也相当于四星，同样要求设置游泳池。

　　笔者认为，尽管《评星标准》2010年版下调了游泳池的分值，并不再列为必备项目，游泳池

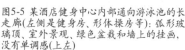

图5-5 某酒店健身中心内部通向游泳池的长走廊(左侧是健身房、形体操房等)：弧形玻璃顶、室外景观、绿色盆栽和墙上的挂画，没有单调感(上左)
图5-6 带弧形颇具现代气息的室内游泳池(上中)
图5-7 广州白天鹅宾馆的室外游泳池，绿树成荫(上右)
图5-8 海南三亚度假村的近海游泳池，天水一色(中左)
图5-9 室外泳池的休息区(中中)
图5-10 山顶泳池，远眺海景(中右)
图5-11 别墅式度假村豪华客房的专用泳池(下左)
图5-12 室内泳池和室外泳池相结合(下右)

表5-2 人工游泳池水质卫生标准值

项目	标准值	项目	标准值
池水温度(℃)	22-26	游离性余氯(mg/l)	0.3-0.5
pH值	6.5-8.5	细菌总数(个/ml)	≤1000
浑浊度(度)	≤5	大物菌群(个/l)	≤18
尿素(mg/l)	≤3.5	有毒物质	按TJ36表3执行

摘自:《GB9667-1996室内、外游泳池水质卫生标准值》

表5-3 泳池常用的消毒方式

名称	药剂投量	投加方式
次氯酸钠	根据水质和水温确定,要求池水余氯符合规定,开始运行时适当增大投量	压力或重力连续或间接投加
臭氧法	0.2~2mg/l,根据水质和水温确定,并需进行二次消毒,如使用次氯酸钠	全自动水质控制

仍应是高星级酒店优先考虑的康体项目之一。

1. 室外泳池和室内泳池

对我国大部分地区而言,室外泳池使用率不高且维护难度很大,酒店通常采用室内泳池(图5-6)。但在热带和亚热带地区——如广州、深圳、尤其是海南等地的酒店和度假村,室外泳池呈现出迷人风采(图5-7~图5-11)。

室内泳池和室外泳池可结合设计,但除常年温暖的南方(如海南岛),还是分设为好。即使两者相接或相邻,室内外也应用隔断(如可移动玻璃隔断)分开,以确保冬季室内泳池的水温和室温(图5-12)。

泳池的设备及管线系统应由有经验的专业公司设计和安装,对给水系统和循环方式,水的加热、净化、消毒、排污方式加以综合考虑和合理设计,并选用高品质设备(表5-2、表5-3)。机房位置、面积与泳池的设备系统有关,泳池周壁和底板有很多预留和预埋(如进水、排水、排污、水下灯等),因此泳池的机电和给排水设计不能太滞后。

安全始终是游泳池设计最重要的考虑因素,必须体现在各细微环节,必须制定明确的管理规章,设置明显的安全标志。

2. 室内泳池的尺度

室内泳池的尺度见表5-4(供参考)。

酒店的室内游泳池不同于体育场馆里的游泳池,仅用于健身而不是比赛,所以泳池面积不需要很大,但不能少于150m²。泳池净宽至少为三四根泳道,(即不少于7.5m),长度不少于18~20m,如能达到10m×25m=250m²则更理想。有时,室内泳池会追求活泼设计成不规则的弧形或部分弧形,但应保持主泳道的长度(图5-13)。

需强调的是:考虑到客人的安全,酒店室内游泳池不必太深,宜控制在可不设专业救生员的范围内,且利于减少结构荷载和层高。通常深水区水深为1400~1500,浅水区水深为1000~1100。

3. 泳池和泳池区

(1) 泳池平台

泳池四周应是完全可以进入的,其宽度不宜小于3m,以安排休息躺椅、进行一般性保养和便于救生(图5-14)。部分酒店为达到"天水一色"的效果,做成"无边界"泳池,将泳池一侧紧靠外墙(一般为玻璃幕墙或大窗),客人可在游

表5-4 酒店室内游泳池设计建议参数

	建议参数	备 注
泳池面积	不小于150m²	《评星标准》分80m²、150m²、250m²三档
泳池长度	不小于18m	在泳池长度和宽度产生矛盾时,优先考虑长度
泳池宽度	3-4个泳道或不少于8m	不需要设分道线
最大水深	1.4-1.5m	以不设救生员为限
最小水深	1-1.1m	
池底最大坡度	10%	
深水区面积	不少于泳池面积的20%	
泳池周边平台宽度	不小于3m	
室内净高	不小于4m	
水温	常温保持在27℃~28℃	此值稍高于现行规范,但较适合酒店客人
室温	高于水温1℃~2℃	防止结露
相对湿度	平均55%	
池水PH值	6.5~8.5	
照度	100~200Lx	0.75m水平面,灯具不得设在泳池上方(维修困难)
室内最大混响时间	不超过4s	
泳池区与公共区域的压力关系	保持负压	防止气味外泄

泳时随时观赏室外景色,效果不错,但泳池面积较大时应慎用。"无边界"泳池要处理好安全和排水(溢水)问题(图5-15)。

客人进入泳池的入口应尽量靠近浅水区,并经过洗脚消毒池。如有儿童戏水池(选项)也应设在浅水区一侧,便于照看,减少危险。按摩池(选项)应规定仅限大人使用,水温40℃左右。

泳池平台应使用高档防滑地砖做面层,泳池周边的排水格栅及镶边材料应和平台面层材料相匹配,泳池两侧或四周布置休息桌椅和躺椅。

不宜将健身器械直接设在泳池平台一侧(没有隔断或隔断不到顶),因泳池区空气潮湿且对金属有腐蚀性,对昂贵的健身器械不利,在这样的空气里做有氧运动也不合适。

(2) 阶梯和爬梯

泳池面积较大时,可在浅水区端部设置带扶手的踏步,以较平缓的坡度进入水中。用防滑瓷砖或马赛克做面层,踏步的踏面和踢面的颜色应

有明显区别。不应将踏步设置在泳池中部和深水区,尤其突出于泳池的长边,这样会给客人带来危险。

在泳池其余地方可设置垂直爬梯,一般在长边设1~3个,如泳池面积不大,可不设踏步而仅设爬梯。

泳池中不可有柱和其他突出的障碍物。

(3) 深度标志

应在泳池池壁用色彩鲜明的深色瓷砖标出水深,包括泳池的最深处、最浅处及所有的坡度变化点(水深每增加300或间距不超过8m)。字高不小于100,尽可能设在池壁靠上面的位置。

用对比度较大的瓷砖线区分浅水区和深水区,在池底沿长边划出分道线,并使用NODIVING(不准跳水)标志。

不规则泳池参照上述要求。

(4) 防水和抗渗

泳池池底和池壁的抗渗要求一般为B8,在池

底和池壁浇灌混凝土前必须完成全部管线、灯槽设计并仔细进行预留和预埋，不能在混凝土浇灌完成后再行开鑿和切割。

(5) 泳池区照明和水底灯

由于维修困难，泳池正上方不能设置照明的灯具(可设在平台区上方)。

每隔3m提供水底照明，水底灯应具有保护回路并与紧急照明回路连接。

(6) 防潮和防腐蚀

主体结构和各类设备管线均应考虑防潮和防腐蚀措施(如使用不锈钢管道)。外部围护结构，尤其是玻璃，在构造处理上必须满足防潮、保温和隔声要求，防止产生结露现象。墙面装修应使用能经受温度渗透和化学脱色的材料，采用防潮天花板。

(7) 其他配置

泳池区所有的灯具和设备，均需有接地故障保护装置。在离泳池不超过8m的距离内需提供一部应急电话。

泳池区需提供背景音乐(火警时自动切换为消防报警)。

四、SPA

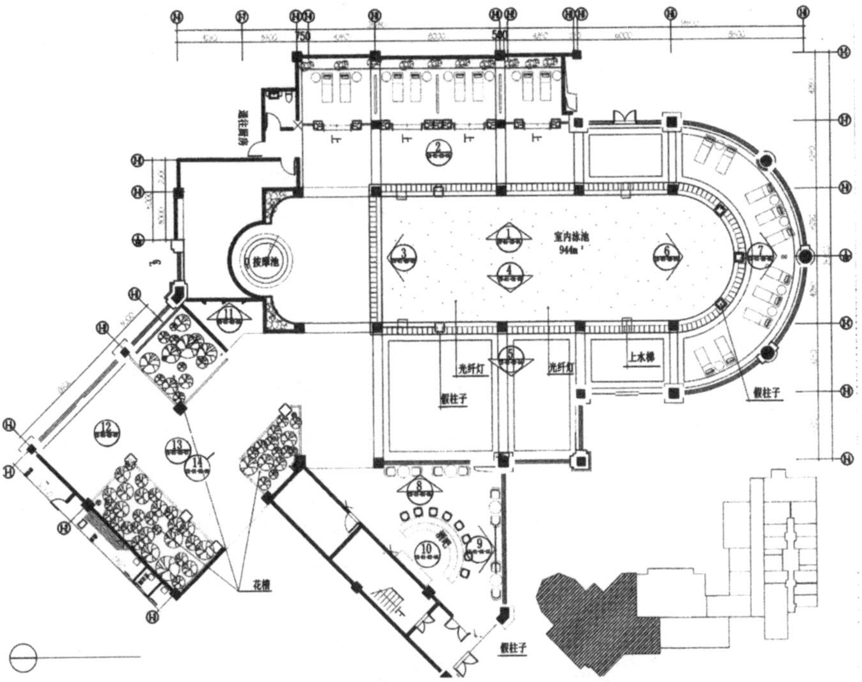

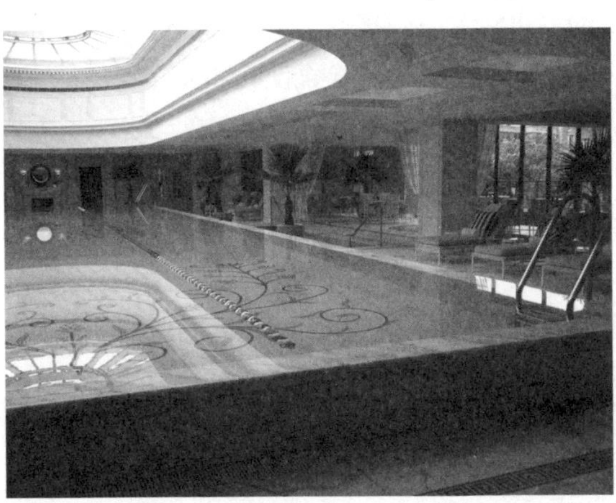

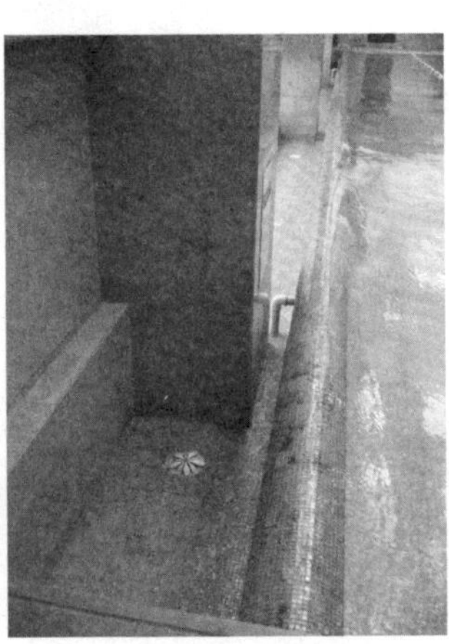

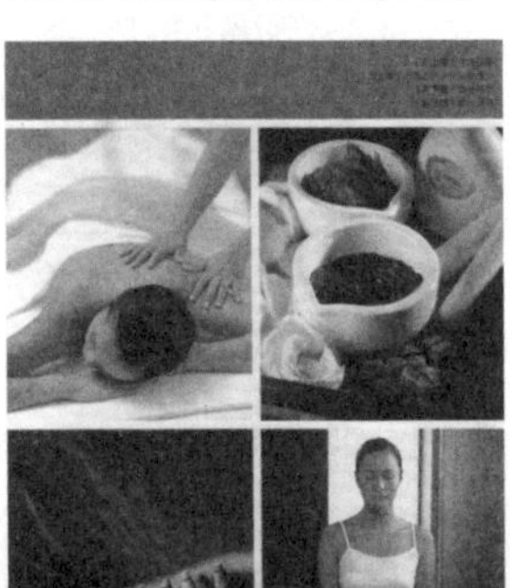

图5-13 “赣南锦江” 室内游泳池设计平面(上)
图5-14 室内泳池及平台休息区
图5-15 城市型酒店颇为流行的“无边界”室内泳池，注意其临窗的排水做法(下中)
图5-16 SPA的特色疗法(下右)

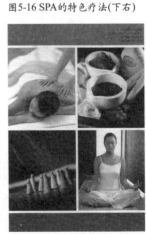

1. 真正的SPA

SPA作为一种水疗法，有其特定的内涵。

SPA一词源于拉丁语"SALED PER AGU"，意思是"从水中获得健康"。尽管现代SPA具有非常丰富多样的形式和治疗特色，但正宗的SPA(或可称其为精品SPA)都具有以下三个共同的特点。

(1) 环境优美

SPA对于环境——包括室外环境和室内环境——有很高的要求，除基本的豪华度外，更需体现在意境上。要创造一种宁静、雅致、和谐而充满活力的氛围，使客人通过治疗获得身心的完全放松和平衡健康。在景色优美的度假村，SPA往往和自然风光完全融合在一起，治疗室多零星散布在绿树成荫的水边，印尼巴厘岛的很多SPA就是如此。

在城市里，则通过室内设计，结合地域文化，形成具有特色的幽雅、温馨的SPA环境。

(2) 设施完善

酒店精品SPA最基本的设施是各种类型、各具特色的治疗室，而不是大型的洗浴区和休息厅。城市酒店里的治疗室里通常有专用更衣室、浴缸、淋浴间、蒸汽房、按摩床、工作台及艺术品等设施，热带或亚热带度假村里的治疗室经常和别墅、绿树结合在一起，开敞或半开敞的治疗室内部设施要简单一些，但基本功能齐备，设计时要适当注意其隐蔽性。

不同品牌的SPA有各种不同的配套设施，例如瑜伽室、禅定室、修甲室、咨询室、冥想室、草药蒸汽室、伸展治疗室。酒店原有的各种健身设施，包括健身房、游泳池以及美容美发、小餐厅、茶座等都应作为配套设施临近SPA区。

(3) 特色疗法

SPA的疗法极其多样，诸如阴阳疗法、五行疗法、静身疗法、香石疗法、芳香疗法、反射疗法、伸展疗法、海水疗法，等等，不胜枚举，但主要治疗手段都是通过各种类型的洗浴、按摩并配以各种天然物质(主要是植物、矿物及其提取物)制成的洗膏、精油等，由专业按摩师为客人治疗、调整经络、消除紧张、保养皮肤、恢复身体和谐。更为上品的可通过环境设计，经客人的眼、鼻、耳、舌、身、头，以视线、气味、声音、味道、触摸、思想去调整客人的身心。

SPA要求有非常洁净的空气，澳门"SPA哲学"是一个有氧水疗中心，其特殊的空气处理设备确保整体环境空气流通，以排除所有污染物质和毒素。

2. 高端酒店自有SPA品牌是新的潮流

有调查报告和统计数字显示，如果一家五星级酒店配有独家的SPA设施，将延长客人的住店停留时间多达32%(这种现象在度假型酒店更明显)，还有高达61%的消费者认为酒店SPA是其选择入住酒店的决定性因素之一。著名的国际酒店品牌悦榕集团曾表示，集团麾下的悦榕SPA名气可能比酒店还高，悦榕品牌酒店的知名度可说是源于悦榕SPA深入消费者的心中。

笔者无法判断上述数字的准确性，但SPA越来越成为高端酒店必备的康体项目确实形成了一种趋势，而且著名的国际酒店管理公司已不满足引进连锁的SPA品牌，纷纷在打造属于自己的SPA品牌，并以SPA品牌进一步提高酒店品牌知名度。目前属于国际酒店管理集团的SPA品牌已有香格里拉酒店集团的"气SPA"、朗廷酒店集团的"川SPA"、悦榕酒店集团的"悦榕SPA"和"悦椿SPA"、文华东方酒店集团的"文华东方皇牌SPA"等。国际高端酒店拥有自己的SPA品牌开始成为一种潮流，国内著名酒店管理公司麾下的高端酒店也多配置SPA作为主要的康体项目。

真正的SPA(精品SPA)要求甚高，价格不菲，是否在酒店设置SPA，还要慎重考虑当地市场的需求状况、酒店自身的档次和配套能力。另要注意的一个现象是，近年来SPA越来越多，不仅在高星级酒店，甚至在一些档次不高的酒店也有了SPA，

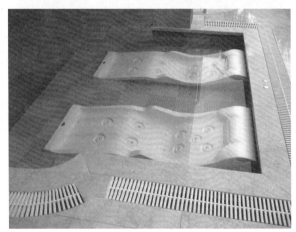

图5-17 度假村位于水边的SPA治疗室(上左)；图5-18 别墅式SPA(上右)
图5-19 某城市酒店SPA接待区(下左)；图5-20 与SPA配套的带按摩床的泳池(下右)

还出现了不少大大小小的社会SPA。不少SPA品质不高，甚至鱼目混珠，并非真正意义上的SPA。

3. 酒店SPA的设计

酒店SPA是高收费的康体项目，是为人数有限的高端客人服务的项目，也是需要注意客人私密性的一个项目，因此宜设在裙房不近客流、偏在一隅的公共区域。当然也可以设在地下层或主楼里，因为SPA并不需要大空间。同时，SPA又和其他一些康体项目关系密切，尤其是游泳池(或者还有健身房)，两者既要联系便捷，又不能从一个门口出入，不宜共用一个接待厅。可以是相邻(通过专用通道联系)，也可以是上下(通过内部楼梯联系)。

SPA普通治疗室的面积应不小于两间客房

($80m^2$左右)，一间客房的面积通常很难安排治疗所需的全部家具和设施——至少包括更衣室、带淋浴的洗手间、按摩浴缸、按摩床、休息沙发及茶几、药物柜、工作台等，还要考虑治疗师的工作空间。

SPA本身功能及相关的建筑和机电问题并不复杂，因此如何设计SPA，要根据该SPA品牌的特点，着力环境和氛围的创造，由熟悉SPA、经验丰富的专业设计师担任。

五、健身房及其他配套设施

酒店健身房主要由运动器械区构成，如有条件，可设置有氧健身操区和瑜伽区。

运动器械区是酒店健身房的必备区域，应设

表5-5

SPA馆名称	所在国家或地区	设计风格	治疗室数量
艾薇SPA馆	韩国首尔岘街宽江洞21号	现代	23
曼达拉SPA馆	泰国曼谷　四季酒店	泰国兰纳式＋摩洛哥	9
曼达拉SPA馆	中国上海　JW万豪	东方/上海	10
依云SPA馆	中国上海 华联商厦	现代	15
船SPA馆	中国香港　朗豪酒店	现代中式	10
艾尔米斯SPA馆	中国香港 中环街1号	现代	
悦榕庄SPA馆	中国上海威斯汀大厦	后现代中国	13
东方SPA馆	新加坡莱福斯大街5号	现代中式	6
奇地SPA馆	日本东京凯悦大酒店	日本传统建筑风格	8
"气"SPA馆	泰国曼谷香格里拉	喜马拉雅艺术	9
SPA哲学	中国澳门洗星海大街	现代	7
THE SPA	中国澳门曼德琳东方中心	现代	6
高　原	中国香港凯悦大酒店	现代	23
阿昆SPA馆	马尔代夫哈娃芬-富士度假村	现代、时尚	8
四　季	印尼巴厘岛四季度假村	巴厘岛风格	9
悦榕庄SPA会馆	印尼宾坦岛	巴厘岛风格	
阿年达	印度喜马偕尔邦	传统风格	20
马雅的SPA馆	印尼巴厘岛乌布马雅度假村	巴厘岛风格	
奇瓦颂度假村	泰国华欣	泰国和远东殖民地风格	
气SPA馆	菲律宾宿务香格里拉度假酒店	传统风格	8
戴维SPA馆	泰国清迈文华东方酒店	缅甸皇家风格	19
丽兹－卡尔顿	印尼巴厘岛丽兹-卡尔顿酒店	巴厘岛 风格	19
SPA村	马来西亚派尔克邦洛岛酒店	传统风格	9
圣依万伏诗	马尔代夫 巴阿都	传统风格	11
依娃沙哈维	越南芽庄依娃沙哈维酒店	传统和现代结合	6
四季酒店	泰国清迈 四季酒店	古兰纳风格	13
圣巴尼托农庄	菲律宾八打雁圣巴尼托	传统风格	
勒吉安酒店	印尼巴厘岛勒吉安酒店	东方、现代风格	5
悦榕庄SPA馆	泰国普吉岛	东方风格	
曼德拉SPA会馆	泰国普吉岛万豪酒店	泰国传统风格	5
奥依罗依SPA馆	印度乌代浦尔	乌代浦尔古宫殿风格	
瑞亚维德SPA馆	泰国科比府 瑞亚维德中心	传统风格	14

本表资料摘自陈晋略著《亚洲奢华SPA》

其他主要设施	特色疗法	特色浴药
土耳其浴室、户外治疗室	五行疗法	药浴、磁石
水流按摩浴缸、修甲修脚室	四季主题水疗	泥浆、海草、盐浴等
接待处、候客厅、美容沙龙	阴阳疗法	中草药
	依云皇家三人按摩	香精油＋深海海藻面膜
东方热浴盆、户外敞篷游泳池	静身疗法	香精油＋深海海藻面膜
禅定室、女士聊天室、椰子浴盆	夏威夷海浪双人按摩	
水、木、金、火、土室	皇家悦榕疗法	柠檬草、黄瓜膏、人参浴
瑜伽室、健身房	东方按摩	纯香精油、药草
游泳池、体育训练设施	传统欧式疗法	有机泥浆、矿物质、植物提取物、香精油
花园套房	气平衡法、阴阳夫妻按摩	精油和草药蒸汽
有氧白天水疗中心	澳式疗法	冷压橄榄油
网球场、壁球场等体育设施	热石体验	植物精华、花香、中草药和香精油
游泳池、台球、壁球400m跑道	高原疗法	
健身中心、冰室	阿昆精华疗法	矿物质盐水、海生植物
健身、美容	吉巴伦疗法	姜黄粉末、檀香、月桂、香料
擅定室	雨淋喷洒	石栗油、鳄梨、椰奶
咨询室	艾薇乌达	草药、芝麻油
凉亭	河边特色	肉桂、蜜柑、香兰叶、爪哇岛露露
水疗套房、室外温泉池	恢复青春疗法	蜂蜜、樱草花油、芦荟、黄瓜
气水吧、蒸汽室、伸展治疗室	巴拉克咖啡豆擦洗法	巴拉克咖啡豆、撒姆基他油等
极可意水流按摩浴缸、擦洗床	泰国皇家疗法	缅甸天然美容佳品塔那拉、矿物泥
旋涡浴、桑拿、户外冥想亭	芳香花瓣按摩	玫瑰花、天竺葵、依兰精油
泰式亭、治疗茅舍	综合疗法	柠檬草、香兰叶
树上的放松小屋、游泳池	六感SPA体验	纯天然六神莎达诗产品
瑜伽馆、香草园、蒸汽房	越南按摩	六神莎达诗、越南精油
双人雨柱按摩浴床	泰国草药热疗法	草药、薄荷、蜜柑精油
游泳池、图书馆、冥想亭	纯菲式按摩加可可粉擦洗	椰乳可可粉
健身房、蒸汽室、修甲足疗室	海洋矿物身体修复法	海藻、海洋矿物质、精油
美容园、健身凉亭	皇家榕树疗法	柠檬草、丁香叶、胡妥叶
温泉池、游泳池	巴厘疗法	浓咖啡、安神油、
花园、温泉池	皇家珍宝	西红柿、檀香木、姜黄、精油
双人泰国按摩室	瑞亚维德特色按摩	杏仁精油

表5-6 健身房(运动器械区)设计建议参数

项目	建议参数	备注
面积	不小于60m^2	最好有明亮柔和的自然光和赏心悦目的室外景观
净高	不小于3.5m	
运动器械数量	不小于10件	包括跑步机、踏步机、拉力健身自行车和各种肌肉训练器械
跑步机位置	靠窗布置	运动者面向窗外,并需配置电视
地面材料	地毯或木地板	举重区可使用橡胶地板
照度	100~200Lx	照度均匀

在靠外墙有良好室外景观的位置,其设计建议参数见表5-6。健身器械通常不少于10件,其中跑步机必须带有电视,并让跑步机上的客人面向窗口。该区应设置背景音乐,火警时自动切换为报警广播。

有氧健身操区为教练指导下的团队活动,有一定的私密性,应与其他活动区适当隔离并注意隔音,室内至少有两个墙面设置大片到顶的镜子,并尽量采用自然光并引入室外景观。

健身中心的更衣室和淋浴间应邻近接待大厅,并尽量为各活动区合用。双层更衣柜按客人总数15%~20%配备,男女各半。必要时可考虑贵宾专用更衣室。原则上每70~100间客房提供男女各一间淋浴间,淋浴间应有间隔并设门,如向俱乐部会员开放则根据具体情况适当增加数量。可在湿区设置桑拿房,一般面积最小为7.5m^2,吊顶高度2.1~2.4m,有按压式报警装置并悬挂管理规章和安全标志。

可为客人提供医疗保健按摩,按摩和推拿室的位置宜邻近更衣室和淋浴间,可设置2~4张按摩床并提供舒适和安静的环境。

美容美发通常设置在健身中心附近,但不宜设在健身中心内,入口需有明显标志。应安装独立的通风系统,保持室内处于负压状态,避免美容美发使用的有较强烈气味的化学用品影响健身中心和其他公共区域。

第六章 后勤区域

酒店前区(客人区域)要靠后区(后勤区域)支持，酒店是否处于良好的营运状态很大程度取决于后区运行是否顺畅。客人看不见后区，但能通过酒店的服务感受到后区的存在。

前区设计得再好，如后区设计不合理，就很难为客人提供一流的服务。

设计师不容易真正了解和掌握酒店的后区——这需要有机会深入酒店进行体验和研究，他们经常对后区设计感到困难。即使酒店管理公司已向设计师提供了详尽的后区组成和面积表，但他们仍因不清楚各部分的工作特性及流线而感到无从下手。或者虽把所有房间如拼图似的按面积要求进行了"布局"，但终因流线混乱无法使用，需酒店管理公司通过技术服务进一步提供帮助。

作为一种与国际紧密接轨的服务业，酒店的管理模式和机构设置有其特殊性，后区的功能配置和流线组织也比一般公共建筑要复杂得多。酒店后区的大部分功能设置在地下室，与地下停车场、各类机房相互交织，如建筑内部存在多种业态甚至是一个建筑群共用后区，则还需考虑与各单位后区之间的相互关系，有些机房和设施将存在某种程度的共用问题。

酒店后区主要包括行政办公区、员工区、设备机房、维修车间及其他辅助区，本章将介绍酒店后区各部分的组成、特点以及后区设计的基本要点。

一、酒店行政办公区

与国际接轨的酒店行政办公系统通常采用水平结构，多采用总监制，从总经理开始，一般均不设副职，也没有办公室主任之类行政职务。仅根据需要为总经理、驻店经理(这是酒店的一个特有职位，类似总经理助理，通常住店内)、总监和大部分部门经理(A级)以上干部配备一名文员。这样的结构使酒店管理团队较为精干，责任明确，效率较高。酒店管理公司通常会同意业主方在酒店设置一名副总经理(业主代表，非真正意义上的"副总")及财务副总监。

酒店相当数量的部门办公地点并不集中在总经理办公室周围，而是设在更接近一线的位置。有的酒店甚至将总经理办公室设在总台一侧，使总经理有更多机会与客人接触并掌握一线的情况。

酒店行政办公区通常会设置一个以总经理室为中心的核心区，一部分与总经理工作关系较密切的部门(如驻店经理、行政办公、财务部、市场营销部等)和涉密的关键部门(如电脑房)宜设在此区，有条件时可配置一个小会议室。该区域代表酒店管理当局的形象并与社会有广泛联系，因此不宜设在地下室或条件较差的区域，其位置应设在裙房接近客用电梯厅(有专用通道相联系)、同时又相对隐蔽的区域。

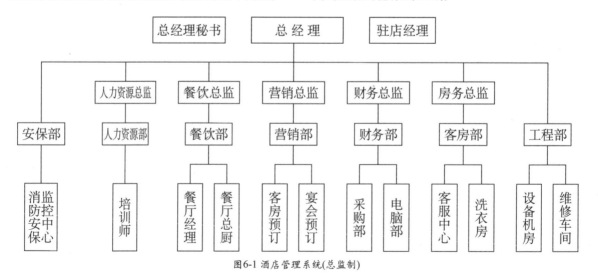

图6-1 酒店管理系统(总监制)

图6-2 酒店部门一级的办公区，玻璃隔断内为总监室

图6-3 人数较多的部门办公室

分散到邻近主管区域的部门经常包括：前厅部、人力资源部、客房部、采购部、安保部、工程部、餐饮部、宴会预订等，但某些酒店也根据自身情况把人力资源部、采购部、餐饮部等设在集中办公区。

所有办公室都要进行具体布置和室内设计，

表6-1   **300间(套)高星级城市商务型酒店行政办公区域的基本配置**

部门名称	面积(m²)	典型位置	备　注
总经理室	15~25	集中设置的酒店行政办公区	通常位于裙房不重要的位置,靠近客房电梯厅,便于外来联系工作的客人到达
住店经理	12~15	同上	邻近总经理室
行政办公室	20~30	同上	邻近总经理室
财务部	60~80	同上	通常为酒店人员最多的办公室
财务档案室	10~15	同上	与财务部连通
市场营销部	40~60	同上	在酒店行政办公区靠近入口处
会议室	30~40	同上	主要用于晨会,可以兼接待室
小计	187~265		
人力资源部	40~60	酒店办公区或邻近员工餐厅、培训教室的位置	在可能情况下优先考虑后者
前厅部	30~50	总台后或一侧	含负责前台业务的财务部派出人员
客房部(房务中心)	40~60	邻近服务电梯、洗衣房和布草间	应能便捷到达客房层
工程部	25~35	地下室,邻近维修车间和主要机房	应能便捷到达客房层
安保部	20~30	消防安保中心内或邻近位置	便于在警情发生后在第一时间作出反应
采购部	15~20	近卸货平台	规模较大的酒店可考虑设在酒店行政办公区内近财务部的位置,卸货平台处另设收货处
餐饮部	15~20	近主厨房或在主厨房内	规模不大的酒店可不单设
小计	185~275		
总计	327~540		不包括交通和辅助面积

包括办公桌椅、橱柜、灯具设置、各类电器管线、开关插座的预留预埋等。酒店行政办公区必须在酒店开业前先期完成(提前半年左右)，并在总经理及酒店管理团队到位时作为首批项目交付酒店使用，以便开展工程验收、移交、员工招聘培训、酒店用品采购、开业庆典筹备等开业前准备工作。除总经理办公室外，酒店办公区进行一般装修即可(图6-2、图6-3)。

表6-1提供了一个300间(套)左右客房的城市商务型酒店办公区的基本配置供参考。由于酒店的定位、规模、地域特点各不相同，酒店管理公司的经营理念和管理模式也各不相同，具体设计时要根据实际情况调整。国际酒店管理公司的设计规范对后区的要求非常具体，如有变动需经批准。

1. 总经理室

总经理室和围绕总经理室集中设置的相关部门组成了酒店行政办公区的核心部分，但酒店总经理室需要的面积并不像有些设计师想象的那么大，Marriott的标准为16.4m²，Starwood的标准为15m²，倒是有些国内酒店为酒店总经理设置了面积过大、过于豪华的办公室，实际上不必要。

总经理办公室应进行稍高于一般办公室水平的装修，除文件柜外，写字台对面有两把给汇报工作的部下坐的椅子，还有一组待客的沙发。

2. 驻店经理室

驻店经理平时协助总经理工作，总经理不在时可代替总经理主持工作。通常不直接分管总监和具体部门，其办公室应和总经理办公室相邻，面积可稍小于总经理室。

3. 行政办公室(区)

单纯的行政办公室(区)仅为总经理、驻店经理秘书的办公场所及文印、档案、接待区，可安排独立的办公室，也可在总经理室外面扩大了的走道或过厅直接布置办公桌椅。有些酒店根据情况设立综合性行政办公区，总经理秘书、营销、采购、餐饮、人力资源等部门在一个大区域集中办公，仅为各总监安排一个小的(一般10m²左右)独立办公室，可提高办公面积的利用率。

4. 财务部

财务部是酒店的重要部门，内部分工较细。为直接控制酒店采购的数量和质量，把库存降到最低，通常直接分管作为B级部的采购部和仓库，还向前厅部和其他收费部门派出财务人员，因此，编制较大，人员较多(一般为酒店最大的办公室)，不宜和其他办公室合一。

财务部通常位于办公区较靠里的位置，邻近总经理办公室。

图6-4 财务部现金缴纳箱(高柜)外侧。收银员将现金装入纸袋密封后投入。低柜为账单箱。窗内为出纳办公室，高柜的另一半在出纳室内(见图6-5)(左)；图6-5 出纳室内现金缴纳箱的另一半，每天需两人同时开箱一次，注意一侧的报警按钮(中)；图6-6 出纳室门口的监控探头(右)

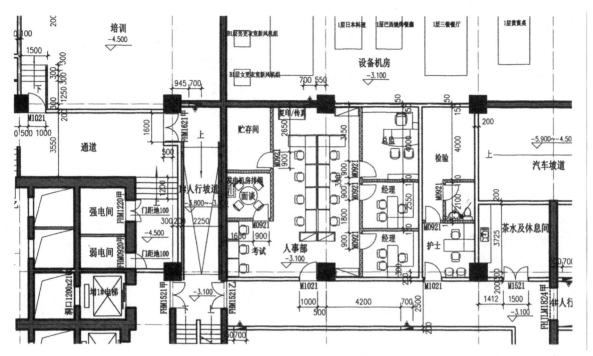

图6-7 某酒店的人力资源部(人事部)内部平面

其内部平面除总监室(8~10m²)、出纳室(8m²左右)和工作人员办公区外，应在室内或邻近配置一个10m²左右(面积另计)的财务档案室，此外，至少还要考虑设10~12个立式文件柜以存放日常文件。如条件许可，可为总监助理、总会计、总出纳准备单独隔间。派出人员(如POS机的收银员、夜审等)可在其他区域工作。

出纳室宜有玻璃隔断以便财务总监监看，并配置现金、账单缴纳箱和大型保险柜，并有安保监控和报警装置(图6-4~图6-6)，如有员工发薪室(现多直接使用员工工资卡内)，可设置在员工区适当位置，如邻近员工餐厅，6~8m²。

财务部应配置独立使用的文印设备。

5. 市场营销部

这是酒店另一个重要的、人数较多的部门，因酒店的客源依靠该部门去开拓，酒店的经营业绩很大程度上与该部门的能力有关，总经理会经常直接过问该部门的工作。

营销部的主体可设在集中办公区，亦可设在总台附近，而会议及宴会预订可设在邻近大堂和多功能厅、宴会厅附近区域。

营销部内除总监室和员工工作区外，有可能需要设置预订部。国际著名品牌麾下的酒店及境外客人较多、预订比例较高的国内高星级酒店，均有独立的订房系统，同时在营销部下设预订部，有单独的(不通过总机，也不通过总台)订房电话和专用工作空间，提供安静的环境和多种语言服务，处理来自世界各地的预订。预订部内有一个包括2~4个工作单元、连续的、配置有电话和电脑的台面，每个工作单元宽度不应少于800、深度不应小于600，用吸音板分隔工作空间，并有完善的消防报警和安保监控设施。

配置必要的传真、打印、复印设备，可专用或与其他办公室合用，有储藏室或橱柜4~6m²。

6. 会议室

通常设置12~16个座位，主要用于酒店内部会议(如每天的晨会)，同时可兼用于接待。如酒店行政办公区与商务中心邻近，而商务中心又有

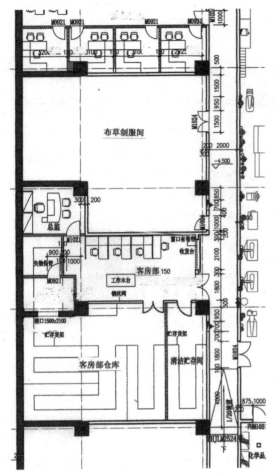

图6-8 酒店客房部需要一个直接管理、放置备用布草、低值易耗品、清洁用品的仓库，并和洗衣房、布草间、主楼服务电梯相近

适当的会议室，可利用该会议室代替专用的内部会议室。

7. 人力资源部

酒店人力资源部的职能，除常规的人事工作外，还负责处理员工关系、组织员工培训和安排员工生活(酒店没有后勤部)，办公室应尽量方便接近员工。

员工流动性大是酒店业的特点，员工的解聘和招聘是该部的经常性工作。因此除总监办公室(10~12m²)、工作人员办公区外，至少应配置约12~15m²的接待区(室)，应聘者可从员工出入口进入。接待区应提供一个台面供应聘者填报表格、

三四个笔试位置和一个谈话、面试、等候空间。

人力资源部位置通常靠近员工出入口和员工餐厅，与培训教室相邻或相近，可设在地下层。

人力资源部还需一个9-10m²的档案室(或档案柜)，存放员工记录和其他档案。

8. 前厅部

位置在总台后或总台一侧，对总台提供支持，前厅部与总台的联系应避免穿越公共流线。

前厅部人员大部分时间在总台工作，但仍需为前厅部经理和计账室财务人员(一般由财务部派出)各安排6m²左右隔间，并为前厅部人员设置若干办公桌椅。

前厅部需设置专用文印设备和文档储存空间，有严密的安保监控措施。

9. 客房部(管家部)

客房部是酒店管辖人员较多而办公人员相对较少的部门，主要负责客房区域、公共区域的清洁(PA)工作，管理洗衣房、布草制服间等。

有些高星级酒店专设客房服务中心(Marriott称之为AYS——为您服务")，直接面向客人，为客人提供各种服务，可隶属客房部，也可单独设置。在规模较小的酒店，此项服务一般由总机负责。

客房部应在邻近配置60~80m²的客房部仓库，存放主要供客房使用的布草(新)、低值易耗品、清洁用品及其他客房用品(图6-8、图6-9)，服务员(清洁工)通过客房部领取这类物品并接受管理。

客房部位置应接近主楼服务电梯、洗衣房和布草制服间，通常设在地下层。

内部平面：除总监室和工作人员办公区外，可设置客房服务中心隔间，接听住店客人电话，安排对客人的服务。

应设置客人遗失物品保管室(3-4m²的一个小间)，有困难时也可仅设专用橱柜保存客人失物。

10. 工程部

负责酒店的日常维修和保养，参与酒店的更新改造。

工程部通常设置在地下层，接近主要的机房区，与各维修车间和工程部仓库相邻或有便捷的交通联系。工程部仓库也称五金仓库或配件仓库(30~50m²)，存放维修用配件，直接归工程部管理，必要时还需设置危险品仓库，存放油漆等易燃品。其内部应设总监室和值班工程师室，设备的自控系统(BA)主机通常放在工程部。需要一个会议桌以便审看图纸和研究维修方案，并配置存放图纸和技术资料的橱柜。

11. 安保部

邻近酒店安保消防监控中心(有直达室外的通道)，或直接设在安保消防监控中心内，与该中心结合设计。在酒店出现突发事件或火警时，安保部需在第一时间作出反应，指挥和控制局面，并尽快和公安系统取得联系。

12. 采购部

酒店采购部为财务部下属的二级部，宜设在酒店货流入口(卸货平台)附近，以方便供应商办理相关手续，可与收货处结合设计，也可设在集中办公区。

13. 餐饮部(餐饮总监办公室)

图6-9 客房部仓库，通过外面的客房部进入

可设在集中办公区或临近餐厅和厨房的区域。

规模较大的餐饮区域可为各餐厅的总厨、餐厅经理设置办公室，但面积仅需4-5m²，宜设在厨房内或餐厅一侧。有些高星级酒店还设置管事部、管事库和银器库，负责管理餐饮器皿和银质餐具。

餐饮规模不大的酒店可不设餐饮总监。

二、员工区

没有好的员工就没有好的酒店，关心员工就是关心酒店，不能设想牢骚满腹的员工能对客人露出真诚的微笑。因此酒店要为员工配备必要和较完善的设施，尽量为员工提供良好的工作和生活条件。

酒店的员工设施主要包括：员工更衣淋浴间、员工餐厅、培训教室和员工娱乐活动室，员工值班休息室、员工医务室、员工吸烟室等，有的酒店还需要设置员工宿舍和自行车停放区。

1. 员工人数的估算

员工人数是员工设施配置的基础，员工人数的多少主要取决于酒店定位、客房数量和公共区域的规模。根据经验，在一般情况下，酒店员工数可控制在客房数的1.1~1.3，客房数量相同或接近的酒店，酒店的档次越高(意味着为客人提供的服务越多)、公共区域规模越大(尤其是餐饮规模)，需要员工就越多，餐饮和康乐区域较大的酒店可能超过1:1.3。

国际品牌管理公司的酒店员工数通常稍高一些，可能达到客房数的1:(1.4~1.5)。

根据员工数量，可大致测算出员工设施的面积，表6-2提供了计算员工基本设施时可供参考的系数和面积。

由于酒店是全天候24h营业，大部分员工实行三班制，因此员工设施按当班人数控制，并非都以员工总数为计算的基数。

2. 员工区的位置和流线

员工区应与客人活动区完全分开，尽量不占用酒店较好的区域。

影响员工区域位置的因素很多，但最重要的是要考虑从员工区能否便捷地到达员工的工作地点。因此员工区应尽量设在地下层(最好是地下一层)的主楼下方，接近主楼服务电梯(此电梯往往与一部疏散楼梯结合并共用前室)的部位。更为理想的是通过此电梯(包括疏散楼梯)可直达员工入口。当然，员工区应同时兼顾裙房的公共区域，即也能方便到达裙房的服务电梯或疏散楼梯。因此，在员工区位置大致确定以后，再确定员工入口的位置较为妥当。

员工在后区的流线应避免与客人流线交叉，如有客人活动的公共区(例如游泳池及其他康乐设施)也设置在地下层时更需注意。即使没有公共区与员工区同层，在地下停车场停车的客人进入酒店时也不能与员工流线、员工区发生交叉。

员工区与地下停车库相邻的情况非常普遍，要特别注意员工流线避免穿越车行线，员工流不能和车流交叉或使用车道作为员工通道，还要确保防火分区和员工的疏散通道符合国家的消防规范。

3. 员工出入口和员工通道

员工出入口应设在酒店后部或酒店一侧，远离酒店客人出入口，并与货物出入口(卸货平台)适当分开，互不干扰。

员工出入口应设门卫室兼作打卡钟站，附近应设服务电梯和疏散楼梯直达员工区域，此服务电梯可以和货物运输共用。

员工通道应连续通畅，以确保员工在内部的活动和方便到达工作区域。其净宽不宜小于1800，必要时可达到2500左右，员工通道宽一点有利物品搬运。

表6-2   **员工区基本设施配置和面积计算**   (单位：m²)

员工设施	计算方式	员工数(按1:1.2计算)			备 注
		200间(套)	300间(套)	400间(套)	
		240	360	480	
员工更衣淋浴	员工数×0.8	192	288	384	①确保每人一个更衣柜；②不包括员工卫生间，但每个淋浴间需设一个坐便器或蹲位
员工餐厅	员工数×0.3×1m²	72	108	144	分批就餐
员工餐厅厨房	员工餐厅面积×0.7~0.8	58	81	101	有粗加工和冷库的支持
培训教室		50	55	60	可兼员工活动室
值班休息室		50	60	70	供上夜班的员工使用，非员工宿舍
医务室		15	20	25	仅为员工服务
门卫室		10	10	10	兼打卡
员工卫生间		20	25	30	位置和数量根据员工区域的实际情况决定
小 计		467	642	814	
交通辅助面积	总面积×20%	94	128	162	
总面积		561	770	976	如公共设施(如餐饮和康体)规模较大需按实际情况增加员工人数

注：豪华酒店员工数量可能需要1:(1.3~1.4)，经济型酒店则可能仅需要1:(0.6~0.8)。

员工通道净高不宜小于2.5m,不应有柱子和其他障碍物(图6-10)。

4. 员工区的基本配置

(1) 员工更衣淋浴间和卫生间

酒店员工进店和离店时都必须更衣和淋浴(包括适当化妆),因为酒店须确保员工在客人面前的形象。

酒店不希望员工穿便衣出现在客人面前,不希望员工穿酒店制服离店(工作需要例外),不希望员工在下班后继续在酒店逗留。为此,酒店为每一名员工都配备了更衣柜。

员工更衣和淋浴间应设在地下层,员工出入口附近,并接近员工制服室。其面积可按每名员工0.7~0.8m²考虑,男女分设,一般男45%,女55%或各50%,此面积不包括员工卫生间。

每个员工需配备一个带锁的更衣柜,金属烤漆制成品,一般宽300,高2000,双层。女更衣室可为穿旗袍的女员工提供少量单层更衣柜,(图6-11)。相邻两排更衣柜间的距离通常为2000,中间可设置木质面更衣长凳。由于更衣室面积通常超过60m²,可能需设两个门,其中一个门仅用于疏散,可使用单向推栓锁。

虽然更衣柜是每个员工一个,但淋浴位的数量只需考虑当班人数。理论上每40个员工设一个淋浴喷头,指的是员工总数,经验证明300间左右客房的中型酒店男女各设6个淋浴位已可满足需要。员工淋浴间不宜过于简陋,每个淋浴位均为带门的隔间。此外,男女淋浴间还应各设3-4个洗脸盆。

员工区域的卫生间可在其他位置单独设置(通常邻近员工餐厅),也可与员工更衣室和淋浴间合并设计。在员工卫生间单独设置时应在男女淋浴间各设一个厕位,在合并设置时要注意其内部流线,确保更衣和淋浴间的隐蔽性。卫生间设备的数量可根据实际情况决定,淋浴间内还需设置一个有拖把盆的清洁间。

图6-10 员工通道:整洁、宽敞,两侧墙上通常布置活泼生动、反映员工工作和生活的墙报和卡通。体现酒店文化,增加酒店凝聚力

无论男、女更衣室都应在门口设置全身镜、简易梳妆台和擦皮鞋机(图6-12)。

适度装修,使用质量较好的洁具和五金,设置空调和新风,注意排风,保持负压。

(2) 员工餐厅和厨房

酒店一线员工通常实行三班制,因此,员工餐厅一天至少要供应四餐,一般24h供应,以解决少量员工随到随吃的需要。

员工餐厅通常设在地下层(最好是地下一层),接近服务电梯的区域。当班员工分批用餐,因此餐厅面积并不需要太大。大部分管理人员是长白班,所以白天用餐人数多于晚上,不能平均分配人数。

餐厅面积的计算方式:0.9~1m²/座 × 员工总人数 ÷ 3。如酒店有大面积公共区域(例如规模较大的餐厅、大型康乐设施等)外包,其员工需在此餐厅用餐,则人员要计入用餐人数,面积需相

图6-11 员工更衣室的更衣柜:注意双层衣柜是给一般员工用的,单层衣柜是给穿旗袍的女员工用的,在设计前要计算好。衣柜顶部做成坡顶是为了容易清洁(不积灰)和避免员工在上面放东西(上左);图6-12 员工更衣室门口的化妆台,简单,但体现了酒店对员工的关心和要求(上右);图6-13 员工餐厅(中左);图6-14 员工餐厅取菜窗口及饮料机(中右);图6-15 员工餐厅出口处的洗碗间,员工将餐具递进窗口,取菜窗口在餐厅另一头(下左);图6-16 员工餐厅厨房,中间是切配台,远处是热灶,不需要冷菜间和点心间(下右)

应增加。

员工餐厅的餐桌椅通常采用类似快餐店的式样,使用固定的、双人对坐为主的连体桌椅(塑料面板),整齐、易洁,便于入座(图6-13)。

采用有管理的半自助餐台,长度一般不小于6m,在备餐间向员工餐厅开窗(图6-14)。高星级

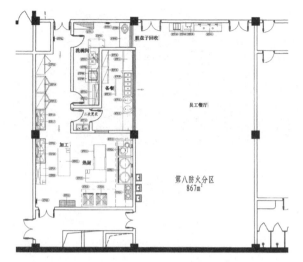

图6-17 某酒店员工餐厅厨房平面布局,餐厅上方是饮料台

酒店的员工餐厅通常供应免费饮料,设计时需考虑适当的位置。

员工餐厅一般有两个门,应合理组织就餐员工流线:入口→餐台→就餐区→洗碗间窗口(脏盘子回收)→出口。因此,理想的状态是厨房和备餐间在员工餐厅入口一侧,洗碗间在出口一侧(图6-15)。

良好的装修、活跃的色彩、洁净温馨的就餐环境会给员工带来愉悦的好心情,员工餐厅应设置空调、背景音乐、一两台液晶电视,安装一部内线电话。

员工吸烟室通常设在员工餐厅附近。

员工餐厅厨房:面积约为餐厅的0.7~0.8,该厨房为独立的内部核算单位,不能和酒店餐厅合用厨房。要设置高、低温冰箱和切配区,但不需点心间、冷菜间之类房间。其热厨包括燃气双头矮汤炉、单炒单尾炒炉、双头大锅灶、单门蒸柜、双门蒸饭柜等设备,总长度约5-6m即可(图6-16、图6-17)。

洗碗间尽可能设置自动洗碟机。

(3) 培训教室

酒店员工流动性很大,一般每年要达到20%左右,新员工均需经过必要的培训方能上岗。此外,不同酒店管理公司有不同的管理理念和模式,即使是有一定工作经验的员工,在进入新的品牌酒店工作时,仍要经过适当培训。培训员工是酒店的经常性工作,培训教室对酒店不可或缺(图6-18)。

员工培训由人力资源部负责,规模较大的酒店还要设培训师。

培训教室应临近人力资源部,面积一般为50~60m²,长方形平面,有灵活布置的桌椅、书写板、音响和视听设备,设置用电插座、电话插座、电视插座和语音数据插座,所有设备均为便携式。

培训教室还可用作招聘新员工的考核地点和员工娱乐活动室。

(4) 值班宿舍

供值班员工深夜倒班后休息时使用,男女分设,面积为20~30m²×2或根据实际情况决定,位置在员工区域内较隐蔽的地方,应配备卫生间。

注意值班宿舍不是员工宿舍,根据下班员工应离开酒店的原则,员工宿舍应设在酒店以外的区域。少数酒店把员工宿舍设在酒店地下层是不妥的。

(5) 医务室

面积为15~20m²,主要为员工提供服务,仅在非常必要时为客人提供紧急救助。通常设在员工区域,例如人力资源部或培训教室附近。医务人员通常归人事部管理。

配置简单的医疗设施:桌椅、医检床、放置

图6-18 新员工在进行培训

197

图6-19 配电间(上左); 图6-20锅炉房的油气两用锅炉(上右); 图6-21 消防安保监控中心(下左); 图6-22 消防安保监控中心值班人员(下右)

医疗器械和有限药品的橱柜、消毒柜和一个不分性别、带洗脸盆的小卫生间。

三、设备机房、维修车间和其他辅助区

该区通常位于位于地下各层,尽可能集中设置在酒店较为中心的位置以减少管线长度。因涉及大型设备和部件,需较大的空间和较宽的通道,以解决设备、部件的搬运、安装、操作、维修和更换之需。该区应符合消防、安全、隔声、防振等要求,与客人区隔离,并在客人视线之外,但需要出入方便,与酒店其他区域有便捷的联系通道,大型设备需预留运输和吊装位置。

1. 酒店设备机房

酒店设备机房具体位置和面积基本上由建筑设计院各专业工程师确定,但也有一些机房(如弱电机房、电脑与通讯机房、安保消防监控中心等)需以专业设计单位为主设计,或由专业设计工程师提出相关参数和要求,由设计院设计。

设备机房位置需符合整个系统要求,与后区其他功能区出现矛盾很难避免。酒店管理公司清楚机电系统至关重要,在遇到问题后,会尽量配合设计院为主要设备机房(包括管井)让路。但酒店后区各区域基本功能和流线毕竟也有自身的要求,两者需兼顾平衡。

由于设备机房体量大,牵一发而动全身,一个重要机房位置和面积的变动,可能会引起整

个后区布局的大范围调整。因此，在主机房位置和面积未最终确定前，整个后区设计事实上也很难稳定，说明机电系统设计应走在后区设计的前面。

下面列出酒店各系统主要设备机房及应注意的问题。

(1) 高低压配电机房

包括高压配电、变压器室和低压配电。一般应位于地下层10kV电缆进线一侧。酒店总用电量涉及很多参数和变量，应及早准确掌握，在设计后期发现容量不够再予补救将非常困难(图6-19)。

(2) 柴油发电机房

与高低压配电机房相邻，便于切换。作为应急电源，根据我国规范，有双回路电源的酒店可以不设柴油发电机，但很多国际和国内酒店管理公司仍要求将其作为第三电源配置。在负荷设置上，不同酒店管理公司有一定差异。

(3) 电脑通讯机房

由电话总机房、话务员室、电脑房和电脑工程师办公室组成。

电话和电脑系统是酒店重要的中枢神经系统，两者合并设计有利于工作联系和对设备的及时维修，如有困难可分设。甚至有总机和话务员室分开的情况，但尽量不要这样做。

位置：尽量设在裙房一、二层，酒店的行政办公区(因电脑房涉及酒店经营数据，安保要求高)，或邻近总台的区域，靠近电话电缆进口一侧。要确保周边环境符合要求：防水、防潮、防尘、防静电、防电场干扰、无振动和噪声、靠近负荷中心、安全适用、维护方便、便于扩充，不宜设在地下层。

与此相关的宽带、无线上网、手机信号全覆盖等设备机房(弱电机房)，最好集中设置在与电脑通讯机房邻近的区域，便于管理，但不宜和电脑通讯机房共处一室，以免不同单位之间相互干扰。

(4) 广播音响和电视机房

两者合并设计或相邻，一般设在与卫星天线接近的顶层。该机房无人值班，但要求防水、防潮、防尘，需设独立空调。

(5) 水泵房

包括生活水泵、生活水池，消防水泵、消防水箱等，如有二层地下室时，可尽量设在负二层。

(6) 锅炉房

包括锅炉、水处理、配电室、油库(如需要)、周转油箱及值班室。如酒店不设洗衣房，可以用热水锅炉，如设洗衣房则需用蒸汽锅炉(图6-20)。

酒店通常使用油气两用锅炉，锅炉四周要留出足够维修空间，保留设备更换时的通道。

必须按规范设置直接通向室外的疏散通道，

表6-3　　每个房间需要的床品数量

	套/房间
豪华型酒店	4~5
中档酒店	3~4

表6-4　　洗衣房用水用汽量

	kg/每公斤床品(干衣)					
热水	50℃	55℃	60℃	65℃	70℃	75℃
	20~33	18~30	16~27	15~25	14~23	13~21
冷水	15	15	15	15	15	15
综合用汽量	2.0~2.4					

表6-5　　每个入住房间的床品重量

	床品重量	备注
豪华酒店	5.9kg	包括客房布草、餐厅布草、客人洗衣、员工制服
中档酒店	4.5kg	同上
经济型酒店	2.7kg	同上

表6-6　　洗衣房的照明

	照明度(Lx)	照明高度(从地面算起)(m)
洗衣区	160	0
干洗、压熨	260	0.8
仓库	160	0
缝补	320	0.8

表6-7 　　　　　　　　　　　　　**洗衣房建筑设计要点**

	设计要点	备 注
面积	约0.85m²/每间客房	取决于洗衣量及设备的先进性和多功能性，通常300间(套)的酒店250~300m²
平面形状	矩形，长宽比不大于1：2，少柱	
净高	不低于4m	未包括管道需要的净空
门	双扇外开门，不小于1200，有180°转角	方便布草车的进出
楼地面	有足够的承载能力及抗振、抗共振能力	
墙面和天花	防水、防潮	
防、排水	应设防水层，面层有1%~2%的坡度通向排水沟	洗衣房的用水量较大，且设备的加水和排水要求时间短，因此应尽量考虑排水沟和结构降板，有些设备(如人像精整机附近)应设置地漏
设备基础	上表面应和地面持平	
其他	采用防滑地砖和白色墙面砖，墙的阳角应设置1.5m高的护角，并应提供设备更新时的出入通道	

并考虑泄爆口位置及对周边的影响。

(7) 热交换机房

与锅炉房相邻。在用水量较大的情况下，尽量采用容积式或半容积式热交换机，即热式热交换器在集中用水时段可能水温不稳定，选用时要慎重。

(8) 制冷机室

位置一般在地下室，应注意隔声、隔振，如使用风冷热泵系统时不需要制冷机室。

(9) 空调机房和新风机房

分层设置，数量较多，裙房一般每层需多个空调机房和新风机房，主楼是否需要每层设置新风机房根据新风系统设计和新风管走向决定。空调机房和新风机房要求靠外墙，应尽量避免占用酒店立面较好的位置，要注意与其他功能区协调，注意与外幕墙的板块排列协调，注意外幕墙的美观。

(10) 排烟风机房和排风机房

一般设在楼顶设备层。排烟风机功率大，噪声、振动也大，虽平时不开(火警时自动开启)，但

表6-8 　　　　　　　　　　　　　**洗衣房的机电设计要点**

	设计要点	备注
进水	设置独立供水系统并提供热水，如水质太硬应加设软化水系统	安装洗衣水处理和再循环系统，至少有一个漂洗水再利用和热回收系统
排水	不要把排水管设在任何设备的下方	便于维修
空调	室内设计温度为15℃左右	在折叠机和熨衣机上方安装带单独温控的定点冷风配送系统
新风	每小时换气15~20次	气流应从干燥区向湿区流动，气流速度不超过0.5m/s
排风	采用机械通风，在散热多的设备(如烘干机、干洗机、压熨机等)上方应设排气罩，由排气管道直接排气，组织好排气气流，保持室内处于负压	干洗机使用有刺激性和毒性的洗涤剂，其通风管道需单独排放
电	所有设备均应安装漏电保护装置，安装接地故障断路插座，禁止安装地插座，配线宜采用铜线穿管暗设	熨烫、修补区设单相两孔和三孔插座2~3个，人像机附近应配有380伏三相四孔插座

需经常保养和测试，因此也要注意隔声和防振。

(11) 消防安保监控中心

设置安保监控电视墙和刻录设备、消防报警主机、电梯运行显示等设备，需有独立的对外出入口，一般设在地面层。有个别地区要求将安保和消防分开设置，似无必要(图6-21、图6-22)。

酒店安保部最好和消防安保监控室相邻或合并设计，因为在发生火警或出现其他紧急情况时，安保部经理需在第一时间到达监控中心指挥。

2. 维修车间

维修车间归工程部管理，宜与酒店工程部、工程部仓库一起形成一个相对独立的区域，并有便捷的通道到达服务电梯、各设备机房和卸货平台。同时，应避免声音、振动和气味干扰客人区域。

酒店工程部维修工的专业分工不是很细，要求是多面手，有的酒店甚至有万能工，重要设备的维修保养一般由设备供应商负责。因此，酒店通常只设木(油)工、机修工(管工)、电工三个车间。

①木工(油漆)车间：面积40m²左右，配置小型木工机械及安全、可靠的易燃品仓库。该区域为防火重点区域，应设烟感报警、消防喷淋等设施，有良好的排风和新风。

②机修(管工)车间：面积40m²左右，配置小型设备及工作台。

③电工车间：面积20~30m²，提供强弱电(包括电视机和灯具)维修。

维修车间净高不宜低于3m。

3. 洗衣房

是否需要设置洗衣房，视当地是否有条件提供在数量、质量和时间上满足酒店布草、制服洗涤要求的服务而定。中等规模以上高星级酒店最好自己拥有一个设备完善、具备湿洗和干洗能力的洗衣房，这对确保酒店服务质量，提高布草使用次数非常重要。

布草洗涤有相当的技术含量，白色布草如床单、被套、枕套、毛巾等，都是客人直接接触和使用的物品，无论新旧，始终保持洁白柔软、散发着清新味道的布草肯定会给客人带来信任和愉悦，也许因此就成为酒店的忠诚客，反之则会影响顾客忠诚度。外包并非一定不能保证质量，但这是把希望寄托在别人手里。况且不设洗衣房固然可以节约一次性投资，但布草集散与客服洗涤功能还是要的，每天的清点、检查、打包、运输也相当麻烦。

洗涤工艺包括水洗和干洗(用挥发性溶剂在密闭容器——干洗机内洗衣)两种，前者适用于床单、被单、毛巾、桌布、衬衫、工作服等棉麻织品，后者适用于西服、大衣、丝、毛织物等高级材料，酒店洗衣房通常必须同时具备这两种能力。

洗涤量可按每间客房每天5~7kg考虑(包括客

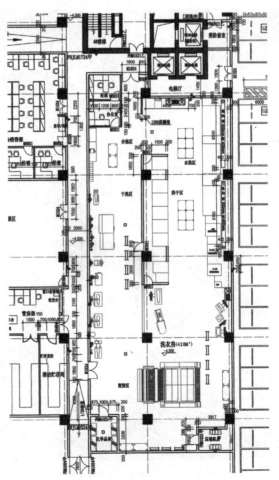

图6-23 规模较大的酒店洗衣房平面布局

房布草、餐厅布草、客人洗衣、员工制服等)。应保持洗涤、脱水、烘干及熨烫能力之间的平衡,一个供参考的数据是:洗涤:烘干:熨烫=1:0.4:0.6。

洗衣房位置一般在地下室布草集散方便之处,布草制服间与其相邻,距锅炉房、变电室、水泵房也不宜太远。洗衣房应远离公共区域和客房,也不要设在上述区域上方,尽量减少噪声、振动和热量对外部的影响。规模较大的洗衣房及设置在酒店内部确有困难时,也可选择酒店附近的适当地点。

洗衣房面积取决于洗衣量及设备的先进性、多功能性,大体上可按0.85m²/间考虑,300间左右酒店一般为250~300m²(一台平熨机)。

洗衣房内部分区:包括脏布草集中分类区、湿洗区、熨烫区、干洗区、整理区、洗衣房经理办公室、洗涤剂仓库等,洗衣房分区和设备布置应使洗衣流程顺畅。酒店洗衣房功能复杂,专业性强,要求由专业公司进行设计并选用高品质设备。

洗衣房主要设备包括:一组全自动洗涤—脱水机(容量递增)、一组烘干机(容量递增)、熨平机、折叠机、各类压平机、全自动干洗机、手工熨台连熨斗、去渍台、人像(精整)机等。其他设备还包括:抽湿机、地秤、空压机、布草车、衣架车、分拣工作台、活动工作台等。由于洗衣房使用大量化学洗涤剂,溅入眼中危害甚大,因此需设洗眼盆以便及时冲洗。

在不设洗衣房(布草和员工制服外洗)的情况下,高星级酒店需设置客服洗涤间,为客人提供快速、可靠的洗衣服务。此时,洗涤机和烘干机均可采用小型设备,但需有干洗设备。

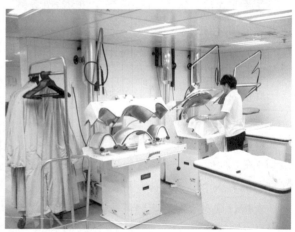

图6-24 酒店洗衣房,右侧是平熨机,为洗衣房最大的设备(上左); 图6-25 洗衣房:烘干机(上右)
图6-26 洗衣房:熨平机和折叠机(下左); 图6-27 洗衣房:压平机(下右)

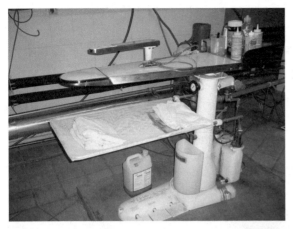

图6-28 洗衣房：去渍台(上)；图6-29 洗衣房：洗眼盆(中)
图6-30 客服洗涤间(下)

表6-3~表6-8提供了洗衣房设计的相关参数和设计要点，供参考。

4. 布草制服间

①位置：邻近洗衣房、员工更衣淋浴间和服务电梯。

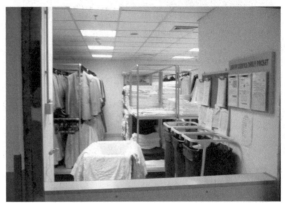

图6-31 布草制服间(上)
图6-32 布草制服间的领用窗口，注意窗口的铝合金卷帘(下)

②面积：60~80m²。

③主要功能：布草存储和发放，员工制服分发和缝补(图6-31)。

④布草、制服领用窗口：宽2000~3000，内侧有800~1000宽的工作台，外侧走廊可局部加宽，设铝合金卷帘(图6-32)。

⑤主要设备：储存架、挂衣架、缝纫机、商标机等。

5. 酒店的主要仓库

①酒店总库：约100~200，一般位于地下层，有便捷的通道联系卸货平台和服务电梯。

②餐饮仓库：包括酒水库、干货库、器皿库、银器库(可选)等，一般设在地下层接近厨房电梯(或服务电梯)的位置或主厨房附近。

③家具库：设在餐厅和功能区附近。

④客房部仓库：与客房部办公室相邻。

⑤维修备件库：与工程部办公室相邻。

四、案例分析：地下层的后勤区

案例(1)

图6-33分析：

①服务电梯的位置是后勤区域布局的关键之一，因为向前区提供的所有服务均需通过服务电梯实现。该案的主楼服务电梯在平面中部，厨房电梯在左下方。因此，地下一层后勤区域的布局基本上是围绕这两组服务电梯展开。

②左侧从上到下分为三组：上区主要以客房部及其邻近的主楼服务电梯为中心，包括洗衣房、布草间、和客房部仓库，因为这些部门属客房部管理且与客房层关系密切；中区是粗加工、冷库、干货库和酒水库，它们与各餐厅厨房、卸货平台和垃圾房关系密切，需和厨房电梯相邻；下区是员工餐厅、男女更衣淋浴间和医务室，应靠近员工入口，而该案的员工入口是经与厨房电梯相邻的疏散楼梯下至地下室。

③右侧集中了主要的设备机房，因此工程部及其维修车间安排在同一侧。

④人力资源部经常有应聘者前来联系和面试，因此安排在距主楼的客人电梯、服务电梯和疏散楼梯不远的位置。

⑤尽管各部门距两组服务电梯的位置远近不一，但整个后区通道净宽最窄之处也有2m，交通便捷。

⑥此案体现了后区设计的基本要求和规律，但大部分酒店为后区设计所提供的条件不会如此理想，情况会困难得多，需因地制宜进行布局。

⑦行政办公区在裙房，不在地下一层。

案例(2)

图6-34分析：

①由于要解决客人从地下车库直接进入酒店公共区域的问题，客人通道与地下一层的后区进

行了区隔，但又保证了后区内部的联系，处理比较成功。

②员工区域集中在后区平面下方，接近员工入口。

③该案例不在酒店内部设洗衣房，因此在后区上方安排了外洗布草集散处，并设置了"客服洗涤"(一个以干洗为主的小型洗衣房，60~80m^2)，以确保客人紧急洗衣的时间和质量。

④为减轻各厨房的食品加工压力，粗加工间和冷库的设施较完善，面积也较宽敞。

⑤人力资源部位置在员工餐厅附近，方便员工联系，使员工有亲切感，除医务室外，旁边还有一个小小的吸烟室。

⑥培训教室总是靠近人力资源部。

⑦客房部和布草间距主楼服务电梯(中间两部)和员工更衣淋浴间稍远，但与外洗布草集散处较近，因此可以接受。

⑧工程部和维修车间同样接近主要的机房，距主楼服务电梯也不远。

⑨左下方两部电梯是厨房电梯，与粗加工间和冷库的联系很方便。

案例(3)

图6-35a分析：

①本案是一个规模较大，体型较复杂的酒店，由于笔者手头没有最后的正式图纸，只能提供一组当时为其修改(实际上是重新布局)时的草图，虽然看起来有点费劲，但主要思路还是可以交代清楚的，从中也可体会真实的工作情况。

②主要的后勤区在地下一层，但由于卸货平台只能设在地下二层车库，因此选择了服务电梯集中(3部)、且有厨房电梯的区域，并将粗加工间、冷库都集中在卸货平台区、垃圾房也在卸货平台一侧，构成一个相对独立的区域，这样的安排在酒店后区并不多见，具体设计见图6-35b。

③大部分酒店的平面不会像案例(1)和(2)那么规整和理想，后区设计需根据各酒店的具体情况灵活处理，本案即是一例。

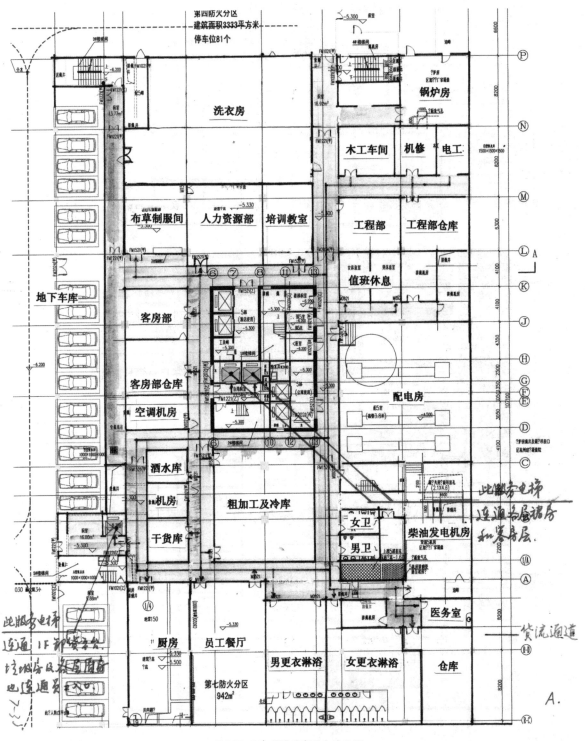

图6-33 后勤区域的布局和流线(1)

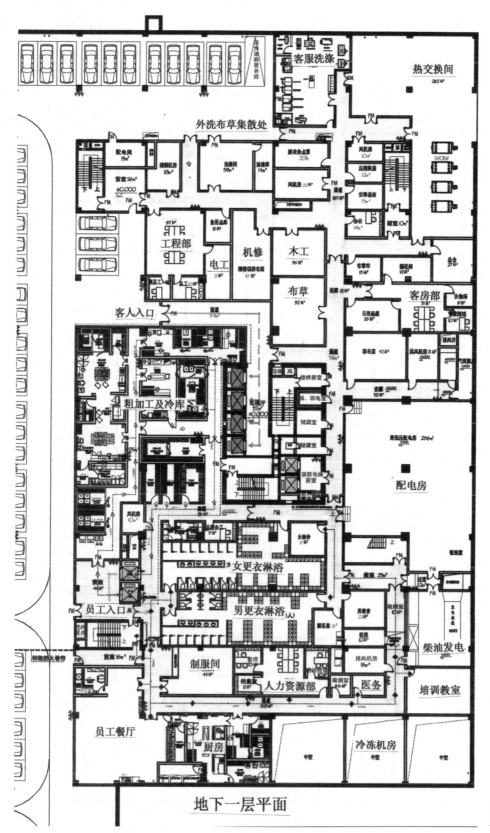

客服洗涤

热交换间 262㎡

外洗布草集散处

配电间 15㎡

接驳机房 18㎡

油漆间

油漆库 14㎡

脏衣务点室 20㎡

风机房 22㎡

风机房 10㎡

压缩机室 12㎡

化学品室 13㎡

办公 14㎡

前室 10㎡

工程部

机修

电工

维修保养车间 17㎡

木工 59㎡

布草车 15㎡

绣花间 15㎡

布草 92㎡

总仓 25㎡

客房部

失物库 9㎡

日用品室 25㎡

客人入口

粗加工及冷库

排烟风

接驳前室

下 上

电梯厅 92㎡ ±0.000

储藏室

健身室

电梯间、弱电室

弱电室 42㎡

排风井

采购员办公室 10㎡

金库 52㎡

消防电梯前室

配电房

高低压配电房 256㎡

风机房 10㎡

前室 44㎡

员工入口

女更衣淋浴

办公室 9㎡

大堂吧 17㎡

男更衣淋浴(人)

娱乐室

男卫生 22㎡

机房 10㎡

排风机房 10㎡

前室 25㎡

过道 12㎡

休息室

吸烟室 10㎡

柴油发电

制服间 44㎡

档案室 5㎡

人力资源部

吸烟室

医务

排风机房 10㎡

培训教室

员工餐厅

厨房

中空

冷冻机房 中空

中空

地下一层平面

图6-34 后勤区域的布局和流线(2)

206

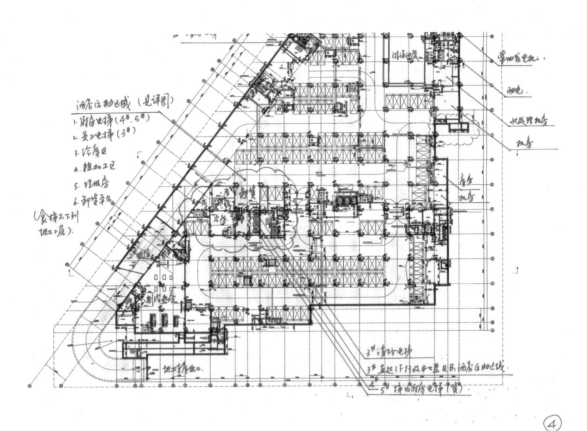

图6-35a 地下二层的卸货平台

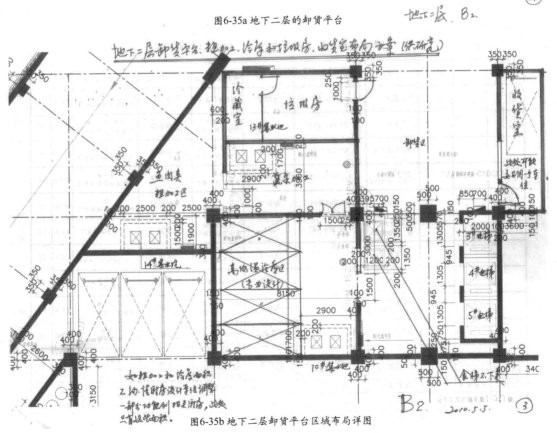

图6-35b 地下二层卸货平台区域布局详图

207

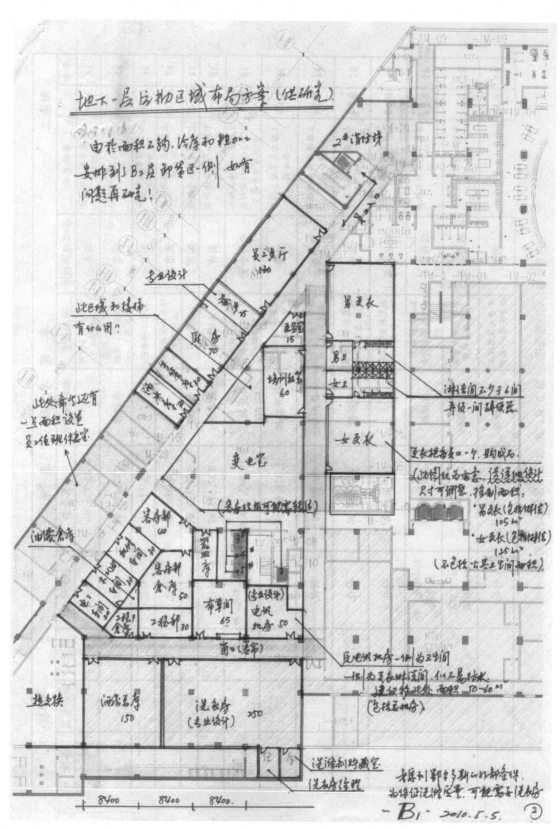

图6-35c 地下一层：主要的后勤区

208

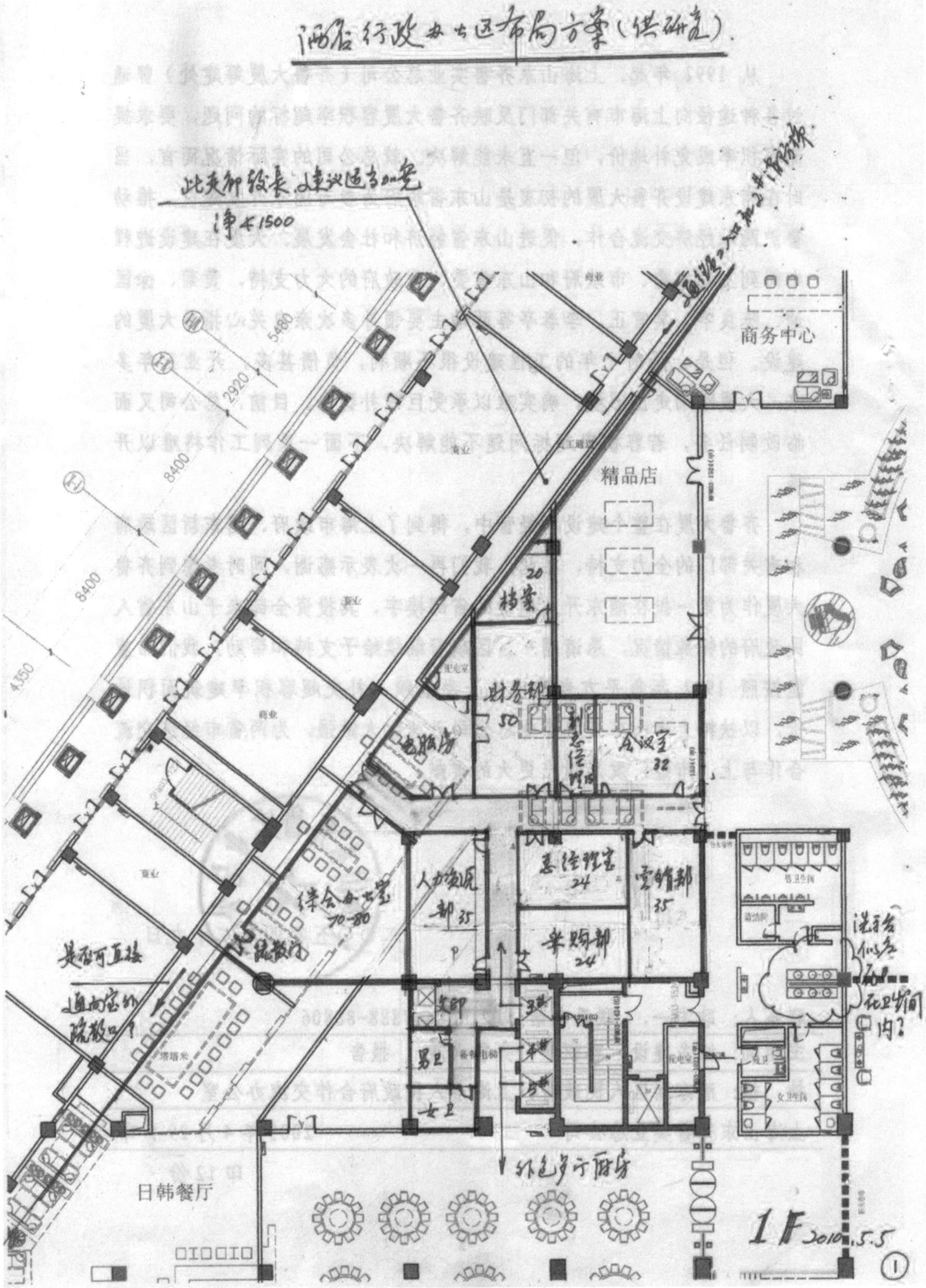

图6-35d 一层酒店行政办公区

209

图6-35b分析：

①可以感到面积的不足，但业主方需尽可能多地保留车位，暂时只能给这么多，将在厨房设计介入后再进一步商议。

②3#电梯直达一层酒店行政办公区及地下一层酒店后勤区域，4#、5#电梯是厨房电梯，没有这3部电梯此方案不成立。

③设置了一个收货室。

图6-35c分析：

①注意3#、4#、5#服务电梯的位置，主楼有一部服务电梯(3#消防电梯)在右侧不远处，客房部员工可经此电梯到达客房层。该区域的下方(地下二层)即图6-35a，b的卸货平台。

②注意员工入口的电梯(2#消防电梯)和楼梯都在该图的最上面，因此员工餐厅、员工更衣淋浴和医务室等均在此区。

③下面是客房部、客房部仓库、洗衣房和布草间，工程部和维修车间也在此处，但很局促，还有部分功能(如值班休息室)尚需要增加一点面积。

④主楼服务电梯送来的客房垃圾需经3#、4#、5#电梯转运至地二层垃圾房。

图6-35d分析：

① 注意3#电梯进入了酒店行政办公区，而4#、5#电梯反向进入外包餐厅厨房。

②总经理室是行政办公区中心，最核心的办公室是财务部、人力资源部、营销部，采购部属财务部领导，电脑房有酒店的核心机密，最好也设置在行政办公区。

③办公区的大门开向一层公共区域，距客用电梯不远。

④业主方能提供这么一个区域给酒店管理公司作为办公区很不容易。

第七章 电梯、自动扶梯选型和配置

酒店流线由水平交通和垂直交通组成，水平交通为一系列的走道和过厅，垂直交通包括各类电梯、自动扶梯和室内楼梯——如大堂的景观楼梯、行政层的内部楼梯及消防疏散楼梯等，客人主要依靠电梯和自动扶梯。

电梯和自动扶梯各有所长，电梯占地面积少，速度较快，适合在长距离内输送有限数量的客人。自动扶梯占地面积多，速度较慢，但其输送能力是电梯的十几倍，适合在短距离内输送大量客人。做好电梯和自动扶梯的选型和配置，发挥各自的长处，是提高酒店垂直运输能力的关键。

对酒店而言，电梯当然处于主要地位，但在很多场合，如多功能厅、宴会厅和大型会议区、大型餐饮区，自动扶梯有其独特优势。

一、电梯

1. 酒店电梯的基本分类

(1) 从功能上分，酒店电梯大体有客用电梯、服务电梯和消防电梯三类。高层酒店的电梯还可根据其服务范围分为客房电梯和裙房电梯两种(表7-1)。

顾名思义，客房电梯主要为客房层服务，其停层一般包括酒店的所有层(包括裙房)。裙房电梯仅为裙房层(主要是公共区域)服务，不到客房层。无论是客房电梯还是裙房电梯，都会有一部分到达地下层。

服务电梯与消防电梯功能不同，服务电梯主要用于酒店员工上下和酒店物品(包括垃圾)运送，消防电梯是在发生火警、其他电梯全部停运时继续保持运行状态，供消防人员抢险灭火时使用。消防电梯通常和服务电梯组合在一起(平时当服务电梯使用)并与之实行群控。需要注意的是：消防电梯的位置、数量和其他要求均需符合我国《建筑设计防火规范》和《高层民用建筑设计防火规范》的相关条文。

(2) 从速度上分，酒店电梯大体可分四类(表7-2)

要根据电梯的服务高度合理选择电梯速度，如果服务繁忙而电梯速度过低，客人等候时间会太长，反之又会使电梯潜能发挥不出来，白白增加了造价。一般来讲，低层酒店可选用低速电梯，5~12层的酒店可选用中速电梯，13层以上的酒店应选用高速电梯，其中高度在100m以内的酒店选用2.5m/s的电梯较为适宜。

超高层酒店的电梯速度还需提高，可达到6m/s左右甚至更高，在建的高度为632m的上海中心(锦江J.HOTEL,84~110层)共有106部电梯，其中最高速电梯达18m/s，超过了台北101大厦的16.8m/s。但随着电梯速度的提高，电梯造价也会大幅增加，应根据实际需要进行测算并合理选用。

(3) 从载重量分，酒店常用电梯主要有1000kg、1350kg、1600kg三种，小于1000kg和大于1600kg的电梯都不常用，2000kg的电梯基本上仅用于货梯(表7-3)。

表7-1　　　　　　　　　　　　　　　酒店电梯的功能分类

分类	细分	用途
客用电梯	客房电梯	全程停靠，主要为住店客人服务，应注意保障客房层的安全
	裙房电梯	仅在裙房层停靠(必要时停靠地下层)，主要为社会客人服务，以减少对客房电梯的影响，尤其在餐饮、会议、康乐规模较大时设置
服务电梯	客房服务电梯	全程停靠，至少有一部停靠地下室
	裙房服务电梯	仅在裙房层停靠，主要为裙房各层的厨房提供垂直运输能力，需连通地下层，尤其是卸货平台、粗加工和冷库区
消防电梯		各层停靠，符合消防规范要求

表7-2   酒店电梯的速度分类

分类	速度(m/s)	适用层数
低速电梯	0.75~1.0	2~4层
中速电梯	1.75~2.0	5~12层
高速电梯	2.5~6.0	13层以上，其中建筑高度100m内建议采用2.5m/s
超高速电梯	6.0以上	根据实际情况决定

表7-3   酒店电梯的载重量分类

载重量(kg)	适用范围	备注
1000	规模较小的经济型酒店	①服务-消防电梯尽可能大一档
1350	中档酒店和中等规模的酒店(200-300间套)	②客用电梯宽面向厅门，服务电梯窄面向厅门
1600	豪华酒店和规模较大的酒店	

高星级酒店对舒适度要求较高，轿箱里客人不能太拥挤，尤其是夏天，客人衣着较单薄，不能让客人靠得太近。况且客人一般都带有行李，颇占地方，因此，不能简单根据电梯厂家提供说明书内的核定载客人数确定电梯载重量(况且轿箱装修还要占用一点负荷)，而是要适当增加一些。一般来讲，中等规模及以上的酒店，无论是客梯还是货梯，应尽量采用1600kg载重量，有困难时至少需达到1350kg，不宜采用1000kg等级。因为即使运力已够，轿厢过小也会影响酒店档次，要注意国际酒店管理公司不接受小于1600kg的电梯。服务电梯可能要运送大件设备和家具，载重量和轿箱的尺寸应选得更大一点，必要时可选用2000kg。

(4) 三种酒店常用的特殊梯型

一种是观光电梯，用于外部景观优美的方向，能吸引客人和提高酒店档次，尤其能为酒店夜景增光添彩。多用在高层酒店主楼(外部或中庭)，也有仅用于裙楼的。根据轿厢前部形状，观光电梯有矩形和弧形两种，可根据设计要求选用。观光电梯速度较慢(要考虑客人的视觉舒适度)，造价较高，是否采用需根据酒店实际情况慎重决定。同时要注意观光电梯与普通电梯的速度不同，两者不能实现群控，对运能有一定影响。

另一种是医疗电梯(病床电梯)，其特点是在轿厢短边两头开门，在特殊情况下无法做到电梯各停层开门方向一致时可以采用。但多用于服务电梯，客梯很少采用，因给人感觉档次不高。

第三种是无机房电梯，这是近年发展起来的一个新型梯种，其特点是将主机、控制柜及限速器等设置在井道内或镶嵌在层站井道壁处，采用永磁同步无齿曳引技术，从而去掉了机房，在设置机房有困难时可以采用。但这种电梯存在噪声、振动、舒适感较差、维修困难等问题，有些产品不够成熟，需在选用时注意。

2. 客梯配置

(1) 客梯布局

酒店客梯包括客房电梯和裙房电梯两种，作用不同，需合理布局。

①客房电梯　客房电梯是酒店的核心电梯，其位置选定涉及酒店各功能区域的分布及流线安排，应综合考虑诸多因素。

对高层酒店而言，主要应考虑其在客房层和底层(即大堂层)的位置。当主楼(客房层)为板式时，电梯厅通常位于中部，垂直于客房走廊，大体占用一个开间(即两个标准间)的面积(包括电梯井)。主楼为塔式时，一般设在核心筒内。在底层,电梯厅与主要出入口的距离通常控制在30m左右,不宜过远,但也不应就在门口,同时最好位于总台看得见的位置,便于客人到达,且不走回头路。如位置过于隐蔽,客人寻找大费周折,对酒店形象不利。在客房层,要注意防止电梯运行时噪声对客房的影响,电梯井不宜与客房相邻。

客房电梯位置的确定,实际上也是主楼和裙房相对位置的确定,涉及全局,需要慎重。

客房电梯无论数量多少,无论是单排还是双排,无论高低区如何分配,都以集中设置为好,以便进行群控,同时便于在必要时临时进行停层变动。

②裙房电梯 裙房电梯(指客梯)主要用于社会客人集中的公共区域,如餐饮(包括婚宴)、会议、娱乐区域。因社会客人不住店,不宜多占客房电梯的运能,同时参加这类活动的人流较集中,在规模不太大的情况下,在裙房设置专用电梯能有效解决其进入和疏散问题,减少社会客人对客房电梯乃至大堂和客房层的影响。

裙房电梯应设专用电梯厅和专用出入口。

裙房电梯有占地面积小、速度快、造价不高等优点,同时因无机房电梯的出现,在很多酒店取代了自动扶梯成为设计的首选。尤其在一些改造项目可以见缝插针,有效缓解裙房区域运力不足的问题。

在可能情况下,裙房电梯应成组设置(至少两台),以便留出维修保养时间。同时,一组裙房电梯如能上下贯通,实现群控,同时解决几层公共区域的问题,效率会更高。

(2) 客梯数量

很多资料上都有客梯数量的计算方法,基本上用单位时间输送能力和平均等候时间两项指标确定,通常规定每5min应能运送不少于8%~12%的客人以及客人的最长等候时间不能超过40~45s。

因计算需要的参数不易确定,可变因素多,计算过程复杂,算出来的数字也不一定完全符合实际情况。据笔者经验,每70~100间客房设置一台客梯(1350~1600kg)的估算方法基本可行,至少可以和计算值互为参照和印证。在客梯载重量较大、运行速度较快、裙房公共区域社会客人数量不多(或另有裙房电梯或自动扶梯)时,每台电梯所服务的客房数量可取高值,反之取低值。

超高层酒店的客房电梯按运行高度进行分区对提高电梯运行效率有利,因电梯行程越长、停层次数就越多,电梯速度发挥不出来。一般的超高层酒店可分为高、低区,客房和电梯数量特别大的超高层酒店也可分为高、中、低三区,如此可缩短电梯行程,提高电梯运行速度。

很多酒店在地下层设有停车场,甚至在地下层设置餐饮、康体等公共区域,此时,应根据需要将一部分客梯的停层延伸至地下层。

考虑到电梯的重要性,建议在可能情况下,尽量选择较好的品牌和在数量上采取较宽松的选择。

(3) 客梯的若干技术要求

①电梯庭门:电梯庭门的门洞尺寸取决于所选电梯型号,一般宽度为1.1m,高度为2.1~2.4m,立式双开门。

不同品牌和型号的电梯,对电梯井筒的建筑要求不同(包括井道尺寸、机房形式、尺寸及地坑尺寸等)。业主应提前决定电梯品牌和型号,并把相关资料提供给设计师作为设计依据。一旦设计定型以至结构完成,再要改动难度极大。

电梯庭门的配件式样,包括呼叫按钮、指示灯(显示电梯上下和轿厢位置)的式样,通常由内装设计师决定。必要时,应考虑盲人使用的楼层指示牌(盲文)。

②轿厢:相同品牌、相同速度和载重量的电梯,其轿厢一般有多种选择。应尽量考虑宽大一点、高一点、舒适度较好的型号。同时,客梯必须在轿厢的宽面开门,因进深浅的轿厢客人进出较为方便。

轿厢门的两侧均需安装控制板,以方便客人触摸按钮。至少有一个轿厢应设置残疾人专用控

每层面积(m²)	数量	备注
不大于1500	1	①尽量选择服务电梯并与其他服务电梯群控 ②尽量不要选择客梯
大于1500 但不大于4500	2	
大于4500	3	

表7-4　　　　　　　　　　　　　酒店消防电梯的数量

注：表中数字摘自《高层民用建筑建筑设计防火规范》(JB/T14308-2010)

制板。

高星级酒店有时会在轿厢里设置读卡机，以控制非本层客人进入该层。此举肯定有利于客房层安全，但也为住店客人间的合理联系带来一定麻烦，因此，大部分酒店仅为行政层设置这样的读卡机。

轿厢里需设置安保监控摄像头、背景音乐、火灾报警扬声器和空调，非开门的三面均要设置扶手。

轿厢内装饰应由专业设计师负责，要注意由此增加的荷载和保持轿厢运行时内外气流的通畅和气压平衡。

3. 服务电梯和消防电梯

(1) 服务电梯

服务电梯也分为客房服务电梯和裙房服务电梯两种，其基本要求与客梯类似。

每个酒店至少要设置一部客房服务电梯，超过200间客房的酒店，应设置两部或两部以上客房服务电梯，而且至少有一部要通到地下层员工区域。

很多酒店还需在裙房另设裙房服务梯。尤其是餐饮和宴会规模较大的酒店，还需设置洁污分开的厨房电梯(至少两部)，以便与卸货平台、垃圾房及通常设在地下层的粗加工间、冷库、酒水库、干货库和员工区域建立便捷联系。同时在主厨房、宴会厨房之间以及主厨房和其他厨房、备餐间之间，也可能有密切联系需要厨房电梯。在厨房和餐厅不同层的情况下，甚至需要直接使用厨房电梯传菜和回收脏盘子。

由于卫生防疫要求和流线问题，不宜使用主楼的客房服务电梯作为厨房电梯。

与升降梯(食梯)不同，厨房电梯的电梯厅门不宜直接开向厨房，而应开向邻近厨房的服务走廊，并设置专用电梯厅作为过渡空间，以方便各厨房和裙房的其他员工共同使用。同样，主楼的服务电梯，也不宜把厅门直接开向层服务间(布草间)，而应设置服务电梯厅。

(2) 消防电梯

消防电梯的数量见表7-4。

消防电梯宜分别设在不同的防火分区内，并应配置不小于6m²的前室。《高层民用建筑设计防火规范》(GB 50045—2005)(以下称《高规》)要求其载重量不应小于800kg，但酒店宜采用与服务电梯相同的型号，以便平时用作服务电梯。消防电梯的数量和其他要求均应符合《高规》的规定，在此不一一列举。

消防电梯与服务电梯、疏散楼梯合用前室(不小于10m²)是合理的安排。

在消防灭火的过程中，可能会有大量水和水蒸汽流入消防电梯井道，从而对井道内的设施和线路带来很大影响，甚至因电器故障导致消防电梯不能运行。因此，在消防电梯井底设排水设施及容量不小于2m³的排水井等措施必须到位。如排水有困难，消防电梯可以不到地下层。

尽管《高规》允许"消防电梯可与客梯或工作电梯兼用"，高星级酒店仍不宜将消防电梯用作客梯特别是与其他客梯群控。因如此一来，客用电梯厅需按消防前室处理并设置防火门，在一定程度上将给电梯厅的美观带来一些问题，由于防火门事实上处于长开状态，还需为防火门设置在火警发生时可联动的自动闭门装置。

表7-5 **自动扶梯的理论输送能力**

人/(h)	速度m/s		
	0.5	0.65	0.75
宽度600mm	4500	5850	6750
宽度800mm	6750	8775	10125
宽度1000mm	9000	11700	13500

注：摘自朱德文、牛志成著《电梯选型、配置与量化》

二、自动扶梯

自动扶梯在酒店中基本处于辅助地位，在某些情况下又是最佳选择。

自动扶梯运行速度一般为0.5m/s，但它是连续运行的，客人不需等候时间，因此短距离内运送效率很高，特别适用于裙房里有较大规模宴会和会议的区域。较常见的是采用双台平行排列、坡度小于40°、梯级宽度为1000的双人梯，特殊情况下也可采用600宽的单人梯(表7-5)。

有时因特殊需要会设置长程自动扶梯，如从底层直达三层的宴会厅，不仅可提高效率，也很有气势。

设置自动扶梯需较大的面积，且自动扶梯的装饰性不强，酒店里的自动扶梯通常不占有大堂重要位置，而是偏于一隅，其位置一般在大堂一侧，但设计得好也可成为大堂一景。酒店自动扶梯很少采用交叉连续布置的配置排列。

图7-1 美国拉斯维加斯一家酒店的豪华自动扶梯(上)；图7-2 上海东锦江逸林酒店位于酒店入口一侧的自动扶梯(下左)
图7-3 上海由由喜来登酒店大堂的自动扶梯(下右)

第八章 若干消防、机电问题

本章无意对酒店消防、机电设计进行系统叙述，这超过了笔者的能力(尽管这类书现在很需要)。仅因长期接触很多酒店项目，经常在酒店设计中遇到一些消防、机电方面的问题，研究(包括向有关专家请教)后感觉有所得，因此从中选择一些常见的、与酒店关系较为密切的问题作一些探讨，供酒店投资方、酒店设计师、酒店经营管理人员和其他读者参考。

一、消防设计问题

消防涉及安全，是酒店设计的重中之重，国内外皆如此。业主方、设计师和酒店管理公司对此都不敢掉以轻心。不过在设计图纸中，仍会出现各种问题。主要原因有以下几个：一是有些设计师对我国各类"消规"条文理解不够或设计疏忽；二是我国的各类"消规"本身有不够明确或自相矛盾之处；三是业主选择了国际酒店管理公司，而国际品牌的某些消防要求高于我国现行"消规"。

为分析问题，本章需直接引用一些规范条文。

1. 防火分区和安全出口

防火分区的划分，对于酒店出现火灾时限制火势蔓延，减少损失极其重要。《高规》对防火分区有明确规定，一类建筑每个防火分区建筑面积不应超过1000m²，设有自动灭火系统时可增加1.00倍至2000m²(商业营业厅、展览厅4000m²)。此条概念明确，规定面积对于高层酒店主楼(主要是客房层)而言，一般是足够的，需要划为两个防火分区的情况不多。至于多层酒店，防火分区面积最多可达5000m²，就是另一个概念的问题了。

问题在于裙房(指"与高层建筑相连的建筑高度不超过24m的附属建筑")。由于酒店裙房

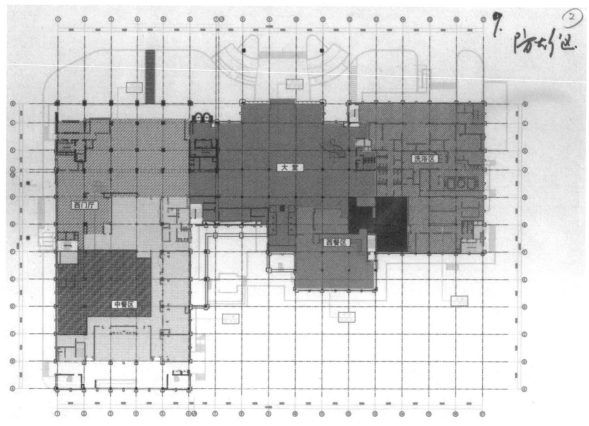

图8-1 某酒店底层的防火分区图

包含了大部分公共活动区域，面积一般每层在4000～6000m²甚至更多，功能分区和流线组织也比较复杂。如按高层建筑考虑通常在酒店裙房需设两个或两个以上防火分区(图8-1)。由于防火分区对防火墙、防火卷帘、防火门设置等有一系列要求，有时对裙房布局会带来一定困难，这是难以避免的。虽然《高规》5.1.3允许将裙房的防火分区扩大至5000m²(有自动喷水灭火系统)，但不能忽视此条中"当高层建筑与其裙房之间设有防火墙等防火分隔设施时"这个条件。由于在高层建筑主体投影线上设这道防火墙对裙房平面布局影响很大，实践中大部分设计还是采用设置多个防火分区的方案。

如酒店设计中出现中庭，则须执行《高规》5.1.5条的规定。不过究竟何谓中庭？至今未见有规范明确其定义。

楼梯间、消防电梯、防烟前室的面积，须计入防火分区面积。但位于地下室"溜冰场的冰场、游泳馆的游泳池、射击馆的靶道区、保龄球馆的球道区"可不计入(《人防防火规范》4.1.3条)。

高层酒店每个防火分区的安全出口不应少于两个，且相邻安全出口间的距离需≥5m。位于地下、半地下相邻防火分区之间隔墙上的防火门一般可用作第二安全出口，但对地下汽车库规范尚无明确规定，且存在争议，故在设计时要慎重且应听取当地消防部门意见。至于酒店的地上部分，《高规》6.1.1.3条规定仅在两个防火分区面积之和不超过1400m²时，方可将两个防火分区防火墙上的防火门用于第二安全出口。由于酒店一般均设置自动喷水灭火系统，每个防火分区的面积可达2000m²，因此此条并无多大意义。

建筑的扩初设计需经当地消防部门批准，因此不会出现大的消防问题。但随着内装设计和其他专业设计的介入，裙房的功能布局和流线不可避免会出现或多或少的变动，防火分区也会随之被打乱，需反复调整。在调整范围和难度都比较大时，应在有关设计师之间协商解决。总之，参

与酒店设计的各专业(尤其是内装设计)在考虑本专业需要时，要时时顾及防火分区这个可能牵一发动全身的问题。在内装设计完成后，需再一次送消防部门审查。

2. 安全疏散

酒店的安全疏散要注意以下几个问题：

(1) 两个安全出口之间的距离

《高规》和《建筑设计防火规范》GB50016-2014(以下简称《建规》)均规定不应小于5m。

这里指的是门和门之间的净距。除多功能厅、宴会厅等大空间外，在酒店还有很多房间面积会超过《高规》6.1.8条的规定，需设两个安全出口。有时要做到这一点会出现困难，如有些面积超过60m²的会议室、带卫生间和服务间的餐厅包房等，当面向走道的一面墙长度较短时，经常就做不出5m来。此时需适当调整平面，并可利用餐厅包房的传菜门作为第二安全疏散口。另外，公共区域的游泳池、更衣室，员工区域的员工餐厅、更衣淋浴间等房间也需注意这个问题。

(2) 最大安全疏散距离

对高层酒店而言，位于两个安全出口之间的房间从房间门至最近的外部出口或楼梯间为30m(多层酒店为40m)，袋形走道两侧或尽端的房间为15m(多层酒店为22m)，这里指的也是净距。《建筑设计防火规范》(GB 50016-2006)(以下称《建规》)表5.3.13还规定，当建筑物内全部设置自动喷水灭火系统时尚可增加25%，但《高规》无相应条文。因此高层酒店不能采用。

很多方案在某些房间的最大疏散距离上出现问题，在客房层，尤其在袋形走道的尽端房间会出现问题，有时仅仅因为差1、2m需大费周折地改变门的位置。

丁字形走道，即在连接两个安全出口的主走道上，又有与其相通的袋形支道。如何计算该袋形走道两侧或尽端房间的安全疏散距离，也是酒店设计中经常遇到的问题。《高规》与《建规》

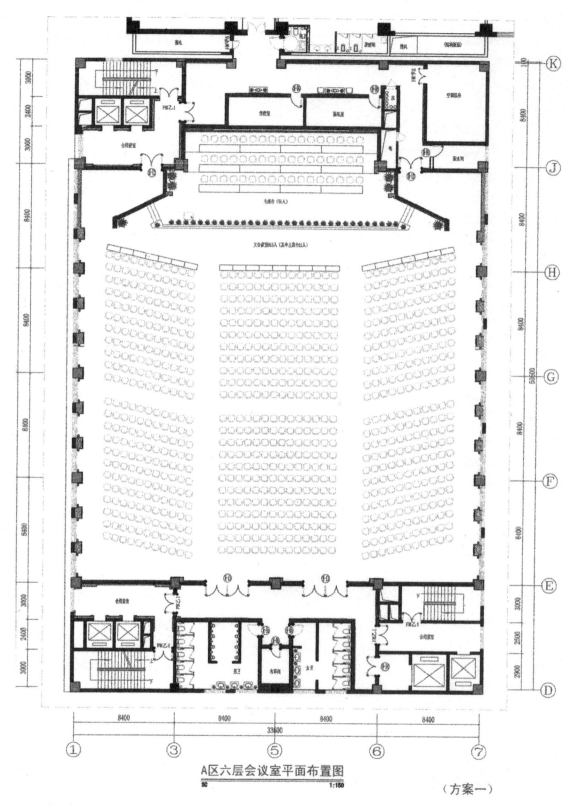

A区六层会议室平面布置图

SC 1:150

（方案一）

图8-2 某酒店位于裙房6层的会议厅，三部疏散楼梯总宽度不到4000，而座位数近900个。同时，会议厅面积远超400m²，应复核裙房建筑高度是否超过24m

均未给出计算方法，但《建筑设计资料集》(第二版)第一册112页有图解，如当地消防部门同意，可按下式计算。

$$a+2b \leqslant c$$

式中：

a——主走道与袋形支道中心线交点至最近安全出口的距离，m；

b——袋形支道两侧或尽端房间疏散门至上述交点的距离，m；

c——位于两个安全出口之间的疏散门至最近安全出口允许的最大距离，m。

(3)室内疏散距离

《高规》6.1.7条规定："高层建筑内的观众厅、展览厅、多功能厅、餐厅、营业厅和阅览室等，其室内任何一点至最近的疏散出口的直线距离不宜超过30m，其他房间内最远一点至房门的直线距离不宜超过15m。"这一条很重要但有时会被忽视。

(4)疏散宽度计算

《建规》和《高规》对走道、每层疏散楼梯的总宽度和疏散楼梯的最小净宽度、疏散楼梯间及其前室门的净宽度以及首层疏散外门的总宽度均作了明确规定，基本上疏散净宽度最大值为1.00m/100人。关键是要准确计算每层的实际人数，尤其是人员密集的宴会厅、会议厅、多功能厅所在层的疏散人数更要认真计算。一般可根据《全国民用建筑工程设计技术措施(规划·建筑·景观)》2009年版表2.5.1反算出使用人数，再按层汇总需要疏散的总人数。由于该表为正常使用情况下房间的合理使用人数，与消防疏散的最不利人数有所差异，因此需获得消防部门的认可。另外国际酒店管理公司的计算参数和要求与我国不尽相同，需与之协调。

疏散楼梯的宽度和数量取决于所需要的疏散总宽度，在设计中疏散楼梯宽度及数量不够的问题不是个别现象，图8-2即一个明显例子。

3. 疏散楼梯间和前室

(1) 疏散楼梯间首层出口

疏散楼梯到首层后应如何通往室外，是酒店设计中又一个重要但有点使设计师困惑的问题。《高规》6.2.6条要求疏散楼梯间在"首层应有直通室外的出口"，但该条说明又指出"允许在短距离内通过公用门厅"，不过未给出距离值。《高规》6.2.2.3条规定："楼梯间的首层紧接主要出口时，可将走道和门厅等包括在楼梯间内，形成扩大的封闭楼梯间，但应采用乙级防火门等防火措施与其他走道和房间隔开。"同样没有给出面积和距离方面的要求，且没有明确规定"房间"的含意，仅在"说明"中要求"这个范围应尽可能小一些"。《建规》的相关条文与此类似。

笔者曾在某酒店项目与设计师多次讨论过疏散楼梯首层出口问题。最终在"扩大的封闭楼梯间"中仅保留了一个公共卫生间而去掉了其他房间，疏散距离约20m，消防审查获得通过。在其他项目中有时遇到疏散距离较长、疏散楼梯间到疏散出口需经过大堂或其他公共区域且没有严格形成"扩大的封闭楼梯间"等问题，也会提醒设计师注意，但究竟如何把握，似还需进一步研究。

在尚无统一且明确的规定时，以下做法应该可取：

①疏散楼梯间或前室直接向室外开门，这是首选且最可靠。

②经过门厅或走道通向室外，其距离经当地消防部门同意即可。《高规》6.3.3.3条规定消防电梯间前室在首层可通过长度≤30m的通道通向室外，合用前室似可采用。

③形成扩大的封闭楼梯间或扩大防烟前室，并经当地消防部门批准。

(2) 两个相邻的防火分区不能合用一部疏散楼梯

此问题并不多见，但笔者还真在某五星级酒店的裙房方案中遇见了一次。当时发现有一道防火卷帘设在一部疏散楼梯入口墙的正中，两边各

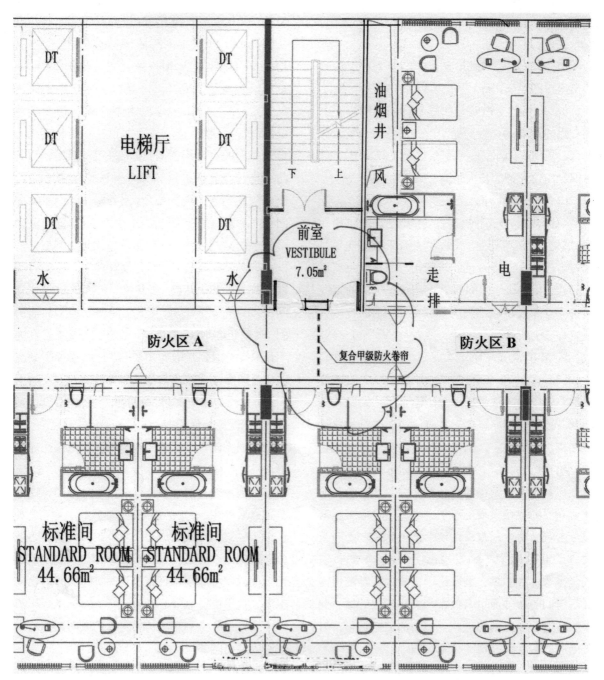

图8-3 两个相邻防火分区共用一个疏散楼梯的案例

开了一个门，通向两个不同的防火分区，且每层如此(图8-3)。笔者感觉可能有问题，即向设计师提出，设计师的解释是由于两个相邻的防火分区不大可能同时发生火灾，因此可在防火墙处设置疏散楼梯间，分别向两个相邻的防火分区开设防火门，供两个防火分区"合用"。

由于某些原因，笔者未能继续跟进该项目，因此不知后来改了没有。但为此问题曾查阅了一些相关资料，结论还是不可以，因为没有任何规范可依据。

(3) 防烟前室的"门、窗、洞口"和疏散门

《高规》第6.2.5.1条规定："楼梯间及防烟楼梯间前室的内墙上，除开设通向公共走道的疏散门和本规范第6.1.3条规定的户门外，不应开设其他的门、窗、洞口。"

如何理解此条规定？存在两个问题。一是"门、窗、洞口"指什么？二是疏散门是否必须开向公共走道？

关于第一个问题，有不少酒店的设计方案中将一些房间的门(包括功能性房间、设备用房和管道井门)开向前室，明显不符合此条规定。另外，电梯厅门实际上也属"洞口"，因此普通电梯不应布置在防烟楼梯前室内，除非是消防电梯。但此时防烟楼梯前室应按合用前室处理，即其面积应不小于10m²。如前室中有多台电梯，仅将其中一台设置为消防电梯也是不妥的。

第二个问题主要发生在大空间。为更快地疏散在多功能厅、宴会厅、会议厅集中活动的客人，很多设计将前室的门直接开向这些大空间或大空间的序厅，并不经过公共走道。

如此处理应可接受。理由是：其他房间和管道井的门确实不能直接向楼梯间和前室开门，但并不能据此推论楼梯间和前室的疏散门仅能开向公共走道而不能开向大空间的厅堂，这种理解似违背了疏散路径应明显和直接的原则。《建规》的7.4.2-3条及7.5.3-5条中就没有楼梯间和前室门应开向"公共走道"的表述，似比《高规》

6.2.5.1准确一些。况且《高规》图示第31、62、66、67、76页及《建规》的相应图示也是这么表达的，即前室的门均直接开向大空间的厅堂，并未增设"公共走道"。当然，疏散门属于乙级防火门，直接开在大空间内可能会对内装设计的美观带来影响，设计师需妥善处理。

4. 多功能厅、会议厅、歌舞厅等

《高规》4.1.5条规定："高层建筑内的观众厅、会议厅、多功能厅等人员密集场所，应设在首层或二、三层，当必须设在其他楼层时。""一个厅、室的建筑面积不宜超过400m²。"由于酒店裙房在很多情况下不超过四层，而多功能厅、会议厅需要无柱并挑空两层，加上疏散要求，所以其位置一般不会超过三层。但设在四层或四层以上的例子也是有的，应注意面积不能超标。

《高规》4.1.5A对歌舞厅、卡拉OK厅提出了更高和更具体的要求，如设在超过三层时，"一个厅、室的建筑面积不应超过200m²"(请注意是"不应"而非"不宜")。这一条是在2001年根据此类场所火灾多发、群死群伤的情况新加的，因此设计时更应注意。

《建规》和《高规》对歌舞娱乐放映游乐场所还有其他一些严格规定均需遵守。这里需要强调：大部分酒店，尤其是商务及商务-会议型酒店通常不需设置歌舞厅、卡拉OK厅这类功能，因为安全风险很大，既不好管理，又不易有好的经济效益。

5. 防烟和排烟

很多案例表明，因火灾死亡的人员绝大部分是吸入高温有毒气体窒息而死。因此，酒店消防设计中的防排烟设计显得特别重要。但我国《高规》的相关内容和有些国际品牌酒店管理公司设计规范的要求有明显差别。

《高规》有以下规定：

8.1.1："高层建筑的防烟设施应分为机械加压

图8-4 客房走廊上的机械排烟口(上左)
图8-5 用"冷烟"进行排烟测试(上右)
图8-6 测试烟感器是否正常报警，注意烟感器带有蜂鸣器(下左)
图8-7 客房走廊的疏散指示灯：一些国际著名品牌酒店要求，在排烟设施启动后10分钟内应能看清此类疏散指示灯(下右)

送风的防烟设施和可开启外窗的自然排烟设施。"

8.1.2："高层建筑的排烟设施应分为机械排烟设施和可开启外窗的自然排烟设施。"

6.2.2："裙房……应设封闭楼梯间。"

8.2.1："除建筑高度超过50m的一类公共建筑和建筑高度超过100m的居住建筑外，靠外墙的防烟楼梯间及其前室、消防电梯间及其前室和合用前室，宜采用自然排烟方式。"

8.4.1："一类高层建筑和建筑高度超过32m的二类高层建筑的下列部位，应设置机械排烟设施。"包括"无直接自然通风，且长度超过20m的内走道或虽有直接自然通风，但长度超过60m的内走道"；"面积超过100m^2，且经常有人停留或可燃物较多的地上无窗房间或设固定窗的房间"；"不具备自然排烟条件或净空高度超过12m的中庭"等。

但有些国际酒店管理公司的消防规范在防排烟方面的要求明显高于我国《高规》，例如规定所有消防疏散楼梯均须有正压送风系统(即必须是防烟楼梯间)，没有封闭楼梯间和自然排烟这一说，不允许消防疏散楼梯及其前室进烟。又规定高层建筑需配备机械防排烟系统，其适用区域包括大堂、中庭、餐厅、多功能厅前室、宴会厅、会议室、展览厅以及客房走廊等，并通过该区域的烟雾探测器或楼层水流指示器(相互独立)的动作来启动，须设置机械排烟的范围比我国《高规》的规定大得多。甚至规定须用"冷烟"在楼内实地做烟雾排除测试，要求在10min以内必须看清安全出口标牌(图8-4~图8-7)。

这些涉及防排烟问题的差异看似不大，实际上需对原设计进行不小的改动，尤其在施工图设计已完成、并开始施工甚至建筑主体已完工的项目上难度更大。有些业主和设计师提出，既在我国造酒店，为何不执行我国的消防规范？国际公司则认为，其消防规范全球统一，其麾下酒店不论品级，要求都一样，所在国规范比它高可以，低就不行。他们的要求虽高但不违反我国规范，多花一些钱能提高酒店安全品质是值得的，况且还涉及未来酒店的国际投保额度和赔偿标准等经济问题。他们的消防规范相当刚性，几乎没商量，如要变通需公司高层的消防总监作出，一线消防顾问无权作任何让步，达不到要求不能开业。

笔者认为：酒店(高级旅馆)属一类建筑，有其特殊的性质和功能要求。既然选择了国际品牌，在不违反我国《高规》的前提下，就应采用国际品牌的消防规定，业主方应有这样的思想准备。甚至在没采用国际品牌的酒店，如技术和资金允许，参考一些国际品牌公司的合理做法对酒店也有好处。就拿自然排烟来说，如出现火警，火势封住了通往排烟窗口的通道，而原来用于自然排烟的窗户恰好关闭(未与火灾报警系统联动或联动失灵)，那么由谁去开窗或打碎玻璃？如外面风压较大，室内的烟排不出去怎么办？这种情况出现在某层某走道里还是局部问题，如出现在没有正压送风的封闭楼梯间里，岂不是满楼梯间都是烟，如何发挥疏散楼梯逃生的功能？

《高规》中"条文说明"里有一段话说得很客观："由于自然排烟受到自然条件、建筑本身热压、密闭性等因素的影响而缺乏保证。因此，根据建筑的使用性质(如极为重要、豪华等)、投资条件许可等情况，虽具有可开启外窗的自然排烟条件，但仍可采用机械防烟措施。"我们应思考其含意。

6. 烟感报警器和喷淋头

烟感报警器和喷淋头是酒店火灾自动报警和自动灭火系统最基本和数量最多的两个部件。前者在接触到烟雾后能立即向消控中心主机报警。后者在达到一定温度后玻璃管破裂，大量的水喷出可在第一时间进行灭火，同时通过水流指示器和报警阀组报警，是当今世界上公认的最有效的自救灭火设施，因此其灵敏度和可靠性非常重要。

关于这两个系统的设计，我国有《火灾自动报警系统设计规范》(GB 50116)和《自动喷水灭火系统设计规范》(GB 50084)可遵循，这里结合国际品牌的相关规定，就烟感报警器和喷淋头的选用作一些分析。

(1) 烟感器

关于烟感报警器，《火灾自动报警系统设计规范》中，根据不同场所和房间高度对三种点型火灾探测器——感烟(光电和离子)、感温、火焰探测器——的使用作了较详细规定，但对酒店而言没有更细的规定。

有些国际品牌酒店管理公司对烟感探测器有更明确的要求可供参考：

①客房和其他住人的房间须使用带蜂鸣器的光电型探测器(图9-10)，其发声在3m外应不小于85dB，在床头的位置不小于75dB(这是为防止在火警时客人正好睡着耽误了逃生时间)。而套房的每个房间都要设置联动的、带蜂鸣的烟感器。

②残疾人客房需设置带蜂鸣器和频闪灯的声光报警器，在浴室和卫生间要设置频闪灯。这是为了向听觉有问题的残疾客人报警。

③公共区域、走道和酒店后区除烟感器外，

图8-8 带蜂鸣的烟感器

图8-9 天花上的声光报警器

图8-10 墙上的声光报警器

均需设置声光报警器(图8-9—图8-10)。

这类规定略高于我国规范,但增加投资不多,可考虑采用。

(2) 喷淋头

关于喷淋头(以下称喷头),《自动喷水灭火系统设计规范》中的规定已比较详细,与有些国际酒店管理公司的主要差异在于其对喷头的要求较高。GB50084－2001 6.1.6仅对公共娱乐和中庭环廊等场所(对酒店而言)要求使用热敏性能明显高于标准响应喷头的快速响应喷头(动作时间大约相差5倍)。而有些国际酒店管理公司要求在所有场所均采用快速响应喷头,且一度不允许使用全隐蔽式的喷头,这种喷头在我国很多酒店被广泛采用,但一些国际酒店管理公司认为这种喷头不可靠(目前似乎可以接受了)。

边墙型喷头的使用问题也值得注意,尤其在酒店客房,如使用下垂型或吊顶型喷头,前者不美观,后者需要全吊顶。如喷水强度采用6L/min•m²,在正方形布置时其边长仅3.6m,且喷头与端墙的最大距离为1.8m,这意味着每间客房(卧室)吊顶上可能需要4只喷头,还不包括短走道和卫生间的喷头,确实有点影响美观。因此,很多内装设计师希望用一只"侧喷"(边墙型,图8-11)喷头解决问题。GB50084－2001虽然规定可以使用边墙型喷头,但有一些限制。表7.1.12规定:边墙型标准喷头,中危险级1级单排喷头的最大保护跨度和喷头的最大间距均为3m,显然远远不够。7.1.13条规定了布置边墙型扩展覆盖喷头时的技术要求,可以扩大保护面积,但要求按该规定并根据生产厂提供的喷头流量特性、洒水分布和喷湿墙面范围等资料,确定喷水强度和喷头的布置。因关系到内装设计,"喷头"方案宜事先与当地消防部门协商并经批准。

7. 厨房灭火

酒店厨房是火灾易发的区域,但关于厨房的灭火要求,除基本、共性的要求外,在各种相关规范里似乎找不到更完整、更有针对性的规定。《评星标准》2003年版的《评分表》曾有一些具体规定,如"8.3条" 厨房消防必备设施(少一项,扣一分):烟感报警器和喷淋装置;煤气、液化石油气、天然气报警装置 (很多地区的煤气公司提供这一类设备);石棉布或其他灭火设备 (前者用于在油锅起火时蒙在锅上把火闷死,后者一般指手提式灭火器)。但上述具体规定在《评星标准》2010年版中已经取消。

由于厨房火警多发生在热厨/烹调区,近年来,有些国际酒店管理公司明确规定在厨房排油烟罩内需安装自动灭火系统。具体有两种方式:一是在灶头上方、静压箱/连接口、排油烟管道安装水雾喷淋系统,喷头动作温度分别为163℃、260℃、260℃,水源为厨房主喷淋管,但要独立安装水流指示器和控制阀报警开关并显示在独立的显示盘上。二是使用安素(Ansul piranha)灭火系统(图8-12、图8-13),这也是一种以水为主的系统,在火灾发生后的前10s先用

图8-11 边墙型快速喷淋器(左);图8-12 厨房热厨区排油烟罩上的"安素"(Ansul)喷头,间距600左右(中);图8-13 在发生火警时自动切断煤气(右)

PRX液体灭火剂(一种经过特别配方的无毒的无机盐溶液)来扑灭火焰，然后改用水喷雾系统。关键是两者都要求在使用水喷雾或化学灭火剂＋水喷雾迅速扑灭火焰和冷却设备的同时，同时将火警信号送到消防主机显示屏，并自动切断灶台的煤气气源和灶台上方的照明电源(应有手动复位功能)，自动切断厨房排油烟罩补风风源。目前国内已有部分高星级酒店安装了这类系统，效果良好，一些国际酒店管理公司已将"安素"列为必须安装的设备，原来没有安装的酒店还必须补装，但不知为什么见不到类似的国产设备。

二、机电设计问题

酒店机电系统(包括空调、给排水、强弱电等，以下同)要求很高且相当复杂。机电设计是否合理，设备是否优良，维修、保养是否方便，是关系酒店品质、经营成本以及能否正常运转的大事。有些投资方舍得在内外装饰上花钱，却不舍得在机电设备方面投资，实在不可取。

以下根据笔者对酒店的理解分析几个在酒店设计时需注意的机电问题。

1. 正压和负压

实现酒店内部各区域空气压力的合理关系是空调设计的重要内容，酒店正常营运时各区域是否处于适当的压力状态，对酒店的整体舒适度非常重要。

首先，绝大部分酒店作为一个采用全空调的空间，需要整体对外应保持相对正压，为此，酒店总新风量应大于总排风量(一般为1.1:1)。同时要注意维护酒店内部空气通过空调系统获得的温度、湿度和新鲜度不会过多流失，应尽量避免出入口、卸货平台处的"漏风"和高层酒店因电梯井造成的"烟囱效应"。

其次，凡是有异味和油烟产生的区域，如餐

图8-14 进风口和排风口距离过近易形成"短路"

厅、宴会厅、厨房、游泳池、桑拿、卫生间、雪茄吧、美容美发、洗衣房等场所均应设置机械排风系统，使其与周边公共区域保持相对的负压。如餐厅、宴会厅应对出入口外的序厅、走道、大堂等区域保持负压，厨房对餐厅、宴会厅又要保持负压。

各区域的正、负压主要依靠排风量和送风量大小来控制，排风量大于送风量就能得到负压，反之就是正压。各区域排风量和送风量(包括经过处理的空调风以及未经处理或已经处理的新风)的大小在设计时要经过仔细计算，在投入营运后要经过测试并对风量进行调节。在人群密集的场所，如宴会厅和多功能厅，可设置二氧化碳探测器(地下停车库可采用一氧化碳探测器)，通过BA(楼宇自控系统)对排风量和送风量(包括新风的温湿度)实现自动调节，同时要注意送风(包括室外进风)和排风之间不要出现"短路"(图8-14)。

客房空调通常采用风机盘管加新风的方式，客房(包括卧室)排风由客房卫生间天花上的静音管道式排风机通过排风管排走。由于卧室本身没有排风口，所以客房卫生间对卧室应始终保持负压(通过门下方15mm左右的缝隙)，以便卧室空气可进入卫生间，而卫生间的异味不会进入卧室。

公共卫生间如比较讲究，坐便器隔间会封到顶，如门的上方也处于封闭状态时，每个隔间顶

图8-15 海南三亚的度假型酒店，开敞的大堂并无空调，仅有几个吊扇

图8-16 开敞的大堂休息区，海风吹拂，毫无闷热之感

图8-17 餐厅前的走廊，采用带百叶的折叠门，平时开敞，天气突变时可关闭

部都需设置排风口与排风主管相通，因关门后外面的排风口对里面几乎不起作用，隔间内异味将久久不能消除。

厨房必须保持负压，这对酒店来说非常重要。厨房的排风量参数由厨房设备供应公司的专业设计师提供，大部分排风量将由热灶上方的排油烟罩排走，其余部分通过各区域排风口和排风管排走。

厨房送风量通常控制在排风量的80%左右，其中空调风量通常为总送风量的10%~20%，多采用岗位送风方式。厨房窗应为固定窗(或大部分为固定窗)，可采光而不开启，以免扰乱厨房内部气流组织。消防排烟应采用机械排烟方式。

明档在目前的高星级酒店非常流行，而且规模越来越大，由于明档是开敞的且设在餐厅里，合理确定排风量有一定难度。可能需要一个调节过程，使该区域既保持负压，又不至于因排风量过大而浪费冷(热)量。

2. 23℃和26℃

温度是酒店空调设计的一个重要参数，如何设定是目前设计师比较为难的一个问题。有些地区出于节能和环保考虑，硬性规定酒店夏季室内温度不能低于26℃，并以此作为审图依据。此类规定在一定程度上影响了酒店的舒适度，尤其对高星级商务—会议型酒店而言，执行起来更有一定难度。这类酒店很多客人穿正装，尤其在举行重要会议和活动(例如大型宴会)时更是如此，26℃会使客人穿不住正装，因此会引起投诉和导致部分客源流失。

笔者以为如此硬性规定似乎有点简单化。实际上，不同类型酒店和不同星级酒店，对室内温度的要求并不相同。如海南三亚有很多高星级酒店，包括一些国际著名品牌的酒店，其大堂完全开敞，根本不设空调，最多在天花上象征性地挂几个吊扇(图8-15、图8-16)，任海风穿堂而过，有些开敞的走廊也不设空调，反而感到非常舒适(图8-17)。原因在于这些酒店都是旅游—度假型的，客人衣着随意，又有海风吹拂，当然无所谓。但这些酒店的客房和正餐厅肯定都有空调。

另外，星级较低的酒店，少有高规格会议和宴会，夏季温度不妨定高一点，以减少能耗。

酒店各区域对温度的要求也不同，以夏季为例，客房和部分主要客人区域需要22℃~23℃，酒店办公、员工和后勤区域25℃~27℃也就可以了，厨房和洗衣房可到28℃，但冷菜间、点心间和一些机房可能要低于18℃，酒水库要低于13℃(表8-1)。在季节变换时，酒店的不同区域甚至需要同时供暖和供冷。

考虑到酒店的特点，笔者建议可根据酒店的不同性质、档次和不同地域的气候特点制定有一定弹性的参数(表8-2)，并在设备能力上为酒店留一些余地。同时，通过保温隔热措施、使用节能设备(包括冷热量回收)、加强管理(包括采用智能化管理)来达到节能、低碳和环保的目的。毕竟酒店的能耗要占经营成本的10%左右，而耗电又要占能耗的60%~70%，其中主要就是夏季制冷的消耗，酒店也需要算这个账。

3. 全空气空调和风机盘管

全空气空调和风机盘管加新风是酒店最基本的两种空调系统。

全空气空调是集中式空调的一种混合系统，其空气处理设备集中布置在专用空调机房内，各空调区域的冷、热负荷和湿负荷全部由经过处理的新风来承担。为了节能，各区域需采用一部分室内回风和新风混合使用。这种空调系统的特点是服务面积大，处理空气量多，便于集中管理。因此，主要用于酒店公共区域的大空间，如大堂、大餐厅、大会议厅、宴会厅、多功能厅、游泳池、洗衣房和面积较大的厨房、公共走廊、电梯厅等区域。

风机盘管加新风是一种半集中式空调，除了集中处理的新风外，室内空气的升温或降温是分散进行的，即通过从冷、热源过来的冷水(7℃左右)和热水(60℃左右)，在盘管表面与室内空气进行冷、热量交换。它克服了集中式空调设备体积大和风道断面大等缺点，同时具备局部空调便于独立调节的优点。主要用于酒店的客房、小会议室、餐厅包房、办公区域等面积较小的房间。

高星级酒店基本上由这两种系统解决全部区域的空调问题。除少数有特殊要求、面积不大

表8-1　　　　　　　　高星级酒店主要区域温湿度控制参数(供参考)

房间类型	夏 季			冬 季		
	空气温度(℃)	相对湿度	风速(m/s)	空气温度(℃)	相对湿度	风速(m/s)
客房	22~23	55%	0.25	21~22	50%	0.15
餐厅、宴会厅	22~23	65%	0.25	21~22	45%~50%	0.15
会议室、办公室、接待厅	23~24	55%	0.25	23~24	50%	0.15
商店	24~25	65%	0.25	21~23	40%	0.15
大堂、中庭	23~25	65%	0.3	20~22	40%	0.3
美容美发	25`26	60%	0.15	22~23	50%	0.15
健身房	22~23	60%	0.25	19~20	40%	0.25
台球室	23~25	60%	0.25	21~22	40%	0.25
室内游泳池	28~29	65%	0.15	27~28	50%	0.15
歌舞厅、酒吧	22~23	60%	0.15	20~22	40%	0.15
员工和后勤区域	25~27	60%	0.25	19~20	40%	0.25
厨房和洗衣房	27~28	65%	0.25	22~23	50%	0.25

表8-2 酒店制冷负荷概算指标(w/m²)(供参考)

酒店区域		夏季	冬季
酒店综合		80~95	60~70
客房(自然间)		100~180	60~80
餐厅	中餐厅、宴会厅	180~350	115~140
	西餐厅	160~200	
大堂		90~120	
商店		100~160	64~87
会议室	小会议室	200~300	95~115
	大会议室	180~280	
美容美发		120~180	
健身房		100~200	116-~163
台球室		90~120	
室内游泳池		200~350	
歌舞厅		200~250	
办公室		90~120	

的空间,如厨房的冷菜间、点心间、裱花间、酒水库及某些机房外,不应大面积使用分散式空调(例如分体式空调),因为运营成本不经济。只有在客房数量不大的经济型酒店(一般不超过40间客房)才会采用分体式空调。此外,分体式空调噪声较大,室外机还影响酒店外观。

在空调设计时,要根据酒店各区域的特点合理布局,确定风管和空调水管的走向并与其他专业协调机房、管道和管道井所需空间。

由于风机盘管主要是水系统,其冷凝水通过盘管下部的托盘进入回水管,此处易发生渗漏并造成天花损坏,经常维修会影响整个区域的使用,因此不要在应该使用全空气系统的区域以数量较多的风机盘管来取代。酒店客房肯定使用风机盘管加新风的系统,但必须选用高品质、低噪声的风机盘管。每间客房都是单独使用,即使维修也不会影响全局。应在适当位置留出风机盘管检修口(可利用回风口),检修口位置不合理会引起维修困难。

在大空间采用全空气系统时,由于风管断面较大,而且可能要从大梁下方通过,必须充分考虑对净高的影响。空调机房的位置和面积、进风口位置和大小、各类竖向风井的位置及其断面也需妥善解决。

在很多情况下,新风需经过处理(加温、加湿等)后才可使用,尤其在客房采用新风直接送入时更应注意。厨房和洗衣房的岗位送风要注意与室温不要相差过大。

空调设计要及时跟上建筑与结构的设计进度。有时会遇到因空调设计滞后,矛盾未及时暴露而引起建筑设计被迫进行大范围调整的问题,甚至因需要增加一个必不可少的机房或风井使室内设计陷于困境。

4. 两管制和四管制

这是酒店风机盘管系统两种主要的供水系统。两管制采用两根空调水管,夏季送冷水制冷,冬季送热水制热,结构简单,投资少,是目前最常用的一种供水系统。四管制将供冷、供热水管完全分开,设冷水管、冷水回管各一根,热水管、热水回管各一根。最大优点是无论什么季节均可根据需要向酒店各区域同时供冷或供热，问题是投资较大，需要空间较多，运行和维修成本较高，仅用于部分五星级酒店。

我国的《评星标准》，无论是GB/T14308—2003还是GB/T14308—2110均未将四管制列为高星级酒店的必备项目，前者在评分表里有3分之差，后者是2分。而著名国际酒店管理公司的中、高档品牌基本上都要求四管制，并将此作为必备条件。国内的酒店管理公司则往往采用折中方案，即仅在某些公共区域，如宴会厅、多功能厅采用四管制，客房和其余公共区域采用两管制。

在某些情况下，酒店不同区域确实可能有不同的空调要求。如初冬酒店已开始供暖时，宴会厅里密集人群加上灯光和菜肴所发出的热量，使室温急剧升高，该区域可能临时需要送冷风。又如当裙房存在明显的内区和外区时，也可能由于温差过大需在外区供暖时向内区供冷。在特别豪华的酒店，还可能需要为不同的住店客人分别提供冷气或暖气(但这种情况非常少见)，此时就需要四管制。在换季时，酒店为节能可能不开空调而仅用新风，此时可能需要为局部区域供冷或供暖，四管制能提供较大的灵活性。

但四管制运行成本太高，导致很多酒店虽设置了四管而实际上只用两管，这也是一种很大的浪费。因此，在同时供热和供冷的机会非常少，或仅在换季时需要向某个区域提供空调时，理论上采用切换两管制也是一种选择，即系统整体上是两管制，仅把某些区域的空调系统做成完全独立，可单独开通或临时切换。由于冷热水的暂时混合会损失一些能量，温度变化相对缓慢，切换不可能频繁进行，否则不如采用局部四管制。

选择两管制还是四管制要根据酒店实际情况决定。如果你选择了国际高端品牌，那可能就要用四管制，如果是中档品牌可以商量。如酒店管理公司并无过高要求，则两管制即可，或采用局部四管制。

5. 冷源和热源

无论酒店采用什么空调系统，都需要冷源和热源。目前可供酒店选择的冷、热源主要有以下几类：

(1) 冷 源

①离心式冷水机组(电动—蒸汽压缩式)：机组单机容量大，单位制冷量能耗低，结构紧凑，重量轻，运转平稳，振动小，噪声较低，能实现无级调节，机组性能系数COP值高达5~6，适用于单机容量大于580kW的大、中型空调制冷机组。

②螺杆式冷水机组(电动—蒸汽压缩式)：机组结构简单，体积小，重量轻，能实现无级调节，在低负荷时效能较高。但单台压缩机制冷量较小(如采用多机头组合，即多台压缩机组合，则单台机组总制冷量可成倍增加)，噪声较大，COP值略高于活塞式冷水机组，适用于单机容量小于1160kW的大、中型空调机组。

③活塞式冷水机组(电动—蒸汽压缩式)：机组价格低廉，制造简单，运行可靠，目前常用的也是多机头组合机组，性能系数COP值较低，约为3.6左右，适用于单机容量小于580kW的中、小型空调系统。

④吸收式冷水机组(溴化锂)：是一种主要以消耗热能(包括工业余热、废热、地热和太阳能等)来制取冷水的热力型冷水机组，其主要优点是耗电非常少(但耗能并不少)，运行平稳，振动和噪声都比较小。缺点是性能系数COP值仅为0.6~1.6，机组较高大，要求机房较高。冷却水用量较大，导致冷却水系统设备和运行费用较高。溴化锂溶液有腐蚀性，对机组密封性要求高。一般仅在有余热和废热可利用时使用。

(2) 热 源

①热源设备：主要指锅炉，包括蒸汽锅炉和热水锅炉(在有洗衣房时需用蒸汽锅炉)，其燃料主要使用柴油和天然气。

部四管制。

图8-18 屋面上的风冷热泵系统

图8-19 酒店的应急备用电源——柴油发电机组

②城市热网：热媒可以是蒸汽或热水，但需确保稳定和可靠的供应(有些地区不是全年供应)，此外还要考虑经济效益的问题。

(3) 冷、热源一体化设备

主要指空气—水热泵式冷热水机组，俗称风冷热泵(图8-18)。这种机组夏季可提供7℃的冷水，冬季可提供45℃~50℃的热水。机组安装方便，可以不用机房直接安放在室外(一般在屋面上)，运行管理和维护保养简单，冬夏两用，COP值高达4~5。缺点是耗电量大，价格较贵，噪声对周边环境影响较大。冬季运行需要除霜从而降低效率，而且气温越低，效率越低。因此，不宜在冬季室外气温低于10℃的地区使用。

在当前重视低碳环保的形势下，利用江、河、湖、海或地下水为换热源的水源热泵机组和利用土壤为换热源的地源热泵机组发展很快，成功的很多，失败的也不少。关键是要确定其水源和地源能否长期、可靠、持久、稳定地被利用。

选择合理、可靠的空调冷、热源组合通常需考虑下列因素：

①技术可靠性；

②投资大小；

③运行成本高低；

④维护保养；

⑤国家能源政策；

⑥环保消防要求；

⑦当地实际情况；

⑧互为备用和轮换使用的可能性。

从目前实际情况看，因技术成熟和设备可靠，冷水机组+锅炉还是大部分高星级酒店的首选，其中，冷水机组一般以离心式和螺杆式为主，我国南方也有一些酒店采用风冷热泵。

6. 双回路电源和应急备用电源

酒店电源必须绝对可靠，因此希望尽量采用双回路供电，即从二路高压(10kV)供电进线，而且每一路线都应能满足满负荷运行需要。二路高压电源必须来自两个区域变电站，并能自动切换，否则不能认为是双回路(有些项目会有意或无意忽视这一点)，需要设置应急备用电源——一般采用柴油发电机(图8-19)。有些国际著名品牌酒店管理公司要求更高，即使有双回路电源，仍需配置应急柴油发电机为第三电源，笔者以为这种思路是可取的，尤其是高星级酒店，宜尽量设置第三电源。

在着手进行设计前，需对当地供电情况进行充分调查，包括停电或失相的频率、持续时间及电压波动的补偿情况。

作为应急备用电源的柴油发电机需同步切换装置，在主供电源停电时，应在10s内自行启动并在40s内达到额定电压值，在恢复供电后，柴油发电机仍将运行半小时，以观察主供电源是否已稳定,切换应是自动的并按照事先规定好的程序。

应急柴油发电机机房的位置应尽量接近变配电机房,设计时应考虑噪声、振动、散热、废气排放及防火等因素,并至少有48h燃油存储。

应急柴油发电机的设计负荷见表8-3。

在有条件的地方,部分用于酒店运营的设备也可以考虑由应急供电系统提供电力,但任何时候都不允许不重要的负荷影响到为必须的设备和区域供电。

应急照明和疏散指示灯可采用蓄电池作为备用电源,其供电时间不应少于90min。

7. 开关和插座

酒店的开关和插座分布在酒店各区域和角落,有数千之多,这些小五金看似不起眼,实际上是强、弱电系统的重要终端,是一个非常重要、易被忽视、常出问题的部位。

客房内的开关和插座是每个客人都看见和直接使用的,其配置数量是否合理,位置是否适当,使用是否方便,安全是否可靠,质量是否合格,式样是否美观,直接影响客房品质,不能马虎。笔者经常去检查新酒店的样板间,开关和插座没有问题的还真不多。

客房设计的一个基本理念是人性化。因此,要让客人在使用开关插座时尽量感到像在自己家里一样方便和自然,这才叫宾至如归。每位客人对酒店设施的了解和掌握需要一个过程,而他们往往只住一个或几个晚上,没有足够时间去熟悉它们。实际上在酒店采用任何高科技产品时都需注意这一点,那些不易找到、不易看清、过于复杂、形同摆设的设施最好不用。

公共区域情况正相反,除一些包房和小会议室外,基本上所有开关都不能由客人直接接触,因为如果某位客人无意关掉了一组重要照明,就可能带来问题甚至引起事故。因此,它们都应该放在开关箱内,设置在客人到不了或较隐蔽的地方,由酒店服务人员控制。如大堂的开关箱一般设在总台,餐厅的开关箱多设在服务间,公共区域走道(包括客房区域的走道)开关都应保持在常开状态。

在酒店后区,需每天开关的,可就近用开关控制。需不间断照明的,维持常开状态并由开关箱控制。

以下提供一个标准客房开关插座的基本配置

表8-3 应急柴油发电机的设计负荷

消防系统	包括消防水泵、防排烟系统、正压送风系统、火灾报警和扑救系统、消防电梯、电梯紧急迫降系统等
电梯	不少于一台客用电梯和一台服务电梯可以维持正常运行,并能通往所有楼层,包括地下室
机电系统	安保系统、电话系统、电脑系统(包括UPS)、自控系统、给排水系统(包括生活水泵、排水泵和污水泵)、锅炉和锅炉水泵
大堂	总台设施
应急照明系统	包括但不限于:①客房小走道1个灯。②客房走廊和公共区域走道、过厅不少于50%的灯。③出口标志、出口通道和楼梯间、消防安保中心及附近区域100%的灯。④电脑通讯机房、变配电间、应急发电机房和其他机房(如电梯机房)100%的灯。⑤酒店大堂进口、总台、收银台、公共卫生间100%的灯。⑥其余公共区域15%的灯。⑦总经理室、医务室、安保部经理室、工程维修部100%的灯。⑧其余酒店行政办公区每个办公室2个灯。⑨员工更衣淋浴间和卫生间、员工区域走廊50%的灯等
其他	食品冷库、冰箱,厨房内插座和排风机。娱乐区、游泳池(包括水下照明)和桑拿/SPA区。停车场和航空障碍灯等

注:装饰灯不可接在应急照明供电线路上。

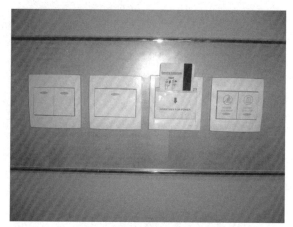

图8-20 客房入口短走道墙上常见的开关配置，插卡处是取电插座

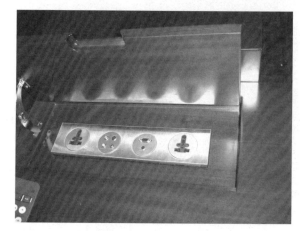

图8-21 书写桌上的插座

图8-22 床头柜上设了10个开关未免太多，实际上左一换气扇应设在短走道，与卫生间灯开关一起，左二筒灯射灯、右二槽灯、左三、四窗帘射灯、走道灯均应合并至总开关

方案，供参考。

(1) 开　关

①客房入口处：总开关(控制除床头壁灯或台灯、阅读灯、书写台灯、夜灯、卫生间灯和衣柜灯外的其余照明灯具，与床头柜总开关双联)、门廊灯、卫生间灯、卫生间排风扇，设在短走道一侧墙上、客人进门第一眼就能看见的位置，面板底位离地高度1300～1400。除总开关使用单开关制位外，其余三个开关可使用三开关制位(图8-20)。

②床头柜处：总开关(只设一个，和客房入口处的总开关双联)、可调光床头壁灯(或台灯)、阅读灯、夜灯。在床头柜上方墙上，面板底位距床头柜面100。除总开关使用单开关制位外，其

余三个开关可使用三开关制式。

③书写台灯：灯自带开关，可设在灯座上，不宜使用线附开关。

④衣柜灯：限位开关。

(2) 插　座

①床头柜处：手机充电插座(国际通用型，面板底位距床头柜面100)、闹钟及备用插座(面板底位同上)、电话插座(面板底位距地300)。

②书写桌：两个充电插座(国际通用型，如设在墙上，面板底位距地850，也可和多媒体面板结合)、双头电插座(台灯及备用电，面板底位距地450)、宽带网络插座、电话插座(面板底位距地450)(图8-21)。

③电视柜(台)或电视背景墙：电视插座、宽带网络插座、双头电插座(一个备用，面板底位均距地450或根据电视机位置而定)。

④微型酒吧：小冰箱插座(冰箱柜内，面板底位据底板300)、热水器插座(面板底位距地1000～1050)。

⑤短走道：吸尘器单头电插座(面板底位距地300)。

⑥卫生间：单头电插座(防溅型国际通用插座，面板底位距地1300)，位于洗脸台一侧。

(3) 其他面板

门卡取电插座、请勿打扰开关在短走道开关一侧(后者也可设在床头)，温控器通常在客房卧

室近短走道的墙面上(面板底位1300~1400),门铃一般在衣柜里。当门卡从取电插座拿走后,冰箱、门铃、手机充电插座、书写台充电插座、闹钟插座、吸尘器插座、温控器及风机盘管均需保持供电。

开关和插座的数量(包括客房智能化各种面板)要保证客房需要,但并非越多越好,够用就行,面板能合并的尽量合并,客人不直接使用的插座尽量放在下面隐蔽一点的地方,这样客房显得干净、大器,长长一大排面板会很难看(图8-22)。

8. 给水和排水

酒店的给、排水设计相对较单纯和成熟,大部分参数有规范可循,出现问题相对较少。但也有些问题需酒店投资方和设计工程师注意。

(1) 给 水

①日用水定额:在计算综合用水量时,要考虑到所有的水项目。

②生活用水:水质必须符合国家《生活饮用水卫生标准》的要求,锅炉房、洗衣房、洗碗机、咖啡机用水一般要进行软化处理到硬度要求(锅炉用水0ppm,洗衣房50ppm,洗碗机和咖啡机5ppm)。考虑到洗衣房系统会在短时间大量用水,应按单独系统设计。

③热水:供水点的热水温度一般为54℃~60℃,洗衣房可以达到74℃,一般通过热交换器与锅炉过来的热水进行热交换获得。

表8-4、表8-5提供的用水定额供参考。

④饮用水:国外很多酒店,客房卫生间里的水是可以直接饮用的,但我国还很难做到。因为我国很多地方自来水品质不佳,如集中进行再消毒和改善水质成本很高,且因供水管道长容易出现二次污染。因此大部分酒店的做法是仅为客人提供免费的小瓶矿泉水(不能使用大桶纯净水)。也有在卫生间里安装家用过滤器的,但由于客人不能确定水质是否可靠多半不敢直接饮用。

需要为冷菜间、制冰机、开水机、咖啡机、饮料机等分别提供净水(水过滤)装置,也可为厨房、饼房、酒吧等区域集中提供净水装置。

⑤上水管的材料:高星级酒店一般采用铜管,已是很成熟的做法。近年来铜价大幅上涨,很多设计采用不锈钢管(不能使用镀锌管)。问题一是有些酒店采用的不锈钢管品质不符合要求。二是焊接接头(需要氩弧焊)造成今后维修困难(因为酒店工程部一般没有相应设备和焊接技术,需和供应商签订长期服务合同)。三是如采用卡接头,使用的密封圈质量不很可靠,尤其是热水管,在长期高温条件下,密封圈易老化而引起渗漏,如密封圈化学成分有问题可能会污染水质。

表8-4　　　　　　　　　　　　　　　　　　**酒店生活用水定额**

酒店类型	用水定额(最高日)(L/每人每日)	小时变化系数
经济型酒店	200~300	2
中档酒店	300~400	2
高星级酒店	400~500	2

表8-5　　　　　　　　　　　　　　　　　　**酒店热水用水定额**

酒店类型	65℃的用水定额(最高日)	小时变化系数					
	L/每人每日	60人	150人	300人	450人	600人	900人
经济型酒店	100~150						
中档酒店	150	9.65	6.84	5.61	4.97	4.58	4.19
高星级酒店	150~200						

因此需事先研究妥善方案，在设计中提出明确要求，并严格控制材料质量。

(2) 废水和污水

经常遇到的问题是"废、污"分流还是合流？《建筑给排水设计规范》(GB50015—2003)4.1.2条规定："建筑物内下列情况下宜采用生活污水与生活废水分流的排水系统"，包括三种情况，第一种就是"建筑物使用性质对卫生标准要求较高时"。

这里的问题是两个，一是酒店属不属于"对卫生标准要求较高"的建筑？二是规范用词是"宜"而非"应"。对于前者，笔者持肯定意见，尤其是高星级酒店。对于后者，确实也有一些酒店采用"废、污合流"系统，在设计审查和卫生防疫审查并未遇到问题。但在实践中，"废、污合流"确使客房卫生间容易出现异味，主要原因在于地漏和浴缸，因为在卫生间较长时间保持干燥和浴缸较长时间未使用的情况下，两者存水弯里的水很可能干竭导致污水管里的异味溢出。因此，很多国际著名品牌酒店管理公司的设计规范明确规定"废、污"必须分流不是没有道理的。尽管"废、污分流"要增加管道数量和投资费用，笔者还是建议高星级酒店尽量采用(至少在支管)以提高客房舒适度。

含油废水必须通过隔油池(井)去油后才能进入排水管。隔油池通常设在厨房楼板下或地下，距排水管直线距离不宜超过20m，且应远离煮食区域。隔油池(井)需有专人定期清理，地下车库也需考虑隔油井。

酒店设计的复杂性及涉及专业之多，决定了规模再大、专业再全的设计院也难以仅靠自身力量解决所有问题。因此，目前的酒店设计分工基本上由建筑设计院牵头总协调，并直接承担建筑、结构、水(包括消防水和空调水)、强电、暖通空调的设计以及弱电的概念设计，其他专业设计，包括内装、灯光、艺术、标识、弱电、消防、安保、厨房、洗衣房、游泳池、景观等则由各专业公司设计，并由其向建筑设计院提供相关参数、图纸和其他技术资料。如酒店方案由境外事务所设计，基本上只做到扩初，还需由国内设计院负责深化和配套。酒店规格越高，专业设计分工越细。

专业设计介入时间的掌握、设计界面的确定、各专业的协调配合非常重要。很多酒店因对某些专业设计的重要性认识不足，没有适时安排必要的专业设计介入，或因协调不力影响了酒店的设计和建造。

以下简单介绍各专业设计承担的主要任务及特点。

一、内装设计

内装设计是对建筑设计的一种深化和再创作，酒店建筑尤其如此，在设计中、后期，内装设计在某种程度上甚至处于主导地位。

1.内装设计师的选择

无论酒店大小，档次高低，投资方一般都会请内装设计师进行内部精装璜设计，但最后效果可能相差甚远。关键在于内装设计单位和内装设计师的水平，两者相比，后者可能更重要。

目前在国内从事酒店内装设计的设计师水平差异很大，所提供的设计质量差异也很大(表9-1)。真正高水平的内装设计单位和内装设计师都是专业设计酒店的，除专业设计能力优秀外，更重要的是他们对酒店有深入理解，对酒店设计有丰富经验，了解世界上酒店设计的最新潮流，同时有很高的敬业精神。除所在国(地)设计规范外，他们还掌握国际酒店设计惯例、所设计酒店的品牌要求和当前时尚。他们所提供的设计不仅是对建筑内部进行"包装"，而是根据酒店的性质

表9-1 　　　　　　　　　　　　　　　内装设计的水平差异

工作内容	水平较高的内装设计	水平较低的内装设计
概念设计时可供选择的资料	丰富	较少
对酒店的理解	有相当深度	了解不够
对功能布局和流线问题的调整意见	中肯、专业	很少、不够专业
效果图水平	水平较高、较符合实际情况	水平不高，与实际情况有距离
对建筑设计和其他专业设计的了解和配合	比较了解，易沟通协调	不够了解，沟通和协调较困难
施工图质量	完整、细致、有深度	不够完整和细致
装饰材料和制成品(家具、灯具等)	样品完整、丰富，注重整体效果和经济性	样品简单、不规范，整体效果不好
跟进服务	及时、负责，对装饰材料的代用慎重而现实，对制成品(家具、灯具等)的深化设计和样板间审核严格	不够及时、负责，对装饰材料的代用、对制成品和样板间的审核不够严谨或很少过问

和定位，通过内装设计对其功能布局和流线进行深化和再调整，探讨酒店文化和应采用的风格，通过空间处理、材料和色彩运用、细部构造处理及各类制成品的选择，打造一个好酒店。

不同档次的内装设计单位和内装设计师的设计费用差异很大，因此，投资方要根据酒店定位，认真确定内装设计费的底线。由于内装设计水平对酒店影响很大，建议在资金允许情况下，尽可能选择较优秀的内装设计单位和内装设计师，即使增加一些设计费也值得。由于空间布局和材料使用合理，总费用并不一定增加，而不合理的设计可能使总费用反而增加。同时，通常不宜由装饰施工单位直接负责内装设计，即使面对实力较强、门类齐全的装饰集团，也应把设计、施工、制成品供应分别招标。

2. 内装设计的三个阶段

首先是概念设计阶段。内装设计师根据酒店的基本特征，如酒店性质、所在地、档次等，提供几种不同风格(中式还是欧式？古典还是现代？复杂还是简约？深色调还是浅色调等)，与业主讨论并要求业主选择。当然设计师有自己的推荐方案，但他需要了解业主的倾向，建议并说服业主接受某种风格，在此过程中会穿插一些对实例的考察。该阶段提供的图片都是从电脑里的图库中调出来的，是其他酒店的案例，并非真正意义上的设计，整个过程仅是一次试探和初步磨合。尽管如此，这个过程还是很重要，投资方要很好把握。著名的国际酒店管理公司对其麾下的各个品牌有不同风格要求，并会向投资方推荐其认可的内装设计师。

其次是初步设计阶段。内装设计师将向投资方提供设计平面(包括家具布置、地面、天花和电器设计)、立面和主要部位的效果图，同时提供装饰材料样本和主要家具、灯具等制成品的图片。这是一个重要的、耗时较多的阶段，很多问题需在此阶段讨论确定。如功能布局和流线是否

合理，层高是否够用，与各类机房(尤其是空调机房、厨房)、设备、管道和管道井是否矛盾，家具和灯具设计如何深化，对效果图是否满意等。建筑设计院、酒店管理公司和部分相关的专业设计应在此阶段参与讨论，投资方要注意协调并随时作出决定。

最后是施工图阶段，内装设计师将根据进度要求，分批提供包括细部设计在内的施工图(通常首先提供样板间全套图纸)。有些图纸需施工单位深化，各种家具、灯具需由供应商的设计师深化出图、做出样品并由内装设计师审定，很多材料及制成品，包括石材、地毯、布艺、洁具、五金等样品需由内装设计师选定。

本章附录介绍了几种装饰材料和制成品的基本类型、品质及其鉴定方式，供读者参考。

3. 内装设计的介入时间

扩初设计是整个设计中的重要阶段，建筑平面(包括柱网)、立面、剖面和机电的系统设计将在此阶段基本确定。因此，内装设计的介入最好在建筑扩初设计已初步成形但未确定之时(酒店管理公司的介入可以更早一点)。

内装设计涉及面很广，与其他专业的碰撞不可避免，协调需要时间，牵一发而动全身的事不少。设计调整在纸面上总比在实际建筑上损失小，在施工图完成前总比在完成后损失小。

二、灯光设计

好酒店必然包含好的灯光设计。

据说有灯光设计师曾骄傲地宣称：即使是一间没有装修过的毛坯房，我只用灯光就可以把它打漂亮。此话并非全无道理，很多餐厅或咖啡厅的装修其实很简单，甚至没有吊顶或仅有格栅，白天看上去很普通的空间，晚上灯光一开感觉马上不一样。足见灯光设计的魅力(图9-1、图9-2)。

酒店的灯光设计包括外部的泛光照明和室内

图9-1 大堂吧吧台区的灯光活跃，流光溢彩，令人兴奋

图9-2 酒店图书馆：灯光幽暗，落地灯提供了宁静的阅读氛围

照明两部分。

1. 泛光照明

酒店泛光照明主要是打亮顶部轮廓线、酒店标识及酒店入口。裙房要尽量利用大面积的玻璃和店内公共区域的室内照明产生效果，通过内部的豪华陈设和客人的活动宣传酒店。而主楼客房层基本上不需要打亮，更不能让泛光照明影响住店客人在客房内的休息，有些酒店为了外部效果甚至把灯管放到客房的窗口一侧或窗台下，窗帘拉开后，灯光刺眼，客人非常不舒服。

泛光照明还要注意灯具的隐蔽，应该见光不见灯。

2. 室内照明

室内照明设计可看作是室内设计的一部分。设计目的一是要根据酒店各区域、各部位的要求，充分考虑照度、均匀度、眩光限制、光源显色指数、反射比和照度比等，实现良好的照明效果和舒适的视感。二是要通过灯具式样、灯具配

表9-2 酒店各区域照度值

区　域	部　位	平面高度 (m)	照度值 (lx)	备　注
酒店出入口	人行道、车道、停车点	0	10~20	一般采用HID光源
	景观绿化	0	20~30	漏电断路保护、时钟
	旗杆	0	50~60	
	车道、门廊、雨篷	0	150~200	HID光源、时钟
大堂区域	大堂	0.75	150~200	可远程调光，至少4种场景切换
	电梯厅	0.75	150~300	
	总台	0.75	300~500	筒灯、射灯、台灯
	景观楼梯	0	200~300	
	公共卫生间	0.75	150~200	
	化妆台镜前	1.5处垂直面	300~500	筒灯、射灯、壁灯
	商务中心	0.75	150~400	区别工作区和休闲区
	精品商店	0.75	200~350	
	美容美发	0.75	200~500	区别工作区和等候区

续表 酒店各区域照度值

区 域	部 位	平面高度 (m)	照度值 (lx)	备 注
客房区域	一般区域	0.75	50~100	筒灯、落地灯、壁灯、吊灯
	客房床头	0.75	100~200	阅读灯
	客房写字台	0.75	200~300	书写灯
	客房卫生间	0.75	100~200	座便器、浴盆、淋浴间、洗脸台上方: 密闭式筒灯
	化妆镜前	1.5处垂直面	300~500	增加壁灯
	客房走廊	0.75	50~120	筒灯, 客房门口增加射灯或壁灯
餐饮区域	中餐厅	0.75	100~200	重点打亮餐桌, 4种场景切换
	西餐厅	0.75	30~200	低压、可调节式, 4种场景切换
	咖啡吧、酒吧	0.75	30~100	低压、可调节式, 4种场景切换
	宴会厅	0.75	200~500	4~6种场景切换, 各隔间单独控制, 射灯、轨道灯单独控制
	室外餐饮平台	0.75	20~30	
	序厅	0.75	150~200	筒灯、壁灯和吊灯
	吧台和收费处	0.75	300~500	筒灯、射灯和台灯
厨房区域	主厨房	0.75	150~300	
	切配和烹调区	0.75	300~400	
	储藏室	0.75	150~200	
	粗加工区	0.75	150~200	
康体区域	健身房	0.75	200~300	
	游泳池	0.75	150~300	配有漏电保护装置和应急电源的水下灯 (至少500W)
	台球房	台面	300~500	
会议区域	多功能厅和大会议室	0.75	200~500	4种场景切换
	一般会议室	0.75	200~400	
后勤区域	行政办公区	0.75	100~300	工作区重点照明
	员工设施	0.75	100~200	
	员工走廊	0.75	50~120	
	维修车间	0.75	150~300	
	卸货平台	0.75	150~300	
	洗衣房	0.75	200~400	熨烫区、检验区、缝补区300~500
	布草间	0.75	200~300	
	机房	0.75	200~400	
	疏散楼梯合消防前室	0	50~100	

图9-3 白色大理石楼梯，深蓝色地毯引向平台上的橘色壁龛，里面是一个小小的雕像

图9-4 两道光束从左右下方往上打，投影使小小的雕像立即生动起来

置，造型组合、投射方式、光影变化，体现室内设计师的要求，创造良好的艺术氛围。

照度是灯光设计的基本参数，照度水平的变化，会引起酒店整体用电量的变化。酒店的不同区域，同一区域的不同部位，不同高度，对照度的需求不同。不同类型、不同档次的酒店，对照度的需求也不同。

来源不同的资料给出的数据有很大差异，笔者分析、综合了多种资料，给出以下的表9-2《酒店各区域照度值》，供读者参考。

值得一提的是，高水平的灯光设计师不仅会注意"光"，也会注意"影"。图9-3、图9-4是笔者在法国一家小旅馆拍摄的，楼梯平台上一个小小的壁龛里，两束光从下而上投向雕像，在打亮雕像的同时背景呈现出一双影子，光影变化使雕像显得极为丰富和生动。

3. 节能问题

照明设计要非常注意节能，但节能不能以牺牲照明质量来换取。可行措施首先是采用节能灯管，现在的节能灯管暖色效果已和白炽灯相差无几，使用寿命有很大提高，价格也下降不少，具备酒店大量使用的条件，新的光源如LED已在酒店广泛采用。二是合理设计，该亮的地方一定要亮，不需要亮的地方就不要亮，主要使用局部照明的区域，大面积照度就不要太高。三是尽量使用天然光源。四是尽量采用智能化设计。

4. 设计界面

照明设计的服务范围主要包括照明配置、设备预算、电力负载要求、照度计算、控制回路、灯具要求、推荐供应商、审核深化图纸和灯具样品。主要用于照明的筒灯、射灯等可由灯光设计师直接选定，装饰性较强的灯具式样、开关插座的具体位置和式样由内装设计师确定。电气系统设计和管线设计通常由建筑设计院的电气工程师负责。三个单位之间要事先确定好工作界面并注意协调和配合。有些中、小型酒店和要求不太高的酒店也可由有能力的内装设计单位同时承担照明设计。

三、艺术设计

艺术设计也可看成是室内设计的一个组成部分，当前在酒店室内设计范畴中，似乎占有越来越重要的地位。尤其在豪华的高星级酒店设计时，艺术设计已从室内设计中分离出来，成为一个独立的专业，在室内设计过程中同步跟进。陈设部分所体现的艺术性，越来越被认可和强调。

酒店是世俗的和商业性的，但它也需要艺术，艺术设计可将两者有机结合。通过较含蓄的手法，通过精心设计和组合的家具、灯具、地

图9-5a 酒店艺术设计之一(上)；图9-5b 酒店艺术设计之二(下)

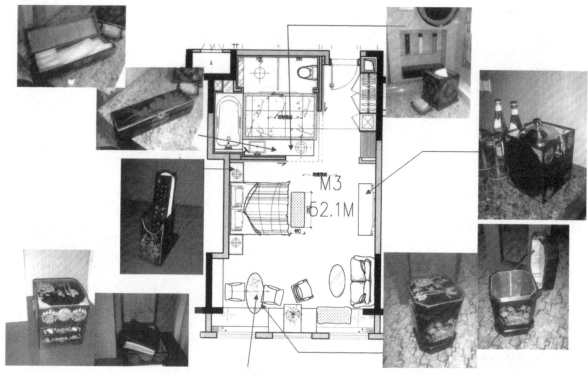

图9-6 客房的艺术设计

毯、窗帘、布艺、挂画、雕塑和各种艺术品，使室内设计的艺术性得到进一步升华。高星级酒店多具国际性特质，能把东西方文化在酒店内各个大小不一的空间里加以交融。功力很高的艺术设计可以把中国的书法和青铜器、西班牙的油画、法国的雕塑甚至日本的浮世绘，糅合在一个酒店里，每件艺术品的选择和摆放位置恰到好处，使你目光所及，处处享受艺术的美(图9-5)。

拥有成功艺术设计的酒店为数并不多，一是酒店艺术设计的重要性尚未让投资方普遍感觉到，二是受投资限制难以引进专业艺术设计，三是高水平的艺术设计师也比较少。但一个好酒店还是需要一点艺术设计，有设计和没设计肯定不一样。

可以在合同里确定设计方向，规定总预算，然后让设计师统盘策划。要求不太高的酒店可由内装设计师兼艺术设计，关键是要有艺术设计这个概念，同时也不能把艺术设计变成各种陈列品的展示和堆砌。

图9-6是某酒店客房的艺术设计方案，每一件小器物都经过精心设计和推敲，不是随意从市场购入，观赏性和实用性结合得很好。

四、标识设计

好酒店需要一套完整、分布合理、制作精美的标识系统，由标识设计师提供设计，由专业生产厂制造。

不能小看标识的重要性，标识分布在酒店的各个部位，准确、明晰、设计精美、有艺术品位的标识不仅方便了客人，而且衬托酒店氛围，提升酒店档次，处处起到画龙点睛的作用。一个大、中型酒店各种各样标识可能有上千种之多，决不是随便买几块往墙上一挂就可以的，设计拙劣的标识会破坏整个区域的内装设计效果。

标识设计需要与内装设计以及灯光设计密切配合，因此也不能过于滞后。

著名品牌的国际、国内酒店管理公司有自

表9-3	酒店标识分类
室外标识	主要标识
	次要标识
	交通标识
	外界车辆、行人标识和方向标识
室内标识	方向性标识
	目的地标识
	电梯标识
	安全信息标识
	日常事务信息标识
	无障碍设计的特定图形标识

已的"标识设计手册",包括基本图形、色彩、规格、尺寸和其他相关资料,以保证品牌的同一特征。非特有的标识应使用国际标准作为基础元素,同时融合设计师为该酒店提供的个性化图形符号。

标识设计包括室外标识和室内标识两大类(表9-3)。

1.室外标识

(1) 主要标识

在酒店外部,包括酒店标识和入口标识。远距离标识的视线范围在30m以上,一般设在酒店主楼顶部最显眼的位置。中距离标识的视线范围为6~10m,可设在主楼中部或裙房顶部。近距离标识的视线范围(行车或步行)为3~6m,一般设在入口雨篷上或相当于雨篷的高度,包括在墙上以及独立的(柱式和板式)标识牌,要求面向车辆或行人通过的一侧。

图9-7 酒店的远距离标识(上左);图9-8 酒店的中距离标识(上右);图9-9 酒店的近距离标识(下左);图9-10 酒店的独立柱式标识

图9-11 酒店出入口的次要标识

(2) 次要标识：为小比例的标识，一般标明次要出入口如团队出入口、会议—餐饮—宴会—康体出入口、车库出入口、员工出入口等，标识特征类似主要标识。

(3) 交通标识

为指明交通方向、停车限定、道路交叉口交通规定速度及其他限制。应使用国际标准符号，并符合当地和地区性的规定，不要轻易改变标准符号、常见符号的形状、尺寸、比例和颜色。

(4) 外界车辆、行人标识和方向标识

仅用于重要的目的地。比例、尺度及文字(字母)大小应兼顾车辆和行人，根据实际情况决定。

各类外部标识均应使用高品质的金属制品，适合外部环境，并考虑夜间效果。

2. 室内标识

(1) 方向性标识

包括客房层房间方向指示牌和公共区域方向指示牌，前者要设在电梯厅或正对电梯厅的客房走廊墙上，使客人一出电梯轿厢即能看到。后者主要强调少量重要的目的地，如餐厅、宴会厅、多功能厅、健身中心等，同时要考虑次要、但使用频繁的目的地，如商务中心、电话间、公共卫生间等。

标识上的目的地如超过一个，则按照目的地近远次序排列，最近的排第一。

(2) 目的地标识

包括客房门牌、行政楼层和行政酒廊、会议中心、咖啡吧和酒吧、餐厅、宴会厅和多功能

图9-12 客房层房间方向指示牌(上左)
图9-13 公共区域方向指示牌(上中)
图9-14a 某酒店餐厅的标识(上右)
图9-14b 某酒店酒廊的标识(下左)
图9-15 美国一家博彩酒店特别设计的目的地标识

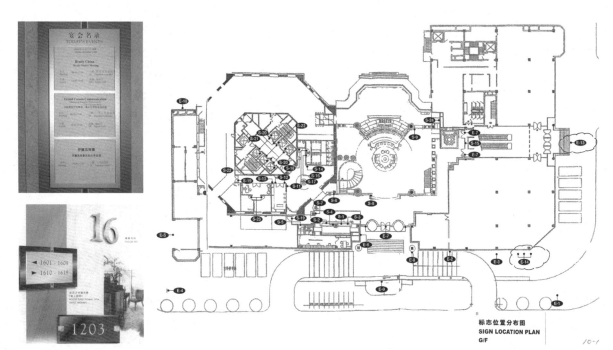

图9-16 日常事务信息标识(左上)；图9-17a 酒店标识设计：平面布点(右)；图9-17b 酒店标识设计：客房层标识(左下)

厅、健身中心、商务中心和精品商店的标识。大多数标识应使用重复的图形，特别的目的地，如咖啡吧、宴会厅，可以专门设计特别的图形，但整体感觉要协调(图9-14、图9-15)。

此类标识的位置和高度，要根据空间和视野决定，让标识有吸引力，可采用挂墙、高架、台式、落地等方式。如客房门牌过去常安在门上，现在则多设在门侧的墙上，并有射灯打亮或设置灯箱。

(3) 电梯标识

应严格按照相关规范和消防安全要求选择准确的术语和适当尺寸。电梯厅内可设置楼层介绍，标明各电梯可到达的层面和紧急事故时的逃生方向，轿厢内在靠近楼层按钮处标明各层主要设施及安全提示，也可在一侧设置酒店促销信息。

(4) 安全信息标识

包括客房逃生路线图、泳池规定和安全警告、健身中心冲浪池、桑拿间的安全使用规定、急救知识、紧急切断、停车区限高、停车安全须知等等。

(5)日常事务信息

包括静态系统和电子系统，前者如"酒店指南""宴会名录""海报站立牌""外币兑换"等(图9-16)。后者将相关信息输入终端机，反复播出或由客人自行选择需了解的内容，触摸显示。

(6)无障碍设计的特定图形标识。

五、厨房设计

在第三章我们已介绍过酒店厨房的基本配置和设计要求，各餐厅厨房、宴会厅厨房、饼房(点心间)和巧克力房、粗加工间和冷库、食品检验室、酒水库、干货库、器皿库、垃圾房等分布在酒店各区域，形成一个相互联系的完整系统，需由厨房设计单位根据酒店实际情况合理布局和设计。

1.厨房设计的工作内容

厨房设计通常包括以下工作内容：

①与投资方和酒店管理公司商定餐饮概念，确定各餐厅的规模和菜系。

②提供餐饮设备平面布置图、设备清单和预

算估价,并就建筑设计中的厨房面积、位置及各类管井如排油烟井的位置等提出调整意见。

③协助投资方通过有关当局包括卫生防疫、环保、消防、煤气等部门的审批。

④提供水位图、蒸汽位图、电位图、风位图、墙位图和排水沟位置图。

⑤提供冷、热水用量、排水量、耗电量、油烟废气排放量、送风量(空调风量和新风量)、蒸汽消耗量和燃气消耗量等参数;

⑥编制预算:包括设备本身价和安装价;

⑦协助投资方编制招标书。

2.厨房设计的介入时间

厨房设计的介入时间和内装设计基本相同,这是因为厨房设计对建筑、结构、机电设计影响很大。厨房面积和位置涉及建筑设计,降板范围和深度涉及结构设计,水、电、风、空调等参数涉及机电设计,各类管井的位置、大小涉及多层平面,甚至涉及外立面和屋面。内装设计和厨房设计也有密切关系,如厨房设计没有确定,内装设计的平面很难确定。尤其是自助餐厅的吧台、餐台、明档区的设计需两家密切合作。

厨房设计一般由厨房顾问(公司)或厨具供应公司的厨房设计师承担。前者不经营厨具,较少有经济上的利害关系,所提供的设计相对比较客观,设计费用也不算高。由于厨具设备投资额相当大,笔者建议优先考虑由前者设计,国际酒店管理公司通常会推荐其认可的厨房顾问(设计公司)供业主方选择。

如果由厨具供应公司所属的设计师负责设计,设计费可能更低一些,甚至在厨具设备中标的情况下可免收设计费。但由于负责设计的厨具供应公司在参加厨具招标时具天然优势,可能会影响招标的公平性。同时厨具供应公司的情况较为复杂,其设计能力、产品质量和价格差异很大,使不熟悉行情的投资方很难凭一两次考察即

准确把握。因此无论如何需将厨房设计和厨具采购分为两个合同执行,以便从容考虑,不宜图省事一次搞定,以免价格失控。

厨房设备的安装、调试也很费事,如不及早抓紧,很可能会因此延误开业。

六、洗衣房设计

作为一种不可或缺的专业设计,虽不如厨房设计涉及面广泛,仍以及早介入为好。因为首先要决定设不设洗衣房,设多大的洗衣房。如设则要解决蒸汽和热水温度问题,涉及锅炉的选型和能力。第二,功能完整的洗衣房面积通常在$250m^2$以上,由于要避免温度、湿度、振动对客人区域的影响,基本上会设在地下室,其位置确定要做不少平衡工作,况且还有净高等要求。第三,洗衣房排水量较大,在某些区域可能要设置排水沟,涉及降板问题,如设在地下室的最下层,还要考虑设污水井和污水泵系统。第四,洗衣房对空调和排风也有很多要求。

在洗衣房设计没有完成前,很多因素,包括一些重要参数不能确定,对建筑、结构和机电设计都会带来影响。一些酒店有条件将洗衣房设在离酒店不远的其他区域,或委托外洗(此时仅需设置客服洗涤),问题就单纯得多。

洗衣房设备使用进口还是国产在价格上相差很大,目前国内很多专业生产厂家已能提供质量不错的产品,因此,设备选择可考虑以国产为主。

七、游泳池设计

这里的游泳池设计主要指机房设计及泳池水处理系统的设备、管线设计和水下灯设计。由于专业性很强,必须由游泳池设备供应公司内具备相当经验的设计师承担,该公司同时应有提供优质设备的能力。

1. 主要设计内容

①水循环系统：这是一个基本系统，较常用的如逆流式循环(池底进水、溢流回水)和混流式循环(侧送、溢流、下回)。表9-4提供了游泳池常用循环方式的优缺点。

②过滤系统：一般采用石英沙过滤器，多采用标准滤速35m³/h。

③消毒系统：常用消毒剂为次氯化钠溶液，也有采用臭氧消毒系统为主，次氯化钠溶液投加消毒剂为辅的消毒系统。后者能有效减少氯的使用量、水中的氯仿和余氯，但系统较复杂、造价较高。

④水质平衡和检测系统：采用pH水质监控仪测定池水的酸碱度并使其保持在最佳值(7.2~7.5)，水质监控仪还能监控水中的余氯，因为较多的余氯会对客人的皮肤、头发和眼睛产生不利影响。

⑤加温和恒温系统：池水初加温时间一般控制在24h以内，恒温系统可采用电子比例式恒温器，通过电动温控阀门控制热媒流量。该系统与热媒的性质和热交换方式有关。

⑥智能控制系统：可以从节能角度对整个水处理系统的主设备进行智能化控制，如设定水泵的运行时段、对平衡水池内进行水位保护控制等。

⑦管路系统：包括机房内的管路系统(给水管路、溢流回收管路、吸污管路)、泳池外围的管路系统、与酒店的给排水主管衔接的管路系统。

⑧水下灯系统：一般采用12V安全低压灯，变压器为水下灯专用设备，水下灯间电缆要考虑

表9-4　　　　　　　　　　　　　　　　　游泳池常用循环方式

循环方式	优缺点	备注
1.两侧上部进水，底部回水	底部回水口可与排污口、池水口合用，结构简单，配水较均匀。但不利于表面排污，池底局部会有沉淀产生	两侧进水口宜对称布置，以免形成涡流
2.两端上部进水，底部回水	底部回水口可与排污口、池水口合用，结构简单，配水较均匀。但不利于表面排污，池底局部会有沉淀产生	管道布置应使进(回)水口流速一致或近回水处流速稍小，以免形成涡流，回水口和进水口距离不要太近，以免短流
3.深水端进水，浅水端(通过溢流槽)回水	一般浅水端沾污较严重，这样有利于污水回流，浅水区会有沉淀产生	管道布置应使每个进水口和回水口流速一致，以免形成涡流
4.两侧下部进水，两端上部(通过溢流槽)回水	配水较均匀，可减少池底沉淀和水面漂浮污物，有利于水面排污	两侧进水口宜对称布置，以免形成涡流，为减少短流，应使靠近中间的进水口流速稍大
5.两端进水(深水区分层进水)，底部回水	池底沉淀少，配水较均匀，不利于水面排污	管道布置应使各进水口和回水口流速一致
6.两端进水，中间深水区底部回水	池底沉淀少，配水较均匀，不利于水面排污	管道布置应使各进水口和回水口流速一致
7.底部进水，周边溢流回水	配水较均匀，底部沉淀较少，有利于水面排污	要保证进水管沿程配水均匀
8.两侧(上或下)进水，两端溢流和底部回水	配水较均匀，有利于池底和水面排污	

摘自：《建筑设计资料集》1995年版第7集

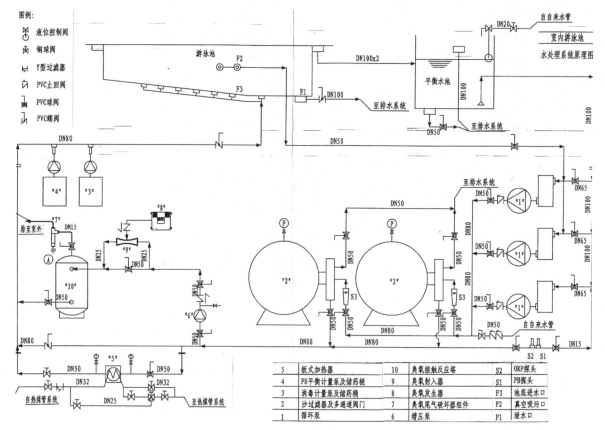

图9-18 逆流式水循环的典型流程

5	板式加热器	10	臭氧接触反应塔	S2	ORP探头
4	PH平衡计量泵及储药桶	9	臭氧射入器	S1	PH探头
3	消毒计量泵及储药桶	8	臭氧发生器	F3	池底进水口
2	沙过滤器及多通道阀门	7	臭氧尾气破坏器组件	F2	真空吸污口
1	循环泵	6	增压泵	F1	泄水口

电降压，有漏电或触电保护并有效接地，并使用应急发电线路。灯具要采用嵌入齐平式，并经内装设计师审定其式样。

2. 介入时间

游泳池设计同样涉及建筑、结构、内装设计、水、电、空调等专业，因此介入时间也不宜过晚。

如机房位置未确定，则与游泳池区域相关的平面亦无法确定。如水循环方式未确定，泳池就不能浇注混凝土，因为在池底和池壁的进水口、回水口、排污口和水下灯的位置上都必须事先预埋不同直径的钢性防水套管，而它们的位置与水循环方式有关。机房的大小、位置，水循环的方式、过滤和消毒方式、换热方式等均与酒店档次、泳池大小、设备选型有关，需要研究。

很多参数，如用水量、用电量、排水量等也需在游泳池设计的方案完成后才能确定，否则只能估算。

八、弱电设计

"弱电"是对应"强电"的一个词。

酒店的弱电设计可以理解为对一大批主要使用低压电传输讯号和信息的智能化系统的总称。在智能化飞速发展的今天，酒店弱电设计的内容越来越丰富，技术越来越先进。

一般的建筑设计院早已无法胜任酒店的弱电设计，能根据酒店实际情况，提出一个适当的、切实可行的概念方案已属不易。

弱电设计各分系统的专业性非常强，其设备的类型、型号变化非常快，以至于大部分弱电公司也只能专门从事（或擅长）其中的一项或几项，但也有些实力较强的公司具有全面掌握酒店弱电

表9-5　　　　　　　　　　　　　　境外卫星电视频道名单(2008年批准)

序号	境外卫星电视频道名称	所属公司或关联主要媒体集团	国家或地区
1	美国有线电视新闻网(CNN)	美国在线时代华纳集团	美 国
2	家庭影院亚洲频道(HBO)	美国在线时代华纳集团(非控股)	美 国
3	CINEMAX洲频道(CINEMAX)	美国在线时代华纳集团(非控股)	美 国
4	CNBC财经电视台亚洲频道(CNBC Asia Pacific)	美国全国广播公司／美国通用电气有限公司	美 国
5	全球音乐电视台中文频道(MTV Mandarin)	美国维亚康母集团	美 国
6	国家地理亚洲频道(NGC Asia)	美国新闻集团	美 国
7	卫视国际电影台(STAR MOVIE INT'L)	美国新闻集团	美 国
8	[V]音乐台(Channel [V])	美国新闻集团	美 国
9	索尼动作影视娱乐频道(AXN)	美国索尼影视娱乐公司	美 国
10	探索亚洲频道(DISCOVERY)	美国有线电视公司(TCI)	美 国
11	贺曼娱乐电视网电影台(HALLMARK)	美国全国广播公司／美国通用电气公司	美 国
12	英国广播公司世界频道(BBC WORLD)	英国广播公司	英 国
13	日本广播协会收费娱乐电视频道(NHK WORLD PREMIU Mj)	日本广播协会	日 本
14	凤凰卫视电影台	凤凰卫视控股(开曼群岛)有限公司	中国香港
15	凤凰卫视中文台	凤凰卫视控股(开曼群岛)有限公司	中国香港
16	香港无线八频道(TVB8)	香港电视广播公司卫视娱乐(百慕大)有限公司	中国香港
17	香港无线星河频道(TVB GALAX)	香港电视广播公司卫视娱乐(百慕大)有限公司	中国香港
18	香港世界网络频道(NOW)	香港盈科集团	中国香港
19	澳亚卫视中文台	澳亚卫视有限公司	中国澳门
20	法国电视5台 (TV5)	法国国家电视台	法 国
21	凤凰卫视资讯台(PHOENIX INFONEWS CHANNEL)	凤凰卫视控股(开曼群岛)有限公司	中国香港
22	彭博财经电视亚太频道(BLOOMBERG)	美国彭博资讯公司	美 国
23	星空卫视(XING KONG WEI SHI)	美国新闻集团	美 国
24	欧亚体育新闻台(EUROSPORTSNEWS)	法国布伊格集团	法 国
25	华娱卫视（CETV）	美国时代华纳集团	美 国
26	新知台(HORIZON CHANNEL)	香港九龙仓集团／香港有线电视公司	中国香港
27	香港阳光文化频道(阳光卫视)	阳光文化网络电视(百慕大)有限公司	中国香港
28	马来西亚天映频道(CELESTIAL MOVIES)	马来西亚环宇电视网(ASTRO)	马来西亚
29	新加坡亚洲新闻频道(CHANNEL NEWSASIA)	新加坡新传媒集团	新加坡
30	*古巴视野国际频道(Cuba Vision International)	古巴视野国际频道	古 巴
31	*韩国KBS世界频道(KBS WORLD)	韩国放送公社	韩 国
32	娱乐体育节目网亚洲频道(ESPN)	美国娱乐体育节目公司／美国新闻集团	美 国
33	卫视体育台(Star Sports)	美国娱乐体育节目公司／美国新闻集团	美 国

设计的能力，可以担任弱电工程总承包。

以下对酒店可能涉及的各弱电系统作简单介绍，并对如何运作弱电设计提出建议。

1. 综合布线系统

综合布线系统是酒店的信息传输系统，它使酒店的话音和数据通信设备、交换机设备、信息管理系统、设备控制系统、安全系统彼此相连，也使这些设备与外部网络相连。由于综合布线能兼容话音、数据和图像传输，一套完整的综合布线系统即可满足酒店电话通讯、办公自动化和计算机网络等系统的需求，因此该系统在酒店被广泛使用。

通常使用光纤作为垂直干缆，使用非屏蔽的超五类双绞线(通过桥架)作为水平的主要传输介质，最大水平距离不超过90m。

要注意安排好弱电间的位置，减少走线距离和信号损失，满足弱电间对面积、照明和通风的要求。

应适当考虑系统扩展可能。

2. 卫星和有线电视系统

《星评标准》2010年版对五星级酒店的规定是："应有彩色电视机，画面花纹音质优良。播放频道不少于24个，频道顺序有编辑，备有频道目录。"实际上高星级酒店的电视接收频道远超此数，应根据酒店客人的需要确定。

有线电视从当地有线电视站引来，转换为射频信号后纳入酒店传输网络。卫星电视通过卫星天线接收鑫诺卫星电视节目，解调调制后纳入酒店传输网络。

我国对境外电视台的接收频道是有规定的，酒店在选择频道后需报有关部门审定批准(表9-5)。

酒店需在适当位置设置电视机房，整合和编辑各种电视节目，电视机房应由防静电地板架空铺设，配有稳压电源和空调，同时具有良好的接地端子，其接地电阻应≤1Ω。

3. VOD视频点播系统

这是酒店向住店客人提供的收费视频点播系统，客人可根据节目表选择自己想看的节目。

完整的视频点播系统包括视频服务器、网络传输系统和用户端点播回放系统。

VOD不是酒店必备系统，投资方可根据需要确定是否设置。

4. 背景音乐广播和紧急报警系统

背景音乐广播系统是高星级酒店的必备项目，主要面向公共区域：如大堂、餐厅、商场、健身中心、行政酒廊和客房走廊、电梯厅、电梯轿厢、主要走道、停车场等。平时播放背景音乐，出现紧急情况(如火警)则自动切换成紧急广播。

客房不需提供背景音乐，设置在短走道天花内的扬声器仅供紧急广播之用。但可通过电视提供酒店自播的3~5套音乐节目供客人选择。有条件时可设置多媒体电视平台，由客人通过自带笔记本电脑或CD、MP3、MP4等自行播放。

背景音乐应使用轻松的轻爵士乐、古典音乐和当地流行的音乐，经专门编制，自动随机循环播放，不能直接播放CD片，音量以若隐若现最为理想。

5. 专业音、视频系统和舞台灯光系统

设置在多功能厅、会议厅、宴会厅、歌舞厅等区域，根据需要单独设计。主要包括：

①专业语音扩声系统和演出音响系统：在会议时确保声音清晰、分布均匀、响度足够、无啸叫和杂音，在演出时可达到高声压级、均匀的声压分布和优美的音色(尤其是低音)。音响设计应由富有经验的音响设计师设计，由声誉良好的供应商提供产品，并经反复测试。

②大屏幕投影显示系统：高亮度、高清晰度、无拖影、无干扰，可以显示电脑、DVD、摄像机、视频展示台等图像信号。需要时设置远程视频会议功能。

③舞台灯光控制系统：包括面光、顶光、侧光、天幕灯、电脑灯和电脑调光台等。

④其他可供选择的项目有：摄录系统(一体化球型摄像机)、同声传译系统等。

6. 酒店网络系统

随着信息技术的发展，酒店客人要求在入住期间使用INTERNET的要求也越来越高，酒店管理也越来越依靠计算机和软件系统，因此，提供高速宽带上网功能和及时准确的数字化服务成为酒店必备的条件。

酒店内通常分为两个数据网络，即INTERNET外部网和 INTRANET内部管理网，前者供客人及部分管理人员上网用，后者提供内部管理、收银、磁卡钥匙、计费、订房等网络系统。

酒店一般采用局域网技术。如在中等规模酒店采用高速以太网(主干网为1000M，同时预留10G的发展可能性)，以获得较大的带宽、可靠的通信能力和较低的维护强度。所有网络设备要求与紧急电源和UPS电源连接。

由于很多场合不宜铺设线缆，以电磁波(RF)作为载体传输数据信息的无线网络越来越多地被采用，主要覆盖客人活动的大堂吧、咖啡厅、酒吧、行政酒廊等公共区域，高端酒店也可采用全覆盖方式。

应注意采取适当配置确保无线网络的安全。

7. 手机信号增强覆盖系统

这是酒店必须设置的系统，必须覆盖酒店全部区域，以确保所有位置(包括电梯轿厢)的手机信号强度符合要求。覆盖系统包括移动、联通等，一般由电信商投资。

8. 程控交换机系统

酒店需要一套高品质的电话通讯系统。

酒店通常不向客人直接提供外线，需通过程控交换机系统向客人提供各种服务，因此程控交换机的性能尤显重要。要根据酒店规模和需要确定程控交换机的规格及外线、中继线的数量，并留有一定扩容余量。

表9-6　　　　　　　　　　**酒店程控电话交换机常用的服务功能**

项　目	基本功能
叫　醒	自动叫醒、多种语言叫醒(在客人入住时即设定语种)、VIP贵宾叫醒(人工叫醒以提高服务级别)
房　态	包括需清洁、清洁中、清洁完毕、清洁后已通过检查、清洁后未通过检查、跳过清洁、维修房等
房间控制(入住情况)	客人入住时自动开通电话权限，客人退房时自动关闭电话权限，以此掌握客房入住情况
免打扰	个人免打扰和集体免打扰
呼　叫	呼叫号码姓名显示：总台将客人姓名等信息通过酒店管理系统送至交换机，客人呼叫话务台时话务员可直接称呼客人，使客人倍感亲切
客房迷你吧	客人消费可通过客房电话机输入交换机并转达总台
电话机费	包括立即计费功能和多种价格表
服务员工号	服务员在执行功能操作时，可输入自己的工号，交换机会验证
电话等候	音乐仍继续
留　言	留言系统

先进的程控数字交换机有很高的稳定性，能满足大话务量的处理，操作维护方便，具有先进的组网、数据通信能力，具有完善的软件功能和丰富的酒店功能。三个主要功能区：电话系统、电话留言系统和电话计费系统都必须是先进的，彼此可以相容。

常用的服务功能见表9-6。

9. 客房集控系统

这是近年来很多酒店采用的一种弱电控制强电的系统，其管理软件是一个实时信息交互系统。

客房集控系统的基本功能包括：

①客房状态：可动态显示客房的当前状态，如已售还是待售、有人还是无人、是客人还是服务员、空调的运行模式、灯光电器的使用状态、服务请求等，从而为酒店各部门的工作安排和快速响应提供实时信息和统计报表。

②客房服务：包括紧急呼救、立即清扫、请勿打扰、洗衣、送水、退房等客房服务请求功能。

③节能控制：通过对客房内空调、灯光和电器设备进行远程控制，实现在任何时段为酒店设置省电模式。

如设计和使用恰当，客房集控系统具有提高酒店的智能化水平、提高服务质量和安全、节能的效果。如设计和使用不当，可能会侵犯客人的合法权益。关键是在设计时要树立"客人至上"和"人性化服务"的理念，选择适当的软件。

以空调为例，已出售的客房在客人登记入住时，空调即自动进入预设运行模式，并由客人自行控制房间温度，客人离开房间后，系统会自动将温度调至节能温度。但有些酒店为节能实际取消了客人自行调节温度的权利，无论客人如何调节按钮，房间只能是酒店预设的温度，这是非常不妥的。又如有些酒店使用移动红外探头监控客人是否确实在房，当探头识别房内无人时，会自动断电，即使取电器上插有卡片也没用。问题是会出现误判：客人虽然在房，但较长时间处于静止状态(未切割红外线)时，探头会误认房内无人而自动断电。

④安全管理：系统对客房的门窗状态、非法进入、紧急呼救等信号进行实时监控和报警，并记录警报处理过程。同时因采取了弱电控制强电的方式，客房所有面板开关均为DC12V直流电压。两者均提高了客人的安全保障。

10. 计算机管理系统

高品质的计算机硬件当然是酒店计算机管理系统的重要组成部分，一套成熟的酒店管理软件同样非常必要。

酒店管理软件的使用功能一般包括表9-7所包括的内容，酒店可根据自己的实际情况选用。

不同的酒店管理公司通常使用不同的酒店管理软件，尤其是国际著名的酒店管理公司，他们的专用软件确保其管理特点和全球麾下所有酒店

表9-7　　酒店管理软件的基本功能

	预订系统
	接待、问讯系统(包括客人信息库)
	收银系统(P.O.S系统)
	夜审系统
前台系统	客房管理系统
	商务中心系统
	电话计费系统
	公关销售系统
	维护系统
后台系统	财务系统(包括会计监督系统、财务总账系统、往来账系统、财务报表系统等)
	仓储管理系统
	采购管理系统
	设备管理系统
	人事管理系统
	工资管理系统
	总经理查询系统

表9-8 酒店的监控摄像头

位置	设置要求
公共出入口和员工出入口	自动调焦装置和遥控电动云台,可以看到出入口及其周边的全部情况
大堂	自动化园顶摄像机,自动调焦和遥控电动云台,能看到总台和主要出入口
总台、外币兑换、财务出纳处、POS机、保险箱存放处	固定角度的摄像机,能观察到客人状况和现金流状况
卸货平台	固定或云台,能观察到全部场地
电梯厅、自动扶梯、客房走廊和主要通道	固定的摄像机,监控全部区域
电梯轿厢	安装在顶部,电梯操作板的对角处,能显示轿厢内全景
地下停车场	监控全部场区
消防疏散楼梯	3~4层安装一只固定摄像头,与酒店外区域合用疏散楼梯时在分界处必须设
避难层	适当位置,监控全层

联网,价格昂贵。

11. BAS系统(楼宇自控系统)

BAS系统一般采用集散式的计算机控制系统,通过数据采集、运行参数和状态显示、历史数据管理、运行控制、能源统计和计量等功能,不间断地提供设备运行情况的资料,实现设备和设施的节能、高效、可靠、安全的运行,提高设备运行和维护的自动化水平。

主要控制对象包括冷热源、热交换、空调机组、新风机组、给排水、变配电、照明、交通、防灾等系统,通常以空调系统为主要监控对象。

应根据实际需要确定BAS系统的组成,做到满足基本要求及具有合理的性价比。BAS需要通过反复调试以实现设定的期望目标,很多酒店BAS系统建成多年仍未充分发挥作用。

12. 安保系统

(1) 电子门锁系统

为高星级酒店必备项目。常用钥匙卡有磁卡、IC卡和感应卡三类。无论钥匙卡采用何种类型,均应采用高品质和功能完善的电子门锁系统。

主要的技术要求包括:

①具有定时进入控制使用的功能,时间精度单位为分钟。

②提供带密码保护的钥匙配置授权,每把钥匙的发放须能追踪到授权号码。

③所有门锁均具识别钥匙卡功能级的能力和记忆能力。

④门锁电池电力不足警告信号。

⑤当电脑死机或电力中断时,具有制作故障保险钥匙卡的能力。

门锁机械部分必须绝对坚固和可靠,不能使用带有机械锁钥匙孔(用于故障时开锁)的电子门锁。

(2) 闭路电视监控系统

高星级酒店的必备项目,对酒店出入口及重要部位进行24h不间断的监控和录像,通常与消防监控合用一个监控中心。

酒店监控摄像头的位置和设置要求见表9-8。

必须配置数字硬盘录像机,定时记录监控目标的图像和数据,具有存储一个月以上信息量的硬盘容量。

(3) 防盗和紧急报警系统

通常采用一种二级报警系统,即在安保监控室设报警控制主机,酒店内部的所有报警探测器(包括紧急求助按钮)均接入该系统。一旦出现警

图9-19 豪华客房窗外的优美景
观是酒店的一大亮点(上左)
图9-20a 室外景观设计：设计
说明，介绍设计理念(上右)
图9-20b 室外景观设计:总体景
观平面(下左)
图9-20c 室外景观设计：空间
结构分析(下右)

报，电脑显示屏上立即弹出报警对话框并发出声光报警信号。如确认警情严重，值班人员可立即按下紧急按钮接通当地110报警控制中心。该系统还可以与闭路电视监控系统联动，对报警现场实时录像。

通常的报警点位置和报警方式：采用按钮式紧急报警(无声)，设在总台、财务出纳办公室、人事接待处、行政层接待桌、公共区域销售点(POS)、总经理室等重要位置。其他报警器还有接触式、红外线、超声波、声控、微波等，可根据实际情况选择。

(4) 电子巡更系统

确保巡更人员按时、顺利对酒店各巡视点进行巡视，同时保护巡更人员安全。

该系统通常分为在线和非在线两种方式。在线式实时性强，能实时显示巡更人员位置，有利于保证巡更人员安全。非在线式安装方便，有利于调整巡更点且价格较为低廉，但不能实时显示

巡更人员位置。可根据酒店实际情况决定采用何种方式。

(5) 无线对讲系统

主要供酒店的消防安保监控中心与安保人员及酒店工程部与维修人员联系之用，在紧急情况下可及时进行通信调度和指挥。一般采用无线数传电台通讯方式。

13. IC卡车库管理系统

通常是一种以非接触式IC卡为车辆出入停车场的凭证，以车辆图像对比管理为核心的多媒体综合车辆收费管理系统，主要应用于酒店地下停车场。该系统将先进的IC卡识别技术与高速视频图像存储比较相结合，通过计算机图像处理和自动识别，对车辆进出停车场的收费、保安、管理等进行全方位管理。

是否需采用该系统可根据酒店地下停车场的规模和酒店实际需求决定。

九、景观设计

酒店景观设计包括室外景观设计和室内景观设计。

优美的景观能使客人感到愉悦，对酒店是一个很好的衬托，甚至弥补建筑方面的某些不足。一个高品位的酒店应该做到室外景观和室内景观风格一致，有机融合。

绿色植物的选用非常重要。但景观设计不仅仅是绿化设计，而是包括绿色植物在内，由道路、草坪、台阶、小品、水景、山石、雕塑、灯

图9-21a 碧海绿地：海南三亚度假村室外景观(上左)；图9-21b 天水一色：海南三亚度假村的屋顶水池(上右)；图9-21c 橙色跳跃：海南三亚度假村的亚热带风情(中左)；图9-21d 碧波荡漾：海南三亚度假村凉亭里的餐厅(中右)；图9-22 垂钓的渔翁：上海里兹-卡尔顿酒店入口一侧的景观小品，高墙上是跌水(下左)；图9-23 上海齐鲁万怡大酒店的"鲁园"：高楼群中小小的屋顶花园(下中)；图9-24 著名的广州白天鹅宾馆大堂景观"故乡水"，颇为壮观且意涵深远(下右)

光照明组成的一个完整的作品。度假村固然可以做得很成功，如海南亚龙湾各度假村的景观可谓美不胜收(图9-21)。城市型商务酒店一样可以做得很有味道(图9-22、图9-23)。室内景观同样如此，有些豪华酒店的大堂景观很壮观，如广州白天鹅宾馆著名的"故乡水"(图9-24)，此类成功的实例还有很多。

很多酒店对景观设计重视不够。室内景观一般由内装设计师承担，室外景观甚至请绿化公司代劳，效果大打折扣，殊为可惜。建议有条件的酒店还是请高水平的专业景观设计师设计。

十、消防设计

酒店消防设计是涉及多个专业的系统工程。自动喷水灭火系统(喷淋系统)、气体灭火系统、消火栓系统、防排烟系统等通常由建筑设计院的空调和水专业承担。但火灾自动报警系统(包括消防联动系统)，需具有专门设计资质的专业公司承担。

组成火灾自动报警系统的首先是分布在酒店各区域的探测器，包括感烟探测器、感温探测器、火焰探测器等。然后是中央控制室(消防安保监控中心)，包括系统控制和显示盘，可接收报警、确定位置、确认火灾发生并迅速作出一系列反应(即消防联动功能)。

消防联动功能启动后的反应包括：

①火灾区的防火卷帘门(设有感烟和感温两种探测器)被驱动，下降至距地1.8m时延迟30s，再下降到底并返回信号。现场手动控制盒可直接启动防火卷帘，也可在延迟时停止其继续下降。

②在火灾区以及相关层面(一般指上一层和下一层)强行切入消防紧急广播(预先录制)，警铃报警。

③火灾区相关层面空调风机关闭，排烟阀开启，疏散楼梯间正压送风阀开启，正压送风机和排烟风机相应启动。

④所有电梯回降首层，切断除消防电梯外的电梯电源，消防电梯开门待命，控制中心接受反馈信号。

此时，消防喷淋系统应已启动或已发挥作用。

火灾探测器与手动报警器、喷淋系统水流报警器等构成完整的火灾报警系统。考虑到火灾探测器有1%的误报率，控制中心的火灾报警和联动系统通常设在手动挡上，在报警后的延时时段内快速派员核定情况，之前不会启动联动功能。

十一、几种常用的装饰材料和制成品

正确选择材料和制成品是酒店内装设计的重要工作(图9-25、图9-26)，直接影响设计效果和建造成本，业主方和设计师均应了解相关知识，本节介绍几种常用材料的性能。

1. 大理石和花岗石

(1) 优质石材的主要特征

①品种稀少，色彩独特，华丽高雅，色差小，强度够，无明显瑕疵，加工精良。

②硬度大，光泽度高。其中：优质大理石，平均硬度不小于莫氏4-5度，光泽度不小于80度；优质花岗石，平均硬度不小于莫氏6-7度，光泽度不小于90度。

③规格尺度较大，通常大于500×500。

(2) 常用部位

①地面：门厅、大堂、公共走廊、电梯厅、客房卫生间、客房短走道、精品店、美容美发厅等。

②墙面：部分公共区域和卫生间。

③拼花大理石：花纹优美，色彩亮丽，用于公共区域的大堂、电梯厅(包括客房层电梯厅)过厅的重点部位。

2. 地 毯

(1) 优质地毯的特性

耐磨、抗压、抗静电、有弹性、易清洁、阻

图9-25 内装设计师必须提供详尽的装饰材料和制成品样板

图9-26 多种石材的组合打造出上海环球金融中心柏悦大酒店的入口

燃、花纹优美、色泽鲜艳。

(2) 按制作方式分类

①机制地毯

a. 机织威尔顿地毯：源于比利时，其特点是织物丰满，结构紧密，平方米绒纱克重大，脚感较舒适，由于是双层织物，故织造效率较高。

b. 机织阿克明斯特地毯：源自英国，其特点是稳定性好，花色可达8种以上，是机织地毯中的上品，但因织造效率较低，价格略贵。

c. 簇绒地毯：此类地毯不是经纬交织，而是将绒头纱经过钢针插植在地毯底布上，然后经后道上胶握住绒头而成。生产效益高，价格相对低廉，但性能低于上述两种地毯。

②手工地毯

a. 手工编织地毯：密度大、毛丛长、色彩丰富、立体感强，但价格昂贵。

b. 手工枪刺地毯：无经纬线，以手动或电动将绒头纱植入底布上胶处理而成。

(3) 按原料分类

①羊毛地毯：为天然蛋白质纤维，吸湿性能好，易染色，无静电，弹性好，燃点高(阻燃)，抗污染，宜清洗，不足之处是不易干燥。

②尼龙地毯：也称聚酰胺纤维，耐磨、刚性好、易染色、抗老化、弹性好，是化纤地毯中最好的产品，尤其和羊毛混纺可以充分体现两种纤维的各自优点。

③涤纶、腈纶、丙纶地毯：前两种材料的性能均不如尼龙，丙纶地毯因不抗老化，日晒牢

表9-9 地 毯 分 类

	地毯名称	性 能	适用区域
机制地毯	威尔敦地毯	织物丰满，结构紧密，平方米绒沙克重大，织造效率较高	客房或宽度小于1.5m的走道
	阿克斯明斯特地毯	稳定性好，花色可达8种以上，织造效率较低	客房和其他公共区域
	簇绒地毯	生产效益高，价格相对低廉，但性能低于以上两种地毯	不常用
手工地毯	手工编织地毯	密度大，毛丛长，色彩丰富，立体感强，但价格昂贵	仅于高端区域点缀用
	手工枪刺地毯	无经纬线，以手动或电动将绒头纱植入底布上胶处理而成	不用

度、阻燃性能差基本上已退出高档酒店市场。

(4) 建议使用范围

①客房

优选阿克明斯特地毯，也可使用威尔顿地毯，羊毛和尼龙66混纺，羊毛比例80%，绒高7~8mm。

②走廊及电梯厅

1.5米以下宽度的走廊：威尔顿地毯或阿克明斯特地毯，羊毛和尼龙66混纺，羊毛比例50%~80%，绒高6~7mm。

1.5米以上宽度的走廊：阿克明斯特地毯，羊毛和尼龙66混纺，羊毛比例50%~80%，绒高6~7mm。

电梯厅与相连接的走廊同，花纹另行设计。

③其他公共区域

包括大堂、各类大小餐厅、回廊、酒吧、咖啡厅、会客室等。

一般选用绒高为7mm的阿克明斯特地毯，羊毛和尼龙66混纺，羊毛比例50%~80%。

铺装面积小于200m²的区域亦可选用威尔顿地毯，但绒高以7mm为宜，材质比例同上。

外部环境特别差的区域和擦洗特别多的区域可考虑用具备抗静电能力的纯尼龙(尼龙66)地毯。

一般不选用簇绒地毯，尤其在公共区域不应选用簇绒地毯。

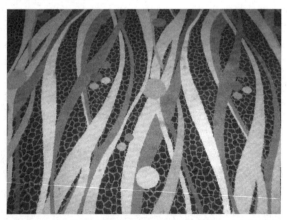

图9-27 花样和色泽丰富的地毯适合于公共区域，由于采用电脑编织工艺，花样的复杂与否并不影响地毯的价格

手工地毯，仅作点缀使用，以取得富丽堂皇的效果，可考虑纯羊毛制作。

不宜用涤纶、晴纶作为化纤材料，尤其不宜用丙纶为化纤材料。尼龙6不如尼龙66，也尽量不要使用。

④色泽及图案

地毯的色泽和图案应与总的装饰风格相协调。

地毯颜色应在与铺装区域相同的光线下进行选择。

图案与色泽应相结合：一般情况下，图案尺寸和色泽的丰富性随使用空间的大小而增减，如公共区域以多色大提花为主(图9-27)，客房则用小提花产品，基本色泽不宜过浅，亦不宜使用单色的地毯。尤其是公共区域，颜色应深一点，图案应密一点，各色间反差大一点。

⑤选择优质胶垫

客房、会议室应选择弹性好，相对厚一点的胶垫，走廊、餐厅可选择密度大、较硬、且相对薄一点的胶垫，以适应这些区域人流量大，碾踏频率高的特点。

3. 木装修与家具

(1) 材料要求

①表层具有高档天然木材特征，使用实木、木皮贴面及夹板，常用的木材品种有：樱桃木、胡桃木、花梨木、柚木、橡木、枫木以及雀眼木、树榴木、红影木等，不得使用木纹纸。

②基材常用优质环保的高密度板、细木工板等人造板材。

③实木必须经过严格的脱脂及高温烘干处理，人造板和复合板的甲醛、苯等有害物质不得超标。

④所有织物必须经收缩处理，并具有阻燃性能。

(2) 工厂制造

应由享有良好信誉的厂家实行工厂化生产，

图9-28 商务型酒店的豪华客房，高档写字台采用皮质台面

图9-29 造型优美的皮质餐椅

现场安装。做工应精致、细腻、色泽一致，接缝均匀紧密，平整光滑，封边线条(一般使用硬木)流畅、精细，漆面丰满，柔和，平感好，高级五金体，安装准确，使用顺畅，前后，内外做工考究一致，软包贴切、柔软。

(3) 细节要求

①除式样及美观应符合设计要求外，所有家具均应达到耐用、易洁(不要过于复杂的花饰)、安全(不会对客人造成伤害)的要求。

②台面：合成后的实心厚度不得少于30，木质台面上一般应加钢化玻璃或局部皮面(图9-28)，并避免出现尖角。

③椅子：厚实的支撑件、尽可能配置角撑或横档，餐椅表面一般用皮面(图9-29)。

④高品质的五金件，抽屉滑轨开关顺畅、无声且应有止停档。

⑤固定的木装修(包括衣橱、门窗套等)：基层结构必须牢靠，安装保持水平和垂直，可见的显露处和接头必须修饰平整，无明显的接痕。

(4) 装饰性金属

铜制品或不锈钢制品，表面一般是亚光、拉丝或刻蚀，有特殊需要表面可以是镀金的或作其他处理。

要注意加工的细节，露出部分和转角用斜接方式处理。显露的无焊接的连接处接头，要非常

细小、平整和光滑，焊接表面平整无痕迹，显露在外的连接部件在材料和表面处理上要和相邻表面一致(图9-30)。

(5) 布艺和墙纸

①窗帘

优质布帘：具有良好质地的棉麻纺织品，柔软、垂度好、阻燃，不采用化纤制品和过于松散或易脆的纺织品。

遮光帘：固定在布帘后面或单独安装在滑轨上。

纱帘：柔软、有一定的垂度和隐形花纹，不能过于单薄。

双滑轨(重质)：滑轨距离至少100。

②床罩和床裙

图9-30 做工精细的金属栏杆和木扶手、大理石地面的完美结合

不采用传统的反复使用的花布床罩，白色布面被套的被子直接铺在床上，床旗宽度500～700，长度根据床宽决定，色彩亮丽，花纹和色彩由内装设计师决定。

床裙的色调要考虑到客房装修的整体效果，尤其和地毯的协调。

所有床上用品必须是优质全棉制品。

③床 垫

单个弹簧结构，可随人体曲线变化而变化，厚度250，柔软而有弹性，衬有光滑海绵的布质表面，坚实并具有加强边。

④墙 纸

应使用布基墙纸，富有质感，表面有浮雕式花纹，重量至少425克/m(1.37m宽)。

第十章 酒店建造进度控制和开业准备

一、酒店建造的进度控制

开业是目标，建造是过程，以过程保目标，以建造保开业，逻辑简单，实现不易。

酒店通常是一个大项目，一旦进入建造轨道，无论是业主、酒店管理公司还有当地政府，都希望早日建成开业，尽快发挥其经济效益和社会效益。但实际上多半事与愿违，酒店项目十有八九(无论新建还是改建)都不能如期完成，还有一拖数年的，这几乎成了一个行业特点。

首要问题是审时度势，合理确定酒店的开业时间。要考虑的因素包括国际和国内宏观经济形势、酒店业的大形势和酒店所在地的市场形势——希望赶上一个好时机；其次要考虑酒店规模、复杂程度、设计施工单位和供应商状况。进入实施阶段后，还取决于业主方的筹资能力和对酒店建造过程的掌控能力。

酒店项目情况复杂，投资额度大，技术含量高，任何一环出问题即影响全局。很多业主缺乏建造酒店的经验，计划不周、组织不力、控制不严、决策失误、对困难估计不足的情况非常普遍。

如何掌控酒店建造的全过程？以下是笔者从长期实践中总结出来的几点体会，可能对业主方特别有用。

1. 制订专业的进度计划

建造酒店，尤其是高星级酒店的复杂程度远超一般公共建筑，其进度计划的制定具有相当专业性，外行的进度计划起不到控制进度的作用。

有些业主方负责人不重视进度计划，认为计划不如变化快，定了也白定，走一步看一步，结果始终处于心中无数的被动局面。中国有句老话，凡事预则立，有计划和无计划大不一样。不过，制定这样的进度计划要非常专业，要实事求是，前紧后松、留有余地，要有明确的主要矛盾线和控制节点。制定者应有丰富的酒店建造经验，在情况变化时有能力随时调整计划，业主方的董事长和总经理要掌控总进度计划。脱离实际，仅凭主观愿望去制定计划，这样的计划实际上无法执行，与没有差不多。

表10-1是笔者虚拟的一个中等规模酒店总进度计划，使用了普通的直方图，表面上并不起眼，但每一条直线的位置、长度和相互关联都蕴含着对很多环节的深度思考。

一个中型酒店的建造时间通常需要三年，加上一年的前期工作，大体需要四年时间。如果一切顺利加上抢工因素，提前半年甚至更多也有可能。

以下对表上的四年安排作一个总体说明。

(1) 第一年

主要是前期工作，包括进行可行性研究、筹建班子、立项及办理政府各项手续、确定酒店管理公司、征地拆迁、设计招标及方案设计。此阶段所需时间弹性较大，但前期工作做得扎实将有利于后期的建造和开业。把确定酒店管理公司和建筑设计的方案阶段列入前期，目的是尽早确定酒店管理模式和酒店品牌，让酒店管理公司在酒店设计方案阶段即介入工作，增加方案磨合时间，避免未来出现大的反复，对全局有利。

(2) 第二年

重点是设计，包括建筑和机电设计、内装设计和部分专业设计。表上有意识地把专业设计介入时间向前提了一点，原因是专业设计头绪繁多，实践中常因业主方对专业设计重要性认识不足和安排滞后影响全局，提前安排余地较大。施工方面，地下室(包括桩基)可在施工图未全部完成时先行出图施工，但要注意底板一旦完成，柱位一旦确定，以后不可能再有颠覆性的变动。

(3) 第三年

内装设计和专业设计将继续进行，施工重点是外幕墙、设备安装、机电管线和大面积的内装饰，先上后下、先外后内是基本原则。此阶段是酒店建造的高潮期，人员集中、施工交叉、头绪繁多、协调量大，现场组织特别重要。

(4) 第四年

工程进入最后阶段。上半年以工程收尾、设备调试、竣工验收为主。总经理到位后，下半年全面转入移交、整改和开业准备。

以上是酒店建造各阶段的主要任务及其特点。酒店规模有大小，品级有差异，性质有不同，但基本过程类似。在总进度计划指导下，各个阶段、各个专业都需制定具体计划，以局部计划保总进度计划。要定期检查总进度计划的完成情况，如有滞后应立即采取措施予以弥补，情况有变化(不可避免)时可随时调整计划。要始终保持现行计划的合理性。执行计划要严肃，不能使其流于形式，要做到执行、变化和调整都在可控范围内。

2. 控制节点

节点即进度计划中的关键点，节点不保则计划不保，控制计划实际上就是控制节点。

节点设置大有讲究，一个工作阶段的结束、一个重要部位的完成之日固然可称为节点，然而一个看似不起眼但在主要矛盾线上占有重要位置的关键项目同样也是节点。每个进度计划都包含了很多节点，但重要性还是有很大差别，要仔细选择，使节点发挥更大作用。表10-1中选择的节点在一定程度上体现了这个意思。

以下扼要说明选择这些节点的原因：

① "可行性研究完成"：可行性研究决定是否要在此时此地投资酒店及酒店的定位。

② "与酒店管理公司签约"：是否选择酒店管理公司确定了未来酒店管理的模式，选择品牌则确定了酒店星级和基本风格，酒店管理公司在设计方案阶段即介入可避免很多弯路。

③ "设计方案通过"：指的是建筑设计方案，这是深化设计和进行专业设计的基础。方案经各方(主要是业主方和酒店管理方)一致同意通过，即可进入扩初设计阶段，当然以后还需修改。

④ 先出 "桩基和底板施工图"：为了抢时

间，也是很多酒店采用的做法。

⑤ "建筑及结构施工图完成"：这是所有设计，包括机电设计和各专业设计的总平台，是编制预算、建筑施工单位招标的依据，也是采购电梯和自动扶梯的依据。

⑥ "机电系统设计完成"：机电系统设计是主设备(包括水、电、空调、锅炉等)的采购依据，也是编制预算、机电施工单位招标的依据，管线设计可以继续进行。

⑦ "样板房设计完成" "样板房通过验收"：样板房是酒店建造不可或缺的一环，样板房未确定前，主楼的隔墙不能砌筑，卫生间的管道不能施工，内装施工无法展开。

⑧ "厨房设计" "洗衣房设计" "游泳池设计(机房及水、电系统)"：直接影响建筑、机电和内装设计，首先要确定三者的位置和面积，其次是提供设备清单以便安排采购，第三是需要提供用水、用电、送排风和空调的参数，以便调整机电设计，故需及早安排。

⑨ "地下室施工完成"：建筑出地面标志着度过了一个困难的施工阶段。

⑩ "主体封顶"：阶段性成果，社会影响大，鼓舞士气，为下一步各专业的全面施工提供了平台。但因酒店内装要求高、机电设备复杂，此时仅完成了总工作量的1/3左右。

⑪ "服务及消防电梯投运"：外幕墙基本完成后，建筑外部的施工电梯随即拆除，建筑外墙完全封闭，下一步内部施工的垂直运输完全要靠服务和消防电梯。

⑫ "外幕墙设计" "外幕墙完成"：建筑外部形象向社会展示，内装施工将全面展开。

⑬ "变配电投用、水系统开通"：改变了使用施工用电、用水造成管线混乱的状况，施工现场更加干净，便于精装修展开。

⑭ "机电系统调试完毕"：酒店开业的基本条件之一。

⑮ "工程通过国家验收"：尤其是 "消防验收

表10-1　　　　　　　　　　　　　　　　　　　　　　　　　　　　　　　300 间 左 右 规 模

基本工作阶段		主要项目	标志性及关键节点控制	第一年											
				1	2	3	4	5	6	7	8	9	10	11	12
A	前期工作	可行性研究	可行性研究完成	■	■	■	■								
		筹建班子组织并开始运转		■	■	■	■								
		立项及政府各项手续						■	■						
		确定酒店管理公司	与酒店管理公司签约							■	■				
		征地拆迁及施工准备										■	■	■	■
B 设计招标及工程设计	1.建筑及机电设计	方案设计	设计方案通过							■	■	■			
		扩初设计	具备施工图设计条件											■	■
		施工图设计	桩基及底板图												
			建筑及结构设计完成												
			机电系统设计完成												
	2.专业设计	内装设计	完成平面设计											■	
		灯光设计													
		艺术设计													
		标识设计													
		声学设计													
		厨房设计	完成平面设计、提交参数												
		洗衣房设计	完成平面设计、提交参数												
		游泳池设计(机房及系统)	完成平面设计、提交参数												
		弱电设计													
		消防设计													
		景观设计													
C	主要机电设备和制成品采购、到位	电梯及自动扶梯													
		锅炉													
		制冷机													
		变配电设备													
		厨房及洗衣房设备													
		内装材料和制成品													
D	工程施工	地下室施工	地下室施工完成												
		结构施工	主体封顶												
		内隔墙施工													
		机电管线施工													
		机电设备安装	服务及消防电梯投运												
		内装施工													
		室外管线和景观工程													

酒店总进度表

	第二年												第三年												第四年											
1	2	3	4	5	6	7	8	9	10	11	12	1	2	3	4	5	6	7	8	9	10	11	12	1	2	3	4	5	6	7	8	9	10	11	12

基本工作阶段		主要项目	标志性及关键节点控制	第一年											
				1	2	3	4	5	6	7	8	9	10	11	12
E	外幕墙	外幕墙设计													
		外幕墙施工	外幕墙完成												
F	样板房	样板房设计													
		样板房施工													
		样板房验收	样板房通过验收												
G	机电系统调试		变配电投用\水系统开通												
			全部设备调试完毕												
H	工程验收及整改	竣工收尾及竣工清理													
		工程通过国家验收	消防验收通过												
		家具、灯具及艺术品等到位													
I	开业准备	总经理及酒店管理团队进入	总经理到位												
		员工招聘及培训													
		向酒店移交及清洁工作													
		酒店用品采购													
		办理开业手续													
J	开业或试运营	试运营	酒店试运营												
		开业													

通过"表明建筑物已获国家批准投用。

⑯"总经理到位":开业准备工作正式展开。

⑰"开办手续办理完毕":开业的基本条件。

⑱"酒店试运营":酒店基本具备开业条件,进行最后的磨合。

⑲"酒店开业":建造完成。

3. 强化业主方的组织协调能力

在酒店建造阶段,业主方的责任和作用主要体现在两个方面,即资金的筹措运用和项目的组织实施。就后者而言,能否正确选择适当的设计、施工单位和供应商固然重要,组织协调能力是否够强也非常重要。

业主是东家,强势是不言而喻的,但表面的强势不等于真正掌控了局面。心中有数,再加上善将业主方的天然强势化为强大的协调力,才能

有效调动所有参与者的积极性,这就要看业主方的水平和能力。

建造高星级酒店的参与者众多,主要包括:

①设计单位:建筑机电设计院、专业顾问及专业设计单位。

②施工单位:建筑和机电安装施工公司、各专业施工公司。

③供应商:设备供应商、材料和制成品供应商、酒店用品公司。

④酒店管理公司和技术咨询单位。

⑤金融机构:融资银行。

⑥政府主管部门和其他有关部门。

业主方自然处于中心地位,无人可以取代。

业主方主要通过各种协调会进行协调,这些会通常由业主方主持,在施工高潮期和酒店建造后期,这类会议将非常频繁。在协调会上业主方

酒店 总 进 度 表

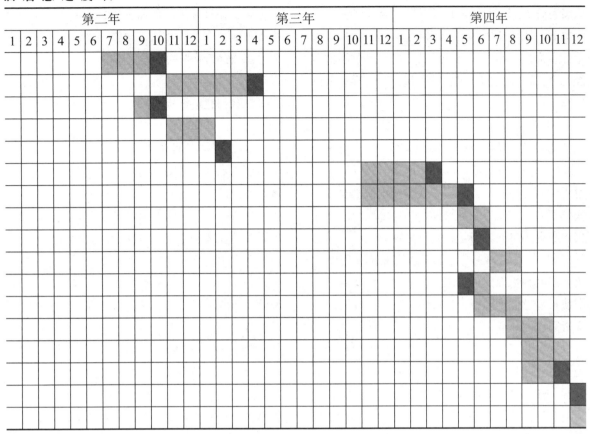

可以听取各方意见，掌握情况，统一步调、协调分歧并作出决策。业务有关联的参与单位当然可以直接进行必要的双边和多边协调，但应将协调结果向业主方通报，重要决定应报业主方审定。

4.设计因素重于施工因素

影响建造进度的因素很多，设计和施工是两个最重要的因素，但两者间哪个更重要？根据笔者的经验，至少就酒店而言，设计重于施工。原因首先在于酒店的内涵复杂丰富，涉及的专业设计远多于一般民用建筑，在整个建造过程中，设计的时间跨度和协调量远大于施工。二是设计占有主动地位，道理很简单，没有设计就无法施工，在实践中，通常也多是因设计脱期影响施工。三是施工技术、施工组织和施工监理相对成熟，抢工办法比较多，只要选好队伍，加强现场管理，问题相对会少一些。四是最终的成果主要取决于设计水平。

因此在建造过程中，业主方应把主要精力放在设计方面，施工管理可委托施工监理和总包单位。

二、客房样板间

1.样板间的重要作用

客房样板间的设计和施工是酒店在建造过程中的关键节点之一，也是酒店建造全过程的一个转折点，有承上启下的作用。此时，酒店设计的平面布局已基本定型，内装设计即将全面展开，机电设计开始深化，其他专业设计已经介入或即将介入，酒店主体施工已经完成或即将完成，机电系统的主管开始安装，外幕墙施工已开始或已部分完成，酒店的基本形象已经展现。

酒店管理公司在建造过程中唯一一次中间验收就是样板间验收。客房样板间脱期或未能通过验收表示酒店主楼客房层不能全面施工，根据先上后下原则，裙房的公共区域当然也不可能全面展开施工，如此状况对总进度和开业的影响不言而喻。

客房样板间是酒店建造过程中特有的、不可缺少的一环，其他类型公共建筑通常不采用这种方式。原因首先是酒店的主体部分——客房——对于酒店特别重要，客房失败将导致整个酒店的失败；其二是客房数量很大，一旦出现问题造成大面积返工将损失惨重；其三是客房量虽大却重复，如果问题在样板间阶段就基本暴露并得以解决，前两种情况即可避免。样板间仅数间而已，即使最后全部拆除损失也有限，还可另择地方做样板间以便利用。

客房的问题主要集中在三方面：设计水平、施工质量和建造成本，样板间就是要解决这三个问题。其中设计是核心问题，设计达不到要求，后两个问题无从谈起。

①再有水平和经验的内装设计师也不能保证其设计不经修改一步到位，况且其设计还需经施工、家具、灯具、布艺、地毯等公司设计师的深化并确保原设计不走样，各种材料、制成品的整体效果也有待检验。

内装设计与机电设计的矛盾在样板间建造过程中会进一步暴露，如内装设计相当有创意，与原建筑设计差异较大，则需相当时间的磨合。

②施工质量和制成品质量不可能没有问题，通过建造样板间可对上述单位的能力作进一步考察，从而为确定未来的施工队和供应商提供依据。

③建设成本当然是业主非常关心的问题，设计相当成功的样板间如成本大幅超过底线业主可能仍不会接受，因此需在两者间寻找平衡。样板间提供了一个调整方案的平台，调整的最佳结果是获得各方都能接受的设计和预算，据此控制大面积施工展开后的实际成本。

酒店公共区域无法采用样板间的方式，只能依靠选准设计施工单位和制成品供应商、加强对设计方案的审核、严格控制施工质量和材料、设备、制成品价格解决问题。

2. 如何建造样板间

样板间建造需注意以下几点：

(1) 选好样板间的类型

应在数量较大的主力房型中选择样板间，一般两三种即可，不必过多。除样板间外还需建造至少10m长一段客房走廊，最好还包括一个电梯厅，以检验客房走廊和电梯厅的设计与客房是否协调，客房走廊净高能否达到要求，走廊上方主管道与客房内支管两者的接口是否有问题，内装设计确定的客房、客房短走道、客房卫生间的净高能否实现。

(2) 严格按内装设计要求施工

要尽量体现内装设计师的设计风格，尽量采用其指定的材料和制成品(尽管在采购和成本控制上可能会有困难)，不要随意修改设计。确保样板间能充分体现设计师的设计意图。如确需修改设计或必须采用替代材料和制成品，应征得设计师同意，以免验收时设计师说"这不是我的设计"之类的话。负责任的内装设计师在样板间建造过程中会经常到现场指导施工，调整设计，解决问题，严格把关，及时确认材料和制成品的样品，通过样板间的建造完善自己的设计。

(3)不宜过早为样板间造价确定上限

样板间超过预期成本的情况很正常，过早确定上限会束缚内装设计师的思路，影响样板间质量，但在施工前及施工过程中可就预期成本和设计师进行磋商和沟通。为降低成本而调整方案通常应在样板间完成后进行，设计师、施工单位、制成品供应商均应参加研究，集思广益，分析成本过高的原因，确定降低成本的方案。

(4) 合理确定材料和制成品采购方案

样板间的材料和制成品采购肯定面临很多困

难，尤其是境外设计师的设计，其材料和制成品的选择是全球性的。尽管他们提供详细的采购方向，但因样板间所需数量极有限，如没有库存，为此组织生产几乎不可能，即使生产了也是天价。因此，在国内加工或寻找替代品几乎不可避免。

应确定甲供(即甲方——业主方直接供应)材料和设备的合理范围，发挥甲、乙双方长处，以确保质量和控制预算。

(5)注意机电管线的设计和安装

样板间能否在较短时间内顺利完成，很大程度取决于前期的机电管线安装能否如期保质完成。到隐蔽工程通过验收、可施工天花吊顶的阶段，样板间的完成已有七分把握。事实上，样板间不仅是对内装设计的考验，实际上也是对机电管线设计的考验，尤其在吊顶内高度较低、管线繁多复杂时更是如此。必要时，可先做机电(当然包括上下水)管线的样板间。

3. 样板间的验收

(1) 样板间具备验收的条件

①六个面装修全部完成(包括地毯)；

②所有家具(包括固定和活动家具)、灯具、洁具、窗帘、布艺、五金、开关插座、电视机、电冰箱、保险箱、白色布草、艺术品等全部到位。

③机电管线全部安装完成，至少实现电通(临时电也可)。

(2) 验收方式

由业主方组织，内装设计师和相关专业的设计师、酒店管理公司及其他方面专家参加(可集中，也可分开)，汇总他们的意见，讨论并确定整改方案，最好内装设计师能在正式组织验收前先进行预验收。在实践中也有推倒重来的例子，但应尽量避免。

"样板房验收记录"是酒店管理公司验收客房样板间的专用表格，其详尽程度充分表明了对样板间的重视程度。

三、酒店的验收和移交

这是酒店在收尾到开业前一段相当难过，然而又非过不可的阶段。开业已进入倒计时，大部分项目还在收尾，大量遗留问题需要处理，千头万绪、矛盾百出，足以使受到沉重开业压力的业主方负责人心力交瘁。此时保持清醒的头脑和有条不紊的工作非常重要。

在此对业主方在最后阶段应重视的几项工作提出建议。

1. 对开业时间作最后一次评估

对开业时间的评估和调整贯穿整个建造过程，但在收尾阶段有必要再作一次精准评估以做出最后决定，并据此制定最后的进度计划(包括开业准备阶段)。此时的决定通常会向社会公布，不能轻易更改，因此要充分考虑各种因素，要非常慎重。

精准的评估建立在过细了解现场情况和对开业要求充分把握的基础上。

开业时间是业主方和酒店管理公司双方始终非常关心的问题，但面对同样的项目、同样的现场，双方结论往往差异甚大。有趣的是业主方总是偏早，酒店管理公司总是偏晚，业主方的心态是开业时间定得越早越好，一是可以给现场加大压力以加快进度，二是可以促酒店管理公司早派总经理、早做开业准备。但酒店管理公司通常比较有经验，比较审慎，不愿过早委派总经理造成资源浪费，事实证明酒店管理公司的评估通常比较切合实际。

很多国际著名酒店管理公司在内部使用专业的表格对现场进度进行量化和对开业时间进行评估，这类表格业主方也可参考和使用，不要怕麻烦，尤其在最后阶段很有效。见表10-2"项目进度观察报告"。

表10-2 项目进度观察报告

项目名称				
报告日期				
报告人				
参加人员				
施工起始日期				
项目简单描述				
总体评估	☐0%～25%	☐25%～50%	☐50%～75%	☐75%～100%
A.整体状况				
1.室外工程	☐0%～25%	☐25%～50%	☐50%～75%	☐75%～100%
台阶	☐0%～25%	☐25%～50%	☐50%～75%	☐75%～100%
设施	☐0%～25%	☐25%～50%	☐50%～75%	☐75%～100%
停车场和道路	☐0%～25%	☐25%～50%	☐50%～75%	☐75%～100%
外部照明	☐0%～25%	☐25%～50%	☐50%～75%	☐75%～100%
标识	☐0%～25%	☐25%～50%	☐50%～75%	☐75%～100%
花园和小品	☐0%～25%	☐25%～50%	☐50%～75%	☐75%～100%
水景	☐0%～25%	☐25%～50%	☐50%～75%	☐75%～100%
2.结构	☐0%～25%	☐25%～50%	☐50%～75%	☐75%～100%
基础	☐0%～25%	☐25%～50%	☐50%～75%	☐75%～100%
主体结构	☐0%～25%	☐25%～50%	☐50%～75%	☐75%～100%
裙房结构	☐0%～25%	☐25%～50%	☐50%～75%	☐75%～100%
其他结构	☐0%～25%	☐25%～50%	☐50%～75%	☐75%～100%
3.外观	☐0%～25%	☐25%～50%	☐50%～75%	☐75%～100%
外墙面	☐0%～25%	☐25%～50%	☐50%～75%	☐75%～100%
外装饰	☐0%～25%	☐25%～50%	☐50%～75%	☐75%～100%
门和窗	☐0%～25%	☐25%～50%	☐50%～75%	☐75%～100%
幕墙	☐0%～25%	☐25%～50%	☐50%～75%	☐75%～100%
B.公共区域				
1.内墙	☐0%～25%	☐25%～50%	☐50%～75%	☐75%～100%
隔墙墙体	☐0%～25%	☐25%～50%	☐50%～75%	☐75%～100%
粉刷	☐0%～25%	☐25%～50%	☐50%～75%	☐75%～100%
涂料	☐0%～25%	☐25%～50%	☐50%～75%	☐75%～100%
墙面砖	☐0%～25%	☐25%～50%	☐50%～75%	☐75%～100%
其他饰面	☐0%～25%	☐25%～50%	☐50%～75%	☐75%～100%
2.地面	☐0%～25%	☐25%～50%	☐50%～75%	☐75%～100%
地毯	☐0%～25%	☐25%～50%	☐50%～75%	☐75%～100%
瓷砖	☐0%～25%	☐25%～50%	☐50%～75%	☐75%～100%

续表

其它石材	☐0%～25%	☐25%～50%	☐50%～75%	☐75%～100%
3. 天花	☐0%～25%	☐25%～50%	☐50%～75%	☐75%～100%
龙骨	☐0%～25%	☐25%～50%	☐50%～75%	☐75%～100%
石膏板	☐0%～25%	☐25%～50%	☐50%～75%	☐75%～100%
其他顶板	☐0%～25%	☐25%～50%	☐50%～75%	☐75%～100%
4. 工厂制成品	☐0%～25%	☐25%～50%	☐50%～75%	☐75%～100%
前台	☐0%～25%	☐25%～50%	☐50%～75%	☐75%～100%
礼宾部	☐0%～25%	☐25%～50%	☐50%～75%	☐75%～100%
商务中心	☐0%～25%	☐25%～50%	☐50%～75%	☐75%～100%
卫生间(包括五金、洁具)	☐0%～25%	☐25%～50%	☐50%～75%	☐75%～100%
宴会厅	☐0%～25%	☐25%～50%	☐50%～75%	☐75%～100%
健身房	☐0%～25%	☐25%～50%	☐50%～75%	☐75%～100%
休闲餐厅	☐0%～25%	☐25%～50%	☐50%～75%	☐75%～100%
特色餐厅	☐0%～25%	☐25%～50%	☐50%～75%	☐75%～100%
厨房	☐0%～25%	☐25%～50%	☐50%～75%	☐75%～100%
C.客房及走廊				
1. 内隔墙	☐0%～25%	☐25%～50%	☐50%～75%	☐75%～100%
墙体	☐0%～25%	☐25%～50%	☐50%～75%	☐75%～100%
粉刷	☐0%～25%	☐25%～50%	☐50%～75%	☐75%～100%
涂料	☐0%～25%	☐25%～50%	☐50%～75%	☐75%～100%
墙面砖	☐0%～25%	☐25%～50%	☐50%～75%	☐75%～100%
其他饰面	☐0%～25%	☐25%～50%	☐50%～75%	☐75%～100%
2. 地面	☐0%～25%	☐25%～50%	☐50%～75%	☐75%～100%
(走道)地毯	☐0%～25%	☐25%～50%	☐50%～75%	☐75%～100%
(客房)地毯	☐0%～25%	☐25%～50%	☐50%～75%	☐75%～100%
瓷砖	☐0%～25%	☐25%～50%	☐50%～75%	☐75%～100%
其他材料	☐0%～25%	☐25%～50%	☐50%～75%	☐75%～100%
3. 天花	☐0%～25%	☐25%～50%	☐50%～75%	☐75%～100%
龙骨	☐0%～25%	☐25%～50%	☐50%～75%	☐75%～100%
石膏板	☐0%～25%	☐25%～50%	☐50%～75%	☐75%～100%
其他顶板	☐0%～25%	☐25%～50%	☐50%～75%	☐75%～100%
4. 工厂制成品	☐0%～25%	☐25%～50%	☐50%～75%	☐75%～100%
微型酒吧	☐0%～25%	☐25%～50%	☐50%～75%	☐75%～100%
卫生间(包括五金、洁具)	☐0%～25%	☐25%～50%	☐50%～75%	☐75%～100%
衣橱	☐0%～25%	☐25%～50%	☐50%～75%	☐75%～100%
客房门	☐0%～25%	☐25%～50%	☐50%～75%	☐75%～100%

续表

D.后勤区域				
1. 内墙	☐0%～25%	☐25%～50%	☐50%～75%	☐75%～100%
隔墙墙体	☐0%～25%	☐25%～50%	☐50%～75%	☐75%～100%
粉刷	☐0%～25%	☐25%～50%	☐50%～75%	☐75%～100%
涂料	☐0%～25%	☐25%～50%	☐50%～75%	☐75%～100%
墙面砖	☐0%～25%	☐25%～50%	☐50%～75%	☐75%～100%
其他饰面	☐0%～25%	☐25%～50%	☐50%～75%	☐75%～100%
2. 地面	☐0%～25%	☐25%～50%	☐50%～75%	☐75%～100%
地毯	☐0%～25%	☐25%～50%	☐50%～75%	☐75%～100%
瓷砖	☐0%～25%	☐25%～50%	☐50%～75%	☐75%～100%
其他石材	☐0%～25%	☐25%～50%	☐50%～75%	☐75%～100%
3. 天花	☐0%～25%	☐25%～50%	☐50%～75%	☐75%～100%
龙骨	☐0%～25%	☐25%～50%	☐50%～75%	☐75%～100%
石膏板	☐0%～25%	☐25%～50%	☐50%～75%	☐75%～100%
其他顶板	☐0%～25%	☐25%～50%	☐50%～75%	☐75%～100%
4. 厨房设备	☐0%～25%	☐25%～50%	☐50%～75%	☐75%～100%
5. 洗衣房设备	☐0%～25%	☐25%～50%	☐50%～75%	☐75%～100%
E.系统				
1. 空调系统	☐0%～25%	☐25%～50%	☐50%～75%	☐75%～100%
布管	☐0%～25%	☐25%～50%	☐50%～75%	☐75%～100%
冷水管	☐0%～25%	☐25%～50%	☐50%～75%	☐75%～100%
冷冻机	☐0%～25%	☐25%～50%	☐50%～75%	☐75%～100%
冷却塔	☐0%～25%	☐25%～50%	☐50%～75%	☐75%～100%
空调机	☐0%～25%	☐25%～50%	☐50%～75%	☐75%～100%
控制设备	☐0%～25%	☐25%～50%	☐50%～75%	☐75%～100%
调试	☐0%～25%	☐25%～50%	☐50%～75%	☐75%～100%
2. 电力系统	☐0%～25%	☐25%～50%	☐50%～75%	☐75%～100%
布管	☐0%～25%	☐25%～50%	☐50%～75%	☐75%～100%
穿线	☐0%～25%	☐25%～50%	☐50%～75%	☐75%～100%
控制面板	☐0%～25%	☐25%～50%	☐50%～75%	☐75%～100%
主开关	☐0%～25%	☐25%～50%	☐50%～75%	☐75%～100%
应急发电	☐0%～25%	☐25%～50%	☐50%～75%	☐75%～100%
照明	☐0%～25%	☐25%～50%	☐50%～75%	☐75%～100%
3. 给排水	☐0%～25%	☐25%～50%	☐50%～75%	☐75%～100%
布管	☐0%～25%	☐25%～50%	☐50%～75%	☐75%～100%
支管末端	☐0%～25%	☐25%～50%	☐50%～75%	☐75%～100%

续表

锅炉	☐0%~25%	☐25%~50%	☐50%~75%	☐75%~100%
洁具	☐0%~25%	☐25%~50%	☐50%~75%	☐75%~100%
泵房	☐0%~25%	☐25%~50%	☐50%~75%	☐75%~100%
4.消防	☐0%~25%	☐25%~50%	☐50%~75%	☐75%~100%
喷淋总管	☐0%~25%	☐25%~50%	☐50%~75%	☐75%~100%
喷淋支管	☐0%~25%	☐25%~50%	☐50%~75%	☐75%~100%
喷淋头安装	☐0%~25%	☐25%~50%	☐50%~75%	☐75%~100%
烟感器	☐0%~25%	☐25%~50%	☐50%~75%	☐75%~100%
报警装置	☐0%~25%	☐25%~50%	☐50%~75%	☐75%~100%
控制柜	☐0%~25%	☐25%~50%	☐50%~75%	☐75%~100%
消防泵	☐0%~25%	☐25%~50%	☐50%~75%	☐75%~100%
立管	☐0%~25%	☐25%~50%	☐50%~75%	☐75%~100%
消火栓	☐0%~25%	☐25%~50%	☐50%~75%	☐75%~100%
5.垂直运输	☐0%~25%	☐25%~50%	☐50%~75%	☐75%~100%
消防楼梯	☐0%~25%	☐25%~50%	☐50%~75%	☐75%~100%
电梯井	☐0%~25%	☐25%~50%	☐50%~75%	☐75%~100%
导轨	☐0%~25%	☐25%~50%	☐50%~75%	☐75%~100%
电梯门	☐0%~25%	☐25%~50%	☐50%~75%	☐75%~100%
轿厢	☐0%~25%	☐25%~50%	☐50%~75%	☐75%~100%
电梯控制	☐0%~25%	☐25%~50%	☐50%~75%	☐75%~100%
自动扶梯设备	☐0%~25%	☐25%~50%	☐50%~75%	☐75%~100%
自动扶梯结构	☐0%~25%	☐25%~50%	☐50%~75%	☐75%~100%
F.其他				
1.程控交换机	☐0%~25%	☐25%~50%	☐50%~75%	☐75%~100%
2.电脑系统及POS机	☐0%~25%	☐25%~50%	☐50%~75%	☐75%~100%
3.音响	☐0%~25%	☐25%~50%	☐50%~75%	☐75%~100%
4.游泳池	☐0%%~25%	☐25%%~50%	☐50%%~75%	☐75%%~100%
5.网球场	☐0%%~25%	☐25%%~50%	☐50%%~75%	☐75%%~100%
6.高尔夫球场	☐0%%~25%	☐25%%~50%	☐50%%~75%	☐75%%~100%
附件				
1.总体评估				
2.时间表				
3.关注点和跟进项目				

2. 按要求向酒店管理公司移交

在工程竣工并通过国家验收基础上，酒店将进入由业主方向酒店管理公司移交的阶段。酒店管理公司、尤其国际酒店管理公司会向业主方提出比较严格的移交顺序和要求。总体来看，他们提出的顺序和要求通常是科学和合理的，对确保开业时间有利，业主方应尽量配合，并在收尾时就注意按移交顺序安排进度计划。

表10-3是笔者根据国际酒店管理公司的移交习惯稍作调整改编的，备注中解释了如此安排的理由，读者可自行研究并根据实际情况调整使用。

关于移交的基本要求，大体有以下几点：

① 所有建筑施工必须完成；

② 所有内装饰施工，包括照明、盆栽、艺术品均需到位；

③ 机电设备和管线已完成安装和调试，可以正常运行；

④ 酒店已通过国家有关部门的验收，确认可以安全使用；

⑤ 酒店已获得当地消防部门发出的验收通过证明；

⑥ 需整改的缺陷不影响酒店运行，不会造成对顾客的不便；

⑦ 施工单位已完成全面的清洁工作；

⑧ 移交安排已提前通知酒店管理方；

⑨ 所有钥匙和电子门锁系统一并移交；

⑩ 所有文件、图纸、设备使用手册、备品备件等一并移交；

⑪ 施工单位需在移交机电设备和系统前与酒店工程部协商安排培训事宜，并提供应急维修人员，以便处理模拟运行期间发现的各种问题；

⑫ 所有轻微缺陷需在移交后7天内维修完毕。

不同酒店管理公司的要求可能不完全一样，可根据实际情况进行调整和协商。

3. 做好移交前的验收和整改

酒店管理公司在接受业主方移交前，要对移交区域进行仔细检查和验收，这种二次验收(第一次是工程验收)将比第一次更细致，更严格。由于管理公司是从客人的眼光和要求进行检查和验收的，在工程验收时算不上什么的问题，在管理公司看来可能是个大问题，有些在工程验收时不易发现的问题，在管理公司验收时就会被发现。如客房区域，工程验收通常采用随机抽查方式进行检查，而管理公司肯定是由工程部和客房部员工按规定逐间逐项检查。冷热水龙头被接反的情况时有发生，工程验收不常被发现，整改又很麻烦，但从酒店角度是完全不允许的，因为这可能会烫伤客人。装饰上的微小瑕疵在工程验收时可能就忽略了，在管理公司验收时就不会被放过，尤其是客人看得到的地方更不会被放过。

业主方应理解酒店管理公司的这种做法，这确实不是吹毛求疵，而是一种真正对酒店负责的态度。如果有些问题已既成事实，在开业前无论如何来不及整改，可与酒店管理公司协商，在开业后一个规定时间内解决。由于双方对按时开业目标一致，通常可以取得共识，但确有个别酒店因此延误开业时间。曾有一个国际著名品牌的五星级酒店建成后因质量问题较多，双方对需整改到什么程度达不成一致意见，以致开业时间拖了一年多，仅员工工资就多支出了上千万元，几乎形成法律问题。

就整改责任而言，移交前发现的问题当然由业主方(实际上是业主方组织施工单位)负责整改，移交后发现的问题，尤其是开业后发现的问题，有相当一部分需要酒店管理公司自行解决，这对酒店管理公司而言也确是一个负担，况且还会增加客人投诉给酒店带来不好的影响。因此尽量把问题解决在开业前应是业主方和酒店管理公司双方共同利益之所在，不至于只算计蝇头小利而影响大局。有些酒店在此阶段干脆从施工单位抽调不同工种、熟悉情况、责任心强的老技工组织一个精干的维修队，在开业前(甚至保持到开业后两周)由业主方人员带队，在酒店管理公司指挥下进行整改，效果很好。

4.重视设备终端的检查和调试

开业前一个月，酒店主设备、主要管道系统以及机房应已全部完成调试、正常运行并移交给酒店工程部。此时有必要集中一定力量，配合酒店管理公司的区域验收，对设备终端尤其是客人要直接接触的客房设备终端逐间进行全面、细致检查和调试，确保安全可靠和可正常使用。

客房设备终端主要包括：

①开关和插座；

②风机盘管及其控制开关(包括噪声、空调温度和新风量)；

③排气和排水(包括排气扇的噪声)；

④冷热水(出水温度和水量大小)；

⑤电话；

⑥电视机；

⑦宽带和无线上网；

⑧报警开关和紧急照明。

开业是否成功，客人对酒店是否认可在很大程度上取决于这些影响到客房使用功能的设备终端的状态。

表10-3   酒店移交顺序表

移交时间	设备和机房	区 域	备 注
开业前8周		总仓库、餐饮部仓库、银器库、客房部仓库、工程部仓库	已采购到货的物品需要存放
开业前7周	高低压配电柜、电脑房、程控交换机房、消防-安保监控中心、泵房	员工入口、男女更衣(洗浴)、客房部办公室、安保部办公室、冷库、电脑房、洗衣房、布草间、制服间、工程部办公室、工程部车间、卸货平台	①员工需要到位(不能再依靠临时地点工作和培训)②安保、工程、客房部应尽早进入酒店调试、接管相关机房、设备和管线③准备接管客房
开业前6周	音响控制室、智能控制系统(BA)、锅炉房、煤气表房、冷冻机房、电梯机房、新风机房、空调机房、水箱、所有电梯	员工餐厅、员工餐厅厨房、培训教室、员工娱乐室、医疗室、员工洗手间、人力资源部办公室、前厅部办公室、咖啡厅厨房、中餐厅厨房、垃圾房、客房开始移交	①员工生活区需投用②主厨房设备需调试
开业前5周		行政办公室、财务办公室、商务中心、餐饮部办公室、预订部办公室、前台、贵重物品保险室、行李间、宴会厅厨房	①酒店管理当局全部进入酒店办公②前台电脑系统开始调试
开业前4周		大堂、大堂酒吧、咖啡屋、客用洗手间、所有客房接管完毕	客房接管完毕、开始接管公共区域
开业前3周		商店、其他餐厅、宴会厅、多功能厅、会议区、健身中心、游泳池、SPA	开业庆典需在宴会厅举行
开业前2周		车道、园林绿化、水景	外部设施和景观可在最后接管

四、酒店管理团队

1. 总经理的选择

酒店总经理对未来的酒店经营至关重要，业主方对酒店总经理的选择很有讲究，要选择一个合适的总经理不容易。

酒店管理公司麾下的总经理各有所长，有的擅长经营，有的擅长开业，有的经验丰富，有的首次独当一面，有的熟悉中国或大中华区域，有的第一次来华。总经理的国籍、性别、年龄、家庭、经历乃至性格、协调力等与能否胜任此职均有关系。不同背景的总经理，其年薪和福利待遇差异很大，要结合酒店的情况综合权衡，尤其要考虑酒店的定位、档次以及基本客源的特点和要求。

酒店管理公司向酒店委派总经理当然要考虑各种因素，会尽量选择适当的人选。但管理公司也有自身的难处，不可能有很多闲置的备用总经理，通常会结合高管提拔从在职人员中推荐人选或借此机会调整其他酒店的在岗总经理，这些情况都是正常的，关键是评估酒店管理公司推荐的总经理是否有足够能力胜任现职，其薪酬是否可以接受，以后的事情就要走一步看一步了。

不过业主方也不必过于担心选不好总经理。对于新开业的酒店，业主方会有三次选择机会，退一步讲，即使过了一段时间发现这个总经理确实不理想，也还是可以向酒店管理公司提出更换要求，只要理由充分，管理公司通常会考虑业主方的要求。

2. 核心团队的组织

酒店管理核心团队通常由8~10人组成，最核心的财务总监、营销总监和工程总监通常与总经理同时由酒店管理公司委派，其余如房务总监、餐饮总监及安保部、前厅部经理等可由酒店管理公司直接委派，也可在总经理到位后在社会招聘。

为使新酒店有足够的资深干部确保开业成功，酒店公司还可从麾下其他酒店临时抽调人员支持新酒店，在新酒店上路后，这些人员一般会调回原酒店，个别人员也有就此留下的。这也体现了酒店管理公司连锁经营中一种人力资源方面的能力。

3. 总经理和核心团队到位的时间

总经理到位时间通常在开业前半年到一年，以笔者的经验，半年稍紧张一点，一年似太长，大约八个月也就可以，当然这也与能否准时开业有关。高星级酒店总经理年薪通常在100万元以上，到位太早使业主方增加了不必要的开支，也浪费了总经理职业生涯的时间——他本人也未必愿意。

业主方经常希望酒店的工程总监先于总经理提前到岗，以便借助工程总监的技术能力加快工程进度，缩短验收和移交的时间，这是可以理解的。酒店管理公司有时会满足业主方的要求，但比例不高。

五、酒店开业准备

实质性的酒店开业准备在酒店总经理及其管理团队到位后展开，以下是开业准备工作的几项基本任务。

1. 员工招聘及培训

酒店员工总数约是客房数的1.1~1.5倍，大体上酒店星级越高、餐饮规模越大，员工人数越多。总经理和人事总监到位后首先要做的一件事就是设计新酒店的编制，据此确定员工的招聘和培训方案。

酒店的员工招聘通常由人力资源部牵头把关，具体工作由各业务部门总监或经理为主组织进行，培训亦然。要求较高的酒店还设置专职培训师的岗位。

近年来新酒店不断出现，员工招聘难度随之增加，尤其是资深骨干和熟练员工相当紧缺，大量新员工的进入使培训工作日显重要。况且不同品牌的酒店管理公司对具体的工作流程和要求有一定区别，即使是有经验的员工，更换酒店后也需培训后方可上岗。

实力强大的国际酒店管理公司甚至设立自己的培训学院，如洲际酒店集团在全球37个国家拥有150所英才培养学院和超过1万名学员，在中国的北京、上海、天津、广州、成都、深圳以及最近在云南普洱都有与当地院校合作成立的培训学院，为大中华区正在运营的180家酒店及正在建造中的160家酒店提供支持。

2. 酒店"开荒"

新酒店的清洁工作(圈内行话叫"开荒")要求非常高，不是施工单位的竣工清理就可以完成的。区域移交后，酒店业务部门需要在培训新员工的同时，带领本部人马在本部门区域里"开荒"，"开荒"必须非常彻底，每个角落都要擦得干干净净，石材面要磨光打蜡，地毯要反复吸尘，连磁面砖上一小片水泥浆的痕迹都要用小刀片轻刮干净。尽管辛苦，也是对新员工的一种锻炼和教育，还能提高他们的工作能力。近年来一些社会的清洁公司也在开展此项业务，有些公司做得还不错。

"开荒"结束后，就可对该区域进行布置。客房可以铺床、可以摆开各种客房用品和艺术品，此时客房的管理权(包括钥匙)就正式移交到客房部手里，具备了客人入住的基本条件，其他公共区域也是如此。

3. 酒店用品采购

酒店用品采购涉及未包括在工程范围内的、各种类型、各种规格的物品达数千种之多，总费用通常超过1000万元。

酒店管理团队将在综合各部门意见基础上提出采购计划，经总经理签字后报业主方审核批准，通常由酒店采购部执行。由于酒店用品种类繁多、所需数量、品质和价格出入很大，制定采购计划时要根据酒店实际情况，在确保适用的前提下，严格控制采购成本，以免造成积压和浪费，业主方要严格把关，逐项审批。

4. 展开营销业务

受季节、客源及酒店本身定位的影响，大部分酒店都有淡、旺季之分，开业时间的选择需考虑这个因素，尽量避开淡季。

新酒店开张最好一炮打响，因此管理团队一旦进入，营销工作应不失时机立即展开。住店客人通常有一种"趋新"的特点，没住过的新酒店有机会都想住一下试试，这是天然的客源。但靠这些不会长久，需要花大力气培养客人的忠诚度，经营良好的酒店都有一部分稳定的客源，即回头客，最好还能保持20%左右的长住客。为此，酒店营销部门需不断努力向大公司、大企业，尤其是具有相当规模的跨国公司宣传、推销自己的酒店，争取与这些公司签订长期合同，以优惠折扣价确保该公司年度最低定房数量。通常这是双赢的合同，在酒店开业准备期就要积极开展这类营销活动。

资深的总经理或营销总监(包括餐饮总监)，甚至多年在酒店从事营销工作的低阶员工为什么身价很高？不仅仅是他们的经验丰富，更重要的是他们通常具有广泛的人脉，掌握一批数量可观的客源，这是酒店的宝贵财富。决定酒店利润最重要的因素是什么？说到底就是营业额，因为酒店的基础成本相对固定，尤其是工资和能耗这两块，约占酒店总成本的30%~35%，无论住房率是高是低，营业额是多是少，这部分开支基本稳定。因此，要提高酒店利润率就必须提高酒店营业额，这是显而易见的事。

酒店总经理要抓酒店的全面工作，但首先还是要抓好营销工作，而且在酒店开业准备期就要打好基础。

5. 开业庆典筹备及预开业、部分开业

筹备新酒店的开业庆典是酒店管理团队开业准备的重要任务，在此不予详述。

预开业是很多酒店采取的一种方式，相当于演出前的彩排，主要目的是对新酒店的运营进行磨合，暴露运营中的问题并加以改进，时间通常在一个月左右。这种做法很普遍并在大多数情况下为酒店管理公司所接受，尤其当酒店处于淡季时。预开业必须在开业典礼前进行，部分客人是被邀请的，即使是散客也会被告知酒店正处于预开业状态，并在费用方面享受一定优惠。

部分开业就不同了，往往是在酒店来不及准时开业而由于种种原因不得不开业的情况下发生，例如必须赶在某个大型社会活动前开业，或者由于资金、市场等原因将一部分区域的投用时间滞后一个阶段。酒店管理公司通常不愿意出现这样的情况，因这会使酒店功能在一段时间内不完整而影响酒店形象，或使酒店规模达不到管理合同的规定，影响酒店营业额和利润。加上酒店在开业后还有区域在施工，噪声、气味不可能不影响入住客人。因此，应尽量避免部分开业的情况发生，至少应把暂不投用的区域范围尽量缩小，相差时间尽量缩短，并最大程度减少未来施工对已投用区域的影响。部分开业的决定往往在开业准备阶段作出，是不符合管理合同规定的，因此业主方要注意和酒店管理公司协商以取得谅解，并就善后事宜达成一致意见。

一、中端酒店快速崛起

2013年至2018年，我国中端连锁酒店数从649家飙升至6100家，客房数从97439间飙升至640000间(表11-1)。在一系列眼花缭乱的兼并、重组、强强联合之后，除已进入中国多年的假日、万怡、华美达、福朋喜来登等国际中端连锁酒店品牌以外，出现了一批新的民族中端连锁酒店品牌，如维也纳、全季、亚朵、丽枫、锦江都城等。

中端酒店(主要是中端连锁酒店)的崛起是中国经济和社会发展的必然结果。

据统计，从2011年至2018年，每年旅游人数从26.41亿人次增长到55.39亿人次，复合年均增长率为11.16%；旅游业总收入从2.25万亿元增加到5.97万亿元，复合年均增长率为14.69%，预计2019年将达到6.1万亿元。

据2018年国家统计局数据，近年来我国中等收入群体已超过3亿人，占全球中等收入群体的30%以上。他们对酒店有更多需求，包括舒适度、娱乐性、个性化都成为选择酒店时的考量。功能简单、标准化、规范化、程序化的经济型酒店已不能满足其需求，而高端酒店又价格太高，于是中端酒店成为他们必然的选择。

就酒店业本身而言，高端酒店运营成本居高不下，2018年，中国五星级酒店净利润率仅为5.90%，投资回报率仅2.37%，远低于中端酒店。而经济型酒店在高速增长后相对饱和，成本也大幅上升，设施陈旧，经营困难，缺乏改造资金。与经济型酒店相比，中端酒店投资成本约高出30%，但售价可高出50%以上，同时体验感更好，经营安全性更高，有较好的未来抗风险能力，因此近年来投资者更青睐中端酒店。

表11-2将2015年度和2018年度全国星级酒店的规模结构情况作了对比。从中可明显看出：四星和五星级酒店无论酒店数量还是客房数量均表现出稳中略增的态势，而一、二、三星级酒店出现了大幅度负增长。其中一、二星酒店数量分别下降了96家和1479家，下降幅度分别为76.8%和52.24%。三星级酒店数量减少1212家，下降幅度

表11-1   **2013～2018中端连锁酒店的规模增长**

	酒店数	客房数	客房增长率
2013	649	97439	
2014	936	135381	38.84%
2015	1749	265190	96.03%
2016	2342	306895	15.37%
2017	3519	403337	31.43%
2018	>6100	>640000	>58.68%

表11-2   **2015/2018年度全国星级酒店规模结构情况对比**

指标	单位	年度	五星级	四星级	三星级	二星级	一星级	合计
饭店数量	家	2015	739	2361	5621	2831	125	11687
		2018	764	2411	4409	1352	29	8965
			3.38%↑	2.12%↑	21.70%↓	52.24%↓	76.8%↓	23.29%↓
客房数	万间/套	2015	26.11	46.28	62.07	18.87	0.58	153.91
		2018	26.62	46.79	53.32	9.79	0.13	136.55
			2%↑	1.1%↑	14.01%↓	48.12%↓	77.59%↓	11.28%↓

为21.56%。星级酒店总数从11687家下降到8965家，下降了23.29%。

三星级酒店数量大降而中端连锁酒店数量激增，看似矛盾其实并不矛盾。因为新的、改造后的中端连锁酒店与老旧的三星级酒店相比，在功能设置、设施质量、装饰风格、酒店特色等方面已有长足进步，加上品牌效应，二者已不可同日而语。

大量中端连锁酒店从何而来？新的投资是原因之一，原独立经营的中端酒店加盟各连锁品牌也是原因之一，但无论是退出星评还是仍参加星评，已经改造的原老三星(包括部分原一、二星)酒店加盟各大酒店集团中端连锁品牌应是主要原因之一。

关注酒店业发展情况的读者可能会记得，在2005~2010年期间，国内已开始出现了一批各种品牌的商务酒店。除少数新建外，大部分是从低星级酒店甚至经济型酒店改造升级而来，但以独立经营居多，即使有少量连锁规模也不大。现在看来，这些酒店实际上就是一种有限服务型的中端酒店(但偏于商务而非旅游休闲)，它们是后来中端连锁酒店快速崛起的前奏。

2010年修订的《旅游饭店星级的划分和评定》(GB/T14308—2010)(以下简称为"星评标准"或"新规")中的一个重要决定顺应了这个潮流。"新规"明确将一、二、三星级酒店定位为有限服务饭店，对此类酒店的基本配置作较大幅度削减并增加了评分时的弹性，使更多原来按老标准建造、长期处于高不成、低不就尴尬位置、缺乏吸引力的老三星级酒店摆脱了原"星评标准"的束缚，通过改造成为中端连锁酒店的骨干店甚至旗舰店。原独立经营的一、二星级酒店，少数条件较好的在改造后加盟中端酒店，大部分进入了经济型酒店的连锁品牌。这种趋势虽然弱化了星级的魅力，但增加了品牌概念在客人心中乃至在整个社会上的地位，丰富了这些酒店的个性，增添了它们的活力，为这一轮中端酒店的崛起奠定了基础。这是一种进步，"新规"功不可没。

在早期相对无序的发展后，国内中端酒店于2015年前后开始进入了品牌化、连锁化、集团化的快速发展期，可以预计，从2020年起的若干年内，中端酒店数量仍将继续扩大。

欧美中端酒店数量已占酒店总数50%左右，图11-1—图11-8为欧美的中端酒店(均摄自2003年)。

图11-1 法国夏纳的中端酒店(左)；图11-2、11-3西班牙萨拉戈萨的中端酒店(中、右)

图11-4a 美国华盛顿COURTYARD BY MARRIOTT(万怡)酒店，在美国，万怡酒店就是一种仅提供有限服务的中端酒店(上左)；
图11-4b 万怡酒店入口(上右)；
图11-5 英国伦敦HOLIDAY INN（假日）酒店，位于伦敦市区，在国外，假日酒店也属于仅提供有限服务的中端酒店(中左)；
图11-6 大堂及总台(中右)；
图11-7 客房面积22.4m²，其中卧室仅17m²，床宽1.35m，挺舒适。装饰很传统，一点不时尚(下左)
图11-8 自助餐厅很宽敞，无其他公共设施(下右)

二、中端酒店快速崛起的基本模式

我国中端酒店快速崛起，除数量大幅增长外，更引人注目的是在这个过程中的品牌化和连锁化。促成品牌化和连锁化的基本模式是收购（品牌和管理权）、重组、联合和加盟，运作基础是资本，主力是实力强大的酒店集团。

酒店业轻资产化经营的新阶段已悄然形成，从过去不可持续的重视资产运营转向可持续的重视管理、品牌运营。

近年来，"锦江国际"践行"生根国内，全球布局，跨国经营"的发展战略，在国内外进行大规模收购、重组和强强联合。继2013年以7.1亿元收购中端酒店"时尚之旅"，打造全新中端酒店"锦江都城"之后，2015年与铂涛酒店集团强强联合，收获了喆啡、丽枫、希岸、7天等一批品牌。2016年战略投资中端酒店排名第一、拥有1000多家酒店的维也纳酒店有限公司，投资法国雅高集团（持有近12%股份），成为"雅高"最大股东。2017年与拥有10万个房间的法国卢浮酒店集团签署战略合作协议，全面负责卢浮旗下Kyriad品牌在中国市场的开发及运营。2018年11月收购了拥有近20万间客房的丽笙酒店集团。

截至2019年底，锦江国际酒店集团麾下酒店超过10000家，客房超过100万间，拥有48个品牌，布局120个国家，在美国HOTELS 2018年全球酒店集团325排行榜中位列第二，在中国饭店协会2019年公布的中国酒店集团规模TOP50榜单中位列第一。如此骄人的业绩，相当程度上得益于在中端酒店快速崛起这一波浪潮中的强力运作。

实力仅次于锦江的华住酒店集团、首旅如家酒店集团通过一系列类似运作，也迅速扩大了集团规模。截至2019年，华住的酒店数达到4230家，客房数达到422747间，拥有品牌超过20个。首旅如家酒店数达到3858家，客房数达到387251间，拥有品牌超过40个。在美国HOTELS 2018年全球酒店325排行榜中分列第九、第十，在2019年中国酒店集团规模TOP50排行榜单上分列第二、第三（表11-3、表11-4）。

酒店集团为扩大实力，麾下品牌在互联网上招兵买马，宣传本品牌和所在酒店集团的优势，提出加盟条件。独立酒店希望加入适合自身的连锁品牌以提高知名度和生存能力，同时又受困于物业条件和支付能力。二者互补，双向选择（表11-5）。

有一种说法称目前流行"软品牌加盟"，意思是各酒店集团品牌以"低标准门槛＋一定的装

表11-3   **美国HOTEIS 2018年全球酒店325排行榜前十名**

	酒店集团名称	总部所在地	房间数	酒店数
1	万豪国际酒店集团	美国	1317368	6906
2	锦江国际酒店集团	中国	941794	8715
3	希尔顿酒店集团	美国	912960	5685
4	洲际酒店集团	英国	836541	5603
5	温德姆酒店集团	美国	809900	9200
6	雅高酒店集团	法国	703806	4780
7	精选国际酒店集团	美国	569108	7021
8	OYO Hoteis & Homes	印度	515144	17344
9	华住酒店集团	中国	422747	4230
10	首旅如家酒店集团	中国	397561	4049

表11-4　　　　　　　　　　　　　　2019年中国酒店集团规模TOP50排行榜前十名

	集团名称	门店数	客房数	总部所在地
1	锦江国际酒店集团	7537	760000	上海
2	华住酒店集团	4230	422747	上海
3	首都如家酒店集团	3858	387251	北京
4	格林酒店集团	2757	221529	上海
5	尚美生活集团	2467	125383	青岛
6	都市酒店集团	1807	113035	青岛
7	东呈酒店集团	1238	108973	广州
8	住友酒店集团	988	37704	杭州
9	上海泰胜酒店管理有限公司	773	36574	温州
10	开元酒店集团	150	34286	杭州

注：表中数字来自中国饭店协会

表11-5　　　　　　　　　　　　　　中端酒店品牌规模前16位排行榜（2019）

	名称	所属酒店集团	门店数	客房数
1	维也纳酒店	锦江国际酒店集团	1183	179260
2	全季酒店	华住酒店集团	553	72370
3	丽枫酒店	锦江国际酒店集团	411	38141
4	桔子精选酒店	华住酒店集团	172	19863
5	星程酒店	华住酒店集团	212	18878
6	如家精选酒店	首旅如家酒店集团	175	18035
7	雅思特酒店	雅思特酒店集团	156	17160
8	宜必思酒店	华住酒店集团	137	16575
9	喆啡酒店	锦江国际酒店集团	161	14060
10	宜尚酒店	东呈国际酒店集团	133	14050
11	如家商旅酒店	首旅如家酒店集团	150	13540
12	希岸酒店	锦江国际酒店集团	140	10268
13	山水时尚酒店	中青旅山水酒店集团	76	10148
14	格林东方酒店	格美酒店集团	87	9487
15	柏曼酒店	东呈国际酒店集团	78	7142
16	汉庭优佳酒店	华住酒店集团	74	6656

修支持＋持续的运营指导＋全新的品牌定位＋流量导入"来帮助单体酒店实现加盟。但笔者在网上查阅了几个品牌的加盟要求，发现"门槛"并不算低，说明酒店集团还是很注重拟加盟独立酒店的基本品质，是有底线的。

下举一例供读者参考：

某中端酒店品牌基本加盟条件

1. 基本条件

——合作模式：加盟(委托管理)；

——自有或租赁适合经营××酒店的物业，交通便利，物业视觉效果良好，地段优越；

——独栋物业，设有独立客房电梯和货梯，

物业面积5000~13000m²，客房数80~250间，客房净面积25~30m²，有一定数量停车位；

——认同××酒店品牌的经营理念和经营模式，接受××酒店的管理体系和执行标准；

——对投资风险和收益有理性心态。

2. 地理位置要求

——商务型：以市中心区域为主；大型交通中心；城市综合体；

——旅游型：旅游城市；景点区域。

3. 基础设施

——用水额度不低于30000t；

——进水管直径不小于DN100；

——用电不低于3kVA/间；

——纳入市政排污管网；

——供暖(北方地区)等设施到位。

4. 加盟对象

——有意投资酒店的投资人；

——在营酒店业主；

——房地产开发商。

5. 加盟费

——一次性加盟费：5000元/间；

——营运保证金：20万元；

——PMS系统费：一次性安装费2万元，以后维护费1000元/月；

——基本管理费：月度总收入5%；

——指导检查费：3万元/项目；

——装修设计指导费(10000m²以内)：15万元/项目。

6. 投资费用测算、酒店利润分析(略)

酒店集团不再靠投资物业,而是靠输出品牌效应和经营管理能力获取利润，收取加盟费用是必然的，也不可能向独立酒店提供太多资金，除非该酒店对酒店集团具有特殊重要性。加盟能否成功，需双方就具体问题进行谈判，"软品牌加盟"的说法更多属于炒作。

具有战略意义的收购在全球国际酒店集团之间一直在进行。

"万豪"在1927年以一个只能坐9个人的啤酒小店起家，1957年才经营了第一家汽车旅馆。几十年来，"万豪"的扩张和品牌建设始终不断，而且都是大手笔，瞄准的都是已成熟的世界著名高端品牌。1995年，"万豪"收购"丽嘉"，使"里兹·卡尔顿"成为集团顶级品牌。1997年以近10亿美元收购亚洲的"万丽"和"华美达"，2015年11月更斥资122亿美元收购了当年全球排行第7的喜达屋酒店集团，把"瑞吉""豪华精选""威斯汀""喜来登"等世界著名品牌纳入麾下。2018年，万豪以酒店数6906家、客房数1317368间名列全球酒店集团325排行榜首位。

2016年后的三年间，万豪酒店集团对麾下品牌进行了全面整合，重新明确各自定位、特色以提高其吸引力，甚至计划裁减经营不理想的10000间"喜来登"酒店客房。

表11-6是万豪整合后的31个品牌一览表。

对比"万豪"的做法，有些问题似应引起我们注意。

虽然我们为锦江国际、华住、首旅如家三大酒店集团的业绩感到鼓舞，但应该明白这种排行仅取决于酒店集团客房数量，并没有考虑集团拥有的品牌档次、知名度、集团的管理能力、经营业绩、集团价值 等因素，因此不是综合实力的全面体现。

在英国品牌评估机构"品牌金融""2019年度全球最有价值的50个酒店管理集团"中，价值前5位分别是："希尔顿"146.73亿美元，"万豪"129.23亿美元，"温德姆"72.94亿美元，"洲际" 65.88亿美元，"雅高"30.24亿美元。"锦江国际"从2018年的第31位上升至第23位(数据来源：Brand Finance)。

仔细研究一下表11-6即可发现：

①有8个品牌列为"奢华"，酒店数为470个，占总酒店数6993个的6.72%；有11个品牌列为"高级"，酒店数2109个，占总数的30.16%；两者相加酒店数为2579个，占总数的

表11-6 **万豪MARRIOTT国际酒店集团麾下品牌**

	品 牌 名	酒店数量	分 类	定 位	特 色
1	丽思·卡尔顿	103	奢华Luxury	优雅贵妇型	高质量的床品,亲密、较小型的厅堂、公共区域装饰 大量鲜花,1983年成立,1998年被万豪收购
2	*瑞吉	58	奢华Luxury	绅士贵族型	管家服务、士乐、独家杂志、瑞吉香水
3	JW万豪	86	奢华Luxury	精致雅典派	纪念集团创始人J.W.Marrioot,主打品质,装修风格高贵典雅
4	丽思卡尔顿隐世精品度假酒店	6	特色奢华	隐蔽的奢华度假	远离喧嚣的稀有住宿环境,贴心服务
5	*豪华精选	122	特色奢华	体验独特的奢华度假	提供独特体验,包括滑雪、高尔夫、酒庄参观、探寻古城等
6	宝格丽	8	特色奢华	奢侈品酒店典范	脱胎于意大利著名珠宝品牌集团
7	*W酒店	83	特色奢华	年轻潮人最爱	现代化的时尚风格,可带宠物入住
8	艾迪逊	4	特色奢华	设计只此一家	革命性的原创设计,罕见的设计风格
9	万豪	553	高级Premium	舒适旅行享受	万豪母牌,精致装潢,不奢不贵
10	*喜来登	548	高级Premium	革新酒店业的领头羊	1947年纽约证券交易所第一家挂牌的连锁酒店,1958年第一家推出电子预订系统,1985年第一家进入中国的国际连锁酒店
11	万豪度假会	64	高级Premium	分时度假先行者	1984年第一家推出分时度假的理念
12	Delta酒店	47	高级Premium	极简细节控最爱	简单精致,注重床品、卫浴和环境
13	*艾美	145	高级Premium	法国小清新精致代表	1972年内法航创办,2005年加入喜来登,不求华贵,加入现代元素
14	*威斯汀	271	高级Premium	健康有机舒适型	1983年首家采用信用卡预订和退房系统,1997年被喜来登收购
15	傲途格精选酒店	134	高级Premium	精致的 别致精品酒店	强调独特设计与目的地的融合
16	设计酒店	144	高级Premium	精选设计酒店	与傲途格相似
17	万丽	171	高级Premium	历史感最重的酒店品牌	1982年成立,原属华美达品牌,1997—2005年间为万豪收购,很具有历史感
18	Tribute Portfliu酒店	26	高级Premium	精选独立酒店	原属喜达屋,与独立酒店合作,强调独立风格和卓越的服务品质
19	盖洛德	6	高级Premium	地表型大规模酒店	包含列入文化遗产的历史建筑
20	万怡	553	经典精选	年轻务实派最爱	设施齐全、现代,强调社交空间,强调生活和工作的平衡

续表

	品牌名	酒店数量	分类	定位	特色
21	*福朋喜来登	373	经典精选	喜来登衍生副牌	符合对住宿有基本需求，但不追求特别体验的客人
22	Spring Hill Snites 酒店	903	经典精选	区分工作和生活的套房酒店	强调工作和生活应该分开，让客人在旅行中像在家里一样轻松
23	Protea酒店	93	经典精选	非洲最大的酒店品牌	设计融入非洲当地环境，保护自然
24	万枫	903	经典精选	农场庄园自然主题	木制家具和大玻璃窗，农场早餐
25	AC酒店	116	特色精选	时尚设计派	强调细节和格调，个性化独特体验
26	*雅乐轩	253	特色精选	年轻人的轻选择	强调科技，氛围轻松，充满活力
27	Moxy酒店	17	特色精选	进阶版青年旅社	简洁现代，酒吧聚集科技青年
28	万豪行政公寓	26	经典长期住宿	行政公寓标杆	为常住客人打造奢华的家
29	Residence Inn 酒店	760	经典长期住宿	本土化高端公寓	高端长住公寓，装潢布置更接近家的感觉，但保留了行政公寓的服务规格
30	Towne place Suites酒店	333	经典长期住宿	温馨实用派	配置完整的厨房和餐具，但房间布局更接近酒店，长、短住均适宜
31	*源宿	84	特色长期住宿	轻型环保酒店	原属喜达屋集团，灵感来自威斯汀
小计		6993			

说明：① 表中内容摘自"个人图书馆"道年酒店说，作者indy.Y;
② 酒店名前带*者为原喜达屋麾下品牌。

36.88%。

② 有8个品牌、3211个酒店被列为"精选"(应属中端酒店)，占总数的45.9%。

③ 只有4个品牌，1203个酒店被列为"经典"和"特色"(经济型酒店＋?)，占总数的17.2%。

根据笔者的统计，2019年我国三大酒店集团旗下品牌数量：锦江约48个，华住20个左右，首旅如家40个左右(表11-7)。

因信息不够等原因，笔者暂无法准确列出上述三大酒店集团各类酒店品牌的比例，但至少可以确定其麾下可列为"奢华""高级"或五星级酒店的数量很少，而经济型酒店占相当大比例，有可能仍超过中端酒店数量。

不难看出，我国顶级酒店集团与国外著名酒店集团尚不在一个档次上，两者综合实力还有不小差距。同时也说明，40年来我国高星级酒店市场始终被国外酒店集团占领，民族品牌竞争不过外国品牌的局面并未改变，更不要说全球市场。我们要冷静面对近年我国中端酒店快速崛起的阶段性进展，没有理由盲目乐观。

到目前为止，国内酒店品牌总数已接近或超过300个。其中大部分是近年由被收购酒店集团带来的，很多品牌知名度有限，特性不明显，分类不清，协同效果差。应借鉴万豪做法，花大力气谋长策，巩固扩大著名品牌的市场占有率，认真整合新入盟酒店品牌并确定取舍，努力提高有发展前途品牌的知名度，扎实加强经营管理能力以提高经济效益。

相信大浪淘沙以后，我国中端连锁酒店的主

表11-7 2019年中国三大酒店集团旗下品牌

	集团名称	旗下品牌
1	锦江国际酒店集团	J酒店、锦江（含金、红、蓝、绿四色，代表五、四、三、二星级）、昆仑、丽笙、精选丽笙、锦江都城、白玉兰、康铂、郁金香、凯里亚德、丽枫、喆啡、安铂、铂涛菲诺、希岸、ZMAX浪漫、城品、品乐优选、瑞辰、希尔顿欢朋、IU、派、7天优品、非繁、丽筠、丽内、丽亭、丽柏、丽怡、Prizeotel、锦江之星、金广快捷。
2	华住酒店集团	禧玥、美爵、花间堂、全季、星程、诺富特、美居、桔子水晶、欢阁、桔子精选、漫心、宜必思、汉庭优选、汉庭、海友、怡莱
3	首旅如家酒店集团	建国、京伦、首旅南苑、璞隐、南山休闲会馆、逸菲、和颐、和颐至尚、和颐至格、如家精选、如家商旅、柏丽、艾尚、扉缦、如家莫泰、云上四季、欣燕都、雅客e家、驿居、诗柏、素柏、派柏、如家小镇、漫趣乐园、漫次元

要品牌将进一步成熟，并带动高、低品牌从国内逐步向全球扩展。

三、中端酒店的品质控制

酒店的品质控制包括"硬件"控制和"软件"控制，在《星评标准》附录中的"设备设施评分表"和"运营质量评价表"里有一定程度的体现。但《星评标准》规定过于统一，不够细化，亦无法体现品牌特性，不宜简单照搬。

到目前为止，关于中端酒店的定义尚无比较权威的说法，业内大体认为中端酒店类同于"星评标准"中的三星级酒店，或者认为是经济型酒店的升级版及四星级酒店的下沉版。"迈点"品牌指数MBI(旅游住宿业品牌部分)独树一帜，将中端酒店分为全服务中端酒店和有限服务中端酒店两类，把一些四星级酒店品牌也划入了中端酒店一类[①]。

确实有很多酒店品牌如"假日""万怡"等在国外都是提供有限服务的中端酒店，但进入我国后基本上是四星级酒店，少数已成为五星级酒店，情况比较复杂。

估计各种意见并存的情况将持续较长时期，暂时只能在一个大体宽泛的范围内，通过各酒店管理集团的品牌标准(包括"建造标准""管理标准"等)来体现和控制中端酒店品质。

概念不清的问题不仅仅在中端酒店存在，任何冠以"奢华""豪华""高端""中端""低端""廉价"等概念的各类酒店都不同程度存在。国际上并不存在一个世界通用的"标准"，也不存在一个权威机构负责确定某个品牌或酒店的等级。

国际酒店集团的《标准》，包括《建造标准》和《管理标准》等都是由各集团根据麾下品牌的特点自行编制的，而且经常根据市场变化和某国特定环境修订或补充。

不同品牌的《标准》不同。这些《标准》是国际酒店集团的重要资产，内容涵盖各种专业，享有完全知识产权。《标准》的规定是外部酒店加盟本酒店集团的基本条件，是酒店在新建和改建时必须遵循的规范，也是在酒店内部培训员工、检查工作的依据。

笔者在加入酒店圈初期刚见到"万豪"的《标准》时曾大为惊叹，想不到国外的酒店集团对酒店的研究如此精深(见本书"综述"附录《MARRIOTT(万豪)的启示》一文)。以后又见到了其他一些著名国际酒店集团的《标准》，虽

[①] "迈点"品牌指数MBI在2019年9月发布的《酒店市场品牌影响榜单》中，72家全服务中端酒店品牌指数排名前十位是：假日、华美达、万怡、福朋喜来登、郁金香、希尔顿花园、开元、戴斯、桔子水晶、凯悦嘉轩。209家有限服务中端酒店品牌指数排名前十位是：维也纳、全季、亚朵、丽枫、锦江都城、智选假日、书香书家、兰欧、希尔顿欢朋、白玉兰。

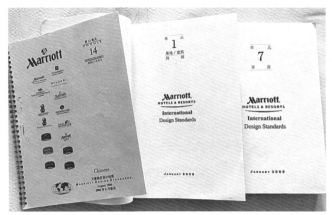

图11-9a 万豪酒店集团Marriott品牌的《建造标准》

图11-9b 凯悦美国集团Hyatt品牌的《建造标准》

有点大同小异，但都很详尽。深感这些酒店集团之所以能在国际上位列前茅，决非徒有虚名，除了资本雄厚、管理到位、经营有方外，这些《标准》确是下了几十年功夫才获得的软实力，值得我们深思和学习(图11-9a、图11-9b)。

"万豪"通过《建造标准》的推行，建立了一份内装设计师名册。进入该名册的条件一是国际级资深酒店内装设计师；二是熟悉"万豪"某品牌的《标准》并成功设计过该品牌酒店；三是了解酒店所在国相关规范。"万豪"规定，负责"万豪"各品牌酒店内装设计的设计师需经"万豪"审查批准，但名册内的设计师是"万豪"认可的，不需走程序。"万豪"每年有大量新酒店入盟，意味着存在大量设计合同的机会，很多有实力的设计师希望能进入名单并在内逐步升级，因此一有机会都会全力以赴，"万豪"因此获得很多高水平设计，对提高"万豪"酒店的品质大有裨益。

长期以来，我国很多酒店集团似乎都没有认识到建立《标准》的重要性，没有在真正意义上推出自己的《标准》，更谈不上一以贯之加以执行，因此影响了酒店的品牌发展，影响了对酒店的深入研究和设计水平，影响了专业人才培养、经营管理能力和综合实力的提高。

2006~2008年，锦江国际酒店集团曾尝试编写《锦江品牌饭店建造标准(五星级)》并已基本成型(图11-10a、图11-10b)，终因专业力量不足、文本质量不高、推行困难等问题，十多年来始终处于"试行"状态，没有真正发挥作用，非常遗憾。

抓住中端酒店崛起之机，组织专业人员编写并认真实施品牌标准，应是中国大型酒店集团在急剧扩张后下决心干的一件事，也是提高我国酒店业综合实力的重要步骤之一。

相比高端酒店，有限服务型中端酒店功能要简单不少。关键在于一要抓住"有限服务"四个字，在保证基本安全和舒适度的前提下，有针对性地根据其服务对象进行功能设计，确保核心功能不低于甚至超过高端酒店。二是在与主题酒店、设计酒店有所区别的前提下，根据该品牌在细分市场中客人群体的普遍情趣、当地环境、地

图11-10a锦江酒店集团编制的《锦江品牌饭店建造标准》试行本
图11-10b《锦江品牌饭店建造标准》"概述"中"产品描述"一节(右)

域文化来设计酒店的特色。这两点均应在所编制的品牌标准中得到体现。做到舒适而不豪华，简朴而不简陋，内涵更丰富，特色更明显，设计更精细，性价比更高。

"锦江国际"还编写过一套"商悦"品牌的《建造标准》，该品牌主要面向年轻的商务客人(当时列为商务酒店)，本书附录"案例解析"中案例十二就是基本按此标准设计的。按现时分类，"商悦"的功能设计与设施配置明显呈现有限服务型中端酒店的特征。该《标准》比较简明，即使现在也有一定参考价值。

《商悦酒店建造标准》的"概述"部分

(1) 为中等消费的商务、旅游客人设计的中档酒店

(2) 基本特征

• 提供洁净舒适、安全、价格适中、适合商务客人需要的客房。

• 提供一个24小时餐厅(包括厨房)、简易咖啡吧(或茶室)、客人休息区、一组中、小型会议室、自助式商务中心，集中放置的自助式洗衣机、饮料机等，有条件时可设置小型健身房。不

图11-11 上海锦江商悦青年会酒店总台(上左)
图11-12 酒店客房简洁淡雅，适合商务客人，其标准不亚于四星级酒店(中中)
图11-13 卫生间同样简洁舒适，有浴缸(中右)
图11-14 24小时自助餐厅设施齐全
图11-15 自助型商务中心(下左)
图11-16 自助洗衣机房(下右)
图11-17 取款机(中左)

提供宴会厅、会议厅、多功能厅及其他康乐设施，不提供洗衣服务。

• 双语标识、双语服务。

• 免费宽带上网，无线上网覆盖，有条件时可提供一些高科技、智能型设施。

以上述特征区别于常规的三、四星级酒店和经济型酒店。

(3) 服务价值

• 以核心标准和核心设施，满足客人的核心要求；

• 国际水准；

• 新鲜感觉；

• 优雅、简洁、安全、舒适、便捷；

• 物有所值。

锦江国际酒店集团麾下锦江都城青年会酒店曾用过"商悦"品牌，后来锦江放弃了"商悦"，青年会酒店改用"锦江都城"品牌至今，照片(图11-11～图11-17)是当时拍摄的。

四、以创造性思路开拓中端酒店特色

在确保中端酒店品质的同时加强酒店特色，已是业内共识。但中端酒店毕竟不是高端酒店，更不是奢华酒店，而是与经济型酒店一样，量大面广，具有大众化特性，为形成特色投入大量资金似无必要。

酒店特色的获得可从多角度切入，思路主要来自与酒店相关的业主、经营者和设计师的灵感，要进行创造性的设计和开拓。

中端酒店的特色可能属于整个连锁品牌，也可能仅单个酒店具有，还可能既有品牌特色，还有独特个性。

品牌特色往往是为了迎合或吸引细分市场中某个客人群对酒店的需求，通常来自酒店经营管理者的思路(图11-18～图11-20)，在酒店物业已成型的情况下较易实施。有些酒店品牌经多年努力已成功形成特色，逐渐为社会熟悉并认可。如"丽枫"把自己打造成一个具有熏衣草DNA的品牌，以熏衣草香韵+清新优雅的淡紫色点缀酒店；"喆啡"把咖啡文化与酒店结合，设置融合咖啡厅、文化书吧、艺术品长廊、商品展览、自助餐厅为一体的多功能大堂；"维也纳"致力于创造一种舒适典雅、健康美食、音乐艺术的氛围；"希岸"提供女性综合旅居体验等等。

单个酒店的特色往往与当地环境、酒店建筑的历史及地域文化密切相关，具有更多的历史、文化和艺术气息，通常在酒店新建或老建筑改建时出自设计师之手。

以下介绍几个案例。

1. 有不同切入点和风格的三个国外中端酒店

(1) 法国尼斯的HOTEL VENDOME

这是一个由一栋四层豪宅改建、具有浓郁古典风格的酒店。HOTEL VENDOME距地中海海边仅三条街距离。传统的三段式立面，大型巴洛克式铁花支撑着一个优美的弧形玻璃雨

图11-18 CitGo欢阁酒店为华住集团旗下品牌，图为入口夜景(左)；图11-19 较大的休闲空间是欢阁酒店的特征，大堂舒适的休闲空间，可看书、上网、可供客人与当地社区客人交流和共享(中)；图11-20 欢阁酒店的总台和吧台合一，面向休闲空间(右)

篷，下面一个窄窄的拱门是酒店入口。一层大堂原是豪宅的客厅，里面的陈设使人联想起路易十四年代的宫廷风格。上面三层是客房，可惜舒适度不够，内装设计缺乏古典元素(图11-21～图11-27)。

锦江酒店集团麾下中端连锁品牌"锦江都城"，很多酒店建筑历史悠久，充满老上海的味道，与HOTEL VENDOME有异曲同工之妙。

(2) 法国马赛的Accor Merenre

这是一个新酒店，规模不大，具有现代风格而充满色彩魅力。设计精巧、时尚，大面积使用三原色，对比强烈又非常协调。空间处理以小搏大，很有创意(图11-28～图11-37)。

国内也有以色彩为特色的酒店，但如此大胆的设计很少见到。

(3) 意大利的庭园式郊外酒店 Hotel Esplamede

Hotel Esplamede位于意大利近圣马力诺边界郊外，周边环境开阔，优美清新。酒店为三层，外观简洁，楼前有一个很大的庭院，绿树成荫，舒适宜人。内装设计精美，颇有家庭气息(图11-38～图11-41)。

2. 婺源某酒店：一个因创意产生特色的设计

婺源县隶属上饶市，位于江西东北部与皖、赣、浙三省交界处，有一个5A级、7个4A级景区，还是全国唯一以整个县命名的国家AAA级旅游区。自古文风鼎盛，人杰地灵，山清水秀，风光旖旎，全县非常重视保持徽派建筑特点的大环境(图11-42)。

本案位于婺源县东北，其特殊之处在于有一条

图11-21 法国尼斯地中海附近的HOTEL VENDOME(上左一)；图11-22阳光明媚，白墙衬映下巴洛克式的铁花支撑的玻璃雨篷豪华端庄，充满了古典美(上左二)；　图11-23 窄窄的拱门是酒店入口，几面小旗是欢迎国际游客的标志，几步台阶通向大堂(上左三)；图11-24 过厅一侧，别有风味的宣传台(上右)；图11-25 大堂一角，很像路易十四时代法国宫廷里的走廊(下左)；图11-26 弧形楼梯通向二、三、四层客房区域，楼梯一侧是休息区(下中)；图11-27 大堂靠庭园一侧的露台，在阳光和海风吹拂下，坐在这里多么惬意

图11-28 酒店入口，只占一间门面，蓝、白两色，简洁明快(上左)；图11-29 总台直对入口，二层连廊将大堂空间一分为二，使不大的空间增加了层次感(上中)；图11-30 从连廊上看入口大门(上右上)；图11-31 总台上方吊灯是艳丽的红色，大堂色彩不再单调(上右下)；图11-32 小小的咖啡吧：深棕色的木地板，深蓝+浅黄的墙面，红、白、银灰三色、造型时尚的沙发椅。墙上竟然挂了一幅小小的黑白老照片，细微处见功力，匠心独运(中左)；图11-33 餐厅的餐桌椅，造型简洁，坐上去很舒服(中右)；图11-34 客房面积仅23.4m²，床靠就是一块浅黄色的板，没有任何装饰。床头柜面板直接安装在板上，没有任何支撑，便于清洁地毯。相信板的质量要非常好，连接件要非常牢靠才行(下左一)；图11-35 写字台、电视机小冰柜集中在卧室一角，简洁、小巧，玻璃隔板上摆放的书刊都是红色封面，相信不是偶然(下左二)；图11-36 卫生间：看得出，洁具、五金档次并不低，黄白两色与卧室协调一致(下左三)；图11-37 座便器直接固定在墙上，水箱隐蔽在墙里，还是黄、白两色(下右)

用于下游一个水电站约13米宽的人工河道从中穿过，把基地分成两块(图11-43)。因此如何处理酒店与人工河道的关系，成为设计成功与否的关键。

业主方曾有一个A方案(图11-44～图11-46)。这是一个较常见的高层城市型酒店方案，平面布局和流线没有大问题，外观设计采用花蕊图案，颇有特色，把穿过基地的那段人工河道改成涵管的设想也可行。问题在于：①为避让主楼，涵管必须绕一个弯，对下游水电站有一定影响；②高层主楼座落在原河道上，增加了地基与基础的处理难度和造价；③项目位于婺源景区，但几乎不含徽派建筑的元素和特征。

专家评审会的《评审意见》提出："在婺源发展乡村文化旅游的背景下采用现代建筑风格和调整建筑限高要进行专题技术论证"，要"补充水系的调整审批程序"，要"注重与周边生态自然环境和建筑形态的协调……建议增加比选方案"，A方案实际上未获专家评审会认可。

图11-38 酒店入口前庭院，绿树成荫。黄色桌布非常抢眼，坐下来喝杯咖啡真是一种享受，市中心酒店很难有这种条件，似乎也可以此作为品牌特色(上左)；图11-39 楼梯转角处摆设，增添了古朴典雅的情趣(上中)；图11-40 客人休息区，很有家庭客厅之感(上右上)；图11-41 单人客房里的家具，床、柜、桌椅、沙发，温馨的家庭氛围(上右下)；图11-42 典型的徽派建筑(下左)；图11-43 红色区域为鑫邦国际酒店基地位置图，人工河道从中间穿过(下右)

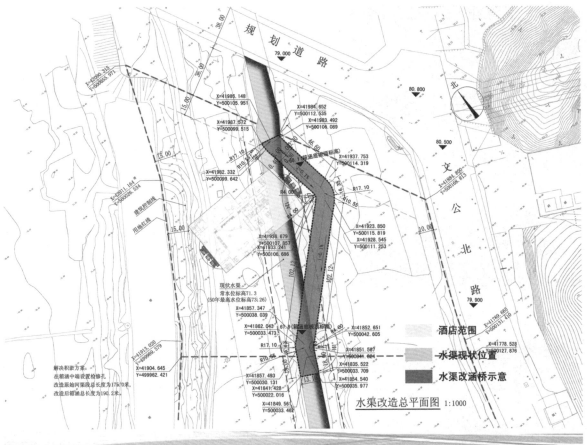

图11-44 方案A水渠改涵管总图示意图，浅黄色为酒店位置

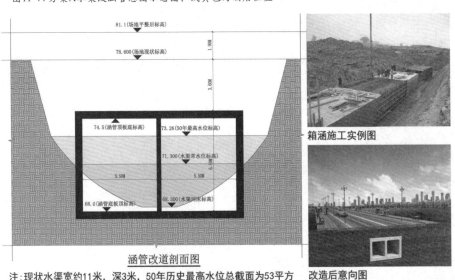

涵管改道剖面图

箱涵施工实例图

改造后意向图

注：现状水渠宽约11米，深3米，50年历史最高水位总截面为53平方米，改造后箱涵总截面积为70平方米，50年历史最高水位截面为58平方米。

水渠改涵桥总图示意图

图11-45 方案A涵管改道剖面图

297

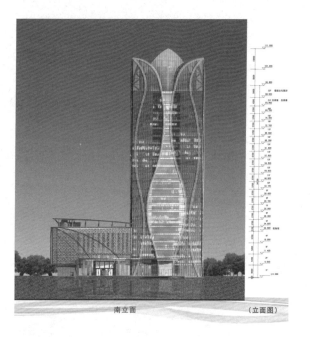

图11-46 A方案酒店南立面图

在这种情况下，业主方邀请同济大学三张建筑设计事务所提出B方案，"三张"前董事长、资深总建筑师张振宇曾向笔者介绍了方案构思。

该方案基本上是一个打破常规、大开大合的方案(图11-47～图11-49)。其特点一是涵管走原河道不再绕弯，以保证其流向和水流量不变，最大限度减少对原水系的变动和对下游水电站的影响；二是把客房和公共区域分成两部分，坐落在河道两侧，中间以廊桥相连，利用两楼之间、涵管上方空间建湖成景，把动水变为静水，营造酒店内部的观景平台、倒影和小船水坞；三是在建筑外观上采用徽派建筑元素以融入当地环境。

此方案获业主方接受和当地政府有关部门的批准，目前已建成投用并获好评(图11-50、图11-51)。

一条河渠带来的难题，由于建筑师的创意化

图11-47 B方案总平面图：涵管拉直走原河道位置，酒店客房楼和综合楼分在水渠两侧，中间有廊桥连接

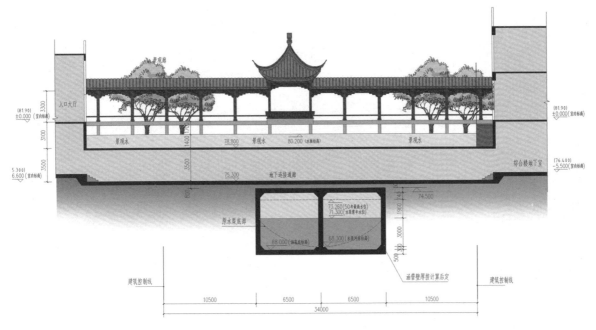

图11-48 B方案：涵管、地下通廊、湖面及廊桥的关系剖面图示意

图11-49 B方案鸟瞰图

图11-50 建成后的廊桥照片，左侧是综合楼(公共区域)，右侧是客房楼，涵管在水下通过(左)；图11-51 建成后的酒店入口照片(右)

为酒店内部一景，成为酒店一大特色。不仅不需要增加很多投资，还因简化了地基基础处理及拉直涵洞节约了资金。这种思路和功力，在我们讨论如何设计和开拓中端酒店特色时值得借鉴，甚至在高端酒店设计时也有参考价值。

五、经济型酒店及民宿仍有广阔市场

据统计，2018年中国各类酒店客房总数为324.58万间，比2015年的215.51万间增加了50.61%(同期星级酒店客房总数下降了11.28%)。其中，高端酒店占客房总数的7.4%，中端酒店占28.6%，经济型酒店占22.1%，其他(主要应指民宿)占41.9%，后两类占到总数的64%。

表11-8　　中国与欧美酒店类型的比例对照

	豪华	中高端	经济型
中国	8%	27%	65%
欧美	20%	50%	30%

表11-9 2013～2018中国经济型酒店数量及增长率

年份	酒店数量	增长率
2013	12078	
2014	15639	29.48%
2015	19732	26.17%
2016	21808	10.05%
2017	26241	20.03%
2018	36383	38.65%

将上述文、表中的数字综合分析，笔者得出以下看法：

(1) 尽管近年来中端酒店快速崛起，但与此同时，经济型酒店和民宿(包括"农家乐")的数量也在不断增长，且占到客房总数的60%以上。表明我国仍有大量消费者在外出旅行时会选择较为廉价的旅店以解决食宿问题。

(2) 由于中端酒店客房价格比经济型酒店高一倍左右，中端酒店目前不会取代经济型酒店。

(3) 中端酒店的快速崛起将促使我国的酒店业从金字塔型向橄榄型方向转变，但这是一个长期过程，短期内不会实现。

(4) 在未来一些年，经济型酒店和民宿的客房总量仍将超过中端酒店。

(5) 在重视中端酒店发展的同时，不应忽视经济型酒店和民宿的发展，在研究中端酒店的同时，也要认真研究经济型酒店和民宿的投资、经营、管理、设计等问题，要提高民宿投资者尤其是乡村民宿投资者对酒店的基本认识，加强对民宿的管理和引导。

1. 关于经济型酒店

经济型酒店是以客房为唯一核心产品的酒店，价格低廉，有基本的卫生和安全性，提供极有限服务(通常是B&B，即住宿加早餐)。对于

表11-10　　　　　　　　　2018年中国连锁酒店经济型品牌排行榜

	品牌	所属酒店集团	客房数	门店数
1	如家	首旅如家酒店集团	241202	2319
2	汉庭	华住酒店集团	223121	2244
3	7天	锦江国际酒店集团	213729	2468
4	格林豪泰	格美酒店集团	151154	1733
5	锦江之星	锦江国际酒店集团	127570	1075
6	都市118	都市酒店集团	78504	1368
7	尚客优连锁	尚美生活集团	68179	1280
8	城市便捷	东呈酒店集团	66943	746
9	莫泰168	首旅如家酒店集团	44200	371
10	布丁	住友酒店集团	30139	454

仅有较低收入或较节俭的客人(多是中、老年客人)，可满足其基本需要，这是经济型酒店的立足之本。

经济型酒店通常开设在城市。在其快速发展的年代，涌现出一批著名连锁经济型酒店品牌，如锦江之星、如家、汉庭、7天、格林豪泰等(表11-10)，构成了一些大型酒店集团酒店总数的主要部分。经营多年后，这些酒店大部分形成了一些自身的标准和特点，如锦江之星的双床间由一大(1500左右)一小(1000左右)两张床组成，适合一家三口之需。其装配式、标准化的卫生间经过专业设计并由专业厂家生产，非常紧凑、面积小但还好用，适用于较小面积的客房。目前这些酒店虽光彩不如当年，但仍占有相当市场份额，生存下去应该没有问题，况且都是著名品牌、老字号。

问题在于能否与时俱进。

作为经济型酒店，应守住以客房为唯一核心产品、确保基本舒适、卫生和安全的底线，可考虑在适当提价(目前尚有市场空间)或设法引入资金后，进一步提高酒店品质，并根据酒店自身情况以少量投入展现自身特色。有条件的酒店当然可通过较大规模改造升级为中端酒店或其他类型酒店，但这是另一个问题。最不可行的是用降低服务质量来冲抵成本提高，如不更换已不堪使用

的床垫、床单和被褥、为省钱降低床品洗涤质量甚至做不到一客一换、维修不到位等。

把经济型连锁酒店的同质性作为一个问题值得商榷。对客人而言，连锁酒店适当的同质性是酒店品质的保证，无论高、中、低端酒店品牌均是如此。万豪就非常强调客房的同质性，公共区域风格可以千变万化，但同一品牌客房，其配置和装修风格要有相当同质性。很多客人就是因熟悉、习惯甚至喜欢这样的客房变成了该品牌的常客，这就是酒店业非常看重的回头客，况且同质性还有利于通过酒店集团统一采购以降低成本。经济型酒店的核心产品就是客房，它的客人通常不是为追求个性化来住店的，个性化不是经济型酒店的主要特征。品牌同质性不意味着酒店必然

图11-52 日本东京DIAMOND HOTEL

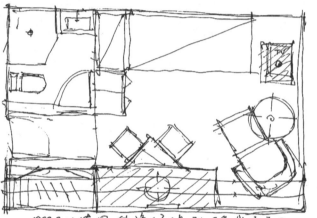

图11-53 客房内景, 中间是暖气片(上左)
图11-54 卫生间: 洗脸盆一部分伸进浴缸, 与我国的锦江之星非常相似(上右)
图11-55 客房走廊, 没有衣橱, 衣架挂在镜子上(中左)
图11-56 德国科隆某经济型酒店单人间平面示意(中右)
图11-57 单人床, 宽度仅1m, 但很舒适(下左)
图11-58 沙发、茶几、落地灯、电视机, 一样不缺(下右)

图11-59写字台，造型新颖，提供了2把椅子，可供待客

单调乏味，单个酒店的特性可以通过外观、公共区域及客房、卫生间的局部设计、包括某些家具、挂画、摆设来解决，不一定花很多钱，关键需有创意。

下面介绍两个国外的经济型酒店(图11-52～图11-59)，共同特点都是客房面积小，但布局紧凑，功能齐全，家具和电视机尺度很小但精致，床不宽但舒适。经过精心设计的客房富有特色，无单调感。

2.关于民宿

民宿在上世纪五六十年代开始在世界上兴起。

"民宿"这个词于1959—1960年间出现在日本。其基本特点是利用自有住宅空闲的房间，作为提供住宿和体验的设施。

英国的Bed &Brea Kfast(提供床铺和早餐的家庭旅馆)、法国的城堡、美国的Home Stay等均属于民宿范畴。

图11-60 有浓重特征的日本乡村民宿(上左)；图11-61 民宿内院，生动自然(上右)；图11-62 卧室的榻榻米和移门(下左)；图11-63 日本城市小巷里的民宿(下右)

图11-64 英国乡村民宿小院(上左); 图11-65 偏屋里的客厅,英国多阴冷天气,火炉是必须的(上右)
图11-66 卧室:充满乡土气息,电灯泡随意吊在天花上(下左); 图11-67 英国乡村民宿厨房是这样杂乱,毫无现代感,可能是故意的吧

我国民宿得到快速发展是近十年的事,目前已有很大规模。

图11-60~图11-67为丰富多彩的国外民宿形象。

我国的民宿分为城镇民宿和乡村民宿两类。

(1) 城镇民宿

城镇民宿功能较为单纯,客房数不多,通常不提供一日三餐,主要解决住宿问题。在携程网查看一些大城市中心地段民宿的价格,发现差异非常大,每晚一二百元到数千元(如上海的老洋房)不等,客人可根据自身经济实力和爱好选择。城镇民宿装修相对比较讲究,甚至有点"俗"与"过",基本舒适度是有的。

应予关注的是安全问题。城镇民宿多在网上登记付款,输入密码后自行开门入住,由于"主人"经常不照面,缺乏管理,甚至不办理登记手续,因此实际上不知道入住者究竟是谁。还有少量"民宿"没有合法手续,在网上违章经营。

在大、中城市,城镇民宿受各种条件制约,发展有限,基本属于城市酒店的一种补充。

(2) 乡村民宿

当前城市周边游、周末乡村生态游发展迅速,从以往的景点观光式向度假休闲式转变。城里人怀念田园生活,使乡村民宿市场急剧扩大(图11-68~图11-76),国家也鼓励乡村民宿发展以振兴农村经济。

乡村民宿功能较多,无论是旅游为主还是休闲为主,住宿和一日三餐都必须提供,还有种种结合自然景观、历史古迹、乡土特色、当地人文的活动可以安排。

有品位、有格调、有档次的乡村民宿,或称之为"奢华乡村民宿"各地都有,但数量较少。通常是"主人"有良好修为、投资充裕、择山清水秀之地精心打造,住宿费用不菲,甚至不低于五星级酒店。边经营,边交友,"谈笑有鸿儒,往来无

图11-68 山区成片的乡村民宿

图11-69 剖面示意

图11-70 客厅充满野趣(上左)；图11-71 宽敞的卧室，大玻璃窗使室外景色一览无余(上右)；图11-72 远眺山景(下)

白丁"，客人体验也不错(图11-77、图11-78)。

目前大量乡村民宿还是"农家乐"级别，其主人就是农民。他们不那么高雅，办民宿就是为了增加收入，改善生活。他们文化不高，也不懂酒店，通常就在自己的宅基地，按自己的理解和经济实力，或扩建、或新建、或模仿就搞起来。

笔者过去长期从事高星级酒店和度假村研究，很少涉及中低端酒店，更没有接触过"农家乐"。2015年"彻底退休"后，因各种原因在无锡市锡山区东港镇山联村的"山前嘉园度假村"(实际上就是一组"农家乐"，见表11-11)的几处乡村民宿入住多次，有了一些"体验"。感觉此案虽普通，也有一些不足，但总体不错，有一定代表性，在此与读者分享。

图11-73 贵州深山里的干栏式民宿(上左)
图11-74 云南大理的民宿(上右)
图11-75 江南水乡的民宿(中左)
图11-76 浙江山区的民宿(中右)
图11-77 奢华乡村民居里的阳光房，与城市高端酒店相比毫不逊色(下左)
图11-78 在庭院里品茗谈心别有情趣(下右)

表11-11　　　　　　　　　　　　山前嘉园中心区旅店一览表

	店　名	客房数量	可接待客人数	主 要 特 色
1	山前嘉园度假村	25	55	酒店式度假村
2	金色山联山庄	58	120	三层小楼
3	水云居	共5套	18	临水欧式风、独栋别墅
4	山联佳园	共5套（栋）		房车民宿、全部木质
5	泰和山庄	13	28	园林式建筑
6	阿芳农家乐	13	26	温馨古朴
7	温馨小屋	共9栋		独栋木屋
8	本来居客栈	12	38	禅意十足，经营素食，有佛堂
9	山塘桥	10	20	简洁居家
10	得意农庄	13	26	环境雅致

该村在无锡市东北角，毗邻长熟、江阴，背靠顾山，鸡鸣闻三县，环境幽美，空气清新，但无著名古迹和景点。明代邓钟麟《顾山山茶歌》有"顾山山上松不老，顾山山前春色好"之句，山联村的大学生村官抓住此句中的"山前"二字，以"赏农村景，品农家菜、住农家屋，干农家活，娱农家乐、购农家物"为宗旨打造"山前嘉园"，目前已初具规模(图11-79～图11-85)。

在度假村中心区，山脚下散布着大片茶室、茶座。10多个由村民投资建造、不同式样的旅店，融合在民居庭院一侧，掩映在绿树清波之间。路边是商店，村口有集市，客人在茶座打牌品茗，和当地村民一起逛店赶集，体验乡村的慢生活。

此案之所以较为成功，首先是立意对路，乡村味浓，雅俗共赏；二是统一规划和村民积极投入相辅相成；三是性价比适当，茶座一杯茶10元左右，住店一晚加三餐每人150元左右，颇受中、老年客人欢迎；四是店主人(多是老板娘)经常能亲自接待，热情服务。

图11-79 立在村口的《山联村简介》标志牌，中心区范围内景点和民宿的分布

图11-80 民宿"泰和山庄"全景，远处是顾山和山顶的岚
山阁(上)
图11-81 民宿"温馨小院"及院内的木屋(下左)
图11-82 民宿"水云居"：现代简约，日式庭院风格(下右)

图11-83 民宿"山联佳园"一侧：建在一座废弃桥上的茶室(上)；图11-84 顾山脚下的茶座(下左)；图11-85 集市上农用物品的地摊(下右)

我国的乡村民宿在发展水平上还处于初级阶段，数量虽多，分布不尽合理，档次悬殊，品质良莠不齐，有些问题逐渐显现。在某些地区，尤其在著名景点周边(如以高端民宿闻名的莫干山地区)，开始出现饱和，经营效益下降；有相当一部分"农家乐"投资用的不是地方，客房虽大但设施不足，装修粗糙，家具、床品、五金品质低劣，舒适感和安全度均成问题；有些地区开始出现追求所谓"现代""豪华"的倾向、乡土气息、地域文化反被弱化。

民宿的规范化管理已初步形成并开始发挥作用。除经营民宿需要达到国家各种有关规定外，2019年，文化和旅游部发布了《旅游民宿基本要求与评价》(LB/T 065-2019)，替代了2017年原国家旅游局发布的同名规范。新标准类似《星评标准》，将旅游民宿等级由"金宿""银宿"两个等级改为三星级、四星级、五星级3个等级，明确了划分条件，细化了品质要求，尤其加强了在卫生、安全、消防等方面的规定。

新标准重新确定了旅游民宿的定义(包括其英文名称)："旅游民宿(homestay inn)：利用当地民居等相关闲置资源，经营用客房不超过4层，

图11-86 无锡山联村民宿泰和山庄新安装了室外消防逃生楼梯

311

图11-87 "泰和"新安装的监控摄像头和应急照明灯

建筑面积不超过800m²，主人参与接待，为游客提供体验当地自然、文化与生产生活方式的小型住宿设施。注：根据所处地域的不同可分为城镇民宿和乡村民宿。"

此"定义"文字不长，但对几个关键问题给出了明确规定，相当有针对性。

① 无论是城镇民宿还是乡村民宿，物业性质必须是"当地民居等相关闲置资源"。

②规模："经营用客房不超过4层，建造面积不超过800平方米"，稍作换算即可知道不可能超过20间(2017年文本则无此规定)。

③ "主人参与接待"："主人"指"民宿业主或经营管理者"，即要求民宿主人应热爱生活，乐于与客人分享"当地的自然、文化与生产生活方式资源"，使客人在入住期间有良好体验。

这三层意思实际上已将民宿与经济型酒店及其他类型酒店作了严格区分，体现了民宿的基本特性(图11-86、图11-87)。

如同在改革开放初期修订《星评标准》一样，此时修订这样的《旅游民宿基本要求与评价》具有积极的引导意义。以此可提高"民宿主人"对酒店业的认识，用好他们的投资，提高民宿的品质和经营管理水平，也有利于保护客人利益。

提高我国民宿总体品质已是当务之急。笔者认为，在策划、设计、建造、经营民宿时，要牢牢把握两个要点：一是要认识到，民宿与各种酒店、饭店、宾馆、旅舍、驿站一样，核心功能都是为解决旅行者在途中的"食、宿"问题，安全和舒适是为首要。类型不同，档次不一，原理一样。因此，借鉴一些城市酒店的概念和做法是可以的。二是民宿不同于城市酒店，更应体现当地浓厚的乡土气息和地域文化，要让客人有"家"的感觉，能像在家里那样随意。如此民宿才有活力，把一个城市型酒店搬到乡村去就失去了乡村民宿最宝贵的特性。

以下案例均取自笔者多年来经手过的、已建成或正在建的高星级酒店(案例十二除外)，其中国际品牌、国内品牌都有。虽不能说都是精品，但基本上都是上品或中上品，至少达到了"好用"的标准。解析这些酒店，符合笔者撰写本书的初衷。

业内有一句行话：不存在没有缺憾的酒店。

由于种种原因，案例中也或多或少存在一些不足，部分附图尚不是最终方案，但并不妨碍对这些案例进行解析。

解析内容着重于平面的功能布局和流线，也结合一些酒店的品牌特征、设计过程中的背景情况和思路。研究这些案例将有助于读者深入理解酒店、提高对各类酒店的设计能力。

附表1-1   **酒店平面功能布局**

1F	大堂、总台、大堂吧、休闲茶座、商务中心、精品商店
2F	自助餐厅、日式餐厅、中餐零点餐厅、大堂上空
3F	中餐厅包房、宴会厅
4F	中餐厅包房、宴会厅上空
5F	会议厅、会议室
6F	游泳池和康体区域
12～24F	客房区域（其中21～24层为行政层）
25F	精英会所、咖啡吧、雪茄吧、茶吧

附表1-2   **房 型 表**

客房层	双床间	大床间	残疾人间	套间	三套间	总统套	总计	行政酒廊	总裁办	自然间
12	16	5	1	1			23			24
13	16	5	1	1			23			24
14	16	5	1	1			23			24
15	14	8		1			23			24
16	14	8		1			23			24
17	14	8		1			23			24
18	14	8		1			23			24
19	14	8		1			23			24
20	14	8		1			23			24
小计	132	63	3	9			207			216
21		14					14	-10		24
22		18		3			21			24
23		18		3			21			24
24		3		1	1	1(6)	6		-10	24
小计		53		7	1	1	62			96
总计	132	116	3	16	1	1	269			312
	49.07%	43.12%	1.12%	6.69%			100%			

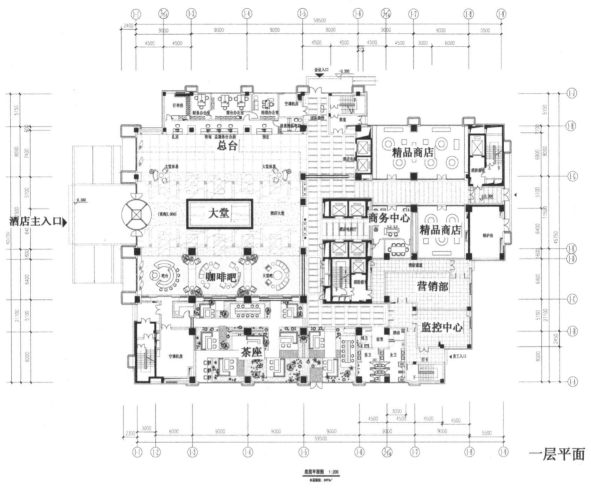

附图1-1 一层平面

案例(一)

该酒店为五星级城市商务型酒店。总建筑面积41629m²,其中地上部分35930m²。客房269间(套),平均每间客房133m²,大堂面积约600m²。

酒店布局紧凑,功能齐全,适合在大、中型城市市区建造。

25层由咖啡吧、茶吧、雪茄吧和视听吧组合而成的精英会所颇具特色,但这是该酒店业主方提出的要求,并非必须如此。

附图1-1 一层平面

①大堂面积适中,配套功能齐全,布局合理。主要出入口、会议(宴会、餐饮)出入口、员工出入口位置适当,互不干扰。但会议入口偏小,如需将其用于团队入口则更显局促,且无法提供团队休息等候区。

②主楼4部客梯数量符合要求(约70间/部),虽未设置自动扶梯,但在邻近主楼客梯的位置增加了2部裙房电梯,因此在客流集中时共有6部电梯供疏散用,应可满足需要。但仅有右上方1部消防电梯适合用作厨房电梯,不能实现洁、污分流(另一部在2、4层要穿越公共区域),况且还要为主楼服务,因此如在此梯旁增加一部厨房电梯较为理想。

③4部疏散楼梯(3部是主楼疏散楼梯)均有便捷通道直达室外,符合消防要求。

④休闲茶座非五星级酒店之必备项目,而是

315

附图1-2 二层平面

二层平面

附图1-3 三层平面

三层平面

316

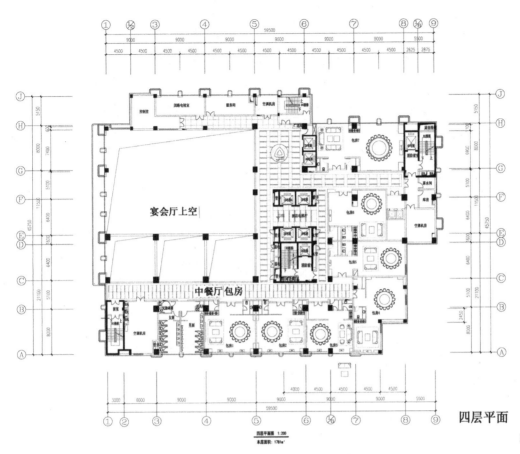

宴会厅上空

中餐厅 包房

四层平面

四层平面图 1:200
本层面积：1781m²

附图1-4 四层平面

基于当地的需要，其客源主要是社会客人。茶座与大堂咖啡吧可分可合，可由酒店经营，也可外包。

⑤商务中心、精品商店在大堂后侧独立的区域内，是理想的安排。

⑥员工入口处宜增设门卫和打卡。

附图1-2 二层平面

①自助餐厅厨房面积不足，有些功能(如点心间、冷菜间)需设置在地下室。有食梯通向中餐厨房和宴会厨房，可相互支持。

②零点餐厅如是中餐，则需要从3层中餐厨房传菜，非常不便。此处宜设为西餐厅，可与自助餐厅共用厨房。

③日式餐厅利用二层回廊扩大了空间，但应注意避免声音和气味对大堂的影响。厨房太小，且无服务通道联系厨房电梯，与公共区域稍有交叉。

附图1-3 三层平面

①宴会厅和会议厅面积配套，不需临时翻台，对接待会议十分有利。

宴会厨房和中餐厨房合一，有利于提高厨房设备的利用率。

②新娘房位置太偏，应与宴会厅邻近，似可调至上方空调机房边上的库房一角。

附图1-4 四层平面

①食梯出口处应设备餐间，目前的过厅太小。

②部分包房的卫生间下方是厨房和餐厅，不符合卫生防疫条例，应采取措施(如做硬吊顶或同层排水)解决。此类情况在酒店很常见，需尽量避免。

附图1-5 五层平面

此层的会议区是利用设备层面积"挤"出来

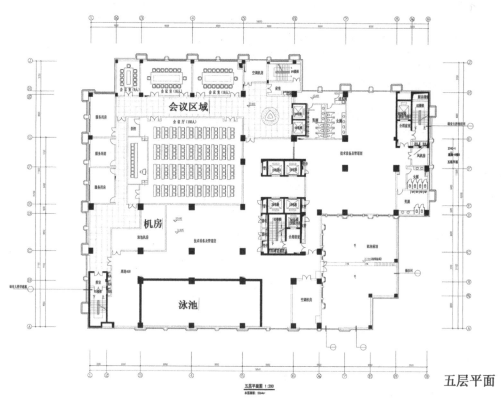

附图1-5 五层平面

五层平面

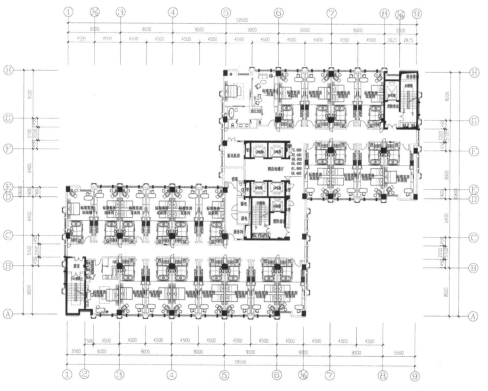

附图1-6 客房层
(15~20层)平面

客房层平面

的，较为勉强，为层高不足和管道走向、位置很费了一些功夫。

附图1-6 客房层(15-20层)平面

①该酒店客房开间为4500(中~中)，进深为9450(中~中)，客房净面积约40m²，每层客房数为24个自然间，客房走廊宽度为2200(中~中)，均为相当适中的数字。

②平面形状规整，采用曲尺形避免了长走廊的单调。

③为了最大限度缩短疏散距离，左上角设置为套房。

案例(二)

该酒店为五星级城市商务型酒店，总建筑面积34800m²，客房267间(套)，平均每间客房面积130.34m²。

酒店功能齐全，布局合理，空间舒展。规模较大的餐饮区为酒店特色，有面积近1000m²的宴会厅(多功能厅)，占两层裙房、包括零点餐厅及35间各色包房在内的中餐厅。

附图在功能布局上已大体成形，但尚不是最终的施工图，很多细节处理不够细腻，最后的一些局部调整图上未及体现。

附图2-1 一层平面

①大堂面积仅300m²左右，但够用，总台和咖啡吧在大堂两侧，为常见做法。大堂左侧的T形走道联系各出入口和功能区，宽宽的走道相当于过厅，整个底层空间舒展。

②酒店主入口、餐饮入口、团队入口和员工入口分列酒店四边，互不干扰，图中的康体入口因最终将三层洗浴中心改为餐饮包房而撤销。

③电梯：按客房数量，主楼有4部客梯即可。目前是5部的原因是原设计客梯为6部(没必要)，而主楼服务电梯仅1部(不足)，为此将一部客梯掉头改为服务电梯，其对面的1部则改为行政层直达梯，电梯厅的不对称问题通过内装设计解决。

由于餐饮规模很大，设置了宽敞的餐饮入口和3部裙房客梯。3部厨房电梯(其中1部为消防电梯)打通了4层厨房和地下室粗加工和冷库的联系，实现了洁污分流。

④自助餐厅面积405m²，餐位128个(包括包房里两个10人桌)，为客人数的31%，符合通常的计算值。但由于仅有8张两人桌，实际上餐位数明显不足(4人桌利用率低，10人桌利用率更低)。宜另行布局，调整餐桌椅比例，增加两人桌数量，适当压缩餐台和开放式厨房占用的餐厅面积或适当扩大餐厅面积(目前每个餐位占3.16m²)，从图面看还是有可能的。由于下方的疏散楼梯和配电间无法移走，自助餐厅未能靠外墙设置，没有室外景观，殊为可惜。

⑤根据当地市场情况，酒店未设置西餐厅，自助餐厅两间包房兼用于西餐零点。

⑥主入口正中的外柱因结构问题未能取消，无法设置自动旋转门而仅设置了弧形自动门，也是比较遗憾的一个问题。

附表2-1	酒店平面功能布局
1F	大堂、总台、咖啡吧、自助餐厅及厨房、精品商店、商务中心
2F	中餐厅、包房、中餐厅厨房
3F	中餐厅包房区
4F	多功能厅、序厅、会议区域、贵宾接待、宴会厨房
5F	游泳池、健身房、形体操、棋牌室、台球房
6-25F	客房层，共有客房267间（套）

附表2-2 　　　　　　　　　　　　　房　型　表

客房层	TTa	TKa	TKb	TKc	TKd	TKe	TKf	CSa	CSf	CDS	TQh	CL	小计	自然间
房型	双床间	大床间	大床间	大床间	大床间	大床间	大床间	套房	复式套房	总统套	残疾人房	行政酒廊		
7F	9	2	2	3							1		16	16
8F	9	2	2	3									16	16
9F	9	2	2	3									16	16
10F	9	2	2	3									16	16
11F	9	2	2	3									16	16
12F	9	2	2		3								16	16
13F	9	2	2		3								16	16
14F	9	2	2		3								16	16
15F	9	2	2		3								16	16
16F	9	2	2			3							16	16
17F	9	2	2			3							16	16
18F	9	2	2			3							16	16
19F	9	2	2			3							16	16
小计	116	26	26	15	12	12					1		208	208
20F	9	2	2			3							16	16
21F	9	2	2			3							16	16
22F								3	1			1	4	16
23F		2						6					8	16
24F		2						6	1				9	16
25F							2	3		1			6	16
小计	18	8	4			6	2	18	2	1			59	96
	134	34	30	15	12	18	2	18	2	1	1		267	304
总计	134				111				21	1	1		267	304
	50.18%				41.57%				7.86%		0.37%		100%	100%

说明：①本案计有客房19层，自然间每层16间，共304间。
②房型：双床间134，为50.18%；大床间111，为41.57%；套间21，为7.86%；残疾人间1，为0.37%。
③20～25层为行政层，共6层，客房59间(套)，占22.1%。
④行政酒廊为公共区域，不计入客房数。

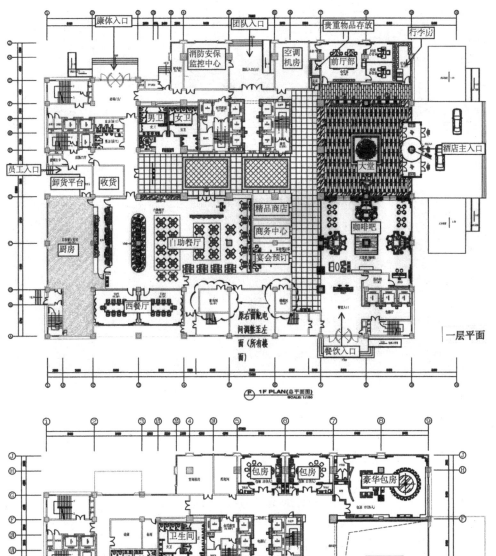

附图2-1 一层平面

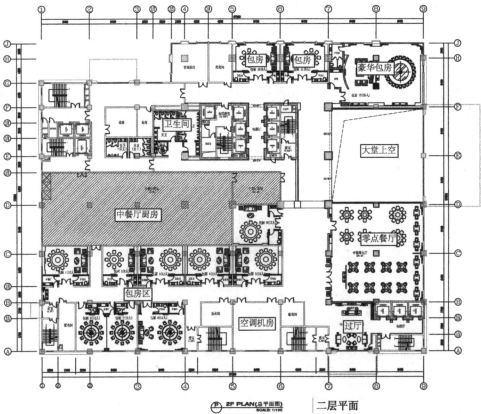

附图2-2 二层平面

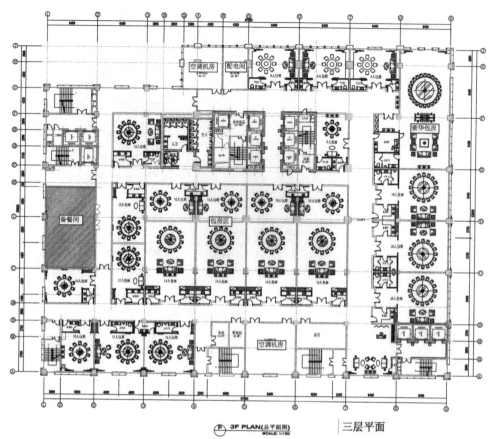

附图2-3 三层平面　　　　　　　　　　　　　　　　　P 3F PLAN(总平面图) SCALE! 1:150　　　　三层平面

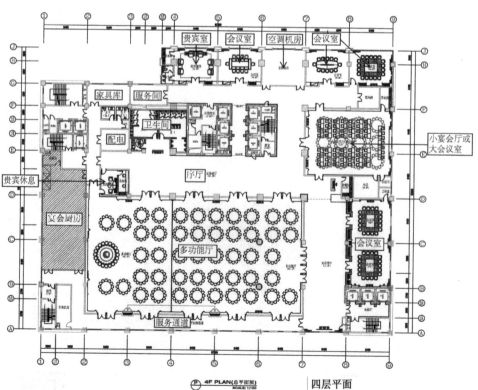

附图2-4 四层平面　　　　　　　　　　　　　　　　　P 4F PLAN(总平面图) SCALE! 1:150　　　　四层平面

⑦卸货平台在底层，使用方便，但面积偏小。

⑧因感觉8部疏散楼梯数量太多，曾建议设计人员减少1-2部，但回复称当地消防部门不同意而作罢。

附图2-2　二层平面
附图2-3　三层平面

①为适应当地餐饮习惯，中餐区明显的特点是以包房为主，零点餐厅仅250m²左右，88个餐位。

②部分包房卫生间下方是餐厅和厨房，需作处理。

③部分包房距卫生间过远。

④二层中餐厅厨房面积较大，有支持宴会厅厨房的功能。与三层备餐间的联系由食梯和消防电梯解决。

附图2-4　四层平面

①原宴会厨房的位置有问题，现附图是调整后的布局，流线合理。

②宴会厅(多功能厅)后区的两根柱子是为了支承4层的游泳池，因游泳池无法移位，业主方又不愿意减少宴会厅的面积，于是保留下来。但作为多功能厅这样的大空间，还是尽量做到"无柱"为好。

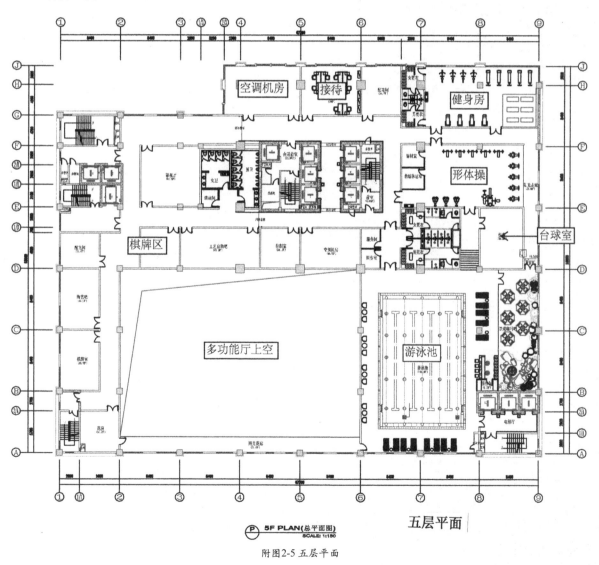

P 5F PLAN(总平面图)
SCALE: 1:150

五层平面

附图2-5 五层平面

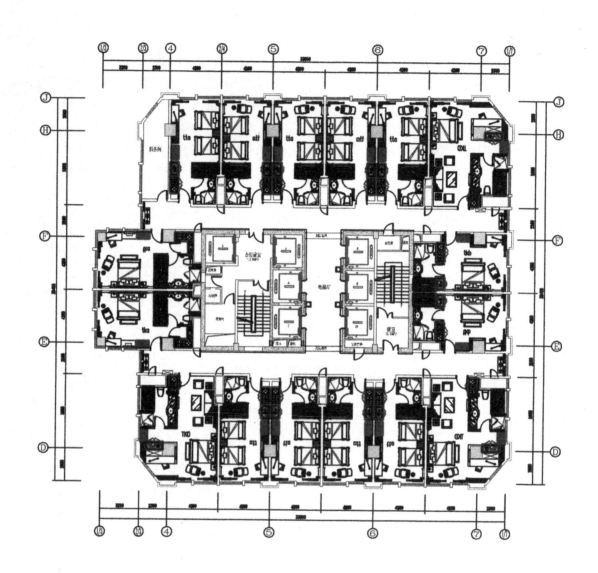

P 13-15F PLAN(总平面图)
SCALE: 1:100

附图2-6 客房层平面

③贵宾室位置过偏，家具库面积不足，公共卫生间位置不够隐蔽。

附图2-5 五层平面

①为功能较为完整的健身中心，左侧部分的功能后来作了重新布局，影视厅、陶艺吧、工艺自助吧、花房最后都取消了，改为常规的台球房、乒乓球房、棋牌室等内容。并与右侧的游泳池、健身房、形体操分为两个区，统一接待，流线分开。

②游泳池一侧的景观咖啡吧是一个特色。

附图2-6 客房层平面

①主力房型开间4200，进深8200，净面积约32m²，对高星级酒店来讲偏小一点，但还可在卫生间实现4件套，客房舒适度可以实现，但很难做得豪华(如设置步入式衣帽间)。在开间不变情况下，如能将进深扩大到9000左右会好得多。

②主楼平面近似正方形，比较紧凑、节能，但每层仅16个自然间偏少，平面系数较低。

案例(三)

该酒店为五星级城市度假型酒店。该酒店由两栋椭圆形高层建筑和两层裙房组成，其中左栋是酒店，右栋是有单独出入口的写字楼，右上方的椭圆形平面为稍高于裙房，也是两层的宴会厅和多功能厅。其康体设施部分设在地下一层，部分(KTV及洗浴中心)设在附属楼。

地上总建筑面积37726m²(不包括写字楼、附属楼和地下层)，客房305间(套)，平均每间客房124m²。如加上属酒店使用的近两层办公楼和附属楼面积，总建筑面积在43500m²左右，平均每间客房约142.6m²。

酒店外形柔和舒展，均由弧线组成，别具一格。追求建筑造型的个性化为功能布局和流线设置带来一定困难。

附图3-1 总平面图

建筑由4个高低错落的椭圆形楼座组成，弧形裙房将其组合成一体，建筑外形颇有特色。

附图3-2 一层平面

①大堂通透宽敞，宽度超过50m,面积约1200m²，二层的弧形回廊、挑空和景观楼梯增加了大堂气势。从主入口可以看到后花园，是酒店的一大亮点。

②自助餐厅和咖啡吧结合在一起，通过室外平台延伸至后花园，玻璃幕墙保持了室内外的通透。

③考虑到旅游团队数量较多，团队入口就设在主入口一侧，利用主楼一角挑出，形成宽大的雨篷便于大巴停留。

④员工入口设在右侧两个椭圆形的结合部，较为隐蔽但距地下一层主楼下方员工区较远。

⑤卸货平台设在地下一层。

⑥椭圆形的中餐厅(宴会厅)可为会议提供用餐场所，有直接对外的疏散口，但入口和序厅仍需经过酒店主出入口。由于大堂面积很大，对主楼和总台并无干扰，厅内的8根柱子对宴会有很大影响。

⑦设在大堂右侧的自动扶梯解决了二层多功能厅及餐饮区的垂直交通问题，并使多功能厅和一层中餐厅之间联系便捷。

附图3-3 二层平面

①二层除一个不大的零点餐厅外全部是包房。有两部厨房电梯联系地下层、一层自助餐厅厨房和二层的中餐厅厨房。

②多功能厅在二层仅设备餐间，举行宴会时需使用一层的宴会厅厨房，有两部厨房电梯提供联系。

③会议区占用了写字楼的一个层面。

附图3-4 三层平面

①此层也为中餐厅包房区(包括了一个豪华包房)，从而使包房总数增加到25个。

②由于面积不够，备餐间只上来一部厨房电梯，无法严格做到洁污分流。

附图3-5 客房层(四层)平面

①客房开间4500适当，椭圆形平面导致进深渐变，主力房型进深9300满足要求，客房净面积可望达到40m²。

②每层16个自然间偏少。

附表3-1 　　　　　　　　　　酒店平面功能布局

B1	游泳池、SPA、室外花园、后勤区域
1F	大堂、总台、咖啡吧、自助餐厅、中餐厅、外国餐厅、商务中心
2F	中餐厅包房、多功能厅、会议区域
3F	中餐厅包房
4-26F	客房层（其中21～26层为行政层）

附表3-2 　　　　　　　　　　房　型　表

客房层	双床间	大床间	残疾人间	套间	三套间	总统套	总计	行政酒廊	自然间
4F	8	5	1	1			15		16
5F	9	5		1			15		16
6f	9	5		1			15		16
7F	9	5		1			15		16
8F	9	5		1			15		16
9F	9	5		1			15		16
10F	9	5		1			15		16
11F	9	5		1			14		16
12F	9	4		1			15		16
13F	9	5		1			15		16
14F	9	5		1			15		16
15F	9	5		1			15		16
16F	9	5		1			15		16
17F	9	5		1			15		16
18F	9	3		1			13		16
19F	9	3		1			13		16
20F	9	3		1			13		16
标准层小计	152	78	1	17			248		265
21F	2	5		1			8	-6	15
22F	2	10		1			13		14
23F	2	7		2			11		13
24F	2	7		2			11		13
25F	2	6		1	1		10		13
26F	2				1	1(7)	4		12
行政层小计	12	35		7	2	1	57		74
总计	164	113	1	24	2	1	305		339
	53.77%	37.05%	0.33%	7.87%	0.66%	0.33%	100%		

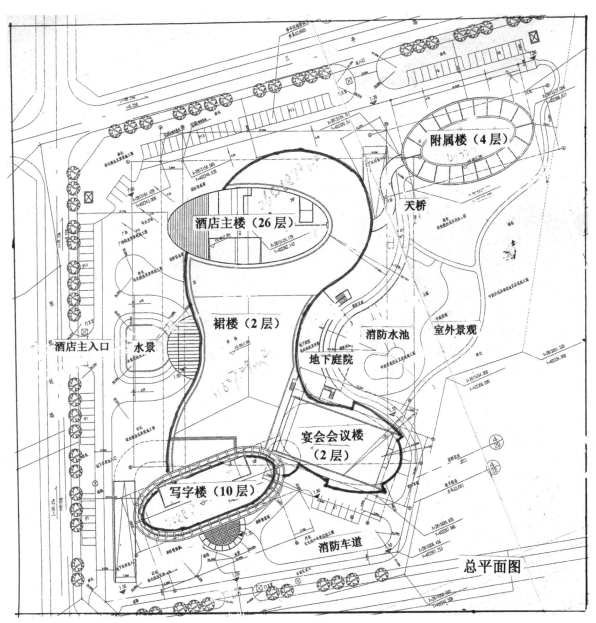

附图3-1 总平面图

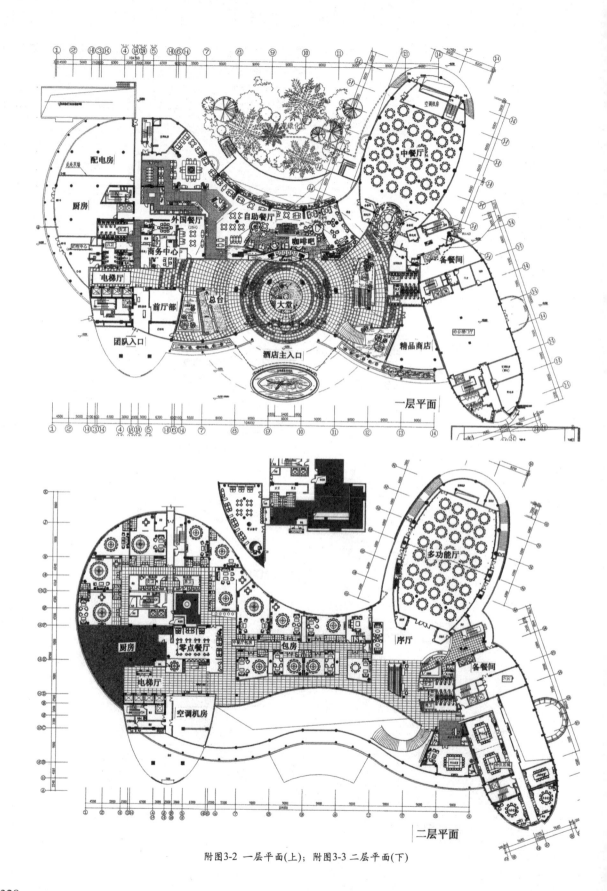

附图3-2 一层平面(上);附图3-3 二层平面(下)

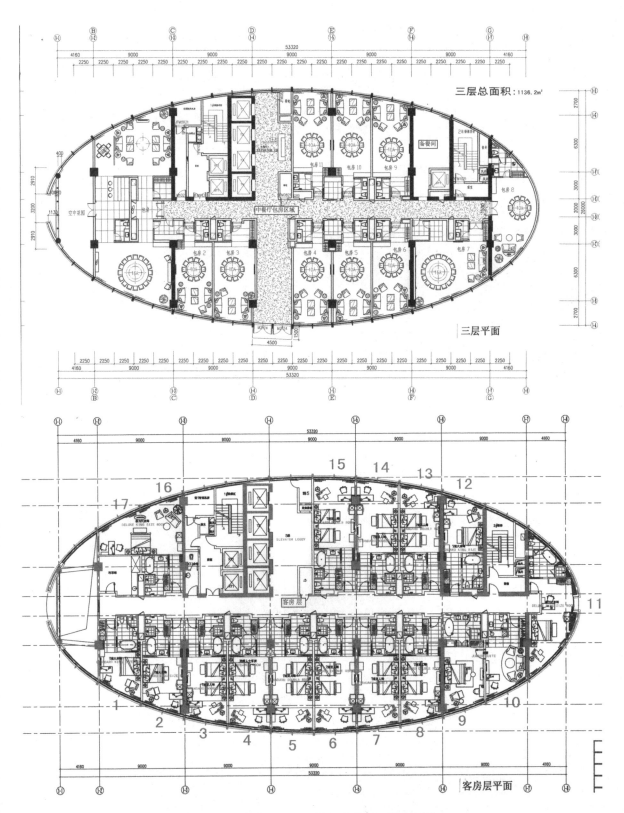

附图3-4 三层平面(上)；附图3-5 客房层(四层)平面(下)

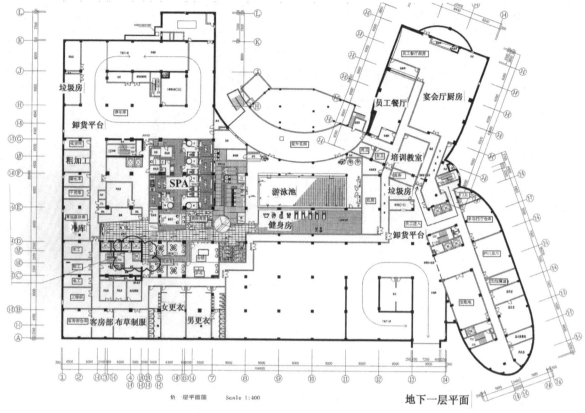

附图3-6 地下一层平面

③客房走廊中~中2000符合要求, 如能达到2200更好一些。

④4部客梯及2部服务电梯(其中一部为消防电梯)符合要求。

附图3-6 地下一层平面

①该酒店地下一层面积较大, 功能较多(包括康体区域、地下车库和员工区域三部分), 中心区域围绕主楼电梯厅设置了游泳池、SPA、健身房、台球、乒乓、棋牌和美容美发等内容, 分区合理。

②后勤区则分为东、西两部分。由于自助餐厅、中餐厅厨房在主楼一侧, 宴会厅、多功能厅厨房在另一侧, 不得不设置两个卸货平台, 同时在宴会厅厨房设独立的粗加工和冷库。员工餐厅和员工更衣淋浴间也不得不分设两边, 由一条80m长的通道联系。

案例(四)

该酒店为五星级会议—度假型酒店。

酒店建筑面积49219m², 共有客房344间(套), 平均每间客房143m²。如减去地上一层4200m²的后勤区域(员工区域1900m², 设备机房2300m², 通常安排在地下部分), 平均每间客房130m², 就此类酒店而言已属紧凑。

酒店地上五层, 一层低于路面标高, 地下一层不到1000m², 大堂面积680m²。

该酒店颇似海南三亚的度假村, 但由于建在内地, 平面舒展但外形较封闭。酒店布局紧凑合理, 流线顺畅, 南欧风格的外形和内装设计俱佳。

附图4-1 总平面图

①酒店位于赣江西岸, 主干道在酒店西侧呈

南北向通过，地势从主干道向江边倾斜，因此酒店大堂面西并设在二层。酒店后侧(东面)是一个很大的内花园，由于江堤的遮挡，在内花园和酒店的一、二层实际上看不到江面，这是与三亚邻海度假村的不同之处。

②内花园是酒店的主要主要景观，由新加坡一家著名的景观设计事务所设计。

③酒店建筑从南到北有近300m，主楼分为左、中、右三段，一、二层以公共区域为主，三、四、五层是客房，行政客房和总统套设置在东北角B区1～4层，宴会厅和会议区域在主楼西

南角，全部区域均可在室内连通。

④内花园设计中的室外泳池因当地平均气温偏低，利用率不高且使用成本太大，最终改为景观水池。

附图4-2 一层平面

对入口大堂而言，该层实际是地下层。自助餐厅位于中间，两侧的楼梯可上至大堂。自助餐厅左侧是康体区，包括692m²的游泳池和1188m²的SPA，右侧是主要包括主要机房、酒店行政办公区、员工生活区和洗衣房在内的后勤区域。右

附表4-1　　　　　　　　　　　　　　　　　酒店平面功能布局

	A区	宴会厅、中餐厅、中餐厅包房、中心厨房、酒吧、员工区域、洗衣房、卸货平台、机房
1F	中区	自助餐厅、自助餐厅厨房
	B区	发廊、茶室、SPA、健身房、乒乓、游泳池、贵宾接见厅
	A区	多功能厅、会议区域、客房区域、屋顶花园
2F	中区	大堂、总台、咖啡吧及室外平台、行李房、前厅部
	B区	商店、商务中心、花房、行政客房层、行政酒廊
	A区	客房
3F	中区	大堂挑空
	B区	行政客房层
	A区	客房
4F	中区	客房
	B区	行政客房层、总统套
	A区	客房
5F	中区	客房
	B区	行政客房层

附表4-2　　　　　　　　　　　　　　　　　　房　型　表

	双床间	大床间	套房	大使级套房（三套间）	总统套	小计
2F	33	26	5			64
3F	50	55		2		107
4F	50	46	4	1	1	102
5F	39	32				71
总计	172	159	9	3	1	344
	50%	46.22%	3.78%			100%

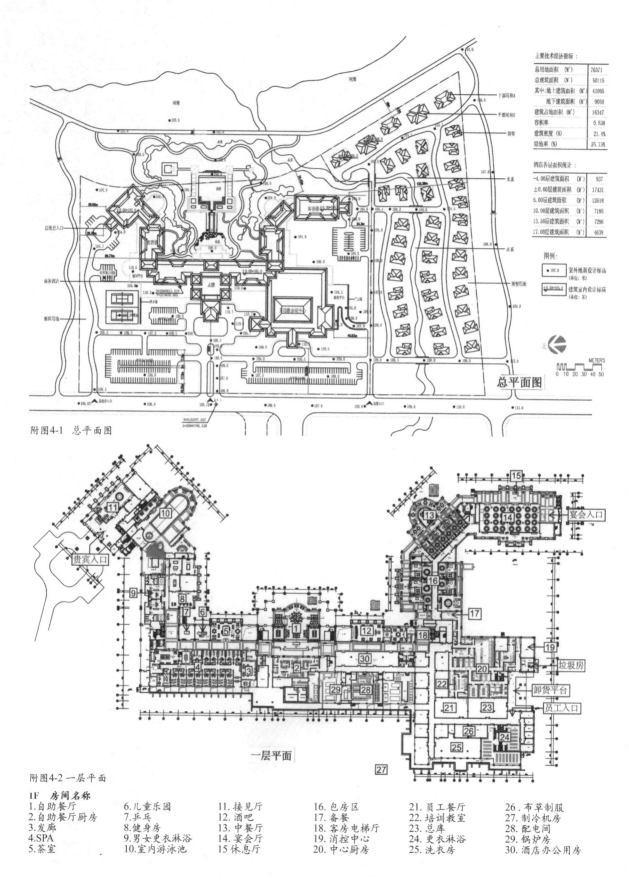

附图4-1 总平面图

附图4-2 一层平面

一层平面

1F　房间名称

1.自助餐厅	6.儿童乐园	11.接见厅	16.包房区	21.员工餐厅	26.布草制服
2.自助餐厅厨房	7.乒乓	12.酒吧	17.备餐	22.培训教室	27.制冷机房
3.发廊	8.健身房	13.中餐厅	18.客房电梯厅	23.总库	28.配电间
4.SPA	9.男女更衣淋浴	14.宴会厅	19.消控中心	24.更衣淋浴	29.锅炉房
5.茶室	10.室内游泳池	15.休息厅	20.中心厨房	25.洗衣房	30.酒店办公用房

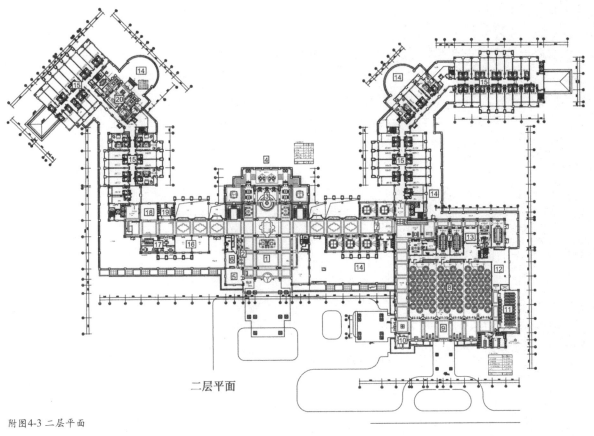

二层平面

附图4-3 二层平面

2F　房间名称

1.大堂	2.总台	3.咖啡吧	4.室外平台	5.行李房	6.办公	7.会议区
8.宴会厅	9.序厅	10.衣帽间	11.会议厅	12.厨房	13.家具储藏	14.屋顶花园
15.客房	16.商店	17.商务中心	18.花房	19.公共卫生间	20.行政酒廊	21.服务间

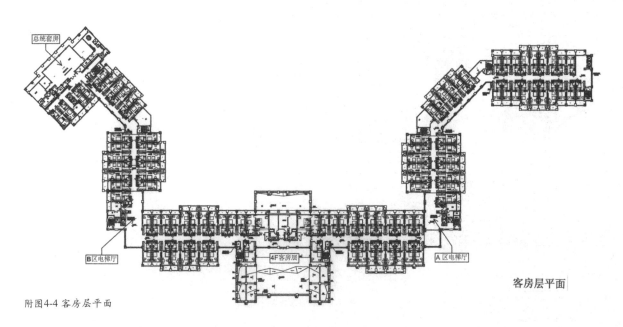

客房层平面

附图4-4 客房层平面

上方是中餐厅和包房。

以下几点请关注：

①作为酒店机电系统的核心机房：制冷机房、配电间、锅炉房均设置在中心位置，目的是使管线长度尽量缩短；②中心厨房可与自助餐厅厨房、中餐厅备餐间、宴会厨房保持便捷联系；③员工入口和卸货平台均在后勤区域右侧，流线顺畅，较为合理。

细心的读者会注意到自助餐厅与厨房被公共走廊分在两边，按理这样的交叉是不能接受的。考虑到此走道一头通向康体区域，另一头通向中餐厅，在自助餐厅营业时间，很少会有客人通过，在确无适当位置设置自助餐厅厨房的情况下，只能尽可能扩大自助餐厅的面积以安排开放式厨房，仅将自助餐厅的内厨房放在走廊另一侧，将交叉的影响尽量缩小。

中餐厅的传菜路线较长，但很难解决。

康体区域设置了儿童乐园，是度假村的一个特点。

附图4-3 二层平面

①二层标高与室外同，大堂后部是804m²的咖啡吧，右下方是960m²的宴会厅，右上方属客房A区，左侧是客房B区和行政酒廊。

②左右各有一个客用电梯厅，构成了客房A、B区的交通枢纽，客房编号也以电梯厅为中心向两头展开。

附图4-4 客房层平面

①二、三、四层均为客房层，其中三层被大堂上空隔断走廊使A、B区走不通是比较遗憾的。

②主力客房净面积有44m²和36m²两种，均比

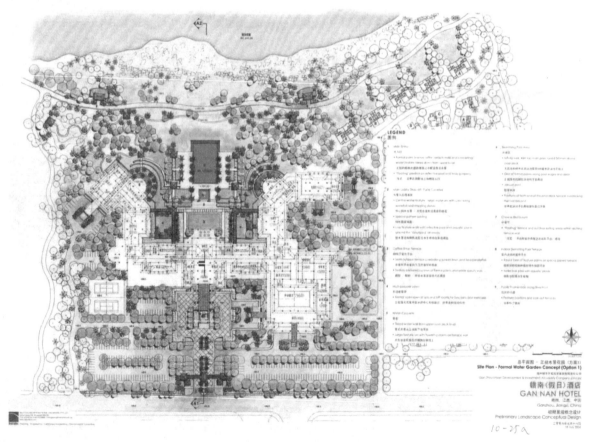

附图4-5 景观设计A

附图4-6 景观设计B

较适中，前者主要用于双床间，后者主要用于大床间。

③对于水平展开的客房层而言，每一个转折安排一个有室外景观的过厅非常重要，可使客人缓解长走道的单调感，也可作为一个小的休息区使用，实际效果也很好。

(附图4-5景观设计A)

(附图4-6 景观设计B)

案例(五)

该酒店是目前常见的酒店与高档别墅区统一设计的典型案例，定位为超豪华五星级综合型酒店。

该酒店建筑面积(地上部分)约74000m²(不包括一侧的公寓楼，但公寓楼裙房面积归酒店使用)，客房440间(套)，平均每间客房168m²。大堂面积超过1000m²。

地下共3层，其中地下一层主要为KTV、SPA和车库，地下二层、三层为酒店后勤区、设备机房和车库。

主楼为半边错位的椭圆形，现代风格，全玻璃幕墙。

酒店主体已经封顶，因业主对酒店要求甚高，内装方案已讨论多时，目前还在调整中，附图是中间方案。

附图5-1 一层平面

①酒店主入口、团队入口、员工入口、公寓入口如图所示，由于地形高差，餐饮和康体入口在地下层主入口背面，有自动扶梯直达一层大堂。

②大堂和大堂一侧的咖啡吧面积都超过一般酒店，预计拥有上百栋豪华别墅的别墅区住户及其客人都将是这里的常客。

③酒店核心筒原有三个电梯厅：酒店客人电

B3	酒店后勤区域、机房、地下车库
B2	酒店后勤区域、地下车库
B1	餐饮、康体入口、KTV、SPA、卸货平台、消防安保监控中心、机房、地下车库
1F	大堂、咖啡吧、自助餐厅、中餐厅及包房、商务中心、精品商店
2F	中餐厅及包房、风味餐厅、意大利餐厅
3F	宴会厅、小宴会厅、贵宾室、报告厅、会议区域
4F	游泳池、健身房、美容美发、台球室、酒店行政办公区域
5F	暂未定
6F	暂未定
7-26F	客房层，其中21～26层为行政层，共有客房397间（套）

附表5-2　　　　　　　　　　**房　型　表**

	双床间	大床间	残疾人房	套间	三套间	总统套房	行政酒廊	楼梯间	每层间套	折合自然间
7F	11	8	1	2					22	24
8F	11	8	1	2					22	24
9F	12	8		2					22	24
10F	12	8		2					22	24
11F	12	8		2					22	24
12F	12	8		2					22	24
13F	12	8		2					22	24
14F	12	8		2					22	24
15F	12	8		2					22	24
16F	12	8		2					22	24
17F	12	8		2					22	24
18F	12	8		2					22	24
19F	12	8		2					22	24
20F	12	8		2					22	24
小计	166	112	2	28					308	336
21F		12		4	1			1	17	24
22F		12		4	1			1	17	24
23F		8		2			1	1	10	24
24F		12		4	1			1	17	24
25F		12		4	1			1	17	24
26F	1	6		2	1	1		1	11	24
小计	1	62		20	5	1			89	144
总计	167	174	2	48	5	1			397	480
	42.07%	43.83%	0.5%		13.6%				100%	

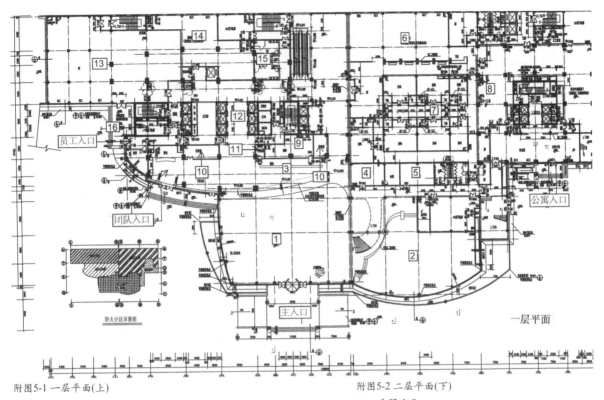

員工入口

團隊入口

主入口

公寓入口

防火分区示意图

一层平面

附图5-1 一层平面(上)

1F　房间名称

1.大堂	7.中餐厅:包房区	13.自助餐厅
2.咖啡吧	8.中餐厅厨房	14.自助餐厅厨房
3.总台	9.前厅部	15.公共卫生间
4.商务中心	10.行李房	16.门卫、打卡
5.精品商店	11.贵重物品存放	
6.中餐厅:零点餐厅	12.电梯厅	

附图5-2 二层平面(下)

2F　房间名称

1.风味餐厅	7.电梯厅
2.风味餐厅厨房	8.中餐厅:零点餐厅
3.意大利餐厅	9.中餐厅:包房区
4.意大利餐厅厨房	10.中餐厅厨房
5.客人休息区	11.库房
6.大堂挑空	

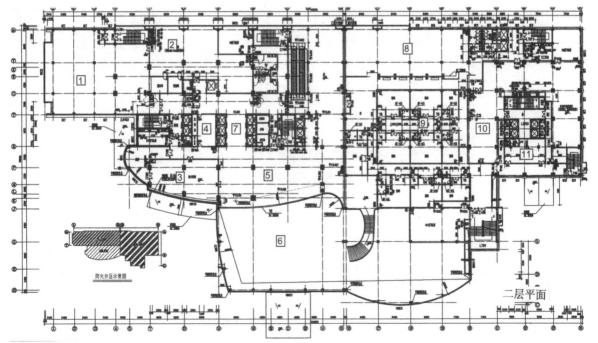

防火分区示意图

二层平面

梯厅、写字楼层电梯厅(原设计5~10层为写字楼层)和消防-服务电梯厅。因写字楼层最终取消,中间电梯厅随即取消。

④目前的垂直交通包括:6部主楼客梯、2部消防-服务电梯、2部裙房客梯和自动扶梯(由地下一层到三层)、3部厨房电梯,其中1部供自助餐厅厨房使用(尚不能做到洁污分流),2部供中餐厅厨房和宴会厅厨房使用,基本可以满足要求。中餐厅厨房中心的4部电梯为公寓楼使用,不属于酒店。

⑤自助餐厅设在左上角,三面均可以看到江面。

⑥因业主要求将中餐厅直接外包,为方便与酒店切割,中餐厅采取在一、二层重叠和增加内部楼梯的做法,没有采取通常在二层平面展开的做法。如中餐厅最终由酒店自营,此方案应重新考虑。

⑦员工入口直达地下二层后勤区域。

附图5-2 二层平面

①二层左侧为酒店经营的风味餐厅和意大利餐厅,均可看到江面。右侧为外包的中餐厅,两者之间有便捷的通道。

②自动扶梯、裙房电梯、客房电梯及大堂的景观楼梯均可直达此层休息厅。

附图5-3 三层平面

①右侧是1200m²的宴会厅(多功能厅)、小宴会厅和贵宾接待室,右侧是会议区,有275m²的报告厅和7个会议室,功能区设施齐全。

②由于自动扶梯不到四层,设置2部裙房电梯成为必需。但电梯厅门直接开向序厅不理想。

附图5-4 四层平面

①左侧为功能齐全的健身中心。

②游泳池区域的设计尚不够成熟,泳池未能下沉3层,导致从4层进入时需要爬楼梯。如放弃3层的报告厅将泳池下沉,机房设在泳池下方似更好。

③右侧酒店行政办公区的位置、面积和布局都较理想,从客用电梯厅和裙房电梯均可直达,

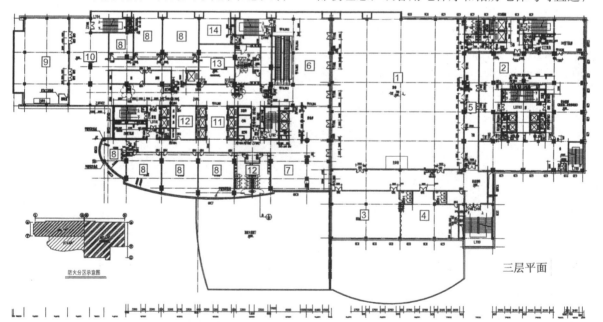

附图5-3 三层平面

3F　房间名称

1. 宴会厅	2. 宴会厅厨房	3. 贵宾厅	4. 小宴会厅	5. 服务走廊	6. 序厅	7. 客人休息区
8. 会议室	9. 报告厅	10. 休息厅	11. 电梯厅	12. 库房	13. 电脑通讯机房	

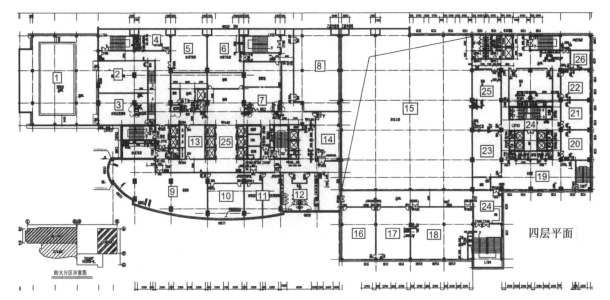

附图5-4 四层平面

4F　房间名称

1. 游泳池　　　　2. 男更衣淋浴　　3. 女更衣淋浴　　4. 接待　　　　　5. 泳池机房　　　6. 空调机房　　　7. 美容美发
8. 台球室　　　　9. 健身房　　　　10. 形体房　　　11. 男女更衣淋浴　12. 卫生间　　　13. 库房　　　　14. 灯光音响控制
15. 宴会厅上空　16. 营销部　　　17. 人力资源部　　18. 空调机房　　　19. 综合办公区　20. 会议室　　　21. 总经理室
22. 行政办公室　23. 财务部　　　24. 文印、茶歇　　25. 电梯厅　　　　26. 办公室

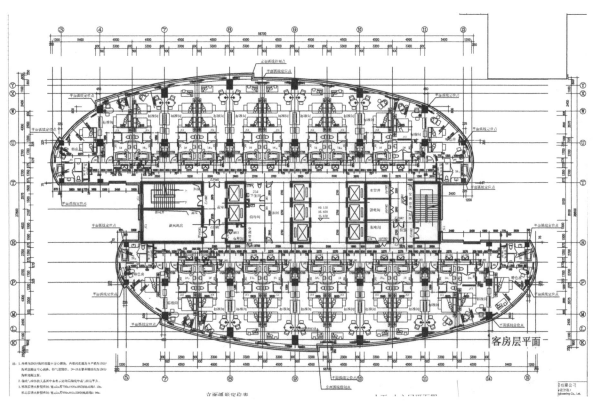

附图5-5 客房层平面

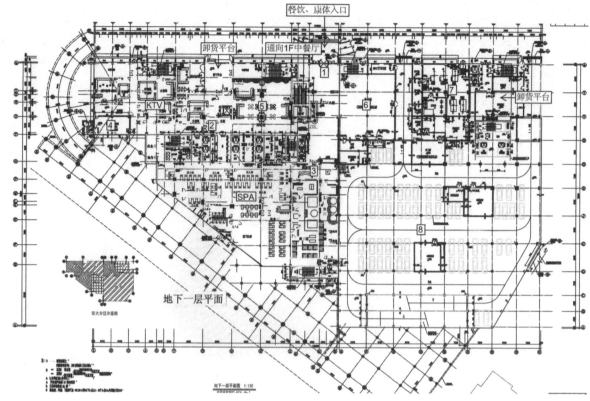

餐饮、康体入口

卸货平台 通向1F中餐厅

KTV

SPA

地下一层平面

防火分区示意图

地下一层平面图 1:150

附图5-6 地下一层平面

B1 房间名称

1. 进厅   2. KTV入口   3. SPA入口   4. 消防安保监控中心   5. 酒吧   6. 变电室   7. 锅炉房   8.地下车库

对外联系方便，且有独立的完整空间，不是所有酒店都能实现的。

附图5-5 客房层平面

①自然间开间4500，因外墙呈椭圆形，进深是一个变数，由于弧线较为平缓，主力房型进深在9200~10400之间，即净面积在40~45m²左右，满足要求。

②端头房间优先用作套房。

附图5-6 地下一层平面

①该酒店地下共三层，其中地下二、三层均为地下车库和后勤用房。地下一层除留出了两个卸货平台外，主要设置了KTV和SPA，社会客人使用的餐饮、康体入口设在此层是利用地面高差。

②设置两个卸货平台的原因一是右侧中餐厅

确定外包，不能使用酒店厨房的配套设施(如粗加工和冷库)；二是酒店经营的宴会厅无法取得外包中餐厅的支持，因距离较远也无法频繁获得自助餐厅厨房和风味餐厅厨房的支持，只能设置设备完整的宴会厨房，卸货平台可与中餐厅共用。

案例(六)

该酒店是一个具综合功能的超豪华五星级会议型酒店，总面积13万m²，2002年正式开业，可承担包括两会在内的各种大型会议。

酒店主楼面积6.76万m²，拥有客房571间(套)，餐饮、康体等配套设施齐全。由于酒店会议区面积很大，因此每间客房所对应的酒店面积与常规酒店相比无太大意义。

酒店建筑由著名的美国波特曼设计事务所设

1F	大堂、宴会厅、咖啡厅(西餐厅)、中餐厅、零售商场、室内景观区、会议室(厅)
2F	餐饮区：包括风味餐厅、外国餐厅、酒店客房20间(自然间，以下同)
3F	游泳池、男女更衣室、健身房、棋牌室、台球房、酒店行政办公区、酒店客房20间
4F	酒店客房20间
5F	裙房屋顶花园
6～11F	酒店客房40×6=240间
12～23F	酒店客房32×12=384间，其中23层有总统套房
B1	①客人康体区：保龄球、模拟射击场、模拟高尔夫；②员工区域：包括员工餐厅、男女更衣洗浴、培训教室；③其他后勤区：客服中心、卸货平台、垃圾房、洗衣房、粗加工间及冷库、工程部、通讯机房、配电房、锅炉房、冷冻机房、水泵房、酒店总库

计。波特曼在酒店充分展示了驾驭共享空间的能力，主楼中庭高度达98m，扇形布局的6部室内观光电梯，五层凌空飞架的两道八字形天桥、流光溢彩的大面积水景增加了共享空间的魅力。

笔者选择该酒店进行解析，是希望读者从总体布局的角度了解会议型酒店的特点，而不是讨论细节问题，因此附图采用了波特曼的扩初设计。平面中某些局部可能不同于最后的内装设计方案，但大的布局无变化。

附图6-1 总平面图

①酒店在原国宾馆(建于上世纪50年代)西侧

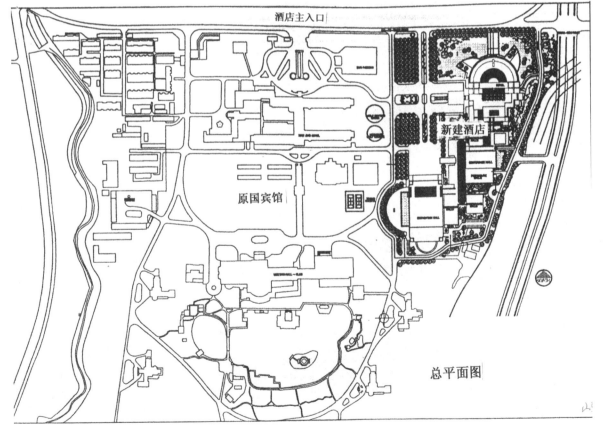

附图6-1 总平面图

风景区,两者相通并同属一个集团总公司,平时各自独立经营,大型会议可联手接待,优势互补。对于年代久远、但又有保存和使用价值的国宾馆来说,如此安排似比易地重建更有利。

附图6-2 一层总平面图

①酒店从北到南可分为主楼、会议中心和会议厅三部分。主楼区域实际上是一个设施完整的五星级酒店;会议厅是一个有三层观众席的大型会堂,可同时容纳2500人,配置了高级扩音系统、音乐返声罩、升降平移舞台和升降乐池,200英寸高清P4LED大屏幕,可举办大型会议、音乐会和文艺演出;中间的会议中心拥有29个会议厅(室),包括600座具同声传译功能的影视会议厅。

②酒店设计结合地形斜向铺开,平面布局合理舒展、分区明晰、流线畅通,内外景观交融,

整个建筑高低错落有致,确是上乘之作。

附图6-3 酒店一层平面

①主入口经过前厅进入1980m²的大堂,20根高柱支撑位于23m高处的玻璃顶棚,颇为壮观。大堂左侧为客房楼的高中庭,穿过中庭的水景即可到达中餐厅和咖啡厅,大堂右侧为800m²多的宴会厅,序厅在另一侧,不干扰大堂。

②由于宴会厅在一层,会议在其他区域,不设自动扶梯是可以的。6部客用电梯对571间客房而言偏紧一点,尤其是采用观光电梯后速度会稍慢,但考虑到二层以上公共区域面积不大,加上群控功能,数量还在控制范围以内。

③高中庭、高大堂,加上大面积的采光顶棚(包括一部分通向会议区域的二层通道屋面亦是),即使采用了隔热玻璃,仍会使能耗大幅增

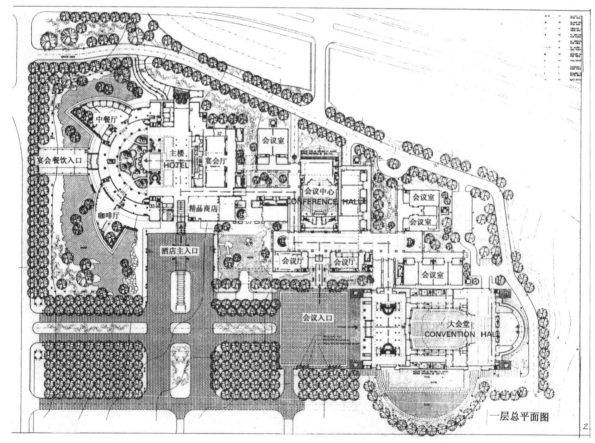

附图6-2 一层总平面图(下)

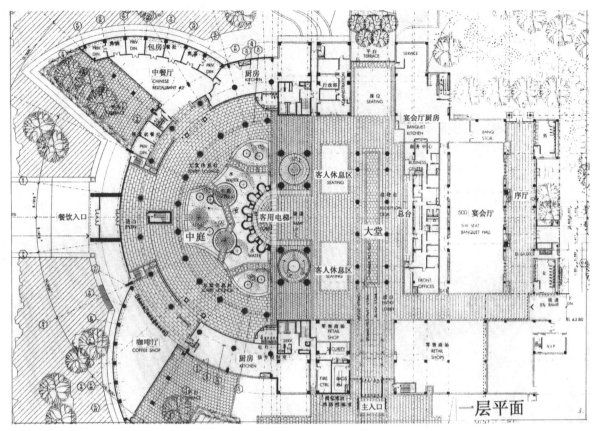

附图6-3 酒店一层平面

加而提高经营成本。因此其他酒店采用类似方案应慎重。

④以现在的眼光看，宴会厅面积似偏小一点，宜扩大到1500m²左右更符合酒店的性质和规模，但在20世纪90年代这已是很大的宴会厅了。

附图6-4 酒店二层平面

①去掉大堂上空、中庭上空及宴会厅上空，二层可使用面积已不多，基本上用于餐饮。

②经内装设计深化，酒店最终设置了包括大、小宴会厅在内的各式中、西餐厅11处，营业面积5000m²，能容纳1300多人同时就餐，主要分布在一、二层，基本上可以满足酒店需要，如有特大型会议还可获原国宾馆的支持。

③从二层开始，主楼弧形部分设置了客房，通常客房不与公共区域同层，但该层客房区与公

共区有中庭、大堂上空及电梯厅的阻隔(三层亦是)，因此可以接受。

附图6-5 酒店三层平面

①南侧为酒店的康体区域，主要设置了游泳池、健身房、台球房和棋牌室，酒店行政办公区也在这一层。

②当时中国内地尚无SPA这个概念，因此该酒店没有设置SPA。

附图6-6 酒店标准层平面

①主力房型开间为4250，进深9000，客房标准间净面积约36m²，较为适中。

②标准层每层有36个自然间，弧形两端各有2部消防-服务电梯，全层有3个疏散楼梯，符合要求。

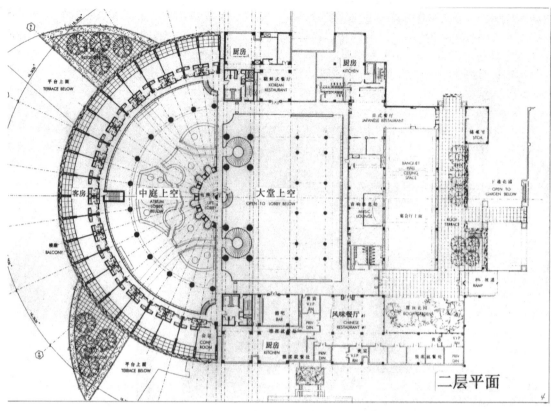

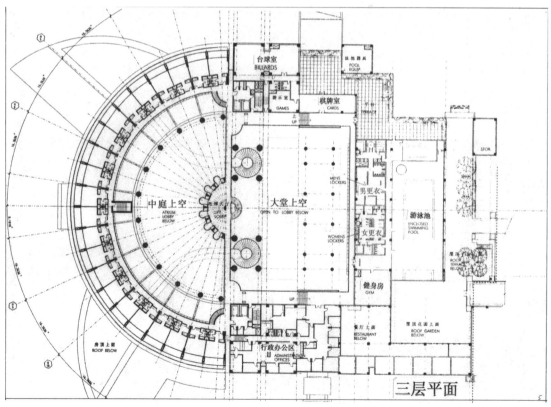

附图6-4 酒店二层平面(上)；附图6-5 酒店三层平面(下)

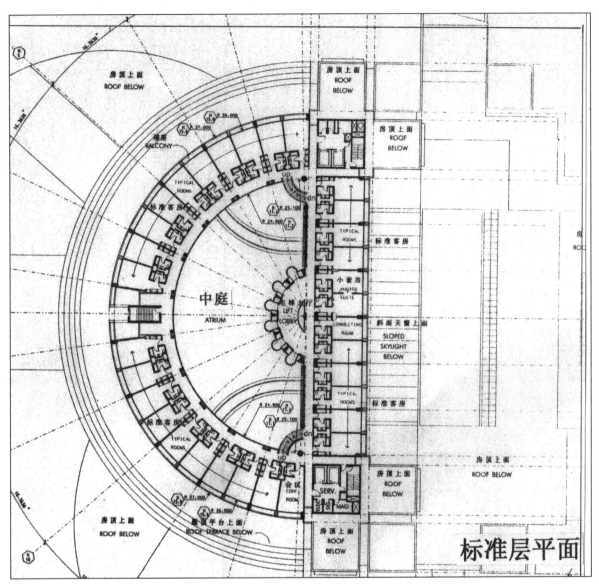

附图6-6 酒店标准层平面

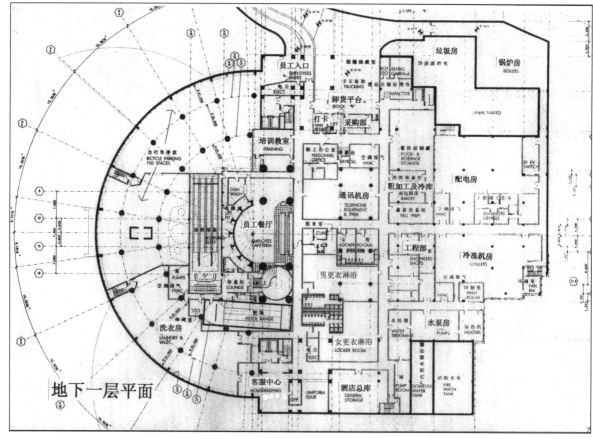

附图6-7 酒店地下一层平面

附图6-7 酒店地下一层平面

①入口、卸货平台、垃圾房位于同一入口，但有一定区隔，关系合理。

②洗衣房、客服中心紧邻服务电梯，到客房层非常便捷，对提高服务效率、减轻服务员的工作强度有利。

③客梯不到地下一层，客人到保龄球场和模拟射击场似需在一层经旋转楼梯步入，稍有不便。

④垃圾房及冷冻废物室面积过大。

案例（七）

该酒店为五星级大型城市综合型酒店，由写字楼改建而成，拥有各类客房1300间。

酒店总建筑面积为13.5万m²，是由ABCD四座塔楼连成一体的整体建筑。其中A座和B座为21层，C座和D座为17层。有报道说从2013年起A座和D座已改为写字楼，B座和C座仍为酒店，还有客房649间，裙房的公共区域没有变化。

由于酒店是按1300间规模设计的，其公共区域和后勤区域均按此规模设置，功能布局合理，配套设施齐全。如此规模的酒店在国内并不多，故在此仍按原设计进行分析。

附图7-1 一层平面

①裙房平面由ABCD四个楼座组合而成，因此有4个出入口，其中D入口离街最近，为主入口，C、B、A为次入口。由于自动扶梯在C入口，将引导参加宴会和会议的社会客人更多地使用C入口。A入口一侧为员工入口，B入口一侧为货物入口——汽车可由此直接驶入地下一层卸货

平台，分工明确合理。

②大堂呈条形，贯通D、A入口，并通过走道连通B、C入口。

③长长的总台设置了12个工作位，在背景墙的衬映下相当壮观。客人在此办理入住手续后由服务员指引到相关楼座的电梯厅。

④四个楼座均有独立电梯厅，在1~13层有走廊可以连通。由于疏散楼梯(为剪刀梯)和客用电梯合用电梯厅，因此该电梯厅实际上形成了消防前室，在电梯厅入口处需安装防火门。这种情况在高星级酒店出现很不理想，但这是一个改造项目，无法更改，只能如此。

⑤大面积的餐饮区(有6个餐厅和酒吧)集中设在酒店一层的情况并不多见，

但对该酒店来讲可能是合理的。一是应考虑酒店本身的规模及每层裙房的面积超过8000m²的现实，不能按常规安排每层的功能，二是酒店临近火车站，周边高档商厦林立，交通便利，餐饮市场前景良好，餐厅和酒吧设在首层使社会客人感到方便并减少了对酒店垂直交通的压力。另外，全部餐厅与厨房做到了同层，并通过服务电梯与地下一层的粗加工间、冷库(包括西餐厅的

点心间)联系，也是本设计的一个亮点。

附图7-2 二层平面

①为宴会、功能和会议区域，包括一个1200m²的宴会厅、一个540m²的多功能厅、6个会议室及商务中心。

②宴会厅和多功能厅相邻，用双走道隔开，穿过隔墙上的门，在多功能厅开会的客人，可快捷进入宴会厅用餐。也可同时安排两场或使用灵活隔断同时安排多场宴会。

③宴会厅厨房面积约500m²，设备齐全，可同时为多场宴会服务。缺点是主体施工时没有降板，为设置排水沟需提高厨房地面标高，因此厨房通向服务走廊的出入口出现坡道，既占用面积也容易滑倒。

④贵宾接待室偏小，但可使用会议室临时布置。

附图7-3 三层平面

①由于宴会厅上空升起，其他功能区域只能在周边布置。C、D座为业主方办公区，B座的大部分为酒店行政办公区。其余区域设置了游泳池、SPA和健身房，作为国际品牌酒店，通常不

附表7-1	酒店平面功能布局
1F	大堂、ABCD四座电梯厅、精品商店、餐厅区：包括中餐厅、外国特色餐厅、西餐厅、风味餐厅、大堂酒廊和雪茄吧等
2F	宴会厅、序厅、多功能厅、会议区、宴会厅厨房、贵宾接待和商务中心
3F	游泳池、健身房、瑜伽、SPA、男女更衣淋浴、酒店行政办公区、业主方办公区
4—12F	客房
13F	客房、行政酒廊
14F	客房、总统套房
15—19F(AB座)	客房
B1	配电间、锅炉房、洗衣房、布草制服间、粗加工和冷库、饼房(点心间)、卸货平台、采购部和收货、垃圾房、营销部、客房部和客服中心、员工餐厅、男女更衣淋浴、人力资源部和培训教室
B2	发电机房、地下车库
B3	水泵房、中水机房、生活水池、维修车间、地下车库、仓库

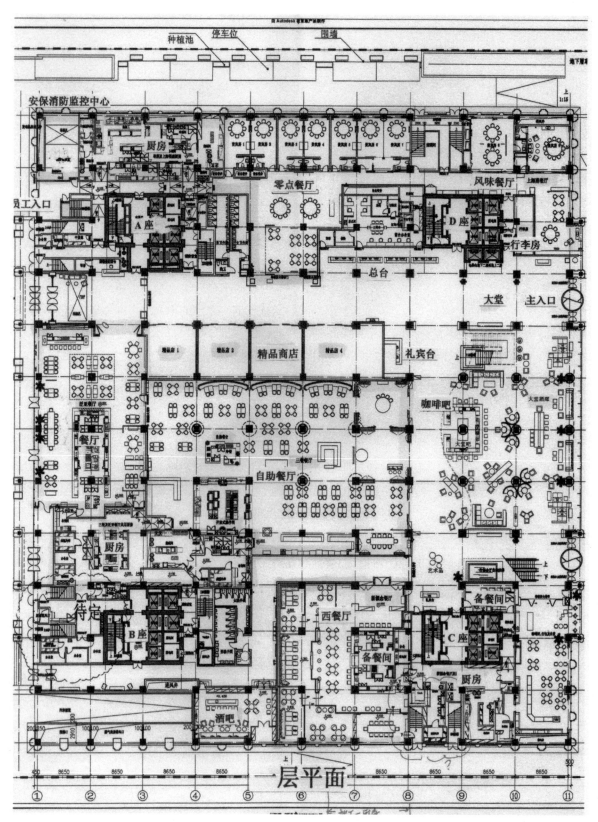

附图7-1 一层平面

348

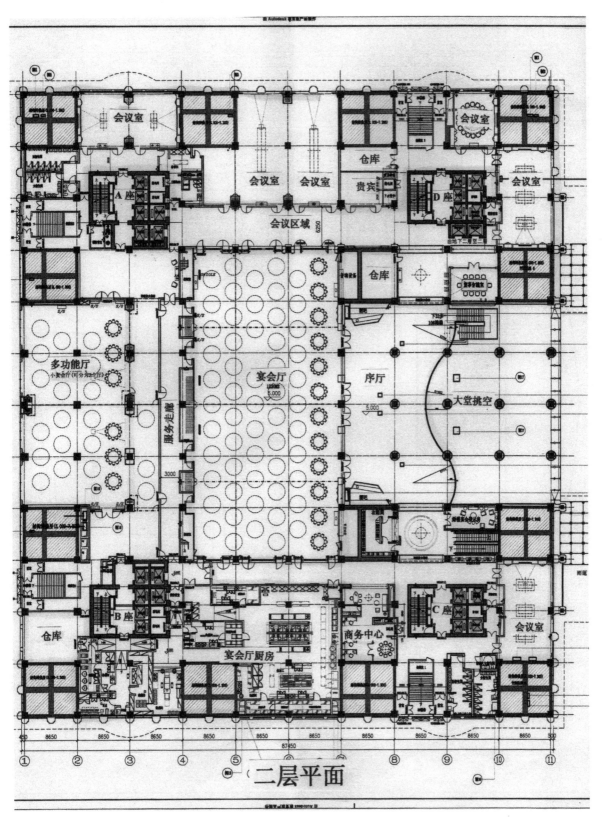

会议室 会议室 会议室 仓库 贵宾 会议室
A座 会议区域 D座
多功能厅 小宴会厅(可分为4个厅) 宴会厅 序厅 大堂挑空
服务走廊
仓库 宴会厅厨房 商务中心 B座 C座 会议室
仓库 会议室

① ② ③ ④ ⑤ ⑥ ⑦ ⑧ ⑨ ⑩ ⑪

二层平面

附图7-2 二层平面

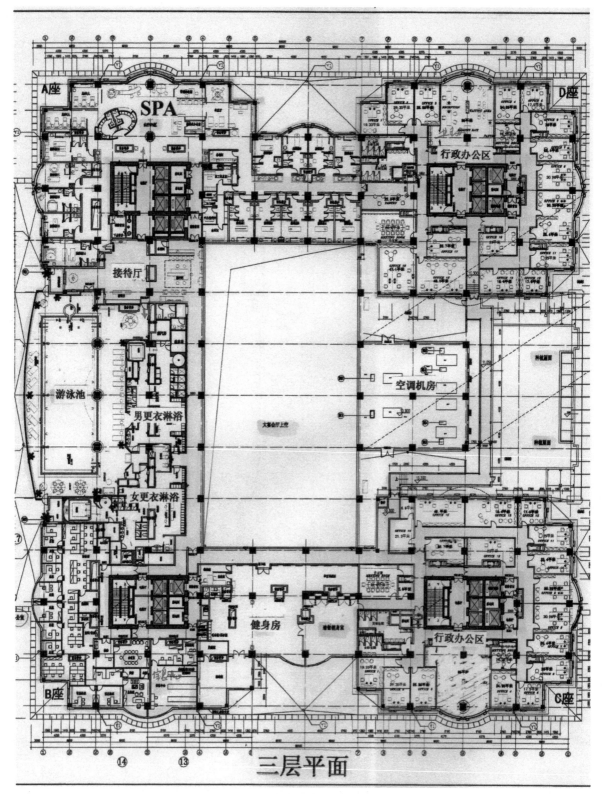

附图7-3 三层平面

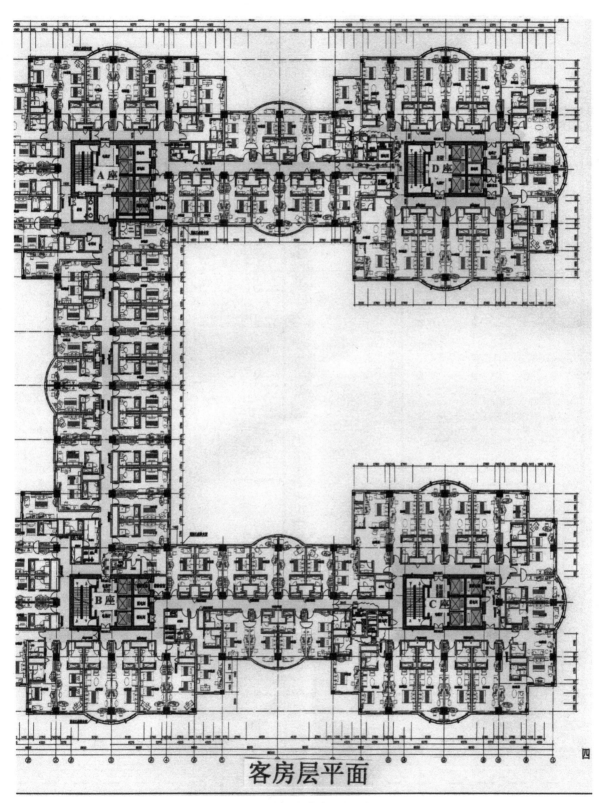

客房层平面

附图7-4 客房层平面

351

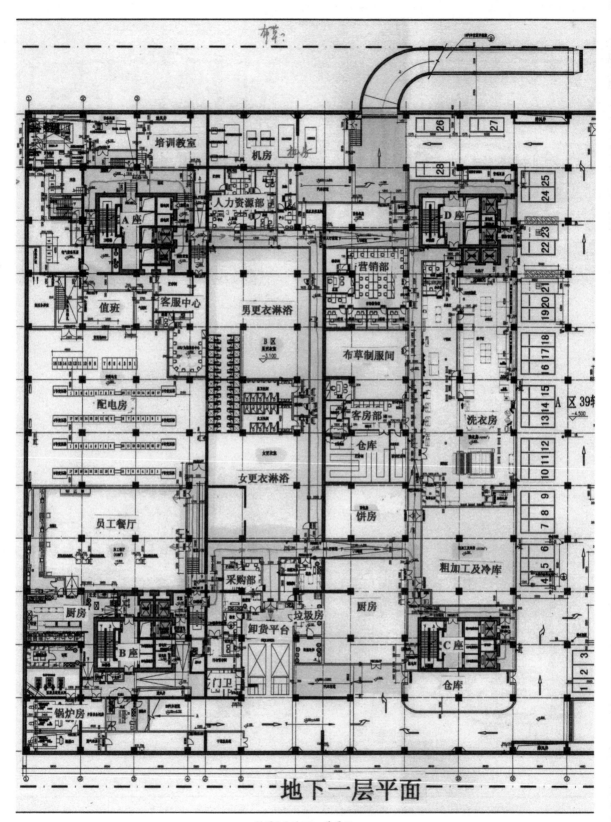

附图7-5 地下一层平面

设置卡拉OK和棋牌室之类娱乐设施。

②健身房内的瑜伽室实际上未设置而扩大了健身房。

③对酒店而言，25m长的泳池已经很好了。

④游泳池的更衣淋浴间大而豪华，且设置了冲浪池和桑拿室。

⑤高星级酒店的SPA通常为精品SPA，该酒店的SPA使用酒店管理公司自身拥有的的品牌，内设14个理疗室。

附图7-4 客房层平面

①客房符合五星级标准，但实际上并不特别豪华。酒店一般不宜在客房内装上化太多的钱(豪华套房例外)，而应尽量把钱花在设备、设施和主要的公共区域。

②主力房型净面积36m²左右，符合高星级酒店要求但不算大。

附图7-5 地下一层平面

①酒店员工区域集中设置在此层。员工出入口在A座一层，通过疏散楼梯或服务电梯下到地下一层。

②更衣淋浴间是距员工出入口最近的员工设施，员工餐厅距出入口稍远一点没关系，但作为人流相对密集的区域，员工进出需要经过一个有七、八个踏步的梯段于疏散不利，第二疏散口要经过厨房一角似也有些问题。

③男女更衣淋浴、客房部和布草制服间、洗衣房三者之间的位置非常合理。

④人力资源部距员工出入口很近，便于对应聘员工进行面试，培训教室与人力资源部相邻也是合理的。

⑤下方的西餐厅厨房、粗加工、冷库和仓库均邻近卸货平台，垃圾房在卸货平台一侧，布局基本适当，但垃圾房最好有单独使用的平台。

案例(八)

该酒店为典型的城市综合体内高星级酒店。

城市综合体总建筑面积45万m²，目前是当地的标志性建筑之一。主要业态有包括大型超市、购物中心、5A级写字楼、商务公寓、大型休闲文化广场、地下停车场等。酒店位于综合体西端。

酒店总建筑面积44192m²，有客房334间(套)，每间客房平均132m²，功能齐全。8~23层有中庭贯通整个客房区域，在22层和23层分别设置了副总统套房和总统套房。

从附图几个主要层面中，可以看到以商业为主的综合体对酒店布局的影响。

附图8-1 酒店在城市综合体内的位置

①可以看出，面积为城市综合体十分之一的酒店仅占其一角而已。

附表8-1　　　　　　　　　　　　　　平面功能布局

1F	大堂、咖啡吧（84个餐位）、客人休息区、总台、行李房、自动扶梯通向地下一层宴会厅及会议区
2-5F	商业区（非酒店），其中4F的部分区域为酒店行政办公区
6F	中餐厅（零点餐厅154个餐位、包房218个餐位），西餐厅（自助餐厅）（共228个餐位，其中双人桌126），特色餐厅66个餐位
7F	游泳池、健身房、SPA、酒吧、水景花园
8-24F	有高中庭的客房层，其中行政酒廊在21F，副总统套房在22F，总统套房在23F
B1	多功能厅（宴会厅）、序厅、会议室、宴会厅厨房

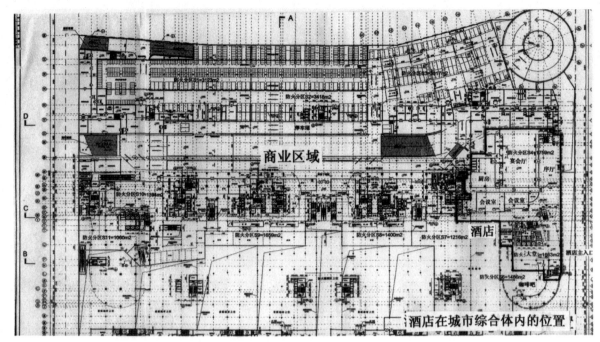

附图8-1 酒店在城市综合体内的位置

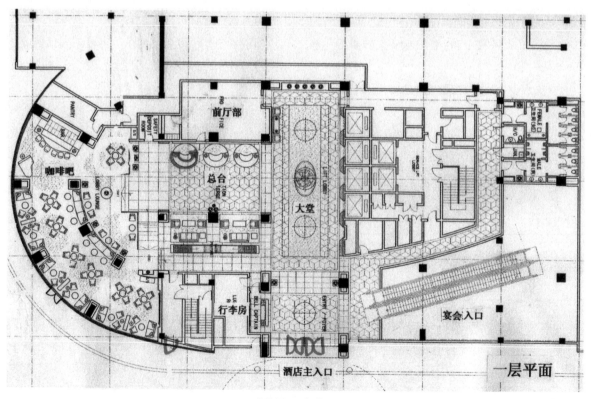

附图8-2 一层平面

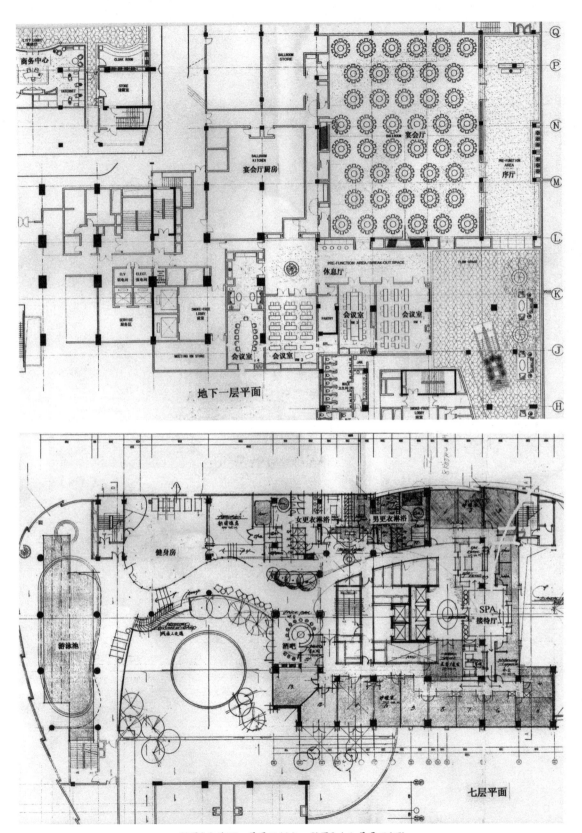

附图8-3 地下一层平面(上)；附图8-4 七层平面(下)

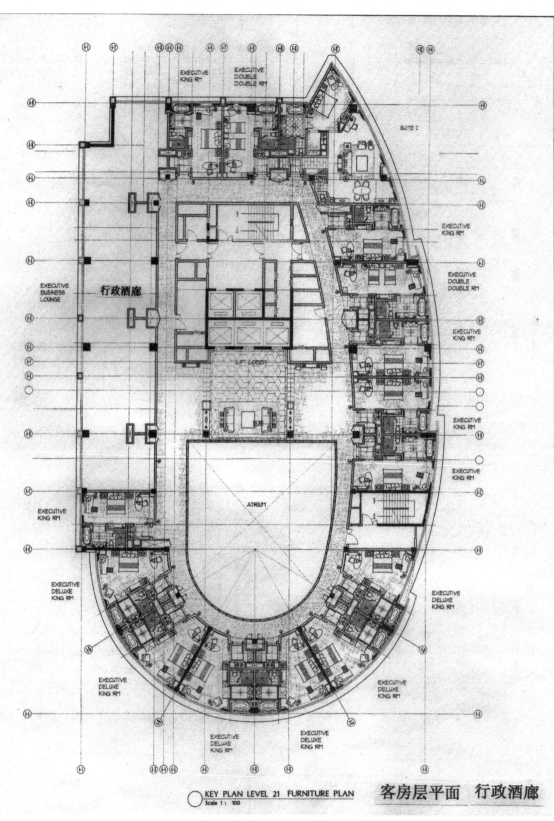

附图8-5 客房层平面 行政酒廊

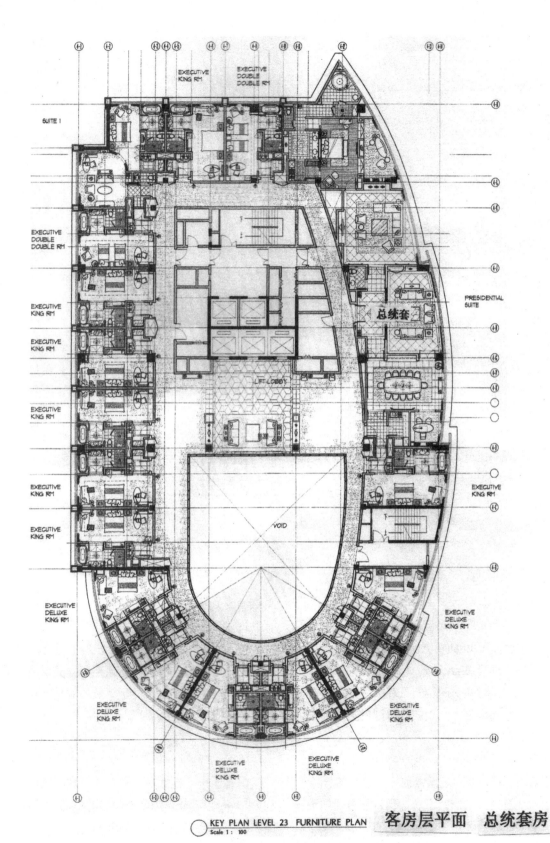

SUITE 1

EXECUTIVE
KING RM

EXECUTIVE
DOUBLE
DOUBLE RM

EXECUTIVE
KING RM

EXECUTIVE
KING RM

EXECUTIVE
KING RM

EXECUTIVE
KING RM

EXECUTIVE
KING RM

EXECUTIVE
KING RM

EXECUTIVE
DELUXE
KING RM

EXECUTIVE
DELUXE
KING RM

EXECUTIVE
KING RM

EXECUTIVE
DOUBLE
DOUBLE RM

PRESIDENTIAL
SUITE

总统套

EXECUTIVE
KING RM

EXECUTIVE
DELUXE
KING RM

EXECUTIVE
DELUXE
KING RM

LIFT LOBBY

VOID

EXECUTIVE
DELUXE
KING RM

EXECUTIVE
DELUXE
KING RM

○ KEY PLAN LEVEL 23 FURNITURE PLAN
   Scale 1：100

客房层平面 总统套房

附图8-6 客房层平面 总统套房

357

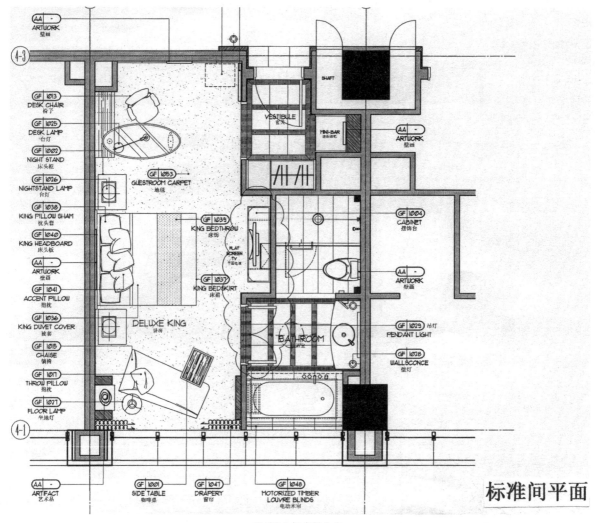

图中标签文字：

AA - ARTWORK 壁画

4-3

GF 1013 DESK CHAIR 椅子
GF 1025 DESK LAMP 台灯
GF 1002 NIGHT STAND 床头柜
GF 1026 NIGHTSTAND LAMP 台灯
GF 1038 KING PILLOW SHAM 枕头套
GF 1040 KING HEADBOARD 床头板
AA - ARTWORK 壁画
GF 1041 ACCENT PILLOW 抱枕
GF 1036 KING DUVET COVER 被套
GF 1015 CHAISE 躺椅
GF 1017 THROW PILLOW 抱枕
GF 1021 FLOOR LAMP 半地灯

GF 1053 GUESTROOM CARPET 地毯
GF 1039 KING BEDTHROW 床饰
FLAT SCREEN TV 平面电视
GF 1037 KING BEDSKIRT 床裙
DELUXE KING 详例

VESTIBULE 套夜
SHAFT
MINI-BAR 迷你酒吧
AA - ARTWORK 壁画

GF 1004 CABINET 摆饰台
AA - ARTWORK 墙画
GF 1029 PENDANT LIGHT 吊灯
GF 1018 WALLSCONCE 壁灯
BATHROOM 卫生间

4-1

AA - ARTIFACT 艺术品
GF 1001 SIDE TABLE 咖啡桌
GF 1041 DRAPERY 窗帘
GF 1048 MOTORIZED TIMBER LOUVRE BLINDS 电动木帘

标准间平面

附图8-7 标准间方案

附图8-2 一层平面

①大堂实际上是一条宽阔的通道，其尽头通向商场，右侧是4部客用电梯，电梯数量符合要求。

②一层中部是总台区域，总台后是前厅部，联系方便，与总台相对的位置是客人休息区，总台前的等候空间也是客人走向咖啡吧的通道，是比较紧凑的布局。

③260m²的咖啡吧临街，是一层最好的位置，但西晒严重，需在外墙内侧增加冷空调。

④请注意入口右侧的自动扶梯，这是通向地下一层宴会厅和会议区域的通道。酒店很少会把宴会厅设在地下一层，出现这种情况的主要原因是该酒店二至五层均为非酒店管理的商业区，没有设置宴会厅的条件。

⑤入口处设置了通常酒店没有的前厅，其目的首先是用作从自动扶梯下到宴会、会议区域的过厅，其次可把客人的行李集散功能从面积不大的总台区域中分离出来。

附图8-3 地下一层平面

①是一个完整的宴会——会议区域。宴会厅面积为704m²，可分隔为两个独立的空间，并有4个面积不等的会议室。宴会厅厨房通过2部消防——服务电梯与地下二层的后勤区域联系。

②受面积所限，商务中心安排在宴会厅后面，距会议室稍远。

附图8-4 七层平面

①在室外庭园的三个方向，设置了游泳池、健身房、男女更衣室和SPA，还安排了美容美发和一个小酒吧。构成了一个有良好室外景观、基本完整的健身中心，颇有特点。

②精品SPA包括13个护理室，数量不少，但大部分护理室面积不够大，未来的专业设计可能会调整出1~2个豪华套间，预计总数10个左右已够用。

③游泳池距男女更衣淋浴间稍远。

附图8-5 客房层平面 行政酒廊

附图8-6 客房层平面 总统套房

①每个客房层约22个自然间，由于平面不太规整，客房种类较多，但大部分标准间净面积都可达到36m²左右。

②行政酒廊占用了6~7个自然间，面积不算大。设置在直边是为了尽量接近电梯厅。减少对客房的影响。

③总统套占用了西侧7个自然间，面积在250m²左右，是室外景观较好的一个面。

④中庭对客房层意义不大，实际上也是因这块面积很难使用不得不如此。

附图8-7 标准间方案

①由于大部分客房开间较宽、进深较浅，因此采用了卫生间在客房卧室一侧的方案。此方案把写字台布置在里侧并形成了入口处的玄关，颇有新意。一些老酒店因客房面积太小进行改建时，也经常采用三改二方案(即把中间的客房改成两个卫生间给两边的客房)以扩大客房面积，形成类似布局，此方案有一点参考价值。

②一部分弧形区域的客房采用此方案后，因弧度太大，床和电视机产生了一个很大的角度，尽管电视机方向可以调整，但客房内感觉仍不太好。其实可以试试其他方案(例如把不规则部分由卫生间消化)，情况可能会好一些。

案例(九)

该酒店为四星级城市商务型酒店。

这是一个非常实用、易于经营的酒店。其特点是客房舒适度很高，还有行政层和行政酒廊，但不追求豪华。公共区域仅确保客人最必需的功能——24h餐厅、咖啡吧、游泳池和健身房、不大的多功能厅或几个会议室，其他一概不设置。

附表9-1	酒店平面功能布局
1F	大堂、前厅部、客人休息、行李房、贵重物品存放、商务中心、消防监控中心、卸货平台、垃圾房、员工入口
2F	自助餐厅及厨房
3F	会议区域
4F	游泳池、健身房、男女更衣室、酒店综合办公区
5-12F	客房层
15-20F	客房层
21F	客房层、行政酒廊
22F	客房层、副总统套房
B1	咖啡吧、员工餐厅和厨房

附表9-2　　　　　　　　　房　型　表 (ROOM TYPE BREAKDOWN)

Construction Levels	Floor Number	King Bed Rooms			Total	Double/Double (DDa)	JS	DS	CL	Total
20	22	TKa	TKb	TKh	8	3	2	1	0	14
19	21	8	0	0	7	1	2	0	1	10
18	20	7	0	0	8	4	3	0	0	15
17	19	8	0	0	8	4	3	0	0	15
16	18	8	0	0	10	6	1	0	0	17
15	17	9	1	0	10	6	1	0	0	17
14	16	9	1	0	10	6	1	0	0	17
13	15	9	1	0	10	6	1	0	0	17
12	12	9	1	0	10	6	1	0	0	17
11	11	9	1	0	10	6	1	0	0	17
10	10	9	1	0	10	6	1	0	0	17
9	9	9	1	0	10	6	1	0	0	17
8	8	9	1	0	10	6	1	0	0	17
7	7	9	1	0	10	6	1	0	0	17
6	6	9	1	0	10	6	1	0	0	17
5	5	9	1	2	12	4	1	0	0	17
Total		139	12	2	153	82	22	1	1	*258*

房间汇总表(ROOM SUMMARY CHART)

Room Type	Description	Quantities	Percent	Area(sm)	Bays	Total Bays
TKa	Typical King"a"	139	53.88%	32	1	139
TKb	Typical King"b"	12	4.65%	32	1	12
TKb	Disuble King	2	0.78%	32	1	2
	Sub-total	153	59.30%			153
DDa	Typical Double Double"a"	82	31.78%	32	1	82
JS	Junior Suite	22	8.53%	67	2	44
DS	Deluxe Suite	1	0.39%	101	3	3
CL	Club Lounge	1		212	6	6
Grand Total(keys)		258	100.00%			288

酒店地上面积23542m²，共有客房258间(套)，每间客房91.25m²，大堂面积约350m²，内装设计采用简明的现代风格。

附图9-1 首层平面

①大堂面积适中，功能齐全，入口、总台、电梯厅之间关系合理。受面积所限，咖啡吧设在地下一层，经景观楼梯可直接下达，为便于客人等待来访者，入口一侧设置了有半隔断的休息区，弥补了咖啡吧在地下一层的缺陷，手法细腻。

②大堂右侧设置了消防监控中心、员工入口及卸货平台，有服务通道连通消防—服务电梯，其流线与客人区域不交叉。

③3部客用电梯，2部消防服务电梯，可满足使用要求。

附图9-2 二层平面

①二层为24h餐厅，可少量点菜，有近140个餐位，数量足够，缺点是6~8人桌稍多了一些。为适应有需要的客人，安排了3个包房。

②厨房和服务电梯之间有专用服务通道联系。

附图9-3 三层平面

会议区域设置了两个多功能厅，其中大多功能厅(300多m²)有两道隔断，可将空间一分为三，会议为主，兼做他用。举行大型宴会会有困难，不过该酒店的定位无此要求。

附图9-4 四层平面

①泳池长度超过22m，已经很好了。

②男女更衣室虽小，仍设置了桑拿(蒸汽室)，游泳池一侧还有3间按摩室，以适应高端客

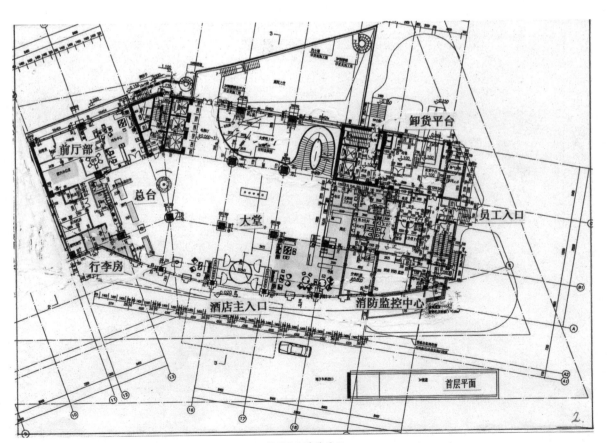

附图9-1 首层平面

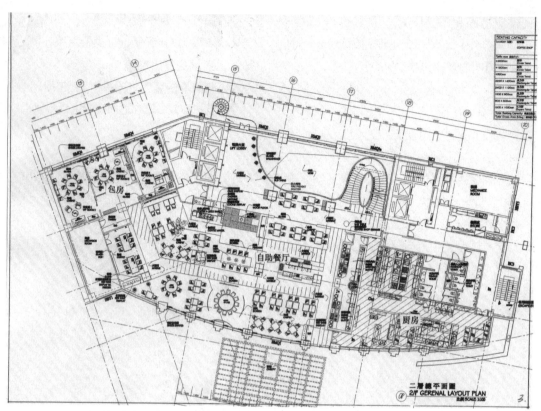

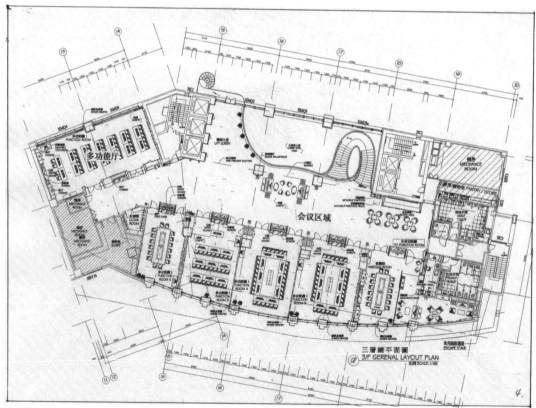

附图9-2 二层平面(上)；附图9-3 三层平面(下)

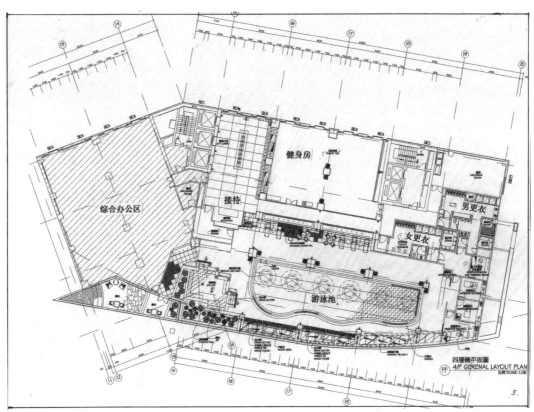

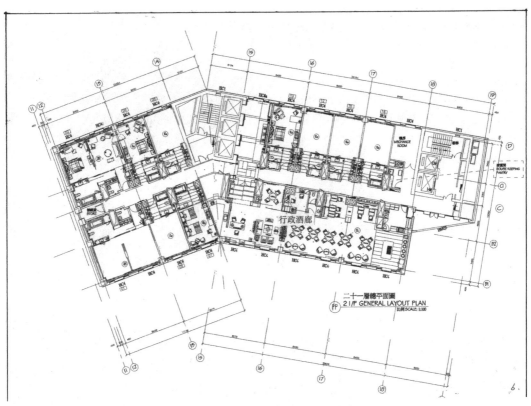

附图9-4 四层平面(上)；附图9-5 二十一层平面(下)

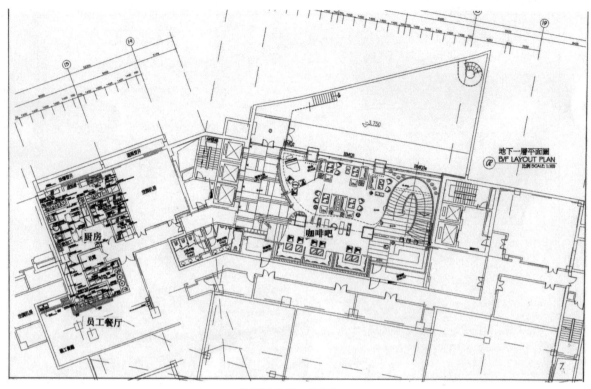

附图9-6 地下一层平面

人的需要。

③综合办公区实际是酒店行政办公区，面积不大，位置很理想。

附图9-5 二十一层平面

①酒店客房开间为4200，进深8400，标准间净面积约33-34m²，对四星级酒店而言也就可以。

②客房标准层每层有18个自然间(17间/套)，包括一个套房。本层以6个自然间设置为行政酒廊，并有2个套房。

③酒店未设置总统套房，仅在22层设置了一个3间的豪华套房。

附图9-6 地下一层平面

主要设置了一个40座的咖啡吧。此外还有包括员工餐厅在内的后勤区域，部分区域如工程部和维修车间、粗加工间和冷库延伸至相邻的写字楼下方及夹层，附图中未有显示。

案例(十)

该酒店为四星级商务型酒店。

酒店总面积35576m²，功能布局完整合理，设计紧凑，流线通畅。客房296间(套)，每间客房平均120.2m²，大堂面积约600m²。

按业主方要求，酒店功能设置与布局按国内五星级标准考虑，为将来升级做准备。

附图10-1 一层平面

①酒店主要出入口在北面临街，门口的挑空是后加的。

②大堂净高超过5.5m，是较为适宜的高度。

③自助餐厅面积为616m²，餐位140个，基本符合要求，但由于面积偏紧，双人桌数量较少，对餐位利用率有一定影响。

④咖啡吧有点长，这是受消防疏散通道要求直达室外的影响。

⑤酒店西侧是一个休闲广场，因此在酒店

西南角增加了一个餐饮-宴会入口，有2部裙房电梯，可直达二、三、四层。现在看来，此出入口过于靠后，管理不便。

⑥员工入口、卸货平台、垃圾房均设在北面，三者位置恰当。2部厨房电梯、1部疏散楼梯解决了地下层后勤区域和裙房各层厨房间的联系。

附图10-2 夹层平面

①首层层高为7.8m，因此利用后部空间设夹层，安置酒店行政办公区，通过2部主楼消防-服务电梯可到达酒店各层。

②营销和财务两部人员较多，面积较大，而总经理室不过15m²左右。客房部和人力资源部都在地下一层后勤区。

附图10-3 二层平面
附图10-4 三层平面

①酒店拿出两层裙房做餐饮是适应当地市场的需要。

②餐饮区除二层大堂挑空处附近少量面积用作零点外，全部设为包房（共37个），超过60m²的豪华包房占了近一半，最大的桌面有25个餐位，这也是当地市场的需要。

③中餐主厨房设在二层，除供三层之需外，

尚可支持宴会厅厨房。

附图10-5 四层平面

①该层是宴会—会议区域，设有宴会厅、多功能厅、会议室、贵宾接待室和商务中心，序厅共用。

②宴会厅面积为723m²，基本符合当地需求。

③本案的一个特点是一层的自助餐厅厨房、二、三层的中餐厅厨房、四层的宴会厅厨房均是重叠的，有2部厨房专用电梯贯通各厨房、卸货平台、垃圾房及地下一层的粗加工间和冷库，联系非常方便。

附图10-6 五层平面

①该层原来是客房层(下面有转换层)，现设置了基本的康体项目，包括瑜伽，还有一个小小的儿童乐园。根据当地情况，没有设置SPA。

②游泳池利用转换层的高度，长18m，宽度近7m，基本够用。

③健身房的跑步机面向天台花园。

附图10-7 标准层平面

①每层有20个自然间，主力房型开间4250，

附表10-1	酒店平面功能布局
1F	大堂、咖啡吧、2h餐厅和厨房、总台和前厅部、安消中心、卸货平台、餐饮入口和员工入口
1F夹层	酒店行政办公区、电脑通信机房
2F	中餐厅：零点餐厅和包房、中餐厅厨房
3F	中餐厅：包房、备餐间
4F	宴会厅、多功能厅、序厅、会议室、宴会厅厨房、贵宾接待室
5F	游泳池、健身房、男女更衣室、台球房、乒乓、棋牌、瑜伽、儿童乐园、美容美发
6-19F	客房层
20-25F	行政层及行政酒廊(22层)
B1	酒店后勤区域：员工餐厅、男女更衣淋浴、培训教室、配电室、热交换、客服洗涤、粗加工和冷库、工程部和维修车间
B2	地下车库、机房

附表10-2

房 型 表

m²	大床间 SKa 35	SKb 38	SKc 34	SKd 42	SKe 33	EKa 35	EKb 41	EKc 40	双床间 SDa 33	SDb 34	SDc 33	SDd 38	SDe 34	SDf 35	残疾人间 DK 34	套房 JS 76	ES 70	HS 116	PS 270	总经理房 GM 144	间/套	自然间
6F			1	4	1				1	1	1	2		2	1	1				1	15	24
7F	2	2	1	4	1				1	1	1	2		2	1	1					19	24
8F	2	2	1	4	1				1	1	1	2	1	2		1					19	24
9F	2	2	1	4	1				1	1	1	2	1	2		1					19	24
10F	2	2	1	4	1				1	1	1	2	1	2		1					19	24
11F	2	2	1	4	1				1	1	1	2	1	2		1					19	24
12F	2	2	1	4	1				1	1	1	2	1	2		1					19	24
13F	2	2	1	4	1				1	1	1	2	1	2		1					19	24
14F	2	2		4					1	1	1	2	1	2		2					18	24
15F	2	2		4					1	1	1	2	1	2		2					18	24
16F	2	2		4					1	1	1	2	1	2		2					18	24
17F	2	2		4					1	1	1	2	1	2		2					18	24
18F	2	2		4					1	1	1	2	1	2		2					18	24
19F	2	2		4					1	1	1	2	1	2		2					18	24
小计	26	26	8	56	8				14	14	14	28	12	28	2	20				1	256	336
20F						4	4										4				12	16
21F						4	4										4				12	16
22F	CL(行政酒廊)																					8
23F						2		3										1			6	8
24F						2		3										1			6	8
25F								2								1			1		4	8
小计						12	8	8								1	8	2	1		40	64
总计	26	26	8	56	8	12	8	8	14	14	14	28	12	28	2	21	8	2	1	1	296	400
	152								110						2	32				不计入	296	
	51.40%								37.20%						0.60%	10.80%					100%	

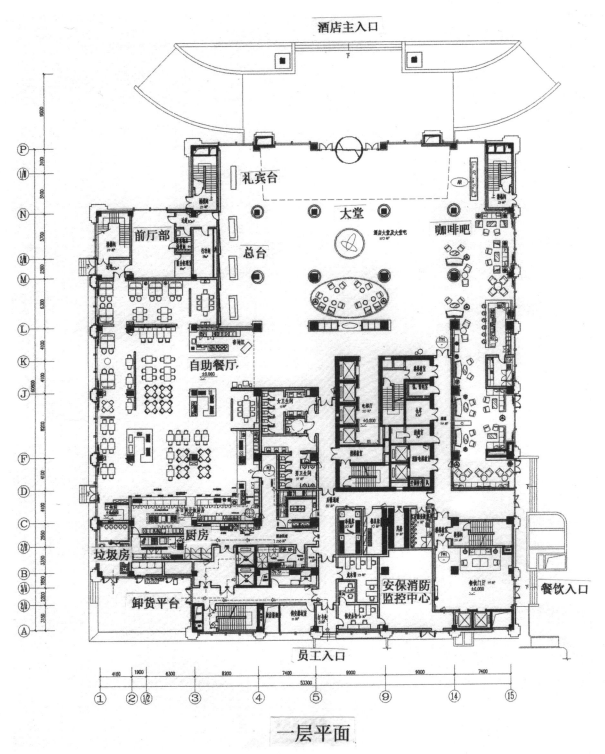

一层平面

附图10-1 一层平面

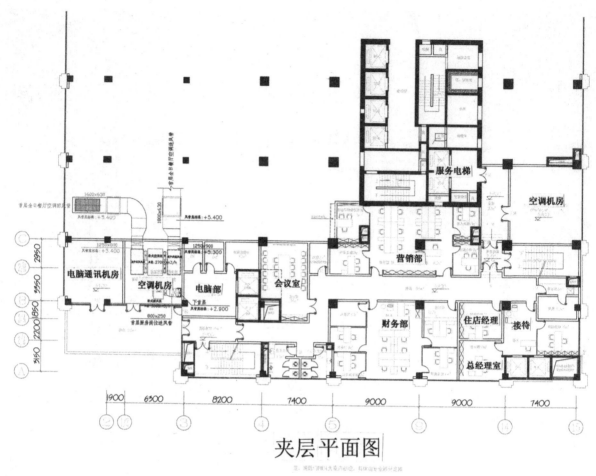

夹层平面图

附图10-2 夹层平面

进深约8800，净面积在36m²左右。

②4部客用电梯(其中1部是后加的)，2部消防-服务电梯，符合要求。

附图10-8 二十二层平面

①酒店建筑外形从20层开始收分，因此将22层南北8个自然间全部用于行政酒廊，结合走道和室外平台布局，颇有特点。

②设置风味餐厅(巴西烧烤)是为了评五星的需要(中餐厅占了两层，裙房里没有适当位置了)，也可在行政酒廊餐位紧张时提供支持，或用于接待重要客人。

附图10-9 地下一层平面

①设置了酒店的后勤区域(主要是员工区)和地下车库。

②酒店在附近设置了员工宿舍区和洗衣房，地下一层仅设客服洗涤和外洗布草集散地。

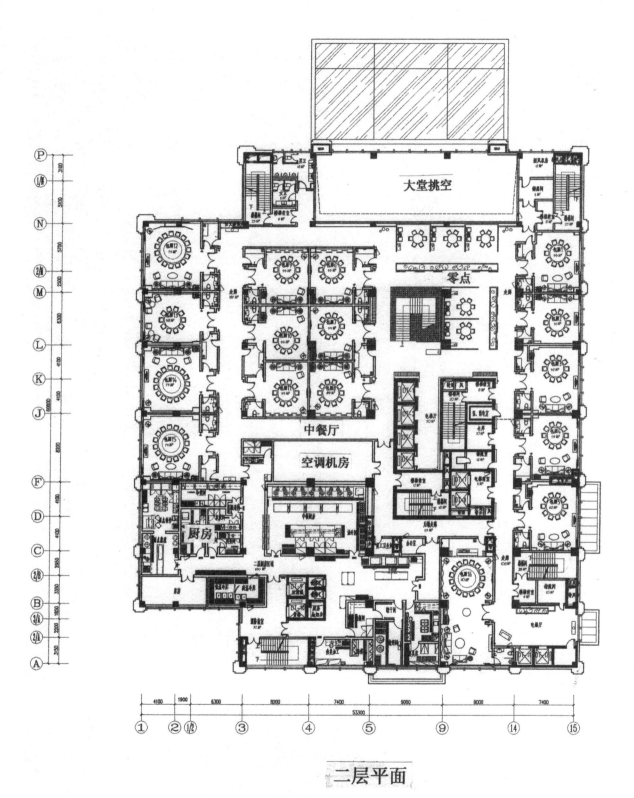

二层平面

附图10-3 二层平面

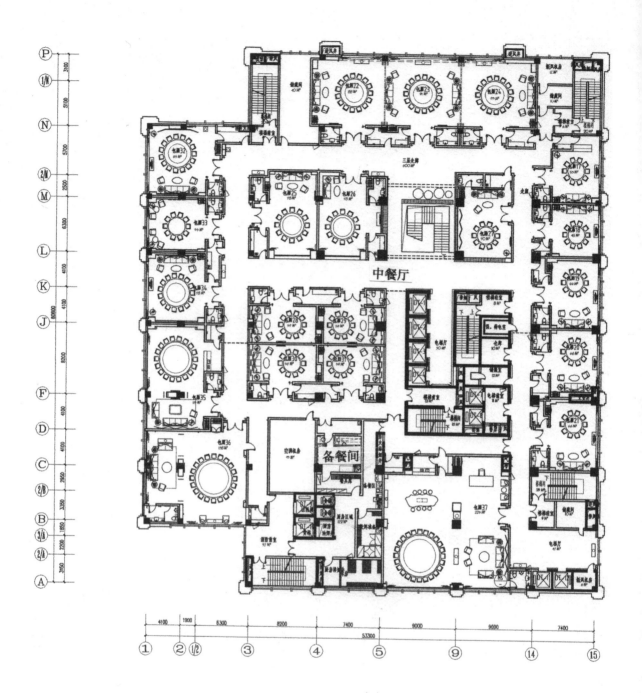

中餐厅

备餐间

三层平面

附图10-4 三层平面

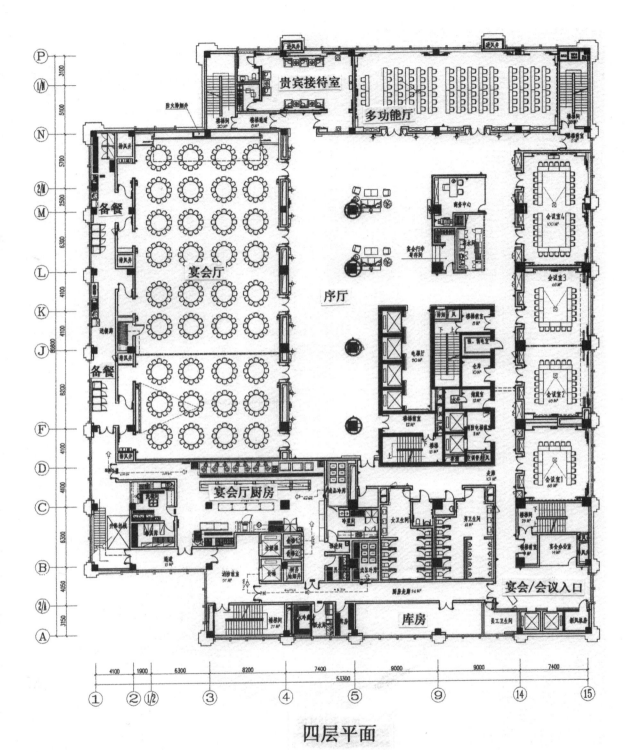

四层平面

附图10-5 四层平面

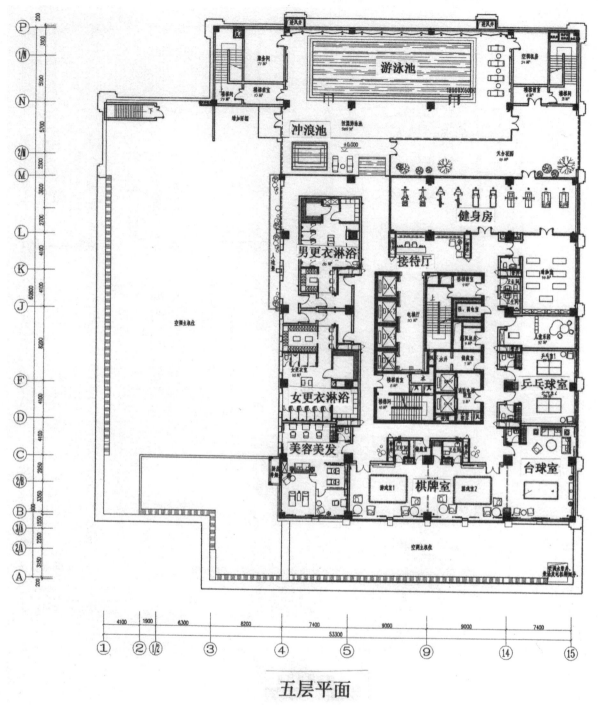

五层平面

附图10-6 五层平面

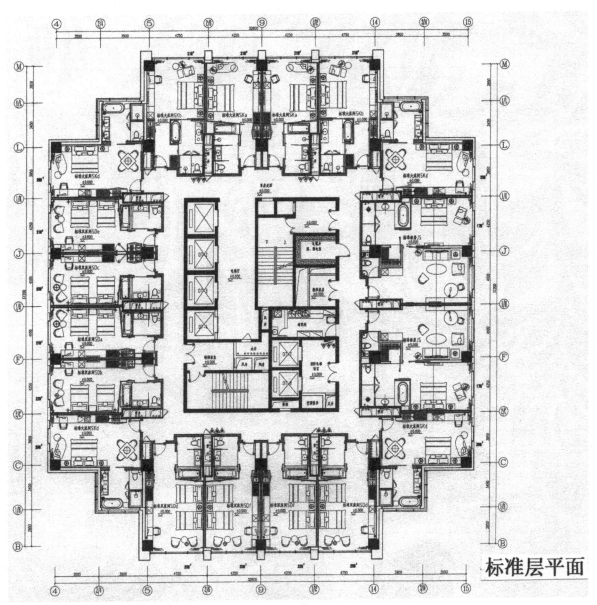

附图10-7 标准层平面

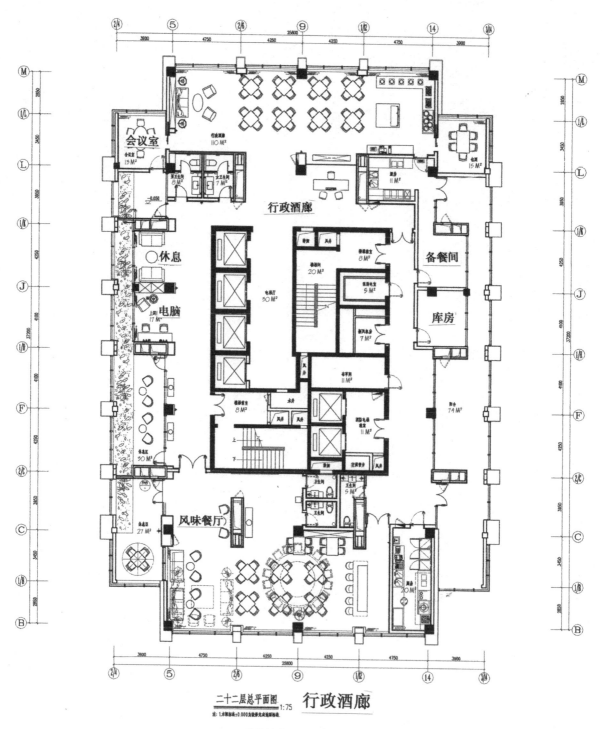

会议室

会议室
13 M²

行政酒廊
110 M²

女卫生间
8 M²   男卫生间
7 M²

厨房
11 M²

电梯
15 M²

行政酒廊

备餐间

休息

电脑
17 M²

电梯厅
30 M²

楼梯间
20 M²

楼梯前室
8 M²

强电电室
5 M²

库房

新风机房
7 M²

排烟井
11 M²

阳台
74 M²

休息区
50 M²

休息区
50 M²

楼梯前室
8 M²

消防电梯
前室
11 M²

卫生间
5 M²

风味餐厅

休息区
27 M²

厨房
20 M²

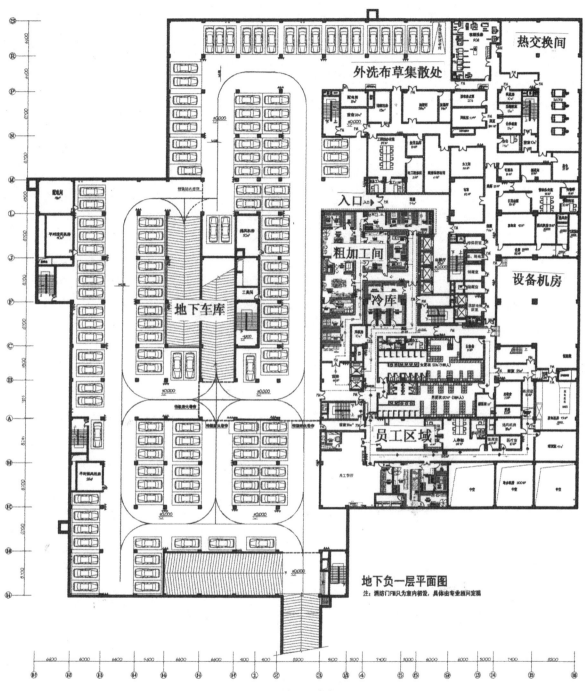

附图10-9 地下一层平面

案例(十一)

该酒店由刚完成主体的酒店公寓改造而成。按业主要求拟打造一个号称全套房(实际只能做到大部分为套房)的精品酒店。

酒店主楼开间由5800、6000、7900三种尺寸(各两间)组成,用作单间太大,作为套房又偏小。主楼中间一跨原设置了由2部客梯、一部消防—服务电梯及剪刀式疏散楼梯,后又增设了2部客梯。由于主楼采用壁式柱和剪力墙结构,已无法重组客房平面,最终只能在现有结构基础上实施改造。

该案例的另一个困难是主楼紧靠红线,裙房很小。同时二层因在结构上需完成从壁式柱到普通柱的转换出现了很高的悬臂梁(根部距地不足1500)和1200的楼面高差,导致二层布局受到限制,大堂移至二层的可能性亦被排除。

在非常困难的条件下完成了基本合理的布局,内装设计作了很大努力,最终形成了一个280间(套)、以套房为主的酒店。

该案例体现了改造项目的艰辛,有一定参考价值,故列之。

附图11-1 一层平面

①大堂邻街,不足150m²,主楼外仅有4m宽的走廊可供扩大大堂进深,在窄小的空间里仍把大堂最基本的功能纳入其中,面积小是无奈的事。

②酒店地处闹市区,因此最大限度增加了咖啡厅面积和餐位以吸引社会客人。咖啡厅空间丰富流畅,色彩协调中求变化,相信是酒店的一大亮点。

③宴会厅与大堂相通(实际上相当于中餐厅),有单独出入口和序厅,分中有合,功能布局合理。厅内的4根柱子无法取消,是改造项目常见的无奈。

④从入口到电梯厅要经过一个转折,这是因客房层需要增加了两部客梯造成的。由于采用了通过式电梯厅,一定程度上缓解了局促感。宴会厅设在底层,也缓解了电梯运力不足的状况。

⑤主楼的疏散楼梯需经大堂或咖啡吧才能到达室外,但距离不远,此类情况很常见。

⑥宴会厅厨房还负责三层包间的中餐供应,面积较紧张。

⑦虽增设了一部厨房电梯和一部食梯,要真正做到洁污分流还是很困难。

附图11-2 二层平面

①左侧是自助餐厅,共有186个餐位,但大部分是4人桌和6人桌,餐台面积也小了些,按通常做法,该酒店自助餐厅的餐位数有120~150个即可,但要增加2人桌比例(希望达到50%左右)。

②开放式厨房的范围要扩大一些,厨房面积也偏小。因当时厨房设计尚未介入,此事未作深入讨论,估计厨房设计介入后还会有调整。

③自助餐厅是人流集中的场所,疏散通道出现高差(踏步)时要注意消防规范的要求。

④下方的转角楼梯通向三层包房。

⑤右侧是酒店行政办公区,不属于内装设计范围,图上未显示。

附表11-1　　　　　　　　　　酒店平面功能布局

1F	大堂、宴会厅、宴会厅厨房、序厅、咖啡吧
2F	自助餐厅、厨房、红酒吧
3F	中餐厅包房、备餐间
4F	游泳池、健身房、男女更衣室、棋牌室/茶室
5-30F	客房层

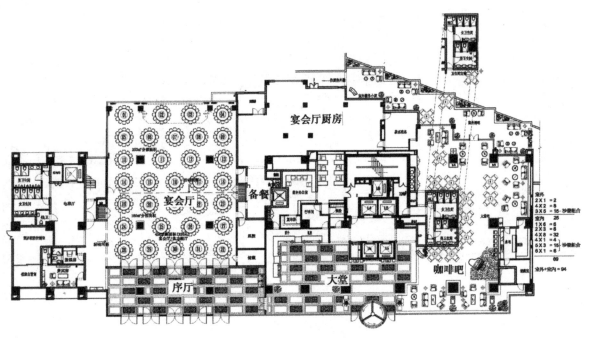

酒店一层平面图

附图11-1 一层平面

酒店二层平面图

附图11-2 二层平面

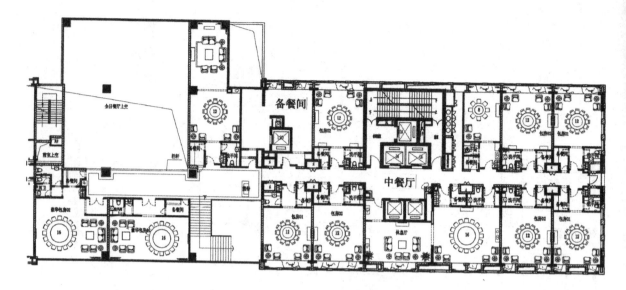

酒店三层平面图

附图11-3 三层平面

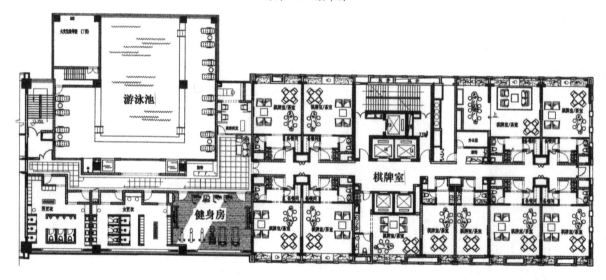

酒店四层平面图

附图11-4 四层平面

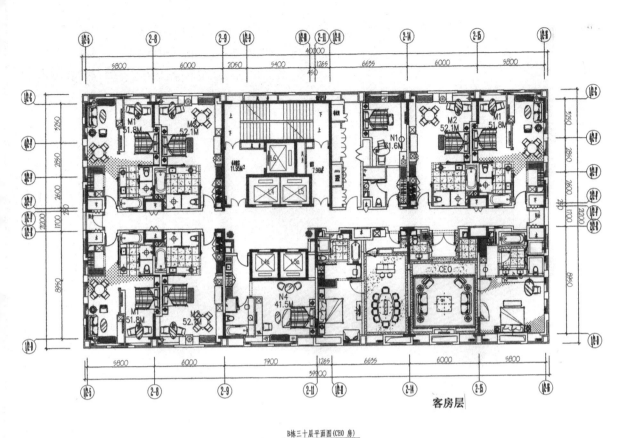

B栋三十层平面图(CEO 房)
1:150

附图11-5 客房层(30层)平面

附图11-3 三层平面

①此层有12间包房，由一层宴会厅厨房通过一部厨房电梯和一部食梯传菜，输送能力在高峰时会比较紧张。

②部分包房的卫生间下方是厨房和餐厅，不符合卫生防疫条例，需做硬吊顶或同层排水。

附图11-4 四层平面

①左侧为游泳池和健身房，右侧为棋牌和茶室。由从电梯厅到游泳池需穿越棋牌室，流线不太合理。

②增加游泳池非常困难，泳池长度仍然不够，美容美发太靠里，健身房面积偏小也是问题。实际上可以考虑把与游泳池相邻的4间棋牌室用于接待、茶室(与棋牌分开)、美容美发及扩

大健身房，如此至少可以把泳池长度增加至两个柱间。棋牌室可重新组合，由于茶道撤出，每间面积可以缩小。当时因业主方非常看好当地的棋牌和茶室，希望尽可能增加面积，因此没有再改动。

附图11-5 客房层(30层)平面

①小套房开间仅3m，但很紧凑且有公寓特点，也很舒适，错开的内隔墙说明了内装设计师千方百计地改善空间感，确是下了功夫。

②原设计仅有两部客梯，对于280间客房的酒店数量明显不足，且没有电梯厅，厅门面向两间客房，对其影响很大。为此在其下方增加了2部客梯，形成了一个电梯厅，两间客房压缩成一间。由于此客房与电梯井一墙之隔，要有隔音措施。

③右侧端头的小套间至疏散口距离稍超过了

15m，如当地消防部门不能接受，则要面临困难的改动。

案例(十二)

这是一个"商悦"酒店。"商悦"是锦江国际酒店管理公司近年推出的新品牌，定位为城市商务酒店，面向以年轻白领为主的商务客人，其主要特征是：确保客房的总体水平，舒适度相当或高于于四星级水平，并为客房提供良好的工作条件(如无线上网)；公共区域仅考虑客人最基本的需要：一个中西结合、设施良好的自助餐厅、

2-3个中小型会议室、商务中心、自助式洗衣房和小型健身房。不设中、西餐厅、风味餐厅、多功能厅、宴会厅及其他康乐设施，不设行政层和行政酒廊，以此区别于星级酒店和经济型酒店。

"商悦"宜设在商业区附近，以便最大限度利用社会资源，并以最少的员工为客人提供良好服务，获取较好的效益，"商悦"一般不参加评星。

该酒店有客房208间(套)，是在写字楼主体完成后的改造项目。客房分布在C、D两个楼座，以两层裙房相连，布局紧凑，大堂面积近400m²，基本设施到位，较好体现了上述理念。

附表12-1	酒店平面功能布局
1F	大堂、总台、贵重物品存放、咖啡吧、行李房、前厅部、商务中心、消防安保看监控室、公共卫生间
2F	全日制餐厅、包房、厨房、会议室、小宴会厅、贵宾接待室
C座客房层	3～9层为客房层、10～16层为业主办公层
D座客房层	3～16层均为客房层

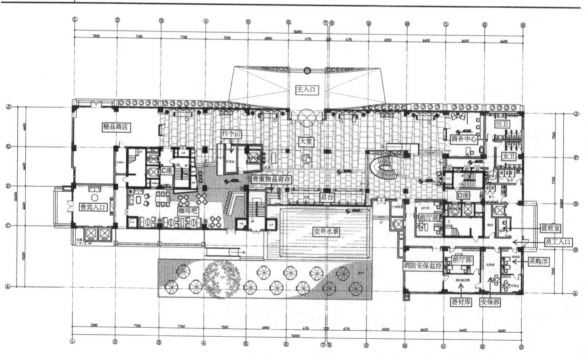

附图12-1 一层平面

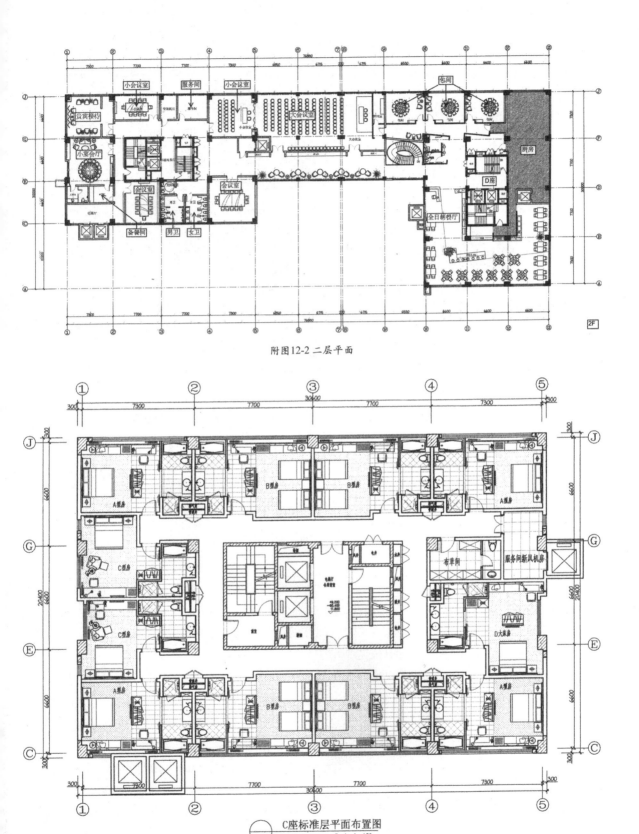

附图12-2 二层平面

C座标准层平面布置图
Scale 1 :120

附图12-3 C座客房层平面

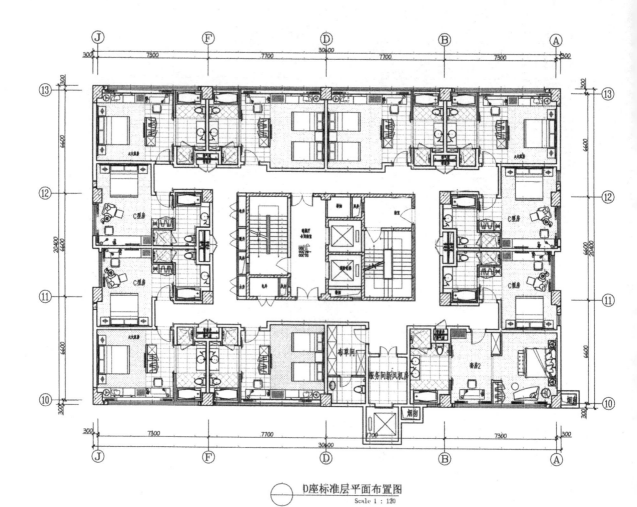

D座标准层平面布置图
Scale 1 : 120

附图12-4 D座客房层平面

附图12-1 一层平面

①对"商悦"而言，大堂面积已经不小，总台以室外水景为背景墙，也是一个特点。

②由于主楼分C栋和D栋，因此分成两个电梯厅，各设2部客梯和1部消防—服务电梯。

③精品商店可以不设，贵宾入口是应业主方要求为C座10F的会所设置的，并配置了专用电梯(与11~16层的办公层兼用)，并非是"商悦"的要求。

附图12-2 二层平面

①该层设置了包括三个包房的自助餐厅、5个会议室，必要时会议室也可用作餐饮包房，自助餐厅不设开放式厨房。

②贵宾接待和小宴会厅是为10F的会所配套的。

附图12-3 C座客房层平面

附图12-4 D座客房层平面

①C座和D座的客房层平面基本相同。C座4~16层为客房层，每层11个标准间，D座4~9层为客房层，每层10个标准间，1个套间，10层是会所，11~16层为办公层。

②A型房32.22m²，B型房35.65m²，C型房30.09m²，卫生间均超过8m²。套间45.85m²，卫生间12m²。大床间:双床间=2:1，符合"商悦"要求。

③3层为酒店行政办公区和员工餐厅，其余后勤设施在地下层。

以下图书已经出版，敬请关注

《上海·1949》
ISBN 978-7-5608-8702-9，170mm×213mm，352p，定价：70.00元
　　几十位亲历者的回忆（日记），试图从民间的角度，呈现上海这座城市1949年的巨变，从社会生活的角度，记录七十年前的巨变对普通人生活的影响，留下鲜活的历史切片。首度公开部分珍稀史料，包括部分日记。

《1949·影像上海》
ISBN 978-7-5608-8703-6，215mm×280mm，288p，280.00元
　　定格历史瞬间的260余幅照片，呈现1949年上海各阶层人士的社会生活轨迹，既有反映重大历史事件的场景，又有对普通民众个体的观照，反映七十年前这座城市剧变的状态。
　　第一手的历史影像，绝大部分系首度公开发表。

《我的1945——抗战胜利回忆录》
ISBN 978-7-5608-5888-3，170mm×213mm，496p，定价：78.00元
　　一本史诗般的回忆录，全景式记录抗战胜利前后的巨变及其对中国人日常生活的影响。全面呈现抗战胜利这一中华民族伟大复兴进程中的重要转折点，及其对中国人日常生活的影响，见证中华民族百年屈辱的终结，填补民族记忆重要空白。

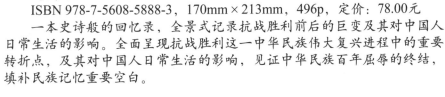

《民间影像·抗战胜利特辑》
ISBN 978-7-5608-5887-6，170mm×213mm，256p，定价：68.00元
　　160余幅珍贵影像，呈现抗战胜利的重要时刻，主要城市的受降、庆祝、日侨遣返等。首度披露部分重要历史影像，重回七十年前激动人心的现场，共同见证中华民族的光荣瞬间。

《上海·弄堂口》（中英双语）
ISBN：978-7-5608-7522-4，215mm×280mm，304p，定价：350.00元
　　乡愁的见证。弄堂是上海人对里弄的称呼，是最具"上海味儿"的城市空间类型。多少上海人儿时的记忆和弄堂口直接相联。这是大部分上海人的"接头暗号"！《上海·弄堂口》精选100多幅作品，并附所在地块图，涵盖上海中心城区主要区域，其中不少作品其原址已拆除。

《文远楼和她的时代》
ISBN：978-7-5608-7032-8
170×230，272p，定价：110.00元
　　这样一栋楼，这样一群人，那样一个时代……

详情垂询，请e-mail：clq8384@126.com